U0300630

A+U

住房城乡建设部土建类学科专业"十三五"规划教材

A+U 高校建筑学与城市规划专业教材

Architecture

and

Urban

居住建筑
设计原理

东南大学　胡仁禄
清华大学　周燕珉　等编著

第 **3** 版

中国建筑工业出版社

第三版前言

本书第二版作为高校土建学科专业"十二五"规划教材已逾五年。据国家住房城乡建设部与教育部对"十三五"规划教材的要求，本书编写组全体同仁，本着理论结合实践、与时俱进和不断完善的初衷，在充分研讨第二版教材使用效果的基础上，对本书的再版发行进行了全面审慎的修编调整工作。

本书第三版的修订内容，是对原书各章节的编写皆作了不同程度的修整。以力求在完善整体系统性的前提下，使行文表达结构更趋简明、相关图文内容更为精简。其中第 2 章有关住宅套型设计的编写，在表述结构和图文内容上都作了大幅修整；第 6 章有关造型设计的图文内容作了较大的精简与更新；第 3 章有关住栋设计和第 7 章有关外部空间设计的表述内容也作了较多修改；其余各章节也结合实践发展需要，对涉及国家政策调整或设计规范修订相关的内容及时进行了必要的修整，并增添了能反映最新发展趋向的相应内容。与此同时，相关文字的错漏和意涵表达的偏差，也逐一进行了严格的订正。

最后，在本书第三版修订发行之际，全体参编作者真切地期望，本次全书修订的成果能为教学实践的不断提升作出富有成效的贡献。也真诚地欢迎建筑界各位专家同仁与广大读者，对本书再版修订的内容提供宝贵的改进意见。

编写组成人员及其完成的编写章节分列如下：

组成	成员姓名	所属院校	编写章节
主编	胡仁禄教授	东南大学	
编写	胡仁禄教授	东南大学	第1章，第3章（3.1、3.2、3.5）第4章，第5章
	周燕珉教授	清华大学	第2章
	张玫英副教授	东南大学	第3章（3.3、3.4）
	王承慧教授	东南大学	第6章
	孔令龙教授	东南大学	第7章
	方立新教授	东南大学	第8章
	马光教授	东南大学	第9章
	林波荣教授	清华大学	第10章
	秦岭、郑远伟	清华大学	第2章（2.1）
	李广龙	清华大学	第2章（2.2）

2017.5

第二版前言   Preface

本书自 2007 年出版以来，已经被众多高校使用，普遍反映教学效果明显提高。同时普遍认为，本教材教学理论架构较为清晰、全面和系统，重点突出；教学内容适度扩展也更趋丰富，较为符合当前人居科学进步和建设实践发展的需要；其课题讲授进度和深度也较能体现渐进性和开放性的原则，由简单分析到复杂综合的课题构成顺序，有利于启发学生创造性思维，并逐步培养能适应当代发展需要的创新能力。

为符合建设部"十二五"规划教材的要求，本书编写组全体同仁本着与时俱进，不断完善的意向，并根据首版本教学的反馈意见，对本书进行了全面审慎的修订工作，以期第二版内容能更符合教学使用要求，并更趋完善。本书第二版修订内容主要包括下述方面：

（1）为方便读者使用，第二版已将原版本中需从网上下载的第 8、9、10 章教材内容全数刊印在册，使本书更显完整和方便阅读。

（2）为满足教学内容应理论结合实践和不断更新的需要，第二版还重点对涉及国家政策导向、现行设计规范的相关图文内容进行了重新审订，并作了必要的修正和补充。

（3）为适应世界经济全球化发展局势和我国经济发展模式的战略性转变趋向，第二版已将原书第 10 章有关技术经济评价的讲述内容，改写为有关居住建筑"低碳化"设计策略的概论，由清华大学建筑学院林波荣副教授撰写。

另外，第二版修订内容还包括各章节层次结构的变更整理，表达内容的修饰，文字错漏的订正和相应选用图例的更替等工作。尽管各位同仁协力共勉，能在较短时间内完成书稿的修订工作，但限于时间和学识水平，仍不免会有许多不尽如人意和误漏之处，敬请业内同仁和广大师生批评指正。

编写组成人员及其完成的编写章节分列如下：

组成	成员姓名	所属院校	编写章节
主编	胡仁禄教授	东南大学	
编写	胡仁禄教授	东南大学	第1章，第3章（3.1、3.2、3.5）第4章，第5章
	周燕珉教授	清华大学	第2章
	张玫英副教授	东南大学	第3章（3.3、3.4）
	王承慧副教授	东南大学	第6章
	孔令龙教授	东南大学	第7章
	方立新副教授	东南大学	第8章
	马光教授	东南大学	第9章
	林波荣副教授	清华大学	第10章

第一版前言 Preface

在高等教育建筑学专业课程中，建筑设计教学历来将居住建筑与公共建筑并列为必修的两大类基本设计研究课题，并通过相应的课程设计实践，指导学生逐步掌握建筑设计的一般理论与方法。自20世纪80年代以来，国内普通高校长期沿用《住宅建筑设计原理》一书作为居住建筑设计的基本教材，但对学生从整体上迅速把握各类居住建筑设计的基本理论与方法，培养独立思考的创新能力尚感内容不够完整。同时考虑到近30年来我国城乡住宅与居住环境建设的总体发展状况，无论在质量标准、科技水平和住房供应体制上都发生了巨大的变化。为适应新的教学目标和国内建设实践的新需求，更新居住类建筑设计教学的内容已实属必要。依照建筑学专业课程设置要求，本书定名为《居住建筑设计原理》，教学内容以城镇型居住建筑为主体，建筑类型包括适用于家庭住户的各类住宅建筑，适用于非家庭住户的公寓（宿舍）类居住建筑，和兼有城市性功能的综合型居住建筑。

本书未将农村住宅列为独立教学单元。因为，国家"十一五计划"已为推进社会主义新农村建设制定了明确的发展目标，根据全面建设小康社会的发展目标，农村城镇化将进一步加速发展，城乡差别将进一步缩小。原本与落后的小农经济生产方式相适应，并与原始简陋的社区基础设施相关联的农村住宅的特点正日趋消失，更加适应新世纪发展目标的新农村住宅尚在探索中，相应的建筑设计教学内容已缺少独立讲授和原理性指导的意义。学生可运用基本原理结合农村实际条件，独立思考，寻求合理的解决方案。

本书以当代人居环境科学的核心理论为纲，重点突出基本设计原理的讲授，并充分结合国内外优秀的工程实践成果，注重启发学生，培养深入生活观察、深入社会调研、理论联系实践的设计研究方法和正确的创新思维方式。本书宜配合建筑学专业的课程设计、毕业设计和研究生论文选题，选择相关章节进行讲授。第1章总论可作为居住建筑设计的基本理论框架和相关学科的研究课题来讲授，适用于本科生和研究生学位课程全教程配合使用；第2章有关住宅套型空间设计和第3章低层住宅设计可配合低年级课程设计使用；第3章有关多层住宅和高层住宅设计可配合中年级的居住区规划设计课程一并讲授；第4章公寓建筑和第5章综合型居住建筑，因其功能与环境因素较为复杂，一般配合高年级课程设计或毕业设计予以讲授；第6、7两章有关居住建筑一般的造型设计和室外环境设计理论，宜配合课程设计的实际需要，结合案例反复讲授；为有利于建立系统性的理论概念，本书将居住建筑相关的技术性课题集中于第8、9、10章，系统概述了居住建筑的结构体系、设备系统和技术经济评价各专题，可供毕业设计或工程设计实践时系统学习参考和作为专题研究的索引，此部分内容请各学校酌情选讲。本书讲述内容不仅可适应设计教学由浅入深、由简单到复杂、循序渐进的规律与要求，而且也考虑了学习过程由把握基本理论概念开始，到逐步提高实践工作能力的发展规律与需求。因此本书具有较大的适用范围，也可作为一般建筑工程设计人员自学进修使用的主要参考。

本书编写任务主要由东南大学建筑学院主讲"居住建筑设计原理"课程的骨干教师并特邀清华大学建筑学院周燕珉教授合作完成。编写组成人员及其完成的编写章节分列如下：

组成	成员姓名	所属院校	编写章节
主编	胡仁禄教授	东南大学	
编写	胡仁禄教授	东南大学	第1章，第3章（3.1、3.2、3.5）第4章，第5章，第10章
	周燕珉教授	清华大学	第2章
	张玖英副教授	东南大学	第3章（3.3、3.4）
	王承慧副教授	东南大学	第6章
	孔令龙教授	东南大学	第7章
	方立新副教授	东南大学	第8章
	马光教授	东南大学	第9章

本书编写工作的组织得到了有关院校和中国建筑工业出版社的大力支持，建筑学专业教学指导委员会给予了积极的关注，同时感谢南京大学鲍家声老师的关心与指导。在各方协同努力下，经两年余艰辛工作，今日终成全书出版。编写过程中，东南大学硕士研究生陈庆、赵永芬和清华大学硕士研究生侯珊珊，协助导师完成了大量编写工作。由于当今建设发展日新月异，知识更新周期加速，编写工作效率不尽如人意，故编写内容难免有与实践需求不尽整合之处，敬请相关院校师生在使用过程中提供宝贵意见，以供继续修编时再作改进。

目 录 Contents

注：＊章节为选讲内容。

第1章 Pandect
总论

1.1 居住建筑功能类型与发展概况

1.1.1 功能类型

　　居住建筑是人类生存活动和社会生活必需的物质空间，是与人们日常生活关系最为密切的建筑类型，它随着人类社会的进步与发展而不断演进和变化。现代社会中居住建筑包括住宅、公共宿舍、专用公寓和居住综合体等多种建筑类型。它们各自适用于不同的居住群体，并具有不同的使用和管理方式。因而它们在设计上既有相同的居住性功能目标，又有各自特有的设计要求，这是居住建筑设计都应研究、掌握的基本内容。

1）住宅建筑是居住建筑中最为古老的建筑类型

　　它是为满足家庭长期定居生活的需要而建造的居住空间设施，同时又随着社会生产方式和生活方式的变化而不断变化和发展。住宅建筑形式的形成与发展总是与一定的生产活动、自然条件、民族文化、生活习惯及方式等因素相关联，在不同历史时期、不同地理环境和不同民族文化环境中建造的住宅建筑都呈现出不同的特点。我国丰富多彩的民居建筑有着悠久的历史传统，无论在建筑群体组合、

院落布局、平面与空间处理上，还是在地形地貌、自然环境的利用上和外观造型的艺术形式等方面，都积累了极其丰富的经验，创造了独特而璀璨的中国民居建筑文化。近代以来，由于城乡社会经济与文化发展的不平衡，使我国广袤的农村地区的住宅保留着更多的传统民居建筑特色，因此与城镇住宅建筑发展历史相比较，显现着它特有的发展轨迹。

2）公共宿舍和专用公寓建筑是人类社会进入工业化时代之后出现的新的居住建筑类型

　　它是为满足城镇工业化生产方式形成的新的社会群体对居住空间的共同需求而采取集约化方式建造的居住设施。它通常是社会集团性的建筑设施，主要为单身企业职工、机关职员和住校青年学生等人员提供长期生活、学习和住宿的居住功能。宿舍和公寓建筑同样也随时代的变迁而经历着不断的变化。社会经济的进步发展，也不断完善着它们的服务功能、丰富着它们的建筑形式。为适应现代城市生活急剧变化的需要，新型的公寓建筑正在迅速发展，逐渐成为城市建筑的重要组成部分，如青年公寓、老年公寓、商务公寓和学生公寓等。它们为刚进入就业市场的青年群体，缺少生活照料的老年群体，在家办公的商务白领群体以及寻求独立生活的青年学生群体提供了新的居住空间环境。

3）居住综合体建筑是以居住功能为主，兼有商务办公、商业服务等城市综合性功能的居住建筑类型，也可称为综合型居住建筑

它是现代城市进入后工业化时代、城市产业结构更替和城市功能结构更新的物质空间载体，反映了社会经济体制变革过程中，城市空间形态和社会居住方式发展的新动向。综合型居住建筑的功能组成、空间结构和建筑形式具有开放与包容的特性。时代的进步与发展，仍将继续推动城市空间形态和社会居住方式的变革，综合型居住建筑的广义特性，将会使其展现与时代同步发展的广阔前景。

1.1.2　发展概况

简略回顾中华人民共和国成立半个多世纪以来的住宅建设历程，有助于我们更全面地理解我国居住建筑设计和建设过程中涉及的相关理论与实践问题，对当今住宅和其他各类居住建筑的建设及预见今后的发展方向，皆具有重要的研究、借鉴意义。由于住宅建筑是居住建筑发展中的主体组成部分，在我国社会经济发展规划中始终占有极为重要的地位，因此可以认为，它的发展轨迹也基本反映了我国居住建筑总体的发展概况。

1）1950～1952年，为中华人民共和国成立初期三年经济恢复时期

为重整国计民生，兴建了大批简易的住宅。在上海、北京、天津等重要城市建成了一批工人新村，皆为2～3层的砖木结构低层住宅。建筑标准定为人均居住面积约4m^2，配建了少量公共建筑设施，为生活最为贫困的基层工人和市民初步改善了居住条件。

2）1953～1957年，为我国第一个国民经济五年计划建设时期

伴随着重点工业项目的建设，兴建了一批工矿城镇和职工住宅。该时期参照苏联建设经验，采用了

较高的建筑标准，人均居住面积为9m^2。由于该建筑标准远远超出当时国家经济能力，在实际建设中普遍出现了"合理设计，不合理使用"的情况，两户和两户以上合用一套住房的情况普遍存在。于是，在后期，根据大多数住户的愿望，建筑界提出了"小面积住宅"的设计策略，人均居住面积仅为4～4.5m^2。这个时期由于提出了"适用、经济、在可能条件下注意美观"的建设总方针，并实行了住宅标准化与构件系列化、定型化，提高住宅工业化生产水平的技术措施，为大量城镇住宅建设创造了有利的技术条件。

3）1958～1966年，为我国住宅建设自主探索时期

由于国民经济陷入极度困难的境地，1963～1965年实行了三年国民经济调整，城镇住宅建设提出了严格掌握建设标准，提高设计与施工质量，提高投资效益的方针，重视新住宅类型的探索，促进了住宅建设标准化和多样化的发展。1965年国家首次颁发了住宅面积标准，规定了人均居住面积为4m^2，每套住宅居住面积仅为18m^2；厨房可独用或合用，独户厨房为2.5～3m^2，合用厨房为4～5m^2；厕所多数为合用，只设便器，并鼓励采用旱厕所。

4）1966～1976年，为发展迟缓时期。国内政治处于十年"文革"动荡时期，国民经济发展停滞不前

城镇住宅建设规模远远落后于人口增长的需要，住宅供应严重短缺，计划积欠逐年增长。住宅建设标准自然仍以小面积、低造价、低标准为计划控制目标。住宅套型以一室及一室半户为主，厨房及厕所大多为合用，甚至不设厨房专用空间，仅能利用门廊、过道或阳台进行炊事活动，并出现了一批所谓体现"干打垒"精神的低标准、低质量和低造价的住宅。住宅楼层一般以3～4层为主。后期设计标准稍有改善，基本保证每户设有厨房，厕所分层合用，楼层也提高至以4～5层为主。

5) 1979~1990年，为我国住宅建设振兴发展时期

经历了十年"文革"的经济停滞，拨乱反正，百业待兴。城镇住宅建设重新得到了极大的关注。由于历史性的建设积欠，建设规模迅速扩大。从1979年开始，国家大量增加了住宅建设投资。20世纪80年代，平均每年投资200亿~300亿元（约占国民生产总值3%~5%），平均每年建造城镇住宅1.0亿~1.2亿m²，人均居住面积以6%的速度增长。城镇居住条件逐步改善，住宅需求逐渐由重视数量向数量与质量同时并重的方向转化。在解决住房有无问题的同时，开始要求住房的功能质量与居民的生活水平相协调，并能与居民生活方式相适应。

1985年国家科学技术委员会颁布了《中国技术政策》，其中对城市住宅建设的技术政策要点规定了"到2000年争取基本实现城镇居民每户有一套经济实惠的住宅，全国居民人均居住面积达到8m²"的建设目标，这也是2000年我国小康居住水平的目标。为此，国家组织了多次全国性住宅设计方案竞赛，开展了提高住宅功能质量，改善居住环境的建筑科学研究。同时，进行了400多个城镇住宅试点小区的建设，出现了前所未有的全面振兴发展的大好时机。

6) 20世纪90年代直至目前，为加速改革与全面发展时期

该时期正值国民经济"八五""九五""十五""十一五""十二五"计划实施阶段，国家经济体制改革与经济增长全面加速，至2000年我国社会经济初步实现"小康"发展目标。同时，对居住建筑和住宅建设提出了明确的总体发展目标：居住建筑应以提高居住环境综合质量为目的，2000年达到小康居住水平的建设目标，2010年基本实现建立与社会主义市场经济相适应的完整的住宅产业体系目标。国家"九五"期间，在这一总体发展目标下，1990年，我国与日本合作开展了小康住宅体系的研究。1994~1996年，国家制定了《2000年小康型城乡住宅科技产业工程示范小区规划设计导则》作为各地区进行示范小区规划和住宅建筑设计的主要技术依据，相继完成了全国百余个小康示范小区的规划设计评审和初期建设。同时，组织了多次全国性的住宅设计竞赛，设计水平迅速提高，设计手段基本实现了计算机辅助设计的现代化技术更新。在此基础上，为进一步引进国外先进设计理念，实现与国际先进水平接轨的目标，1996年建设部与美国贝氏设计集团联合举办了"2000年中国小康住宅"方案设计国际竞赛，同年，上海市建委也举办了"96上海住宅设计国际交流活动"并同时组织了开放性的国际设计竞赛。国际竞赛的获奖和优秀参赛方案从各个视角对我国住宅未来的发展方向进行了创造性的探索，为全面繁荣我国住宅建筑的设计创新开创了崭新的局面（图1-1）。

新世纪之初正值国家"十五"期间，在小康住宅研究和建设实践的基础上，为加速推进住宅产业现代化的进程，适应全面实现小康社会建设总目标的要求和国民家居生活的新目标，1999年建设部颁布了《国家康居示范工程实施大纲》，并于2000年制定了相应的《工程建设技术要点》。国家康居示范工程以建造高品质住宅为目的，以构建社会和谐发展的新生活为宗旨，通过产业化技术的推广和集成，成为新时期引导我国居住建筑建设的样板。至今，全国绝大多数省市开展了创建示范工程的活动。已有84个住宅小区经建设部批准，纳入示范工程的项目实施计划，其中14个示范工程通过了建设部的达标考核验收。建成后的示范工程项目受到普遍好评，产生了良好的经济效益和社会效益，具体体现了我国住宅产业现代化的发展方向，带动了各地房地产业的健康发展，也对不断提高居住建筑的规划、设计和建造质量，全面改善我国人民的居住水平，发挥了重要的示范作用。

随着国家综合国力的增长和人民生活水平的提高，我国住宅建设提出了更高的发展目标，开始由适用、安全的基本需求逐步走向舒适、健康的更高层次的需求。为适应国家"十五"时期的发展目标，2005

年中国工程建设标准协会制定了《健康住宅建设技术规程》CECS179：2005，标志着我国住宅产业由单纯增量发展阶段向综合提升产业发展水平新阶段的转变，这是为实现可持续发展目标的重大战略转移。

20世纪90年代中期以来，我国居住建筑在建设规模急剧扩大、建造质量不断提高的同时，供应体制也实现了向市场化、商品化转型的变革，住宅建设与供应已成为广大居民消费的热点和国民经济新的增长点。90年代起，城镇住宅年均竣工面积已突破6.0亿m²。人均居住面积迅速增加，1998年人均居住面积已提前两年达到8m²的小康居住标准。2000年底，我国人均居住面积已超过10m²，个人购房已占商品房总销量面积的89.2%，基本实现了住房供应体制的改革（表1-1）。国家"十五"和"十一五"时期（2001~2010年），住宅商品化供应体制取得了进一步发展，并随着"经济适用房"和"廉租房"政策的制定与实施而渐趋完善，不仅满足了市场多层次的需求，而且也有利于建设和谐社会的国家总体发展目标。

城乡居民人均居住面积历年增长情况　表1-1

年份	农村人均居住面积（m²）	城市人均居住面积（m²）
1978	8.1	3.6
1980	9.4	3.9
1985	14.7	5.2
1990	17.8	6.7
1995	21.0	8.1
2000	24.8	10.3

纵观我国半个多世纪以来住宅建设的发展历程，可以清楚地认识到，居住建筑发展和居住环境建设水平是与国家社会经济总体发展状况紧密相关的，它涉及社会观念、经济实力、人口计划、资源利用和科技进步等多方面的客观发展条件，反映着国家综合国力的发展水平。当今我国居住建筑发展空前繁荣的景象，正展现着我国综合国力的迅速增长，也是国家走向全面复兴的重要标志。可以期

待，居住建筑的不断进步与发展，将会为我们广大民众的小康家居生活创造品质越来越高、环境越来越美的全新居住环境。

1.2　居住建筑的适居性

居住建筑的基本功用在于为人们提供居住生活所必需的建筑空间环境，但是，人们对居住建筑空间环境的需求总是复杂多样的，选择条件往往是因人而异的。居住者在选择居所时通常首先会以主观感受对新的建筑空间环境进行考察、比较，包括生理上和心理上的主观感觉；然后还会以各项量化的评价标准对建筑功能质量进行考察、比较，以寻求最适合自己居住的建筑空间环境。尽管择居者对居住建筑空间环境的需求不尽相同，但对其是否适合居住所需考察的主要因素仍然是基本相同的。通常可以将择居者的选择条件简要概括为地段好、环境好、房型好、交通便捷、服务齐全和价格适宜等基本目标，反映了居住者普遍认同的适合居住的建筑空间环境所应具备的基本条件，这可称之为居住建筑的适居性。创造符合人们需求的良好的适居性条件，应该是居住建筑规划与设计的基本目标。为此，我们需要进一步了解它的主要构成，基本设计原则和设计技术标准。

1.2.1　适居性的主要构成

适居性反映着居住建筑空间环境综合的技术经济性能，是人们择居的基本要求。居住建筑适居性的主要构成要素通常应包括方便性、舒适性、安全性、适应性、环境协调性和经济合理性等诸多方面。其中，方便、舒适、安全三项要素可以认为是经典性的功能需求，对居住者而言往往总是被动接受的。但在现代生活中，还应体现居住者能动性的

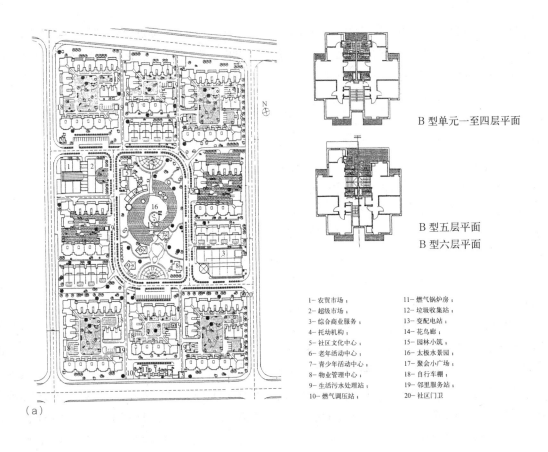

B 型单元一至四层平面

B 型五层平面
B 型六层平面

1- 农贸市场；
2- 超级市场；
3- 综合商业服务；
4- 托幼机构；
5- 社区文化中心；
6- 老年活动中心；
7- 青少年活动中心；
8- 物业管理中心；
9- 生活污水处理站；
10- 燃气调压站

11- 燃气锅炉房；
12- 垃圾收集站；
13- 变配电站；
14- 花鸟廊；
15- 园林小筑；
16- 太极水景园；
17- 聚会小广场；
18- 自行车棚；
19- 邻里服务站；
20- 社区门卫

（a）

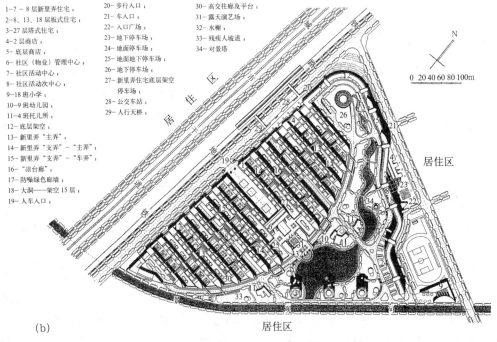

1-7~8 层新里弄住宅；
2-8、13、18 层板式住宅；
3-27 层塔式住宅；
4-2 层商店；
5- 底层商店；
6- 社区（物业）管理中心；
7- 社区活动中心；
8- 社区活动次中心；
9-18 班小学；
10-9 班幼儿园；
11-4 班托儿所；
12- 底层架空；
13- 新里弄"主弄"；
14- 新里弄"支弄"-"主弄"；
15- 新里弄"支弄"-"车弄"；
16-"凉台廊"；
17- 防噪绿色廊墙；
18- 大洞——架空 15 层；
19- 人车入口；

20- 步行入口；
21- 车入口；
22- 入口广场；
23- 地下停车场；
24- 地面停车场；
25- 地面地下停车场；
26- 地下停车场；
27- 新里弄住宅底层架空
停车场；
28- 公交车站；
29- 人行天桥；

30- 高交柱廊及平台；
31- 露天演艺场；
32- 水榭；
33- 残疾人坡道；
34- 对景塔

（b）

图 1-1 住宅设计重要国际竞赛方案

（a）"2000 年中国小康住宅方案设计国际竞赛"一等奖方案；（b）"96 上海住宅设计国际竞赛"一等奖方案

功能需求。因而需以适应性反映居住者生活方式的差异及家庭生活的变化所需的空间灵活性；还需以环境协调性反映现代居住者的环境意识和社会文明的变化所需的空间和谐整合；经济合理性则是任何类型建筑控制造价、实现建设计划的基本保证，更是影响人们居住消费能力的重要因素。上述构成居住建筑适居性的主要属性又具体地表现在相关空间设施的设置，建筑环境的保障和相关设计要素的处

置上。设计问题涉及城市规划、住区规划和建筑设计各层面。设计者的任务就是要通过相关要素的配置和调适，积极回应广大居住者多样化的择居需求，实现设计的基本目标。因此，设计者不仅应熟悉、了解居住者的择居需求，而且应切实掌握其与适居性主要构成要素及相关设计要素三者之间的对应关系，以利在适居性的设计决策中发挥积极的主导作用。简要概括三者之间的对应关系，可详见表1-2所示。

居住建筑适居性设计目标　　　　　　　　表1-2

适居性构成要素		设计目标	居住者择居需求	相关性设计要素
方便性	基地环境	交通方便	公交车站近便	城市交通规划位置
		用地区位适当	上班、上学近便	基地位置选择
		城市公共服务设施齐全	商店、学校、医院等近便	居住区公建配套规划
	建筑设施	住户室内	使用方便适用	房间尺度、形状、配置、流线
		公用设施	齐全、数量足够	设施、种类、规模、设备质量
		停车场地	使用方便、规模足够	停车场位置、布置、车位数量
		自行车存放	使用方便、规模足够	车库位置、停放车辆数量
		电梯设备	等梯时间短、可运大型家用物件	电梯台数、梯厢尺寸、运行速度
	信息服务	媒体接收	广播、电视接收方便	广播、电视接收设备接口设置
		通信服务	适应通信技术更新发展	管线配置及接口设置
	社区服务	生活服务	可利用多种服务项目	服务设施配套，服务内容齐全
		物业服务	可便捷维修保养建筑设施	管理设施配套，项目内容完善
舒适性	环境空间	基地条件	用地保证日照、通风、私密性和街景要求	总平面布置、住栋与周边空间关系
		日照、采光、通风	保证日照、通风、采光符合卫生标准	住栋间距、方位、形体、采光方式、通风措施
		私密性条件	防视线干扰、隔声	住户布局、门窗布置与门窗构造
		自然景观环境	居室面向自然开放空间	朝向、景向与开间尺寸
		室内空间形态	家具布置灵活、空间舒畅	结构形式及布置
	行为空间	生活行为单元空间	门厅、起居室、卧室、厨房、餐厅、卫生间、储藏等单元空间尺度适宜	各房间使用面积，平面布置与设备、家具布置形式
		适应老龄化使用		
	环境设备	通风换气	空气流通，有利于排除湿、热、臭气	外墙开口形式、尺寸、位置与数量
		热工环境	室内保温隔热、干燥防潮	外墙热工性能，窗户形式与构造
		声学环境	隔断室外噪声及户间声音干扰	门窗构造、墙体与楼板隔声性能
		室内照明	满足个人使用需要（亮度、氛围）	照明灯具形式、位置、数量与控制方式
		采暖空调	满足个人使用需要（温度、湿度）	设备规格、功能、布置方式
		给水排水	冷、热水供应充足，排水畅快	给水系统、热水系统、排水系统
		洗衣、晾晒、干燥	方便操作、简便省力	洗衣机布置，晾晒场所设置
	环境卫生	垃圾处理	不影响环境，方便回收利用	垃圾收集方式，设备布置，资源化处理装置
		室内保洁性	防虫、防害、易清扫	墙地面装修材料选择，通风措施
		建材环保性	室内装修有利于空气质量，环保防害	材料选择，换气通风

续表

适居性构成要素 / 设计目标		居住者择居需求	相关性设计要素
安全性	抗震、减灾	结构坚固，不易受损，变形小	选择结构体系、形式；确保刚度
安全性	防火、防盗	消防安全，易防盗贼入侵	消防设备，监测报警系统布置
安全性	防日常活动伤害	防坠落、滑倒、碰撞事故	防护栏杆设置，地面及台阶形式
适应性	自主可变性 平面布置的个性	能满足个性化布置要求	空间尺度、结构形式、管线布置
适应性	自主可变性 平面布局可变性	能适应家庭生活变化	地面装修、隔断材料构造等
适应性	空间丰富性 入口空间布置	平面形状，空间高度富有变化	平面及剖面设计形式
适应性	空间丰富性 室内外空间联系	视线通透，空间形态多变	平剖面空间布局、门窗设置
适应性	空间丰富性 空间布局结构	空间层次丰富，室内外空间有过渡	门廊、门斗、门厅、过厅等交通空间组织
适应性	空间情趣性 室内活动空间	设有室内娱乐、健身运动空间	楼板与墙体的隔声、防震
适应性	空间情趣性 半室外活动空间	设有室内活动空间的灵活扩展部分	阳台、露台、外廊的设置
适应性	空间情趣性 室外活动空间	方便户外活动接触自然	庭园、屋顶花园、阳台、露台设置
适应性	空间情趣性 交往活动空间	有利诱导邻里交往活动	大厅、走廊、楼电梯等公用交通空间设计
适应性	空间情趣性 宠物饲养空间	可供饲养宠物	空间场地、隔声、防污清洗设施
适应性	视觉艺术性 外观造型	形成街区和建筑个性特色	形体、屋顶形式、墙面色彩、形式、室外小品
适应性	视觉艺术性 室内空间布置	适合个人情趣爱好的环境氛围	室内装修设计
适应性	视觉艺术性 公用空间特色	独特、高雅，有助提升建筑品质	出入口，公用交通空间形式、尺度与色彩
环境协调性	城市街景和谐	形成地段、街区和建筑个性特色	立面、建筑小品、绿地及公共活动场地
环境协调性	对邻里关系无加害性	避免对相邻建筑环境的不利影响	建筑形态、窗户、楼梯、走廊、绿化、铺地、垃圾收集
环境协调性	基地排水组织	雨水系统及室外设施统筹整合	道路地面铺装及排水设施
环境协调性	保护利用自然环境	保护基地内自然植被和生态要素	庭园绿化，室外设施
经济合理性	建设成本	符合居住者收入水平的价格	结构合理，用材适当，施工快捷
经济合理性	运行成本	降低日常使用耗费	维修管理方便、建筑质量耐久
经济合理性	资产评价	有利于资产保值	区位环境、户型面积、设备性能质量

1.2.2 适居性的基本设计原则

为圆满实现居住建筑的适居性设计目标，设计者必须在居住区环境规划和居住建筑项目设计的实践中努力把握以下诸项基本设计原则。

1）正确体现以人为本的设计理念

适居性设计应以住户的实际需求为设计宗旨，最大限度地满足住户多样性的需求，并能为住户参与设计过程创造有利条件，力求使居住建筑不仅能为住户提供方便、适用、安全、卫生和美观的生活环境，而且能成为人们滋养品德修养，培植时代精神的生活场所。

2）正确体现人与自然和谐共生的设计理念

适居性设计应充分结合地理环境、气候条件并与自然生态环境相协调。居住环境质量的提高应体现可持续发展的内涵。结合我国国情，必须强调建筑节地、节能、节水、节材和环保——"四节一环保"的基本国策。

3）正确体现建筑空间与社会生活互动共生的设计理念

适居性设计应能适应社会经济发展和人们生活

方式变化产生的新需求，为居住空间提供足够灵活的适应性，尽可能为住户提供可自主安排分隔、利用空间和更换设备或设施的方便，提高空间的利用率。

居住建筑，尤其是住宅建筑可以认为是容纳人们居住活动的空间产品。该产品的空间外壳一般可具有 50 年到 100 年以上的较长使用周期，然而居住活动功能要求的变化周期则仅为 20～30 年或更短。因此，从资源的有效利用和环境可持续发展的科学发展观来确定，居住建筑适居性设计应采用动态空间的设计方法，以提高其内部空间的长期适应性能。实行把建筑的外壳结构和内部空间分隔利用所生成的填充结构分别采用既分离又相互协调的两个产品体系，用以为住户提供可多步完善和灵活改变的可能。采取不可变的外壳结构与可变的内部填充结构相结合的设计方法，有利于解决建筑空间与社会生活的矛盾，促进两者互动发展与和谐共生，提高空间资源的利用率。

4）正确体现环境心理学和生态建筑学的设计理念

适居性设计应充分运用环境心理学的原理，注重居住环境空间的领域、层次和序列的形成，并将建筑空间设计纳入整体居住环境的空间体系中，实现建筑空间与环境空间的有机整合，创造具有多样性、层次性、归属性和可识别性的居住空间环境。

适居性设计应充分运用生态建筑学原理，注重居住建筑发展可持续性的研究探索，提倡绿色生态建筑的设计准则，最大限度提高能源和材料的使用效率，最大限度减少建筑施工和使用过程中对环境的不利影响，促进低消耗、高自净、无污染、健康舒适并具有人文环境特色的居住建筑体系的普遍建立。

5）正确体现公众居住需求与社会经济发展水平综合平衡的设计理念

适居性设计不仅要考虑住户多样化的居住需求，而且还应统筹考虑有关土地供应、住房供应体制、物业管理、环保治理、社会治安、交通疏导和金融投资等多方面的客观条件，用以确立与社会经济发展水平相适应的设计目标。其中关键性的问题就是应制定科学、合理的设计标准（居住面积标准、功能质量标准），把握好各项建筑性能的适宜水平，避免产生脱离现实社会经济条件的盲目性。

1.3　适居性设计的技术标准

根据居住建筑适居性的构成要素，按照其基本设计原则实现确定的设计目标，还需要依靠相应的技术保障措施。世界上大多数国家都对居住区规划和居住建筑设计制定了相应的设计标准，借以确保各项具体的规划设计目标能与国家社会经济总体发展目标相协调。就建筑设计目标而论，居住建筑适居性设计标准就是用以衡量住户拥有的居住空间数量和环境质量的技术性控制指标。其中住户可居住空间的数量标准，即是通常所指的居住面积标准；居住空间的环境质量标准则包括对空间环境的生理要求和心理要求两方面。

1.3.1　居住面积标准

在以往计划经济年代，我国设计者对此标准的制定方法了解甚少，也较少关注。但是，在当今市场经济条件下，设计者如要在设计决策的过程中发挥能动的主导作用，就必须对此有足够的了解。居住面积标准的制定是在大量居住社会学研究的基础上进行的。它主要涉及国家居住建设总体发展目标的确定、社会居住模式发展趋势的预测和住户行为模式的分类等课题的研究。因此，建筑设计者不仅应重视相关工程技术问题的研究，而且也应重视有关社会、经济和文化问题的综合研究。这有助于设计者能从更加宏观的视野来审视和把握具体微观的设计问题，有助于开阔思路，激发创新的潜力。

1）国民居住发展目标定位

国民居住发展目标是国家根据一定历史时期社会经济总体发展目标制定的居住生活水平的建设目标（可简称国民居住目标），它是国家经济发展和居住建设投资宏观控制的基本依据，也是国民居住消费水平和承受能力的总体定位。国民居住目标的预测是现代居住社会学的重要研究内容，因为只有在正确的预测目标指导下，才能对城乡居住建筑与环境建设制定正确的总体运筹决策。

20世纪90年代，我国对"小康"居住目标进行了大量的研究并作出了科学预测。研究采取了调查预测与专家预测相结合的方法。调查预测方法的依据是从调查中获取准确而完整的实情资料。调查收集的资料可分为两类：一类是相关统计资料，如人口普查资料、家庭问卷调查统计报表等；另一类是研究人员直接参与调查获取的现场实录资料，如我国小康住宅研究参照日本经验采用的居住实态调查资料。通过对大量调查资料的分析，并比照联合国对70多个国家住宅建设投资在该国国民生产总值（GNP）中所占比重的调查统计资料，为我国小康居住目标的确定提供了较为可靠的分析与预测的依据。专家预测方法则是组织国内外住宅建筑界和相关研究领域的专家论证，发挥专业知识以及多角度思维和经验判断的特长，用以避免局限性和片面性。

国际上，国民居住目标按发展水平划分为三个等级。最低标准为一人一床；文明型标准为每户一套房；舒适型标准为每人各有一室。通过对大量调查资料分析预测和各相关领域专家研究预测，根据我国当前经济发展水平和规划目标，制定了我国小康住宅居住目标的基本定位应属国际上的文明型标准，即在21世纪初，适应国家经济发展和人民生活水平的提高，我国居民应达到每户拥有一套设施完

备的住房的居住目标，人均居住面积将超过8m^2。除国民住宅建筑外，其他类型居住建筑的建筑标准也相应得到提高。

2）社会居住模式预测

一定时期内，国民居住发展目标制定后，为落实住房建设和供应的具体实施计划，必然涉及住房供应的类型、空间形式和相应技术要求，需要从国家社会经济发展全局的角度对住房供应对象的组成特征、居住方式和变化趋向进行研究，也就是对社会居住模式的变化趋向进行量化的科学分析，以确保住房供应的适用性和使用的长效性。社会居住模式是指社会生活中人们组成住户的生活方式。住房的使用者一般简称为住户。国际上对住户的定义是广义的，在人口统计中常将住户分为常规住户和准常规住户。常规住户即指一般"家庭户"，户内群体的社会关系应是家族关系。"准常规"住户则可包括住校的学生，驻工作机构的单身职工和驻地军人等，也就是通常所称的"集体户"。社会居住模式的研究应包括对这两类住户居住生活方式及其变化的研究。

住户成员构成的特征通常称为户型，住房空间构成和形式的特征通常称为套型，一定户型的住户需要相应的适用的住房套型，这是提高居住生活水平所必需的。因此，研究社会居住模式的特征与发展趋向，对确定住户的类型和户型构成及变化趋向，并依此确定住房供应的类型、套型和套型模式具有极为重要的意义。住宅设计研究的重点是常规住户——"家庭户"的户型特征及空间需求；其他非住宅类居住建筑设计研究的对象是准常规住户——"集体户"的组成特征及空间需求，如宿舍、公寓及商住楼等建筑类型的空间构成。

住宅套型设计，是为不同户型的家庭型常规住户提供适宜的住宅套型空间，首先就要弄清家庭户型特征和变化趋向。户型特征包括家庭人口规模和家庭人口结构类型两方面。

（1）家庭人口规模

家庭人口规模是指住户家庭的人口数量，它对住宅套型的建筑面积指标和卧室空间需求构成直接的影响。通常它从户均人口数和家庭"户规模比例"两方面影响着设计标准和套型。

● 户均人口数。随着国家社会经济的发展、城市化进程和发展水平的提高以及人口老龄化的趋势，现代城市家庭人口规模普遍下降，家庭规模小型化趋势明显。我国由于执行计划生育政策，户均人口数的降势更加明显，户均人口数从中华人民共和国成立初年的4.5人/户降到1985年的3.78人/户，再到2000年降到3.20人/户，至今降势依然保持。户均人口规模的下降，意味着在同样的人口总规模下，家庭户数量的增加，所需住宅供应套数就更多，建设任务也更加繁重。

● 户规模比例。各地各时期的家庭户规模比例具有很大差异，它关系到住房供应中各种套型的分配比例。当代我国家庭户型变化的总趋势是：传统大家庭解体，家庭小型化，家庭总数快速增长。因此，适用于4口人以下的小户型住宅是今后供应的主体。

（2）家庭结构类型

根据构成家庭成员间的关系（包括性别关系、代际关系和姻亲关系），一般可将家庭人口结构分为以下五种类型：

● 单身家庭。这是已婚或未婚的孤身独居者，其中包括随着社会老龄化而逐年增长的老年独居的"孤老户"。发达国家的单身家庭比例趋高，高龄"孤老户"带来新的社会问题。

● 夫妻家庭。夫妇俩无子女或子女成婚离家分居者，其中也包括由老年夫妇构成的"老年空巢户"，这类家庭随着社会经济发展的加速和社会老龄化的进展，正在迅速增加。

● 核心家庭。是由夫妻和其未婚子女，或再加孤身老人构成的3～4口人的小家庭。它已成为当今城市家庭的主要户型，是当今住宅建设的重点考虑对象。

● 主干家庭。是由一对少辈夫妻的核心家庭与长辈（父母或岳父母）组成的复合型家庭，我国也称为

"两代户"或"老少户"。全体家庭成员包括双亲（父辈）、夫妻（子辈）和子女（孙辈）三代人。

● 联合家庭。是指兄弟姐妹各自成婚后两对以上少辈夫妻的核心家庭与长辈双亲或单亲共立一户组成的大家庭。这类家庭在城市中已极少存在，未来可不予考虑。

另外，为解决社会老龄化带来的老年群体的安居问题，常把"孤老户"、"空巢户"和有老年人同居的核心家庭或主干家庭统称为"老年家庭"。研究"老年家庭"的套型空间设计问题，是解决好居家养老方式的重要举措。

家庭人口结构影响住宅套型平面与空间的组成和组合形式，也就是户型决定着套型设计。因为家庭成员的性别、辈分、姻亲关系的不同组成，直接影响着套型内居室空间适当的生理分室。满足生理分室要求，意味着需要较多的卧室和私密生活空间。生理分室标准与住宅套型面积标准关系密切。生理分室界限应考虑生理周期和相应的学习、工作和生活的阶段性要求。一般具有2～3间卧室的住宅套型已能适应一般家庭生理分室和人口结构变化的要求。

同样，对准常规住户（"集体户"）使用的非住宅类居住建筑的套型设计，也应首先研究不同住户的组成和生活特征，确定住户适宜的同住人口规模和住户构成类型（包括社会身份、职业、性别、年龄以及种族与国籍的区分等）。

3）居住行为模式分类
（1）居住行为与功能空间

依据居住行为特性对户内空间进行合理的功能分室和生理分室是套型设计的主要任务。住户的居住生活行为一般可分为四类，并各自对应于一定的功能空间，各功能空间的尺度、形状应符合人体工学的原理。

● 私人生活行为。主要指个人就寝、更衣整容、衣物存放、学习思考等行为，其相应的功能空间是夫妇主卧室，次卧室（单人、双人、客人、儿童和

老人使用）及附设的贮藏空间等私密性空间。

●社会生活行为。主要指住户各成员起居、团聚、会客、娱乐、就餐等人际交往活动。相应的功能空间组成可有起居室、客厅、餐厅及工作室（或书房、学习室）等。

●家务活动行为。包括炊事活动、清扫洗涤活动和缝纫熨烫等。相应的功能空间主要是厨房、洗衣室。

●生理卫生行为。主要指洗浴、便溺、漱洗等个人卫生活动。其相应功能空间主要是卫生间及附属的贮物与过渡空间。

除上述主要居住行为和相应的功能空间外，住房套型中还应有与户内走动行为相应的交通空间，与贮物行为相应的公共贮藏空间以及沟通室内外活动的过渡空间（如阳台、露台、屋顶花园等）。行为空间是套型空间分划和组合的基本依据，设计方案应根据住户的意愿和套型建筑面积控制标准综合决定空间组成。一般而言，功能空间的低限面积需求决定着套型总面积低限标准。住户对功能空间的分室要求越高，套型总建筑面积标准也越高。

（2）居住行为模式与套型设计模式

住户主要成员在一定生活方式中形成的具有规律性的居住行为，可称为居住行为模式。住户的居住行为模式是由其各自的生活方式决定的。生活方式除了社会文化的共性外还具有住户自身的特性。住户自身的特性与其职业经历、文化水平、社交关系、经济收入水平以及个人的年龄、性格、生活习惯、兴趣爱好等多种因素相关，因此住户的居住行为千差万别，无论是家庭户还是集体户，他们的居住行为模式是丰富多样的。为了住宅设计与建造的方便，必须按其主要特征将住户的居住行为模式归纳成几种典型的类型，并以此作为套型内空间分隔与组合的基本依据，其所形成的空间格局，也就是套型设计模式。仅就供家庭型住户使用的住宅套型设计而言，按家庭的居住行为模式大致可归纳为四种典型类型和相应的套型设计模式：工作学习型、社会交往型、生活休闲型、家庭从业型（表1-3）。

家庭居住行为模式与套型设计模式   表1-3

家居生活类型	居住行为模式	套型设计模式
工作学习型	科技、教育、卫生等专业人员在家工作与学习进修时间多	确保良好个人学习、工作空间，需设专用工作学习房间
	待客时间较少，仅有节假日家庭聚会	强调功能动静分区，保证卧室与工作学习用房私密性
	注重家庭教育和学业辅导	提供起居空间可变性，孩子各有独立活动空间和私密领域
	夫妇共操家务劳动	厨房功能良好，空间宽敞开放，便于共同参与和交流
	定期集中购物，经常购买书报刊物	有足够的购物和贮藏空间，重点考虑书报的放置空间
	邻里交往淡漠，注重环境质量	邻里界线明显，方便环境绿化和清洁卫生
社会交往型	文艺工作者、企业家、行政干部，因职业需要社交活动较多	注重起居生活空间的情趣性
	注重亲友交往，在家待客，来访频繁	需要较大起居活动空间和方便接待的客厅、客用卫生间
	起居生活丰富,常办多种娱乐活动(品茶、影视、音乐欣赏、棋牌等)	以起居厅为套内空间组合中心，起居厅宜有良好采光、通风，良好朝向和视野
	夫妇共操家务或雇用帮厨保洁	餐厅与厨房联系紧密，厨房宽敞，设备齐全，有足够储物空间
	注重房间美观整洁	家具少而精，多设壁柜等储物空间
	注重孩子学习环境的保护	孩子应有独立房间和不受干扰的学习空间
	重视邻里间礼节性交往	邻里间宜设半公共空间
	注重住宅外观形式和环境氛围	重视建筑外观与室内空间形式，强调个性表现

续表

家居生活类型	居住行为模式	套型设计模式
生活休闲型	中青年核心家庭，成员少，孩子尚处成长期或经济收入较低	需有方便的家务活动空间，厨房宜稍大，且设服务阳台兼作多种家务活动场所
	文化层次不高，家庭生活行为以家务活动为主要特征	套内空间宜作多功能重叠使用
	退休人员、空巢户、孤老户既需要安静闲适又需方便服务与交往的环境	考虑老年特点，卫生间宜邻卧室，厨房通风良好，设备适用，设置方便室内外交往的空间和无障碍设计
	老年夫妇与青年夫妇紧邻分居相互照顾	宜考虑适合老少合住的两代居住宅
	常邀亲友来访团聚	起居厅可兼作餐厅或临时住宿空间多功能重叠使用
	各具不同业余兴趣活动（园艺种植、宠物饲养等）	起居厅、阳台、窗台等宜留有适当兴趣活动空间
家庭从业型	家庭主要成员在家从事商贸或产品加工业务（位处大城市近郊或乡镇）	设置专用工作间，低层宜采用前店后宅或下店上宅空间组合
	家庭生活空间应不受生产活动干扰，内外有别	居住空间与生产活动空间严格分区、互不干扰
	家庭起居活动与生产活动相互关联	居住空间宜设多功能的较大起居厅，生产区设置相应辅助空间
	家庭主要成员为现代白领工作职业，在家开展业务活动	设置专用业务接待与办公用房，室内空间应有职业特点和业主个性
	家居办公环境适合其自由职业特点，工作时间灵活，家务简单，需依靠社会服务	餐饮、洗涤、卫生保洁需有公共服务设施提供，考虑楼栋空间组合，宜采取公寓型或酒店式配置

　　我国地域辽阔，各地自然条件、历史文脉、经济水平和生活习惯迥然不同，居住行为受社会经济文化的巨大影响而多具地方性特点，因此套型空间设计模式也自然具有明显的地方性特点。同时，由于社会生活不断发展，住户户型和居住行为也将随时间推移而不断变化，从而对住房套型空间不断提出新的要求，因此套型空间结构还应具有足够的灵活性和适应性。总之，居住行为模式的多样性和可变性决定着住房套型设计模式的多元性和适应性的需求。不同的空间模式对套型总建筑面积标准的确定具有显著的差异，这也是制定居住面积标准时必须考虑的重要因素。

　　非家庭住户的住房套型设计模式同样与住户的居住行为模式密切相关。非家庭住户的生活方式和居住行为模式主要是由其从事的社会生活角色（职业、职务、身份等）和经济生活能力所决定的。非家庭住户一般为特定的同类社会群体，如青年学生、机关职员、企业职工、驻地军人、商务人员和离退休老年群体。由于工作性质、时间短缺、能力或精力不济等原因，生活家务需求多数需依托社会公共服务体系，因此楼栋内设有相应公共服务设施的集合型居住建筑更适合此类社会群体居住。

1.3.2　居住空间的环境质量标准

　　居住空间的质量标准是居住建筑适居性设计标准不可或缺的重要组成部分。住户对居住空间的环境质量要求，包括生理要求和心理要求两方面。生理要求是对空间环境基本物质属性的衡量控制目标，心理要求则是对空间环境提出的更高层次的精神属性的衡量控制目标。随着社会文明的进步发展，人们对居住空间的精神性环境要求将会变得更加重要。

1）环境质量的生理要求与标准

人们从生理卫生与健康的角度要求居住空间应具有足够新鲜的空气，充足的日照，明亮的天然光线，适宜的温度、湿度和安静、私密的休息环境。现代科技的进步为居住空间环境质量的改善与控制提供了科学依据和有效的技术手段，近年来，我国也相应研究制定了居住空间环境质量的基本控制目标，对居室的空气质量和声、光、热物理环境质量制定了各项科学的技术指标，并研究总结了实践中行之有效的各项技术措施。

（1）室内空气环境质量

居室环境的空气质量应保持一定的洁净度，其中最重要的是空气中二氧化碳的浓度不能高于人们健康生活必需的限度。一般来说新鲜空气中的二氧化碳含量约为0.03%，被污染的城市室外空气多会超过这个指标。然而，在人们居住的室内空间中，由于人的呼吸作用，空气中二氧化碳浓度会逐渐升高，如换气条件不良，室内空气的二氧化碳含量会超过0.1%的卫生标准，影响人的工作效率甚至健康。据美国国家航空及太空署（NASA）的研究，人们如在二氧化碳浓度1.5%的情况下暴露80min，可以出现呼吸深度增加，听力稍有下降的症状。二氧化碳浓度达到2.5%时则会出现头痛、目眩、恶心、抑郁、视觉识别域下降等症状。长期在二氧化碳浓度1%以上的环境中停留时，就会出现生理性和行为性的病态变化。因此，保证居室空间有足够容积和换气量是确保空气环境质量的基本空间条件。医学研究和社会经济的综合研究认为，我国人均室内居住空间容积至少应为$25m^3$，并应具备良好的通风换气条件。

另外，必须重视室内装修造成的有害气体的污染，对空气中其他有害气体的监控已成当务之急。2009年，中国工程建设标准化协会制定的《健康住宅建设技术规程》CECS179:2009中，对住区空气质量和竣工验收住房室内空气质量提出了相应控制标准（表1-4）。

室内环境污染物跟量   表1-4

污染物	限量值
氡	$\leqslant 100Bq/m^3$
游离甲醛	$\leqslant 0.08mg/m^3$
苯	$\leqslant 0.09mg/m^3$
氨	$\leqslant 0.2mg/m^3$
总挥发性有机物（TVOC）	$\leqslant 0.5mg/m^3$

舒适的空气环境不仅应有一定的洁净度，还需要有适宜的温度、相对湿度和气流速度，也就是还应有适宜的室内热环境条件。

（2）室内热环境质量

● 热环境质量要求与评价方法。让人体与其周围环境之间保持热平衡对居住的健康与舒适至关重要。人体是以对流、辐射、呼吸、蒸发和排汗等方式与周围环境进行热交换并借以达到热平衡的。但是，人体的生理调节能力是有限的，在不同的冷或热的环境中，人体有着不同的生理反应和主观感觉，会感觉到炎热或寒冷，舒适或不舒适。一般在舒适的热环境中，人是没有冷或热的感觉的，仅有凉爽或温暖的舒适感，人的精神饱满，反应灵敏，工作效率较高。

人的热感觉是评价室内热环境质量的重要标准，人的热感觉与温度、湿度、空气流速、房间辐射温度、衣服热阻、身体活动量六大要素相关。当前国际上通常采用丹麦的范格尔（P.O.Fanger）教授提出的PMV·PPD方法进行定性和定量的评价。它以上述六大要素为主要参数建立了较全面、客观反映室内热环境质量的热舒适方程，即人体新陈代谢产热与人体以蒸发、辐射、对流和呼吸等方式向周围环境散热的热平衡方程式：

$$H-E_S-E_{SW}-E_l-E_{re}=\pm R\pm C=Q_{SO}$$

式中 H——人体所需的热量（W）；

E_S——人体水分通过皮肤的蒸发散热（W）；

E_{SW}——人体水分通过汗液蒸发散热（W）；

E_l——人体水分通过呼吸潜热散热（W）；

E_{re}——人体水分通过呼吸干热散热（W）；

R——穿衣人体外表面与周围热环境的辐射换热（W）；

C——穿衣人体外表面与周围空气的对流换热（W）；

Q_{SO}——从皮肤到穿衣人体外表面的传热量。

式中符号"–"表示人体向环境散热；"+"表示人体由环境得热。

人体与周围环境保持热平衡是保证人体热适度的必要条件。不平衡，这个热差值就是人体调节机制的热负荷。当热负荷为0时人体感觉舒适；当热负荷为负值时，人会有冷的感觉；当热负荷为正值时，则人会有热的感觉。运用实测统计方法可获得人的热感觉与人体热负荷之间的定量函数关系，即为PMV值。PMV值与人体对热感觉主观评价的各等级的不满意率即PDD值也可以建立一定的函数关系，即为PMV–PDD函数，以此可以判断在各种热环境的居室内，处于各种活动状态、穿着不同服装的人，在居室任何位置上的热感觉。有关PMV值的计算与PDD值的统计在此从略，可另作深究。国际标准化组织（ISO）已规定了室内热环境舒适指标为PMV值，应在0.5～–0.5范围内。

1996年，我国小康型住宅结合当时国情对居室热环境质量采用了低于ISO规定的标准，因为考虑了夏季需开窗通风降温、冬季南方地区室内不采暖的情况，所以小康住宅室内热环境标准只提出了室内温度控制的范围：夏季小于28°，冬季采暖区为16～21℃，非采暖区为12～21℃。然而，随着我国经济的发展，2005年，中国工程建设标准化协会制定的《健康住宅建设技术规程》CECS179:2009对居住建筑室内热环境提出了比小康型住宅更高的要求，基本参照国际标准做了如下全面的规定（表1-5）。

居室内热环境参数指标 表1-5

参数	单位	标准值	备注
温度	℃	24～28	夏季制冷
		18～22	冬季采暖
相对湿度	%	40～65	夏季制冷
		30～60	冬季采暖
空气流速	m/s	≤0.3	夏季制冷
		≤0.2	冬季采暖
PMV指数	—	0.5～–0.5	—
气密性换气率	次/h	≤0.5	夏热冬暖地区
		≤0.3	夏热冬冷地区
		≤0.2	寒冷和严寒地区

● 改善室内热环境质量的措施：影响室内热环境PMV值的主要环境因素是室温和房间平均辐射温度，因此保持室内温度与人体温度的良好关系，是提高室内热环境质量的关键。除了利用人工方式供暖或利用空调来调节室内环境温度外，在建筑设计中采取积极的保温隔热措施是提高建筑热环境质量的重要途径（详见3.5中"适应地区气候特征的住栋设计"）。在此可概要表述如下：

① 改善夏季室内环境措施

a.建筑隔热措施。建筑隔热以屋顶隔热最为重要，其次是西墙和东墙。

b.房间自然通风组织。合理组织自然通风，引风入室，争取穿堂风应是改善夏季室内热环境的主要途径。

c.外立面遮阳措施。主要用以阻挡直射阳光从窗户进入室内，对冬冷夏热地区宜采用临时性轻便遮阳设施，对冬暖夏热地区宜采用固定建筑遮阳构件，并与绿化结合处理。

②改善冬季室内热环境措施

a.加强围护结构的保温性能。应用高效保温材料提高外墙热阻，可节约冬季采暖区建筑能耗，提高室内热舒适度，对非采暖区因效果甚微，应另做考虑。

b.加强门窗的密封保温性能。门窗的热损失占房间总热损失的65%以上，是建筑外围护结构保温的薄弱环节，改进门窗构造与材料、增强保温密封性能尤为重要。

（3）室内光环境质量

●光环境质量要求和意义：居住空间的光环境由天然光环境和人工光环境两部分组成，包括日照、采光和照明三方面的要求。创造良好的室内光环境的意义在于：

①增进人体和视力的健康，并在心理上增进居住空间的舒适感。居室中天然的光线随时变化，具有调节人体机能生物钟节奏的作用，适度的日光照射有利于促进新陈代谢和杀菌消毒，明亮的室内天然采光更有益于保护视力。同时，明媚的阳光可给人以光明和生命的象征性，促进产生积极的心理影响。

②为居住空间中展开各种日常生活行为提供良好的视觉条件和环境氛围，以提高劳作效率，增进活动的安全性和舒适感。

③正确处理天然采光设计和人工照明设计的关系，有利于从建筑整体上节约能源。天然采光设计与建筑设计密切相关，人工照明设计主要应由建筑电气设计完成，主要涉及照度标准的确定、灯具设计和灯具布置等技术问题。

●确保光环境质量的设计措施和控制标准：为创造居住建筑室内良好的光环境，建筑设计上应争取良好的朝向，确保足够的建筑日照间距，立面窗户的开设应确保足够的采光面积。建筑电气设计上，应达到合理照明水平。

①关于日照标准的确定（表1-6）。

在城市居住区中，保证居室内充足的日照往往与节约用地存在突出的矛盾。为节约用地，结合我国国情，权衡矛盾得失，目前已采用以冬至与大寒两级日照时数为日照质量的低限控制标准，改变了以往各地一律以冬至日日照时数为标准的方法。现行《城市居住区规划设计规范》GB 50180—93（2016年修订版），其日照标准的确定是综合考虑了地理纬度与建筑气候区划和城市规模（大城市与小城市用地条件有差别）两大因素，以分地区、分标准为基本原则，使多数地区较以往适当提高了日照标准，少数地区（主要是低纬度地区和西南人口密度较低地区）不降低原定标准，见表1-6。

住宅建筑日照标准   表1-6

建筑气候区划	I、II、III、VII气候区		IV气候区		V、VI气候区
	大城市	中小城市	大城市	中小城市	
日照标准日	大寒日				冬至日
日照时数（h_1）	≥2		≥3		≥1
有效日照时间带（h）	8～16				9～15
计算起点	底层窗台面				

②关于天然采光标准。天然采光标准是根据房间的不同使用性质，为达到满足视觉工作和保护视力的要求而制定的。按照国家《建筑采光设计标准》GB/T 50033—2011，居住空间室内天然采光最低要求，居室和厨房应能获得2%的采光系数。按我国III类光气候区室外临界照度5000lx计算，采光系数为1%时，房间中央0.9m高水平面的天然光照度应为50lx，完全可以满足一般视觉作业的采光要求。我国现行的《住宅建筑设计规范》GB 50096-2011，即按居住空间使用性质决定最低采光系数，规定了直接采光的居住用房的窗洞口面积与房间地面面积的比值，用以控制室内天然采光的基本照度要求（表1-7）。

居住建筑窗洞口面积与房间地面面积之比率 表1-7

房间名称	窗地比	备注
卧室起居室（厅）、厨房	1/7	本表按Ⅲ类光气候区单层普通玻璃钢侧窗计算，当用于其他光气候区或采用其他类型窗时，应按现行国家标准《建筑采光设计标准》的有关规定调整窗地比；窗洞口上沿距楼地面不宜低于2m，距楼地面高度低于0.5m的窗洞口面积不应计入采光窗面积
厕所、卫生间、过厅	1/10	
楼梯间、走廊	1/12	

③关于人工照明标准。照明质量的决定因素包括适宜的照度水平、照明均匀度、照度重点以及亮度空间分布、光照方向、光色等。适宜的照度水平是视觉最基本的要求，其标准的确定涉及生活方式、视觉保护、能源消费水平和国家节能政策等因素的综合考虑。随着国家社会经济的发展、人民生活水平的提高和照明技术的进步，我国居住建筑的室内照度标准正逐渐向国际标准（CIE）接近。国家现行《民用建筑照明设计标准》GB 50034—2013规定，居住建筑的室内照度标准按住户实际需求分为上、中、下三个照度水平，以适应不同家庭的经济收入、文化背景和生活习惯，其中高档照度水平已接近国际CIE标准（表1-8、表1-9）。

住宅建筑照明标准值 表1-8

房间或场所		参考平面及其高度	照度标准值（lx）	R_a
起居室	一般活动	0.75m 水平面	100	80
	书写、阅读		300*	
卧室	一般活动	0.75m 水平面	75	80
	床头、阅读		150	
餐厅		0.75m 餐桌面	150*	80
厨房	一般活动	0.75m 水平面	100	80
	操作台	台面	150*	
卫生间		0.75m 水平面	100	80
电梯前厅		地面	75	60
走道、楼梯间		地面	50	60
车库		地面	30	60

注：* 指混合照明照度

（4）室内声环境质量

● 声环境质量要求和意义。声环境是指居住建筑内、外各种噪声源，在住户室内形成的对居住者生理上和心理上产生不良影响的声音环境。相对于热环境等环境因素而言，声环境的影响方式更有长时期作用的特点，不同的噪声可使人在主观上产生不舒服、被干扰、烦躁、愤怒等不良心理反应，从而干扰人们的工作、休息和睡眠，损害人体健康。而且，声环境往往是居住者自身难以改变的客观环境条件，必须依靠城市规划和建筑设计的综合技术措施方可隔绝室内外存在的各种噪声源的干扰。室外噪声主要来自城市道路的交通噪声，室内噪声主要来自楼板的撞击声。据调研资料反映，居民对城市各种污染源的投诉，噪声污染占首位，改善声环境质量已成为住户改善居住环境的要求中最为强烈的意愿。

● 住户室内声环境质量标准和设计措施（表1-9）。

居住建筑室内允许噪声标准制定的原则，一是符合人们健康生活的需要，二是符合国家经济与技术条件的允许，即考虑需要和可能的结合兼顾。我国现行《民用建筑隔声设计规范》GBJ 118-88对居住建筑室内允许噪声级和隔声标准做出了相应的规定（表1-10~表1-15）。

其他居住建筑照明标准值 表1-9

房间或场所		参考平面及其高度	照度标准值（lx）	R_a
职工宿舍		地面	100	80
老年人卧室	一般活动	0.75m 水平面	150	80
	床头、阅读		300*	80
老年人起居	一般活动	0.75m 水平面	200	80
	书写、阅读		500*	80
酒店式公寓		地面	150	80

注：* 指混合照明照度

卧室、起居室（厅）内的允许噪声级 表1-10

房间名称	允许噪声级（A 声级、dB）	
	昼间	夜间
卧室	≤ 45	≤ 37
起居室（厅）	≤ 45	

高要求住宅的卧室、起居室（厅）内的允许噪声级 表1-11

房间名称	允许噪声级（A 声级、dB）	
	昼间	夜间
卧室	≤ 40	≤ 30
起居室（厅）	≤ 40	

分户构件空气声隔声标准   表1-12

构件名称	空气声隔声单值评价量＋频谱修正量(dB)	
分户墙、分户楼板	计权隔声量＋粉红噪声频谱修正量 $R_w + C$	>45
分隔住宅和非居住用途空间的楼板	计权隔声量＋交通噪声频谱修正量 $R_w + C_{tr}$	>51

房间之间空气声隔声标准   表1-13

房间名称	空气声隔声单值评价量＋频谱修正量(dB)	
卧室、起居室（厅）与邻户房间之间	计权标准化声压级差＋粉红噪声频谱修正量 $D_{nT,w} + C$	≥ 45
住宅和非居住用途空间分隔楼板上下的房间之间	计权标准化声压级差＋交通噪声频谱修正量 $D_{nT,w} + C_{tr}$	≥ 51

高要求住宅分户构件空气声隔声标准   表1-14

构件名称	空气声隔声单值评价量＋频谱修正量(dB)	
分户墙、分户楼板	计权隔声量＋粉红噪声频谱修正量 $R_w + C$	>50

高要求住宅房间之间空气声隔声标准   表1-15

房间名称	空气声隔声单值评价量＋频谱修正量(dB)	
卧室、起居室（厅）与邻户房间之间	计权标准化声压级差＋粉红噪声频谱修正量 $D_{nT,w} + C$	≥ 50
相邻两户的卫生间之间	计权标准化声压级差＋粉红噪声频谱修正量 $D_{nT,w} + C$	≥ 45

为达到规范规定的声环境质量标准，应从规划和设计上采取综合应对措施。

①城市总体规划应尽量使居住区远离各种工业或交通设施的强力噪声源。

②设置声屏障或利用道路绿化大幅度降低城市交通噪声对居住建筑环境的影响。

③居住建筑中需要安静的房间应设计布置在远离道路较安静的一侧。安静房间的上下层位置也宜安排安静的用房，以减少户间撞击噪声的影响。

④提高建筑物构件的隔声能力，特别是分户墙、楼板和外墙门窗的隔声性能。降低室内建筑与家用电器设备的噪声级。

2）环境质量的心理要求与标准
（1）空间环境的心理学意义

● 社会美育意义。环境在人们形成行为素质的学习成长过程中，具有极为重要的、潜移默化的深远影响。这种影响的心理效应取决于环境构成的内涵质量和水平。积极的、健康向上的环境，会使人受到鼓舞和激励，催人奋进，否则会使人产生消极的心理和行为、态度。因此，创造良好的居住空间环境，满足人们的各项心理需求，对培育良好的社会道德和国民素质具有不可忽视的社会美育意义。

● 心理健康意义。居住空间的环境质量对人们的身心健康、性格形成、素质培养和创造力的发挥都具有深刻的影响。长期不良的环境影响会给居住者造成心理障碍，使居住者产生心理疾病，甚至引起身体的器质性病变。调研统计资料证明，由于环境长期的拥挤、紧张、单调无趣和噪声刺激而产生的精神压迫感，会使人患溃疡病、心血管病、糖尿病等慢性疾病的机率大增。相反，良好的居室环境有利于保障身心健康，消除心理障碍，从而能更好地发挥人的潜在能力，提高社会整体效益。

● 空间功能是满足心理需求的基础。居住空间的使用功能与环境心理是不可分割的统一体。居住空间功能是以人们的居住行为模式为依据而提出的使用要求，然而对居室环境的心理要求则是基于人体工学意义的更高层次的精神需求，因为人们对居住空间的评价自然会以其居住行为的满足程度作为首要依据。使用方便、感觉舒适是人们对居住空间的最基本的环境心理要求，只有在此基础上，进一步创造生活的意义和意境，并赋予精神的寄托和表现，方能使居住者在情感化的环境中被滋养，受到积极向上的精神鼓励。建筑设计的任务就是要使建筑功能与环境心理在更高层次上统一起来，为人们提供一个方便舒适、安全健康和具有现代感的居住空间环境。

（2）空间环境的心理标准

● 安全感与健康性。保证居住者的人身安全，是人类生存的第一需要。需要安全感是人们行为经验的一种表现。当精神处于不安全的心理状态时，人们会分散注意力，降低工作效率，增加疲劳感。使人具有安全感的居住空间环境，不仅要有房屋结构坚固的安全保证，而且应有建筑部件的心理安全尺度的设计考虑，这是传统意义上的居住安全要求。然而，现代意义上的安全要求常与人们的居住健康性要求结合在一起，把保证人们健康地生活也作为对居住空间环境安全感的整体要求。人们对居住空间环境健康性的要求包括生理健康和心理健康两方面。关于满足人们生理健康所必需的空气质量、温度、湿度等环境因素的质量标准前文已经阐明。然而，有关满足人们心理健康所需考虑的环境要素则十分广泛，其质量标准也较难以量化，主要涉及居住空间的组织结构、形式、尺度、材料、色彩以及制作技艺等空间视觉要素的表现。人们生活在和谐、统一并富有节奏与色彩变化的亲切宜人的居住环境中，可受到环境积极的启示和激励，增进居住者的心理健康。

● 私密性与开放性。相对于其他类型建筑而言，居住建筑应属于人们私密性生活的空间领域；满足人们生活中对私密性活动空间的需求，是居住建筑的基本功能。居住空间缺少私密性，会限制人们活动的自由，造成精神压抑或家庭生活不和谐，不利于社会健康发展。通过设计优化住房的空间组织和合理分室，采取有效的隔声防噪和防视线干扰等措施，可以满足空间私密性的要求。然而，人们居住生活还需有开放性的活动，即需要社会交往、邻里沟通、与外界紧密联系。因此，住房空间构成应提供对外交往必需的空间条件，建筑设计应通过增强室内外空间的视觉联系，增强室内空间要素

（墙面、门窗的尺度、色彩、质感等）的开放感，达成满足居住空间开放性的要求。

● 自主性与灵活性。住房是人们生活最重要的消费品，住户总希望对自己的居住空间具有充分的使用和支配权，使其在空间布局、内部装修和家具陈设等方面皆能尽如人意。因此，需要从建筑设计上充分提供最为广泛的可能性，以便居住者实现种种自主性的要求。户内空间采用灵活的轻质分室隔墙，尽量采用与建筑构件结合的壁式橱柜替代储物性家具，提倡使用轻便易搬动的折叠式家具等措施，皆可使室内有效活动空间增进使用的自由度，满足住户对空间自主性的要求。因此，灵活性是自主性的前提，没有灵活性就不能充分实现自主性。更重要的是，人们在生活历程中，观念意识、兴趣爱好、健康状况和经济能力皆会随时间、年龄发生变化，对居住空间环境的要求不会始终停留在一个水平上，因而要求居住空间也应具有不断适应变化的可能性，这就是灵活性的要求。满足居住者对空间灵活性的要求，有利于从客观上促使人们保持积极的心理状态，增进身心健康。

● 闲适感与情趣性。人们的居住生活内容丰富多彩，生活情趣也各不相同。诚然，按照各自个性特点和兴趣爱好来美化属于自己的居住空间，让居住环境既安逸舒适又富有生活情趣向来都是人们共同追求的生活意境和审美需求。随着社会精神文化生活的发展和人们文化素质的提高，这种对生活和环境的审美需求将会变得更加迫切和丰富多样。居住空间的设计应为这种需求提供最大的方便和可能性，为住户的个性化居住活动留有足够的余地，以便住户可在自主的空间环境中实现审美创造活动，并借以发展个性、展示自我，寻求居住生活的意义和趣味。住户能按自己的心愿创造一个随意自如，富有闲适感的居住环境，并赋予环境以个人的情感和生活趣味，这是人们对居住空间品质的更高层次的要求。

● 自然感与回归性。人是自然界的一员，现代

工业文明的发展使人口剧增，城乡分化，人与自然的关系逐渐疏离。不断恶化的生态环境对人们的生理和心理健康构成极大威胁，从而唤醒了人们回归自然的天性，寻求重新回归大自然的途径。居住建筑设计应满足人们亲近自然的回归性心理需求，采取多种方式引入自然要素，创造富有自然感的室内空间环境条件，如尽可能提供足够的盆栽绿化的空间，或利用宅旁庭园、生活阳台、建筑墙面和屋顶平台等增加环境绿化空间，为居住者参与环境绿化，改善住区生态环境，增强居住空间的自然感与回归性提供空间与技术上的支持。

居住空间的质量标准集中体现了住户对空间环境的选择意向，是衡量住房使用价值的重要依据。它不仅适用于供家庭型住户居住使用的住宅建筑，而且也同样适用于供非家庭型住户使用的其他各类居住建筑（如宿舍、公寓、商住综合体等）。这是任何居住类建筑设计皆需体现的共性。由于住房供应对象的个体或群体特性的差异，各类居住建筑在具体的各项设计指标上仍存在着不少细微的差别，在本书有关各章中分别予以讲述。

居住建筑的适居性设计应在居住空间的质量上体现均好性的原则，应尽可能使每套住房不仅满足居住面积标准的要求，而且也满足居住空间质量标准的各项相关要求，随着我国社会经济和建筑科学技术的发展，人民生活水平的进一步提高，国家住房建设将会在数量与质量方面，不断提出更为科学和更高标准的要求。

1.4　居住建筑的技术经济评价

建筑业是我国经济建设中的支柱产业，而居住建筑约占建筑总量的2/3，因而在建筑业中占有极重要的地位。据统计预测，我国城市住宅建设在今后相当长的一段时期内，仍将保持每年新建住宅1.0亿～1.5亿m²建筑面积的增长速度，到2010年，我国城乡新建住宅存量将达150亿m²以上。如此大量的兴建规模意味着巨大的物质资源和人力资源的投入。我国是个人口大国，因此也是人均资源占有量相对紧缺的国家，为更有效地利用我国有限的建设资源，进一步改善居住建筑的功能质量，全面提高居住建筑的社会效益、经济效益和环境效益，对建设项目的实施，特别是对其关键性技术阶段——建筑设计阶段的质量进行客观而科学的技术经济综合评价是十分必要的。通过技术经济评价可以促进设计者更加积极有效地改进设计方法，对建筑的总体布局、功能配置、空间组合和各项技术措施等进行切实可行的全面优化设计，力求在限定的技术经济条件下达到预期的建设目标，或在限定的经济条件下，创造出更多更优的使用价值。同时，通过科学的技术经济评价，也有利于正确处理技术先进与经济合理之间的辩证关系，力求达到在先进技术条件下的经济合理和在经济合理基础上的技术先进的目标。

1.4.1　技术经济评价的构成要素

依照工程技术经济效果的基本概念，居住建筑技术经济效果应以其建筑功能效果和社会劳动与资源消耗之比较来综合衡量。居住建筑的使用功能必须满足住户对其适用性、安全性和健康性等的基本要求。在相同的社会劳动与资源消耗的投入成本下，如能获得较高的建筑使用功效，也就表明该建设项目具有较高的技术经济效果或性能。只有通过建筑使用功能和社会总消耗的综合考核，才能更为全面正确地评价居住建筑项目的设计效果和建设效果。因为居住建筑的使用功能效果不仅与施工技术水平和工料选用与耗费相关，而且与建筑设计方案的选择密切相关，不同的设计方案，其功能效果差异极大。因此，对设计效果本身进行量化评价，有利于从根本上改进建筑功能效果，并促进建筑设计水平的提高，同时也有利于避免片面追求经济效益而影响建筑功能质量的倾向。

1）建筑功能效果评价的构成要素

建筑功能效果是影响技术经济综合评价效果的主导方面。建筑功能效果的优势主要取决于项目采用的设计标准和设计措施两方面的技术要素。

（1）设计标准

设计标准是国家为促进居住建筑建设的健康发展，在社会主义市场经济条件下实现必要的宏观调控和科学管理而制定的指导性技术指标。它是一定时期中与国家经济发展水平相适应的人民居住需求水平的一般体现，也是国家宏观社会经济政策的具体体现。因而国家制定的设计标准具有相应的法规的约束性意义，是同类建设项目中应严格执行的技术标准。国家建设主管部门也依此采取具体措施，对商品住房的开发建设实施技术性指导。

居住建筑的设计标准主要是依据大量性城市集合住宅的大众化需求制定的，一般包括住户套型总建筑面积标准和空间质量标准两类指标与标准。其中套型总建筑面积标准是根据国内实践资料研究并参照国际相应建设标准而制定的重要经济指标，它应是设计方案建筑功能评价的基本依据。有关套型内空间质量标准的制定通常应包含三项基本内容：

- 对应于使用功能的室内环境标准。

包括对日照、通风及声、光、热环境物理性能应达到的计量标准。

- 建筑设备与设施标准。

包括厨房、卫生间器具的配置及水、暖、气、电及通信等设备系统的设置标准。

- 建筑结构安全和防灾、防卫设施标准。

包括结构抗震等级、消防设置等级、人防设置等级和安全防犯罪设施的设置标准等。

我国在各个建设时期，为实现社会经济协调发展的宏观控制目标，皆曾制定了与该时期国家社会经济发展相适应的住宅设计标准。除用于指导城乡普通住宅设计与建设的通用标准外，还有为特定

的建设政策研究与工程试点制定的指导性的设计标准，如：1994年，为2000年小康住宅研究制定的《城市示范小区住宅设计标准》和《村镇示范小区住宅设计标准》；2001年，为新概念住宅研究制定的《健康住宅最低面积标准》和各项室内环境标准；各地区为适用经济住宅制定的设计标准以及为工程招标、方案竞标制定的专用设计标准等。在各自适用的范围内，同样可作为评价设计项目是否符合指定建设目标的基本依据。

（2）设计措施

设计标准确定后，设计采取的应对措施便决定着设计质量的优劣与设计方案自身的特性，同时也反映着设计者业务水平的高低。因为在相同的设计标准控制下，建筑功能效果的提高，在很大程度上取决于设计技巧的成熟和设计应对措施的得当。采取相应设计措施产生的设计方案，其建筑功能效果的优劣主要应表现于下述四方面：

- 建筑平面空间布局的合理性和功效性。
- 室内空间环境质量的适居性和可控性。
- 建筑结构体系的合理性和安全性。
- 建筑造型艺术的多样性和环境协调性。

其中，建筑平面空间布局是方案设计质量的核心问题。它不仅应在限定的建筑面积标准的控制下，满足住户多样化的使用要求，而且应能有效、合理地组织建筑总体和各户套内空间的功能布局，并达到相应居住水平的要求。尤其是各户套型平面空间布局的合理性和便捷的功效性，是满足居住建筑其他各项设计要求和实现经济合理性的基础，因此它是居住建筑功能效果评价的焦点构成要素。

2）社会劳动与资源消耗的构成要素

节省社会劳动与资源的总消耗是提高居住建筑技术经济综合评价效果的另一个重要方面。社会劳动与资源的消耗应包括一次性的建设投入耗费和经常性的使用维护耗费两项的总和。前者通常表现为建筑造价（或总投资）、工期、土地资源和主要

建材的消耗；后者通常表现为日常维护费用和水、电、气、热等生活资源的日常消耗。在建筑有效的使用寿命期内，其建设投资性消耗与使用维护性消耗应取得相应的平衡才最为有利。建筑使用功能效果相当的设计方案，一般总是以具有较低社会劳动与资源消耗水平者作为优选方案的。

节省社会劳动与资源消耗、降低建筑造价并非是简单的节约建造工料耗费的问题，而是应在保证达到确定的居住质量标准的前提下，通过建筑设计方案的优化，新结构、新材料、新设备等的运用以及先进施工建造技术的采用才能达到的综合效果。其中，建筑设计方案的优化是最为重要的因素。建筑设计方案的优化主要可通过下列设计环节的优化处理来达到，并可借此发挥降低社会总消耗的作用。

（1）建筑基地选择，应尽量避开工程地质与地貌不利的地段，充分保护利用基地原状地形，以利于减少基地平整工程量，降低地基与基础的工程造价。

（2）建筑平面设计，应在住区总体规划的指导下，力求平面形状简洁，减少外墙过多的曲折凹凸，用以减少外墙周长与面积，并节约建筑日常使用能耗。

（3）居住套型平面设计，应适当增大建筑进深，缩小套型面宽，以节约建筑用地和日常建筑能耗。

（4）建筑结构设计，应积极采用新结构和新材料，减少承重结构自重和结构构件空间尺寸，提高建筑空间利用率，增强空间分隔使用的灵活性。

（5）建筑用材选择应因地制宜，就地取材，充分利用地方材料和工业废料，以利于节省运输费用，减轻工业环境污染。

（6）建筑围护结构设计，应采用适当的建筑材料和构造方案，提高建筑物理性能，确保室内环境质量要求，减少经常性使用的维护费用和能耗费用。

（7）建筑设备设计，应采用技术先进、经济适用的建筑设备系统，降低日常使用的水、电、气、热资源的消耗。

（8）建筑设计体系应有利于建筑工业化技术的发展与运用，积极采用建筑空间模数化和标准化，建筑构配件定型化和系列化设计方法。提高建筑施工工业化水平，有利于降低建造造价和缩短施工周期。

1.4.2　技术经济评价的基本原则和相关法规

1）评价的基本原则

为通过技术经济综合评价达到优化设计，圆满完成预期建设目标的目的，技术经济评价的体系、方法、指标和标准的制定，均应遵守下述基本原则，以充分反映当今世界人居环境建设的科学共识，充分体现符合我国国情并行之有效的相关建设方针和政策。

（1）评价体系应充分体现以人为本的设计理念

有利于设计方案或实施项目在一定经济条件控制下实现居住功能的最佳化，并正确处理居住建筑适用性、经济性和艺术性之间的协调关系。有利于切实体现我国既定的"适用、经济、美观"的建筑方针与政策，充分发挥社会劳动与资源投入的综合效益。

全面体现"适用、经济、美观"的建筑方针对居住建筑设计更为重要，因为它不仅是我国一定时期中为实现宏观建设目标而制定的总指导原则，而且也是建筑属性所应追求的本质意义。早在古罗马时期，建筑理论家维特鲁威就提出了"坚固、适用、美观"的建筑三要素原理。尽管建筑三要素的具体内涵会随时代的进步与发展而变化，但建筑的本质属性依旧不会改变。因此，结合国情的"适用、经济、美观"的建筑方针，仍应作为指导所有建筑活动和职业道德的准则。

（2）评价体系的构建应充分体现社会经济的科学发展观和人居环境可持续发展的建筑观

有利于正确处理人与自然、建筑与环境的协调关系，促进绿色住宅、生态住宅、健康住宅等新概念住宅体系的开发研究，有助于结合国情发展节能省地型居住建筑，全面推进居住建筑的"四节一环保"——节地、节能、节水、节材和环境保护目标的实现。

当今，资源、能源和环境问题已成为我国城镇发展的重要制约因素。面对这一困局，国家建设部已于2005年6月提出了发展节能省地型住宅和公共建筑的指导方针。这是建设和谐社会、落实科学发展观、建设节约型社会和节约型城镇的重要国策和举措，也是国家调整经济结构、转变经济增长方式、保证国家能源和粮食安全的重要举措和途径。国家这一重大基本建设方针的策略性调整，同样应具体地体现在居住建筑技术经济评价体系的构成要素中。

（3）评价方法的选择，应充分体现科学、公正和公平的原则，客观正确地反映居住建筑功能构成的特点

根据居住建筑功能构成具有复杂的多目标系统的特点，应制定相应的科学的评价方法，并根据各类功能要素的作用特性，区别采用定量或定性的评价方法。

居住建筑既是人们生活必需的物质消费产品，又是构成城乡环境视觉艺术的精神文化产品，这种功能结构的双重性和复杂性，也决定了其评价方法选择的特殊性，为此应综合运用各种评价方法的特点，制定适用的、操作简便的科学评价方法，采用定量与定性评价相结合的方式，并尽可能排除定性评价中主观因素的影响。

（4）评价指标组成应充分体现居住建筑的本质属性

正确处理实用功能与艺术形式的关系，突出居住功能适用性要求的重要性，充分满足住户对舒适健康、安全方便和绿色环保等居住功能的要求，摒弃片面追求奢华和外观形式的不良倾向。

在当今我国住宅市场尚不成熟的情况下，完全依靠市场机制来淘汰和抑制不符合适用性功能要求的

劣质产品是很难实现的，因而通过相应产品质量的科学评价，树立正确的产品质量观念和设计观念，抑制不良设计倾向和市场行为的发展显得格外重要。

（5）评价标准制定应体现可比性的原则

其中包括功能的可比性、消耗的可比性和价格水平的可比性。不具备可比性条件的指标与标准，应采取适当的转化方法，使其具有可比性后方可进行评价比较。

评价指标体系中，原本可以定量计算的指标，只需采用统一计量标准和相关计量规定，便可满足可比性条件。但许多只能进行定性评价的功能指标则需采取适当的方法解决定性指标实现定量计算的问题，这也是所有评价指标满足可比性条件，实现综合计量评价的关键。

2）相关技术经济评价法规

我们知道居住建筑包括多种建筑类型，目前尚无适用于所有居住建筑类型的技术经济评价体系。但是，无论哪种居住建筑，其主要使用功能皆是用于满足人们多种多样的居住生活需求。当然，使用功能最为典型的当属各种住宅类建筑，其他居住建筑技术经济评价的核心内容基本上可依照住宅类建筑评价为范本参照制定。目前，我们可供参照的相关国家法规是《住宅建筑技术经济评价标准》JGJ 47-88。因此，我们有必要进一步了解此项评价标准的主要内容和制定的特点，进一步了解评价指标体系的构成，有助于我们结合居住建筑类型特征合理调整评价指标组成项目，也有助于正确掌握住宅功能设计的核心目标和要求。深入了解各项评价指标的评分标准，更有助于学会权衡判断各项居住功能的相互轻重比较关系，从而有助于正确掌握优化设计的目标和途径，迅速提高方案设计的主创能力。

现行国家建筑法规《住宅建筑技术经济评价标准》JGJ 47-88是采用评分指数法编制的技术经济综合评价体系，具有科学、简明和易于操作的优

点。该标准制定的主要特点是：

（1）住宅技术经济综合效果的评价，以建筑功能效果与社会劳动消耗两部分之比值来衡量，并以这两部分考评要素构成总体评价分级指标体系。

（2）该标准根据住宅建筑功能的特点，采取定量指标与定性指标相结合的评价方式。凡不能定量的指标则按定性指标处理。为了排除定性指标定量化过程中的主观因素，采用了指标定量标准值的评分法，并在广泛征集专家意见的基础上制定了定性指标的评分标准。

（3）该标准运用指数法消除了各评价指标计量单位的不同，所有评价指标皆需通过指数运算消除原计量单位，实现综合定量评价。

（4）为适应评价项目的地区性和功能多样性的差异，评价指标体系分为两级设置。一级指标是构成住宅基本功能要素的控制性指标，二级指标是根据一级指标的特性展开的分项考评内容，直接反映住宅建筑技术经济效果的具体特征。一级指标基本统一构成，不可改变。二级指标则可根据各地区或各项目的具体情况和评价要求，作出相应合理的调整，并同时配合有二级权重值的调整与制定。

（5）为体现各项评价指标在总体评价中重要性程度的差别，评价指数运算中，按指标的相对重要程度进行加权运算。各指标在总评价体系中的重要性差别以该评价指标的权重值表示，指数权重值与指标分级组成体系一致，权重值也相应分为两级。

（6）该评价标准主要适用于城镇多层住宅建筑的评价。对中高层住宅、高层住宅和低层住宅，其指标体系和指标权重值也基本适用。评价时可据建设项目特点酌情调整指标组成和相应权重使用。该评价标准主要用于方案设计的优选工作，也可用于工程建设项目的技术经济效果评价。

该评价体系除适用于一般城乡住宅建筑外，其他类型的居住建筑，如各类专用公寓和综合性商住楼等，由于核心建筑功能基本相同，均可在其方案

设计的优选工作中参照该标准的评价指标体系，并作相应调整后使用。具体操作使用方法、步骤与细则可查阅该标准相关条款，在此不予赘述。

1.5   居住建筑未来发展趋向

当今全球人口已逾60亿，据联合国预测，21世纪中叶，全球人口将达100亿，中国人口高峰将达到15亿~16亿之巨。其中4/5的人口将聚集生活在城市里，因此城市居住建筑和人居环境建设是世界性的重大发展问题。居住建筑在数量上约占城市总建筑面积的一半以上，是构成人居环境的主要组成部分。在当今城市化高速推进的世界发展趋势中，人类住区的可持续发展已成为世界各国共同追求的目标。同时，居住环境的建设，尤其是住宅建设的生产、流通和消费的各个环节，可以带动众多相关产业的发展，构成拉动国民经济发展的增长轴，因此，作为居住建筑组成的主体——住宅产业的发展，普遍受到各国政府和经济企业界的重视。

1.5.1   新世纪人类住区共同的发展目标

人类美好的住区环境离不开美好的居住建筑环境的建设。然而，如1999年国际建协第20届大会主旨报告所言：在20世纪，人类花了大半个世纪才认识到人居环境的重要性。自1976年联合国第一次"人类住区"大会发表《温哥华宣言》后，经过了20年的时间，即到了1996年，才在伊斯坦布尔，联合国第二次"人类住区"大会发表《伊斯坦布尔宣言》，提出了一个响亮的目标，即"城市化进程中可持续发展的人类住区"及"人人皆有合适的住房"。人们终于找到了时代的议题和努力方向，这

是时代的进步。

1996年6月在土耳其伊斯坦布尔召开的联合国人类住区第二次大会（简称"人居二"大会），通过了《伊斯坦布尔宣言》和《人居议程》，反映了世界各国政府改善住区条件和促进住区可持续发展的共同愿望。2001年，在人类刚跨入21世纪之时，联合国又召开了"伊斯坦布尔+5"人居特别大会，全面审评了《人居议程》在各国的执行情况。我国政府建设部与外交部共同撰写了《中华人民共和国人类住区发展报告》（1996～2000年）。该报告概括了"人居二"大会以来，我国在城镇化进程中坚持可持续发展，为提高住区建设水平所完成的主要工作、取得的成就、采取的政策以及对今后的展望与对策，报告提出了2006年全国城镇争取实现每户有一套功能基本齐全的住宅、人均建筑面积达到22m²的目标，同时，要求进一步提高工程质量，初步建立住宅及材料、部品的工业化和标准化生产体系。报告还指出，人类住区问题不仅是居住环境物质条件的建设和改善的问题，而且应包括住区文化精神、道德意识的建设与改善。《人居议程》在世界各国执行的情况表明：21世纪是世界环境可持续发展战略从提出走向全面实施的世纪，人类住区可持续发展已成为新世纪人类共同发展的主题和目标。

1.5.2　我国人居环境与住宅建设面临的机遇与挑战

相对于13亿庞大的人口规模，我国仍属于资源相当贫乏的发展中国家，我们不可能也不应该重复西方发达国家有过历史教训的发展老路。新世纪之初，我国正面临着极大的发展机遇与严峻的挑战。借鉴国外有益的经验和教训，研究我国居住建筑建设，尤其是住宅建设的体制、政策和生产方式，建设一个可持续发展的人居环境，是当前我国建筑学界和住宅产业界肩负的重大历史责任。中国人居环

境和住宅建设的健康发展，对于解决世界性的人居环境问题无疑是一项重大的贡献。

近十年来，随着我国住房制度的变革，住房商品化与市场化日趋成熟，住宅产业高速发展，成功地解决了城市住房严重短缺的困境。住宅供应规模逐年增长，2000年，全国住宅年竣工面积已达4.59亿m²，人均居住面积已超过10m²，提前实现了每户一套经济适用的住房的小康居住目标。同时，城乡居民住房消费水平也持续增长，全国城镇个人购房比例已达70%以上，上海、江苏、广东、四川等省市已超过或接近90%。住房消费的持续增长刺激着住宅产业的快速发展。世界银行统计预示，一个国家人均GDP达到800美元时，住宅产业将可能进入一个快速增长期。目前我国人均GDP已超过1000美元，因而我国住宅产业将会在一个相当长的时期内处于持续增量发展的阶段。实际表明，当前我国城市化进程的加速，新增城镇人口对住房的巨大需求将会长期支持住宅产业的稳定发展。据统计，"十五计划"期间，我国每年新增城镇人口约1500万，城市化率每年提高1%。新建住宅的总需求量除新增城市人口的住房需求外，还应包括现有旧住宅的更新改造和人均居住水平增长的需求。据建设部门预测，按2020年我国城镇居住水平将达到人均32m²估算，从"十一五计划"起至2020年，我国城镇新建住宅总量将达140亿m²左右，为我国住宅产业的发展提供了极其广阔的市场空间。

当今住宅产业已成为我国国民经济发展的支柱产业，2000年，我国住宅建设带动国民经济增长值为1.5个百分点。同时，市场调查显示，当前住宅供应在初步满足广大人民对居住空间数量的需求之后，正在从单纯的数量需求转向数量与质量并重的需求，并已促使住宅生产方式寻求由手工业粗放型向工业化集约型的转变。在新世纪之初，我国住宅建设已进入了一个新的发展机遇期。

然而，在肯定住宅产业对提高人民居住水平、推动国民经济增长与发展作出重要贡献的同时，我们

还必须清醒地认识到我国住宅建设和产业体系存在的问题和面临的严峻挑战。当前我国住宅生产中科技进步的贡献率仅为31.8%，低于农业的科技进步贡献率约8个百分点，低于集约型发展指标近20个百分点，尚属于典型的粗放型发展的传统产业。我国住宅建设的劳动生产率仅为发达国家的1/5左右，工业化程度很低，资源利用率低，能源浪费严重，与我国人均资源拥有量较低的国情很不适应，与可持续发展的发展战略也极不适应。

1）资源耗损巨大

1986～1996年，我国每年净减少耕地62.5万hm²，其中绝大多数转为建设用地，而用于居住建设用地的占50%以上，因烧制建筑砖材而毁损的农田多达0.6万余公顷。20世纪90年代后期，全国耕地递减形势日趋严重。2004年，全国耕地净减少80.03万hm²，我国人均耕地面积已由2000年的1.58亩减少到2004年的1.41亩，土地资源耗损极其严重。同样，用于建筑材料和部品生产而消耗的各种矿物资源，每年多达50多亿吨。大量的砂石采集、矿石采掘还造成河床、植被、土质破坏和水土流失，同时还伴随着粉尘和水体污染。

2）能源浪费严重

我国是一个耗能大国，消耗能源总量居世界第二位。仅计建筑耗用的钢铁、水泥、平板玻璃、建筑陶瓷、砖瓦砂石等几项建材生产的能耗就达1.6亿吨标准煤，占全国能源消耗的13%。据统计，2005年建筑能耗占全国商品能源消费的37.0%，北方采暖区消耗的能源达1.3亿吨标准煤，占全国能源生产的11%，其中85.6%是用于居住采暖与空调的能耗。按建筑面积计算，我国居住建筑的单位面积能耗是发达国家的3倍。

3）环境污染加剧

我国城市建设垃圾的增长速度与住宅建设的发展成正比，增长速度异常惊人。建筑施工的固体废弃物除少量金属被回收外，大部分成为城市建设垃圾。我国已有2/3的城市被堆积的垃圾包围，同时，据统计，我国因冬季采暖每年向空中排放的大量废气中，二氧化碳约为1.9亿吨，二氧化硫300多万吨，烟尘300多万吨，每年城市生活污水排放量约为190亿吨，约占废水总量的45.5%。据专家分析，全国建筑活动造成的污染加害率为34%，其中大部分产生于居住建筑的环境排放物。

总之，住宅产业是一个高消耗、高污染的产业，为实现21世纪人类住区可持续发展的共同目标，我们必须重新审视整个住宅产业在产品供应和生产过程中资源及能源的消费方式，应吸取西方发达国家在住房消费方式上因高消费、高消耗和高污染造成严重后果的教训，结合我国国情，坚持发展节地、节能、节水、节材和有利环境保护的住宅供应与生产体系，即坚持"四节一环保"的居住建筑发展方向。以期能在有限的资源条件下充分满足我国民众不断增长的居住需求，这是关系人类共同目标的历史使命，任重道远。这也是21世纪我国人居环境和住宅建设新的发展机遇和面临的严峻挑战。

1.5.3 国外居住环境和住宅产业发展经验及启示

20世纪70年代以来，西方发达国家在完成了战后重建和基本满足住房数量需求的基础上，住区发展和住宅建设出现了新的重要变化。这些变化在一定程度上反映着城市化发展进程中居住环境和住宅产业发展的一般规律与趋向，可以作为21世纪我国居住建筑和住宅产业发展战略的经验借鉴。

1）重视住区规划理论与实践的研究，满足不同社会阶层多元化的住房需求
（1）探索城市住区规划模式的变革

近年来，欧美各国住区规划在充分发挥土地使

用效率的同时，开始重新认识产业用地与居住用地的合理分布，提倡适度混合的原则以尽可能减少城市区际间的往复交通，提高城市综合效益和居民生活质量，改变了长期以来按照现代主义功能分区的规划理论刻板分区造成的城市居住、生产、商业和游憩等功能空间被相互割裂和牵制的局面，提高了中心城区的多元性和适居性，全面增强了城市自身发展的活力。住区规划适度混合的原则不仅包含城市功能的混合，而且包含居民结构（不同民族、职业、年龄和经济能力等）的混合。适度混合的住区居民结构，有利于调控城市社会阶层的居住空间分异，维护社会公平与和谐，也有利于促进居住建筑的创新与发展。

（2）尊重与保护城市文脉，探索新的城市居住模式

新村式的居住区建设在城市改造中被大量使用，破坏了原有城市结构的平衡，使得在长期历史积累中形成的城市文脉被无情切割与掩埋，城市文化的地区特色正在消失。这种城市住区发展的模式早已在西方发达国家的实践中引起广泛的质疑，从而出现了要求从新村式低密度居住模式回归街区式高密度居住模式的"新城市主义"的实践与探索。"新城市主义"理念促进了中心城区的复兴，也促进了城市住宅新形式的探索与实践，创造了大量具有城市特征的新的居住形式，体现了当今城市具有后工业化时代特征的居住需求。"新城市主义"的理论与实践，对于我国城市化进程中住区建设和居住空间模式的决策性研究，具有现实的借鉴意义。

（3）维护城市生态，寻求住区规划与自然环境相适应

居住区规划除了应与城市总体规划布局相适应外，还应与基地自然环境相协调。欧美国家大多提倡环境景观以自然绿化为主，尽量减少人工化的痕迹，以满足人们亲近自然、回归自然的心理需求。环境景观设计崇尚简约、清新和自然的审美效果，这与国内居住区景观规划设计追求宏伟、华丽的人工包装型景观的倾向恰成对比，深思其意颇有教益。

2）注重建筑的内在品质，提高居住空间的综合性能

（1）通过各种法规的制定，保障住宅综合性能的不断完善，提高居住环境的舒适度和延长住宅的使用寿命。

（2）不断开发和更新住宅部品和设备的生产技术，提高住宅部品与设备的生产质量和成套配置水平。

（3）采用工业化方式生产与安装住宅装修材料，成品住宅完成装修后销售，确保质量的均好性。

（4）居住空间设计提倡简约、朴实和回归自然的空间品质。

3）注重建筑的节能环保和居住的舒适度，开展健康住宅技术研究

（1）制定科学合理的节能计划和政策，有效降低住宅建造成本。

（2）开发新型墙体材料和节能门窗，提高住宅墙体的热工性能和门窗的保温密闭性能，有效降低居住建筑能耗。

（3）居住生活普遍使用清洁能源，以利保护生态环境，目前主要使用电能，并研究利用太阳能和风能等再生能源发电，以解决日常居住生活用电问题。

（4）广泛开展居住与健康的研究，并作为居住建筑可持续发展的核心课题之一。世界卫生组织发布了"健康住宅"的技术标准，欧共体发布了相关技术协调标准，美国设立了国家健康住宅中心。日本出版了《健康住宅宣言》等技术指导书籍，推广健康住宅建设。

4）注重建筑体系的创新，大力提高住宅建设的工业化水平

（1）在产品标准化、施工预制装配化的基础上，发展集成住宅生产体系，进一步提高住宅产业的工业化水平和产品质量，实现资源集约化利用。

（2）推行大规模定制的住宅生产模式，在确保企业经济收益的前提下充分满足客户多元化和个性化的需求。

（3）广泛采用多层和高层钢结构和高效轻质外墙板建筑体系，提高施工预制装配化水平和建材资源再利用率，降低建筑施工污染。

5）关注多层次住房供应体系的构建

基本确立由私有住宅、市场租赁住宅和福利廉租住宅均衡发展形成的多元化住宅供应体系，发挥调控社会群体关系、维护社会公正的作用。

1.5.4 新世纪我国住宅建设的发展趋向

依据21世纪人类住区发展的共同目标，深刻理解我国住宅建设面临的重大机遇与严峻挑战，比照借鉴国外当今住宅发展的动向与有益经验，汇集国家建设部相关技术文件要点和专家学者研讨的主要论述观点，展望新世纪我国住宅建设的发展趋向，主要应表现为下述若干方面的长足进步。

1）以人为本的原则

21世纪的未来住宅建设更应强调以人为本的原则。

面对社会各阶层提出的不同住房需求，无论是传统的、变革的还是时尚的需求，都应予以积极回应、充分满足，包括某些尚不被普遍认知与接受的，却可能预示着未来发展方向的需求。

当今发展的紧迫任务是摒弃片面追求奢华、沉醉于形式表现和盲目逐流跟风的倾向，切实地使住宅建设回归舒适、健康、安全、方便和环保的基本目标，使居住空间环境更加贴近自然、融入自然。具体应采取的措施是：

（1）确保住区环境和建筑设施同步建设。

（2）全面兴建健康住宅，营造绿色家园。

（3）精心规划与设计，实现最佳居住功能要求。

（4）提高设备性能和造型设计，改进建筑配置方式，增进居住空间舒适度。

（5）提高居住空间的声、光、热和空气环境质量，采用环保建材，消除室内污染，维护身心健康。

（6）关怀老年人、残疾人和少年儿童，为特殊群体的生活行为提供最大便利。

2）生态环境保护

21世纪的未来住宅建设，更应强调资源与能源的合理利用和生态环境保护等全球性重大课题，采取相应对策促进住宅产业的可持续发展，力求实现社会、经济和环境效益的统一。

当今发展的紧迫任务是充分考虑自然资源的保护和有效利用，杜绝浪费，促进人类住区与周边自然环境的和谐共生，保障居住者的健康和舒适。为此需要做到：

（1）研究优化居住形态的规划设计，节约土地资源。科学合理地整治和利用地形地貌、植被和水系，最大限度地保护自然生态环境。

（2）研究降低建筑产品能耗，大力开发保温隔热技术和低能耗采暖空调技术，提高居住空间的舒适度。

（3）研究开发利用可再生能源，大幅提高太阳能、风能、地热能的利用技术水平。

（4）研究保护淡水资源，大力发展复用与回用水技术，节约生活用水，提高水环境质量。

3）住宅标准化

21世纪的未来住宅建设，应实现高质量、高工效、低成本的目标。必须加快住宅生产标准化、工业化和集约化发展的进程，形成经济合理的住宅生产和供应体系，大幅提高我国住宅建设的产业化整体水平。

当今发展的紧迫任务是改变作坊式的生产模式，加强现代化施工组织管理，建成以体制更新和科技创新为主导的现代化住宅产业体系。为此应采取措施：

（1）强化住宅部品的标准化，完善适用部品的生产供应体系，确保建设项目的配套应用。

（2）优化成套的住宅建筑技术体系，增强市场适应能力，确保开发经营与居住使用的最大利益。

（3）建立完善的住宅性能评价与认定体系，形成住宅技术创新激励机制，提高科技进步对产业发展的贡献率，促进住宅产业向集约化内涵型发展。

4）利用现代科技成果

21世纪的未来住宅建设将进入高度重视技术创新、追求产品品质和综合经济效益的发展新阶段，应充分利用现代科技进步的成果，实现住宅产业体系的全面更新。

当今发展的紧迫任务是改革住宅技术支持体系，提高规划设计的服务质量，提供优质的建材与部品，并制定有效的质量管理措施。具体改革内容应体现在如下方面：

（1）强化建设项目的开发策划和经济技术研究，确保项目策划的科学性和先进性。

（2）强化建设方案研究，促进适用性住宅技术的推广应用并建立相应的技术保证体系。

（3）强化技术创新，提高住宅建筑的智能化水平，革新住宅设备的配备，实现居住品质的升级换代。

（4）强化建筑构造技术的研究，确保建筑防火、防漏、隔声、隔热等构造设计具备先进的技术性能。

（5）强化健康住宅技术标准的实施，成品住宅实现一次装修到位，并从技术上解决室内污染问题。

总而言之，21世纪未来住宅建设的发展是关乎国计民生的具有重要战略意义的系统性工程。重视研究我国住宅建设未来的发展趋向，全面提高住区规划和住宅建筑设计质量，更是关系我国住宅建设健康发展、实现人类住区可持续发展的首要决策性环节。规划设计理念的价值取向应产生于社会需求，回归于市场选择，其核心是"以人为本"的价值观，即为人们创造高品质的居住空间环境。中国建筑师面对新世纪我国居住环境和住宅建设的新的发展机遇与严峻挑战，不仅应全面提高自身的专业技能，而且更应在建设项目的前期策划中发挥应有的决策性作用，以确保项目设计能全面有效地体现科技进步的价值、自然生态的价值、空间环境的价值、城市文脉保护和再创造的价值。

可以相信，随着我国住房建设政策和保障体系的健全，住房供应市场的成熟，投资经营方式的日益多样化，居民的消费心理和行为更为理性，居民对住区建设的参与意识更加自觉，中国城市住房与居住建筑的发展必然会逐步稳健地走上具有自己创造性特色的轨道。

第2章　Residential Building Design 1 house type
　　　住宅建筑设计（一）——套型设计

2.1　住宅套内生活空间设计

住宅套内生活空间由各个功能房间组成，满足起居、就餐、厨卫、就寝、工作、学习以及储藏等功能需求。本章将从使用需求、家具设备、布置形式、尺寸要求、设计要点等方面对门厅、起居室、餐厅、卧室、多功能室、厨房、卫生间、储藏、阳台等套内功能空间的设计进行讲解。

2.1.1　门厅

1）门厅的使用需求

在住宅套内空间当中，门厅是联系套型内外的重要过渡空间和缓冲区域（图2-1）。随着居住条件的改善，门厅空间的设计越来越受到重视，设计时应注意满足以下的使用需求：

（1）更衣换鞋：满足操作的空间需求，并留有照镜子整理服装的合理视距；

门厅主要家具尺寸（单位：mm）　　　　　　　　　　　表 2-1

鞋架	活动鞋架	鞋架柜
伞架	伞架柜	衣帽柜

（2）衣物储藏：满足衣物、鞋帽、箱包、日常外出随身物品及部分杂物的储藏需求；

（3）寒暄接待：方便迎送和礼待客人；

（4）空间过渡：在保证交通联系便捷的同时，注意保证户内空间的私密性；

（5）个性展示：为初来访客留下良好的第一印象。

2）门厅的家具及布置形式

门厅的常用家具主要包括鞋柜、坐凳、衣柜，此外还可设置穿衣镜、伞立、屏风、装饰架等等，家具尺寸类型如表2-1所示。

根据门厅大小、形状、户门位置和家具摆放方式的不同，常见的门厅家具布置分为以下几种形式（图2-2）。

3）门厅的尺寸要求

门厅尺寸应满足鞋柜或衣柜的设置要求，常见的平面尺寸与家具布置方式如图2-3所示。

2.1.2　起居空间

1）起居空间的使用需求

起居室是家庭团聚和会客接待的主要空间（图2-4），随着经济的发展和居住生活水平的提高，起居室的功能日趋丰富、形式也日趋灵活。

除了满足接待亲朋好友、家庭集体活动等基本使用需求之外，起居室有时还兼具休闲娱乐的功能，供家庭成员使用健身器械、供儿童玩耍等等。

此外，熨烫、折叠衣物等家务劳动有时也会在起居室进行；同时，起居室中还可布置展示架、鱼缸、绿植等，起到美化家居的作用。

2）起居空间的家具及布置形式

起居空间的主要家具包括沙发、茶几、电视柜等，其他的家具物品还包括组合柜、博古架、酒柜、躺椅、钢琴、鱼缸、大型盆栽、雕塑、落地灯

图2-1 门厅的空间实例

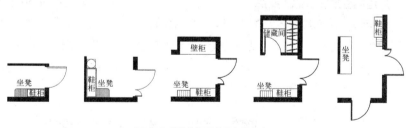

图2-2 常见的门厅家具布置形式

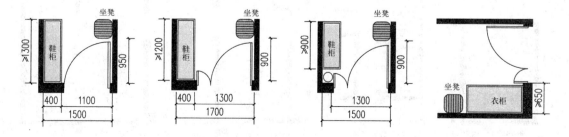

图2-3 门厅平面尺寸与家具布置方式示例

图2-4 起居室的空间实例

等，家具尺寸如表2-2所示。

起居空间的布置形式大致可划分为以下几种，如图2-5所示。首先是独立的起居空间，布置有沙发、茶几和电视柜；其次是起居与餐厅共用一个大空间，通常是起居布置在外侧、餐厅布置在内侧，在居住面积较为紧张时，这种情况更为常见；在面积稍大一些的户型当中，起居和餐厅能够做到相对分离，通常分设于入口门厅的两侧；此外，在一些大户型当中，还会将起居和餐厅并列布置形成"横厅"。

3）起居空间的设计要点

● 起居空间应具有一定的独立性，避免与其他空间穿套、形成相互干扰，因此更适宜设计为袋形空间（图2-6）。

● 起居空间应适应不同的家具布置形式，满足观看电视、聊天会客、儿童玩耍等多功能的空间需求。例如，起居空间的布置应考虑留出沙发床打开时所需要占用的空间（图2-7），为访客临时居住提供便利。

● 起居室的通行宽度不宜过小，应便于使用轮椅或助行器的老人通行。

● 起居室的家具一般沿两条相对的内墙布置，因此内墙面的长度和门洞口的开设位置会影响家具摆放（图2-8）。设计时要尽量减少直接开向起居室的门的数量，尽可能提供足够长度的连续墙面供家具"依靠"（我国的《住宅设计规范》GB50096-2011规定:起居室（厅）内布置家具的墙面直线长度宜大于3m）。

● 为了营造良好的起居生活氛围，起居室中沙发的布置要注意形成便于谈话交流的围合向心性空间，并考虑看电视时具有均好的视距和视角。

● 一些起居室当中会设置立式空调、冰箱、饮水机、酒柜等家具电器，因此在设计当中应留有余地。

4）起居空间的尺寸要求

由于起居空间的平面布局形式较为多样，因此其面积指标的变化幅度也比较大。对于独立的起居空间，其使用面积不应小于10m²，一般在15m²以

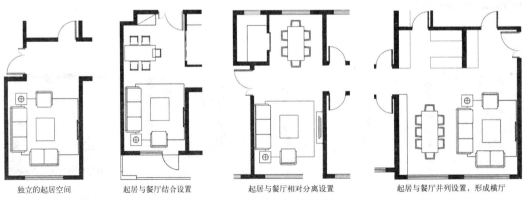

独立的起居空间　　起居与餐厅结合设置　　起居与餐厅相对分离设置　　起居与餐厅并列设置，形成横厅

图2-5 常见的起居空间家具布置形式

起居室主要家具尺寸　　　　　　　　　　　　　　　　　　表2-2

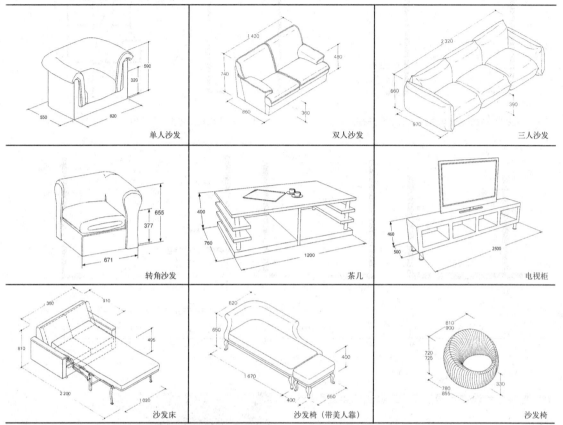

单人沙发	双人沙发	三人沙发
转角沙发	茶几	电视柜
沙发床	沙发椅（带美人靠）	沙发椅

穿套式的起居空间在使用时容易受到
人员进出的干扰

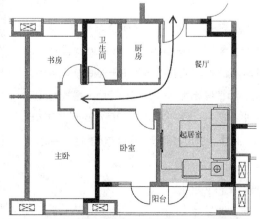

袋形的起居空间没有主要交通流线穿过，具有较好的
稳定性

图2-6 起居空间应相对独立，避免穿行

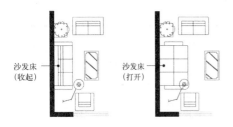

沙发床
（收起）

沙发床
（打开）

图2-7 起居空间的布置应考虑留出沙发床打开的空间

误：内墙面洞口的位置影响电视柜的布置

正：利用短走廊组织多个门洞，有效地减少了直接开向起居室门的个数

图2-8 内墙面长度与门的位置对起居室家具摆放的影响

3600   3900~4500   ≥ 6000

图2-9 不同面宽尺寸的起居室平面布置示例

上；与餐厅合设的起居空间，二者的使用面积控制在20~25m²为宜；与餐厅略有分离的起居空间，由于过道面积的并入，整体的使用面积一般可达到30~40m²；对于起居和餐厅并列设置的"横厅"空间，其面积通常也在30~40m²左右。

在典型的矩形起居空间当中，通常是一边布置沙发，一边布置视听娱乐设备，因此起居空间的面宽应满足合理的视距。常见面宽的起居室平面布置示例如图2-9所示：在小户型当中，3600mm面宽的起居室即可满足基本的功能需求；在一般的户型当中，起居空间面宽设计为3900~4500mm是较为适宜的；此外，在一些大户型当中，起居空间面宽可达到6000mm以上，满足"横厅"分区布置的空间需求。

2.1.3 餐厅

1）餐厅的使用需求

餐厅是住宅套型当中的用餐场所。随着生活水

图2-10 餐厅空间实例

平的提高，餐厅空间的设计变得越来越重要，除了需要满足家庭日常用餐的需求之外，还需满足家庭团聚、宴请宾客等招待聚会的要求以及学习上网、观看电视、棋牌游戏等娱乐需求。此外，调拌凉菜、削切水果、沏茶倒水、包饺子等食品加工活动也可能在餐厅当中进行（图2-10）。

餐厅主要家具设备的尺寸　　　　　　表 2-3

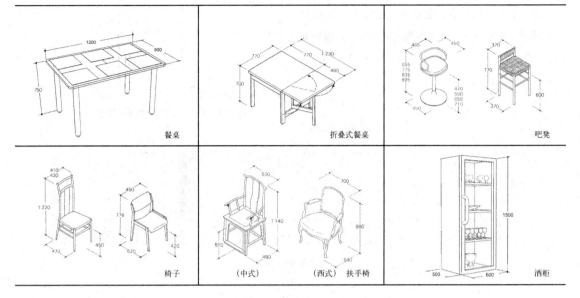

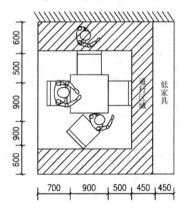
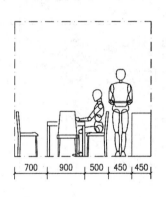
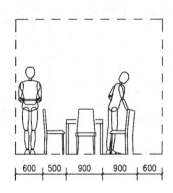

图 2-11 餐桌椅布置与墙面或其他家具的间距关系

2）餐厅的家具设备

餐厅中的主要家具为餐桌和餐椅，有时还会配置餐具柜、冰箱、电视和饮水机等，主要家具设备的尺寸如表2-3所示。

3）餐厅的设计要点

●餐厅的设计应便于餐桌椅的布置，满足通行与就座的空间需求。通常情况下，餐桌椅与墙面或高家具间的通行间距不宜小于600mm；与低矮家具间的通行

间距可适当减小，但不应小于450mm（图2-11）。

●餐厅空间应具有一定的灵活性，能够适当"延伸"，以满足节假日宴请亲朋时多人共同就餐或备餐的需求（图2-12）。

●餐厅中可沿墙布置餐边柜，利于临时摆放餐具、酒具等物品，同时兼具装饰效果。常见的餐边柜家居形式包括橱柜、条案、墙面上安装的搁板等等（图2-13），也可利用较宽的室内窗台或散热器罩起到餐桌边临时置物的作用。

4）餐厅的尺寸要求

餐厅的尺寸应与家庭就餐人数相适应，并考虑人员通行、家具摆放、灵活布置的空间需求。表2-4分别以3~4人和6~8人餐厅为例，给出了餐厅的适宜尺寸，供参考。

 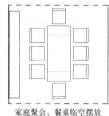

日常使用时，餐桌靠墙摆放   家庭聚会，餐桌临空摆放

图2-12 餐厅空间的设计应留有灵活布置的余地

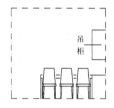 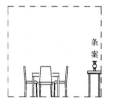 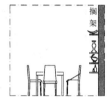 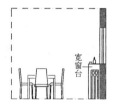

图2-13 餐具柜的常见形式

餐厅主要家具设备的尺寸   表2-4

就餐人数	3~4人	6~8人
空间尺寸（单位：mm）		

2.1.4 主卧室

1）主卧室的使用需求

主卧室是主人睡眠休息的空间，在套型中扮演着十分重要的角色（图2-14）。人的一生中近1/3的时间处于睡眠状态中，拥有一个温馨、舒适的主卧室是不少人追求的目标。

除满足基本的睡眠需求外，主卧室还应具有衣物储藏、梳妆打扮、工作学习、休闲娱乐等多种功能。

主卧室对私密性和隔声的要求较高，因此在设计中应注意避免周边视线和活动对其造成干扰。

2）主卧室的家具设备

主卧室当中的主要家具为床、床头柜和衣柜，此外还可以设置电视柜、梳妆台、写字台、座椅、躺椅、穿衣镜、衣帽架、视听设备等家具和电器。常见的家具设备尺寸如表2-5所示。

3）主卧室的设计要点

● 主卧室的设计应满足双人床临空布置的需求，

主卧室主要家具设备的尺寸　表2-5

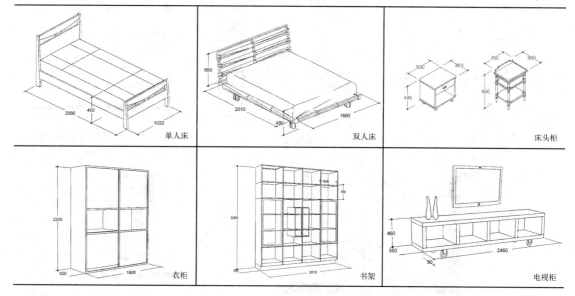

单人床	双人床	床头柜
衣柜	书架	电视柜

方便两侧上下床和整理床铺。一般情况下，床的边缘与墙或其他障碍物之间的距离不宜小于600mm；当需要照顾到穿衣弯腰、伸臂等动作时，其距离应保持在900mm以上（图2-15）。

● 在老人居住的主卧室当中，可考虑将床布置在白天阳光可以照射到的地方，使老人能够在午休时沐浴到阳光（图2-16）。

● 床不宜紧靠窗布置，否则会妨碍开关窗，同时雨天忘记关窗时有淅雨淋湿被褥的问题（图2-17）。

● 冷辐射和缝隙风易使人着凉，因此不宜将床头正对窗布置，在寒冷地区应格外注意（图2-18）。

● 对于兼有工作、学习功能的主卧室，需考虑布置书桌、书架。

● 对于年轻夫妇家庭，还要考虑某段时期在主卧设置婴儿床的需求，因此有条件时希望将主卧的进深设计得大一些，以保证在放置婴儿床的同时，不影响其他功能的正常使用（图2-19）。

4）主卧室的尺寸要求

我国的《住宅设计规范》GB50096-2011规定双人卧室的使用面积不应小于9m²。在一般的中小户

图2-14 主卧室空间实例

型当中，主卧室的使用面积通常为12～15m²；而大户型中主卧室的使用面积通常可以达到15～20m²。过大的主卧室存在空间空旷、缺乏亲切感、家具间距离较远使用不方便等问题，因此主卧室的使用面积不宜过大。

为满足典型的布置要求，主卧室的面宽净尺寸可参考以下内容确定：双人床长度（2000～2300mm）、壁挂电视厚度（200mm）或低柜宽度（600mm）、通行宽度（600mm以上）、两边踢脚宽度和家具摆放缝隙所占宽度（200mm左

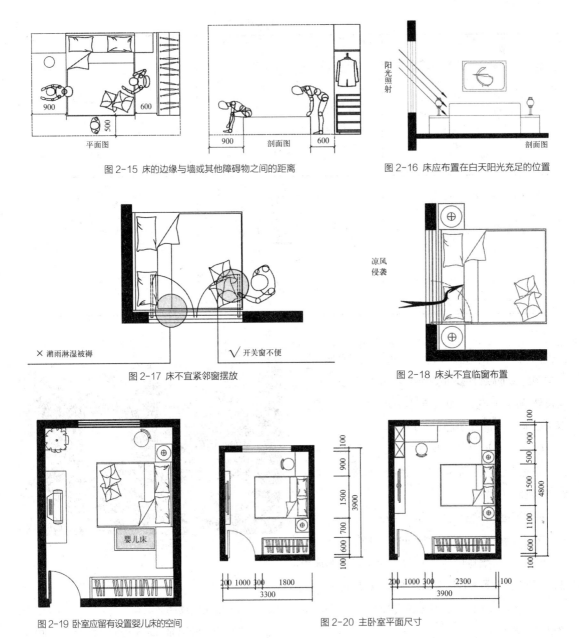

图2-15 床的边缘与墙或其他障碍物之间的距离

图2-16 床应布置在白天阳光充足的位置

图2-17 床不宜紧邻窗摆放

图2-18 床头不宜临窗布置

图2-19 卧室应留有设置婴儿床的空间

图2-20 主卧室平面尺寸

右），几者相加即为主卧室的面宽需求。因此，主卧室的面宽不宜小于3600mm，达到3900mm时较为舒适。当面积紧张需要压缩主卧室面宽时，一般不宜小于3300mm。

主卧室的进深净尺寸可参考以下内容确定：双人床宽度（1500~2000mm）、床两侧通行宽度

（600mm×2）、衣柜深度（600mm）、写字台宽度（900~1200mm）等，几者相加即为主卧室的进深需求。一般情况下，主卧室的进深不宜小于3900mm。当卧室面宽有限时，加大卧室进深能够有效提升卧室空间的实用性。

主卧室的尺寸要求可参考图2-20。

图 2-21 次卧室空间实例

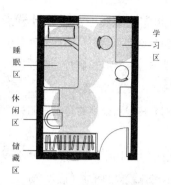

图 2-22 青少年卧室的分区布置

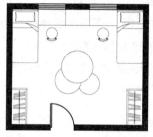

学龄前子女可在同一房间中居住、学习和玩耍

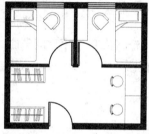

小学时期，子女分别有各自的小房间，同时共用公共活动空间

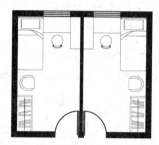

中学时期，子女各有一个房间，居住活动空间完全分离

图 2-23 子女用房的设计应满足不同阶段的居住需求

2.1.5 次卧室

1）次卧室的使用需求

由于家庭结构、生活习惯的不同，各家对次卧室的安排也不尽相同。据调查，次卧室主要作为子女用房、老人房或客房，有时也作为储藏间、家务室、保姆间等使用（图2-21）。

次卧室空间虽然不大，但需适应各种使用需求，因此更宜设计为方正的空间，以应对多种布置方式。有条件时可设置阳台，满足晒太阳、养花和储藏等需求。

2）子女用房的家具设备及设计要点

当次卧室用作子女用房时，主要的家具设备包括单人床、床头柜、衣柜、书桌、座椅、书柜、电脑等。

对于青少年而言，他们的房间既是卧室，也是书房，同时还充当客厅，接待来玩的同学朋友，因此要考虑睡眠、学习、游戏活动和储藏等多种功能需求（图2-22）。

随着生育政策的放开，"二孩"和"三孩"家庭开始增多，套型中的儿童房将扮演越来越重要的角色。儿童成长速度快，不同性别的孩子需要分室居住，因此在次卧室的设计当中要做好弹性设计。

● 可以设置上下铺或是两张床，满足两个孩子同住或有小朋友在家留宿的需求。

● 子女的书桌旁边应留有家长的座位，方便父母辅导孩子做作业或与孩子交流。

● 在二孩家庭当中，伴随着子女的成长，异性儿童需分室居住，设计时需要事先考虑到房间的分隔形式，预留好外窗，保证划分为两个空间后仍有较好的通风采光（图2-23）。

3）老年人用房的家具设备及设计要点

当次卧室用作老人房时，主要的家具设备包括单人床或双人床、床头柜、躺椅、电视机、衣柜、写字台、座椅等，布置时应重点关注以下要点。

●保证老人在观看电视时有良好的视距和视角（图2-24）。

●卧室空间的大小需能保证布置下两张单人床，满足两位老人分床就寝的需求（图2-25）。

●家具摆放时应考虑留出轮椅回转的空间，以便老人在行走能力衰退时能够使用轮椅等助行器械（图2-26）。

●充分利用好窗边空间，可将座椅和床布置在阳光充足的地方，以便老人在休息时沐浴阳光。

●老年人希望根据季节的变化来变换家具摆放的位置，如需要阳光的季节将床靠近窗布置，寒冷季节将床远离窗和外墙布置，房间尺寸需考虑家具摆放的不同可能性（图2-27）。

4）次卧室的尺寸要求

次卧室功能多样，设计时需充分考虑多种家具的组合方式和布置形式。一般情况下，次卧室的面宽不宜小于2700mm，面积不宜小于10m²。小套型中次卧室的面宽不宜小于2400mm，面积不小于8m²。

当次卧用作子女房间时，若考虑划分为2个房间的可能性，其面宽不宜小于4500mm。

当次卧室用作老年人房间，尤其是两位老年人

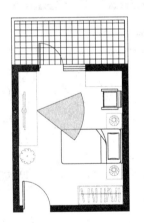

图2-24 老人用房中电视柜的布置应提供良好的视距和视角

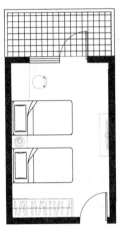

图2-25 老人房应考虑两位老人分床就寝的需求

图2-26 在护理老人房中应留出轮椅回转的空间

图2-27 考虑老人房的家具可根据季节灵活布置

共同居住时，房间面积应适当扩大，面宽不宜小于3300mm，面积不宜小于13m²。考虑轮椅通行的需求时，老年人房间的面宽不宜小于3600mm。

　　图2-28中给出了不同功能次卧室的常用平面尺寸，供参考。

2.1.6　书房

1）书房的使用需求

　　书房在住宅中其实是一个多功能空间，用于调节各种使用需求。除了看书学习，书房还可承担

临时居住、家庭娱乐、收藏展示、兴趣活动、待客谈话等多种功能，在住宅中扮演着不可或缺的角色（图2-29）。

2）书房的家具设备及设计要点

　　书房的家具设备可根据使用需求灵活配置，常见的类型包括书桌、座椅、书柜或书架、沙发、单人床或沙发床、电脑、打印机、视听设备、健身器械等等（表2-6）。

　　书房的设计应重点关注以下要点：

● 书房的空间应具有灵活性，从而根据家庭成员

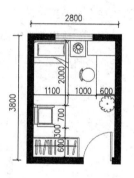

单人间次卧室平面尺寸

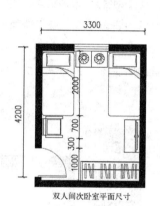

双人间次卧室平面尺寸

考虑轮椅使用情况的次卧室平面尺寸

图2-28 不同功能次卧室的常用平面尺寸

书房主要家具设备的尺寸   表2-6

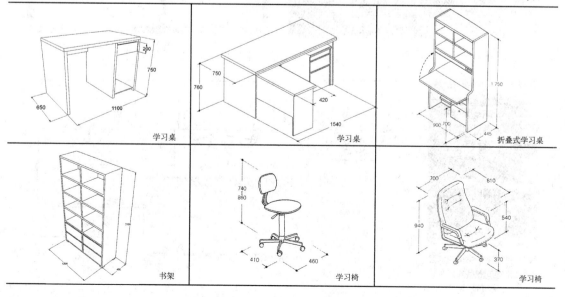

不同阶段的使用需求调整室内布置。也可设计为半开敞式，与餐起空间等相邻设置，实现空间共用，扩大公共部分的空间感（图2-30）。

● 书房常需要布置单人床或沙发床，要求能够提供一个相对独立的空间，可兼做客房，招待临时留宿的客人和亲友。

● 书桌椅的布置应注意避免电脑屏幕反光、桌面阳光反射过强、开窗淅雨淋湿桌上物品、座位与内开窗位置冲突等问题。家具的摆放布置要便于家人亲切交流、共同参与娱乐活动。如果有条件摆放两张书桌，可满足夫妻同时上网或家长和孩子一起下棋绘画的需求。

● 书架应靠墙布置以求稳定，并应方便使用者就近拿取所需的书籍物品。也可在书桌临近的墙面上布置一些横向搁板，代替部分书架的功能，这一方面能够更好地利用墙面空间，另一方面也能使物品的拿取更为方便（图2-31）。

3）书房的尺寸要求

书房的尺寸应满足书桌椅的布置需求。座椅周围要注意留出足够的空间：通常情况下，座椅活动区的深度不宜小于550mm；当座椅活动区后部不需要保留通道时，书桌边缘与其他障碍物之间的距离不宜小于750mm；当需要保留通道时，该距离不宜小于1000mm（图2-32）。

随着居住条件的改善、数字化时代的到来、SOHO（居家办公空间）模式的普及等，书房空间变得更加重要，在设计上要求空间更加灵活，或希望扩大面积，常与起居室、餐厅融合组成家中的公共空间。

在一些面积较为紧张的住宅套型当中，书房有时会由阳台、空中花园封闭而成，或由住宅内部空间分隔而成，因此面积通常较为有限，但尺寸较为自由。

图2-29 书房空间实例

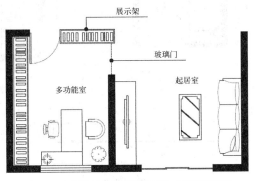

图2-30 多功能室可面向起居室开敞，实现空间共用

图2-31 在临近书桌的墙面上设置搁板可代替部分书架的功能

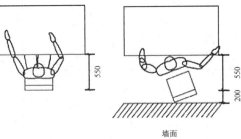
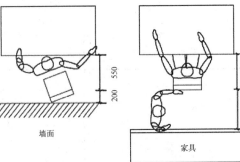

图2-32 书桌与座椅布置的平面尺寸

2.1.7　厨房

1）厨房的使用需求

　　厨房被称为"住宅的心脏"。通常情况下，空间小，功能强，设备管线较多，是设计中的难点和重点（图2-33）。

　　进行厨房设计时，首先要按照炊事行为合理地设计流程；按照人体工效学原理及操作、储存的需要，安排好操作台、洗涤池、炉灶、橱柜、管井等设备设施，充分利用空间；同时，厨房空间应与餐起空间有视觉上的联系，便于做饭时照看玩耍中的儿童，顾及老人、客人的需要，减轻劳动负担，促进家庭成员间的交流。

图2－33 厨房空间实例

　　厨房的常用家具设备主要包括操作台、储物柜、洗涤池、炉灶、冰箱、微波炉、电饭煲等，此外，根据不同的功能需要，也可能会有冰柜、烤箱、洗碗机、消毒碗柜、热水器和净水器等设备。厨房的主要厨具尺寸类型如表2-7所示。

2）厨房的家具设备及布置形式

　　●厨房的家具、设备

厨房常用设备的尺寸　　　　　　　　　　　　　　　　　　　　　　表 2-7

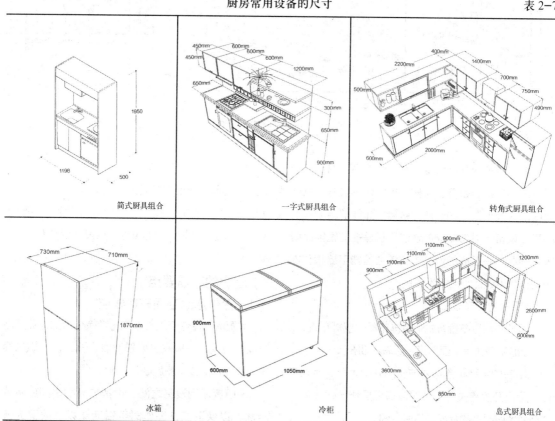

橱柜布置形式				表 2-8
单排布置	双排布置	L 形布置	U 形布置	岛式布置

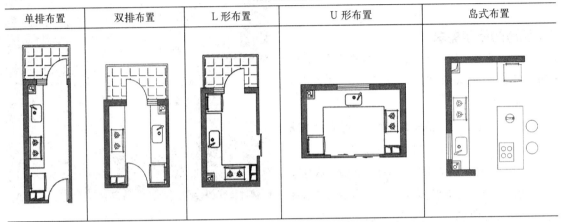

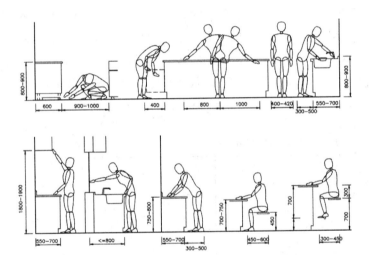
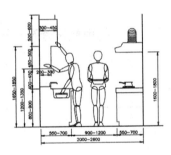

图 2-34　厨房中的人体工学尺寸

随着科技的进步和生活水平的提高，厨房会出现越来越多的小家电，如榨汁机，咖啡机等，智能家电的普及也是一种必然的趋势，如能够自动控温的烹饪设备，或者是能够通过手机遥控的智能家电等。因此，在厨房的设计中应该为这些电器和智能设备预留电源插座和摆放空间。

●厨房的布置形式

橱柜的常见布置方式有单排布置、双排布置、L形、U形和岛式等平面形式，如表2-8所示。

厨房的各种布置形式与厨房开间大小、有无阳台、是否开放有关。设计时应保证操作流线顺畅，并努力争取更多的台面和储藏空间。

●厨房空间内的人体工学

除了考虑橱柜的布置外，厨房的设计还应留出使用者操作的空间，图2-34中给出了使用者在厨房中常用的动作及其所需的尺寸，供设计者参考。

3）厨房的布置要点
（1）操作活动空间布置要点

●厨房的操作空间布局应符合操作者的作业顺序与操作习惯，一般来讲要按照拿、洗、切、烧的顺序组织操作流线（图2-35）。

●厨房常用设备之间、设备与高物之间应保持距离，以保证烹饪操作时手臂活动以及放置锅碗

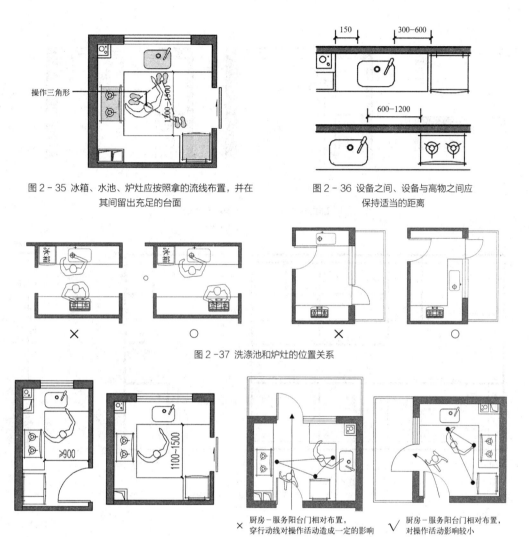

图2-35 冰箱、水池、炉灶应按照拿的流线布置，并在其间留出充足的台面

图2-36 设备之间、设备与高物之间应保持适当的距离

图2-37 洗涤池和炉灶的位置关系

图2-38 厨房通行及活动空间的必要宽度

图2-39 门的位置与操作流线的关系

等物品的空间。一般洗涤池或者炉灶与墙面的距离不应小于150mm，洗涤池与炉灶之间距离宜在600mm以上，在条件允许时，冰箱和微波炉旁也应留出一定的台面，以便取放物品时能够倒手（图2-36）。

● 炉灶与洗涤池应保持合适的位置关系，既不能靠得太近，也不能离得太远，之间最好有连续台面。控制在两步至三步间的移动距离。双列型布置时应避免炉灶与洗涤池正对，二者稍错开既可以节约空间，也方便操作者在洗涤时转头观察炉灶上的情况（图2-37）。

● 厨房中应保证充足的活动空间：厨房通行宽度最低不小于900mm，U形台面之间的通行宽度不宜低于1100mm（图2-38）。

（2）门窗布置要点

● 厨房门在布置时，应注意与服务阳台门的关系，避免穿行流线对操作活动造成干扰（图2-39）。

● 厨房窗户在设置时，应该保证洗涤池附近的有效采光。此外，应选择合适的开启方式，避免窗扇开启时与其他设备发生冲突，如内开窗与洗涤池的水龙头产生冲突，或者是对台面操作的连续性造成影响等（图2-40）。

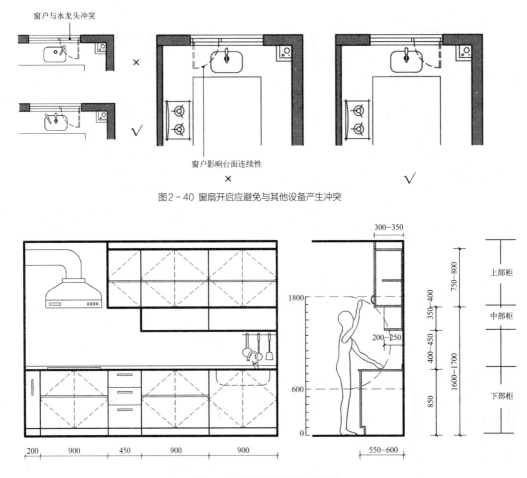

图2-40 窗扇开启应避免与其他设备产生冲突

图2-41 厨房橱柜基本尺寸示意图

（3）橱柜设置要点

● 橱柜设计需考虑人体工学。按照柜体的布置高度，可将橱柜分为上部柜、中部柜和下部柜。考虑到人操作的便利，上部柜一般深300～350mm，距地1600～1700mm，中部柜深200～250mm，距操作台面400～450mm，下部柜一般深550～600mm，平均高850mm（图2-41）。

● 重视对中部区域的利用。中部区域是指距地600～1800mm的范围，这个区域人手臂稍作伸展即可够到，是存取物品最方便，且视线最易看到的范围。中部区域可以设置中部柜、各种五金架、沥水架等，以便放置杯碟、调料瓶等常用物品。

● 橱柜应根据人体的尺度和活动范围来确定合理的柜门形式。吊柜采用平开门时，应注意门扇尺度不宜过宽，避免造成开启时人向后躲闪幅度过大（图2-42），平开门用于地柜时一般可大于450mm，用于吊柜则不宜大于450mm；较高处的吊柜不宜采用上开门的形式，避免门扇上开后位置升高，关闭时够不到（图2-43）。

（4）管井和烟道布置要点

● 厨房中的管井宜靠近洗涤池布置，使水池下水管最短，既经济又便于与立管交接，且少占柜体的有效使用空间。

● 厨房中的烟道宜靠近炉灶布置。条件允许时，烟道可靠近内墙布置，避免风管出屋顶对楼栋立面造成影响，或者是与屋面天沟或女儿墙处排水相冲突。

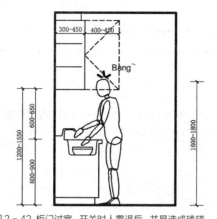

图2-42 柜门过宽，开关时人需退后，并易造成磕碰　✕

图2-43 吊柜采用上开门的形式开启后难以关闭　✕

● 布置管井、风道时宜尽量保持操作台面的连续性，各种管线、表具宜集中布置，不要占据过多的墙面和柜内空间。

● 我国南方地区气候温和，管线表具可设置在开敞的服务阳台或外墙上，节约厨房空间且便于检修。

4）厨房的尺寸要求

市场调研表明，近几年居住者希望扩大厨房面积的需求依然较强烈，但是由于套型总建筑面积的限制，新建住宅厨房的面积反而有所减少，这种矛盾给居住者的生活带来许多使用上的不便。从使用

者的角度来讲，厨房不仅有烹饪和储藏的功能需求，也需要存放越来越多的电器设备，因此对尺寸有一定的要求，使用面积不宜过小，一般需要有6m²以上，套型总建筑面积较小时，厨房使用面积也不宜低于4m²，确实有困难时，可将冰箱、微波炉等设备置于厨房外。

不同住宅类型，对厨房使用面积和设备配置要求也有所不同。下面表中根据厨房使用面积和配置的不同将厨房分为了四类，分别对应着廉租房/公寓式住宅、经济适用型住宅、普通商品住宅和高级商品住宅，供设计时参考（表2-9）。

不同类型厨房的常用尺寸和特点　　　　　表 2-9

图示	特征
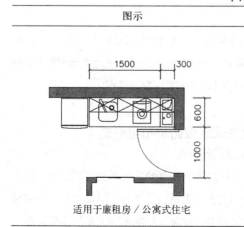 适用于廉租房／公寓式住宅	使用面积 2～4m²（含公共过道），操作台总长 1200～2400mm，净宽 ≥ 1500mm（含公共过道）。 可设置简易的厨具设备，如洗涤池，电磁炉等。（由于此类厨房通常设于套型深处，无法实现自然通风，因此不可设置燃气灶）

续表

图示	特征
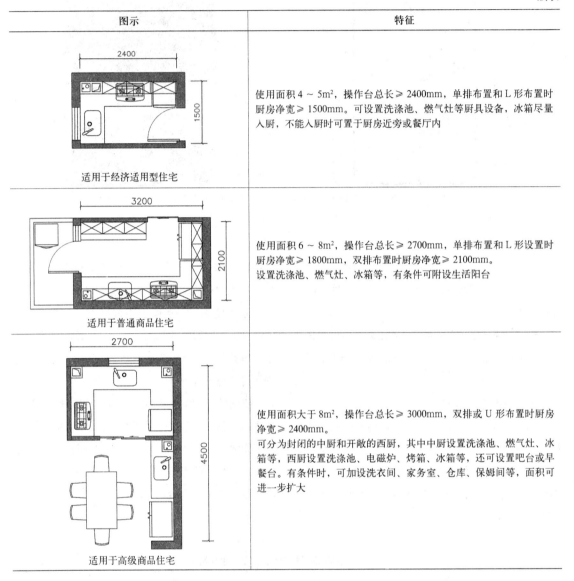 适用于经济适用型住宅	使用面积 4 ~ 5m²，操作台总长 ≥ 2400mm，单排布置和 L 形布置时厨房净宽 ≥ 1500mm。可设置洗涤池、燃气灶等厨具设备，冰箱尽量入厨，不能入厨时可置于厨房近旁或餐厅内
适用于普通商品住宅	使用面积 6 ~ 8m²，操作台总长 ≥ 2700mm，单排布置和 L 形设置时厨房净宽 ≥ 1800mm，双排布置时厨房净宽 ≥ 2100mm。设置洗涤池、燃气灶、冰箱等，有条件可附设生活阳台
适用于高级商品住宅	使用面积大于 8m²，操作台总长 ≥ 3000mm，双排或 U 形布置时厨房净宽 ≥ 2400mm。可分为封闭的中厨和开敞的西厨，其中中厨设置洗涤池、燃气灶、冰箱等，西厨设置洗涤池、电磁炉、烤箱、冰箱等，还可设置吧台或早餐台。有条件时，可加设洗衣间、家务室、仓库、保姆间等，面积可进一步扩大

2.1.8　卫生间

1）卫生间的使用需求

　　卫生间对于保证居住的卫生舒适有着重要的意义（图2-44）。

　　除满足便溺、洗浴和盥洗等基本功能外，在户型较小时，卫生间还具有家务功能，如清洗抹布、拖把，储藏清洁工具，洗涤晾晒衣物等。随着人们对居住品质提出更高的要求，卫生间还可以作为休闲空间，特别是在别墅等高档住宅中，卫生间可设置健身、娱乐、观影等功能。同时，一些新型的智能化设备也将运用到卫生间当中，在设计时需注意为其留出余地。

2）卫生间的设备及布置形式

　　● 卫生间的设备

　　卫生间的常用设备包括坐便器、洗脸池（独立式、台面式）、浴缸、淋浴房、热水装置、供暖装置、排风装置，此外，根据不同家庭的使用需要，卫生间也可能会有洗衣机、污水池、小便器、蒸汽浴室或桑拿浴房等设备。卫生间的主要设备尺寸类型如表2-10所示。

• 卫生间的布置形式

按照卫生间内洁具的件数，可以将卫生间分为二件套、三件套和四件套等布置形式（表2-11）。

卫生间常用洁具、设备的尺寸　　　　　　　　表 2-10

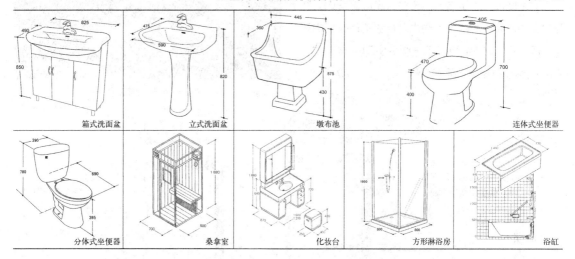

| 箱式洗面盆 | 立式洗面盆 | 墩布池 | 连体式坐便器 |
| 分体式坐便器 | 桑拿室 | 化妆台 | 方形淋浴房 | 浴缸 |

常见的卫生间布置形式（按洁具件数分）　　　　　　表 2-11

两件套卫生间	三件套卫生间
坐便器＋洗脸池	坐便器＋洗脸池＋淋浴间（或浴盆）
四件套卫生间（主卫）	四件套卫生间（次卫）
坐便器＋洗脸池＋淋浴间＋浴盆	坐便器＋洗脸池＋淋浴＋洗衣机（或小便器）

按照卫生间内的平面形式，也可以将卫生间分为长形卫生间、方形卫生间、分室形卫生间以及异形卫生间等布置形式，如图2-45所示。

● 卫生间内的人体工学

卫生间设计除了洁具的布置，还应该考虑人在卫生间中需要完成的各种动作以及这些动作所需要的空间，图2-46中列出了一些卫生间中常见动作的尺寸范围，供设计师参考。

图2-44 卫生间空间实例

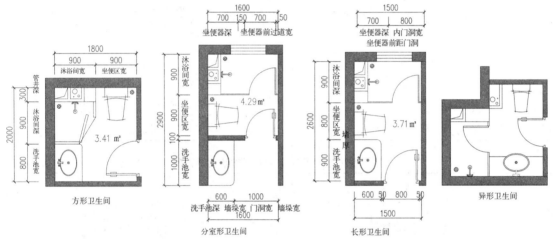

图2-45 常见的卫生间布置形式（按平面形式分）

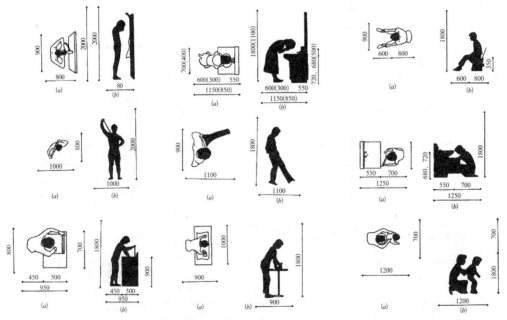

图2-46 卫生间中的人体工学尺寸（单位：mm）

3）卫生间的布置要点

● 洗手池布置要点

洗手池使用频率高，宜布置在卫生间入口附近或外侧。洗手池中心线距离墙面不宜小于450mm；布置两个洗手池时，两个洗手池之间的轴线距离不宜小于800mm；洗手池台面深度在600mm较为舒适，同时，洗手池前方宜留出500mm以上的活动空间，以保证转身、弯腰、辅助老人儿童洗漱等动作的进行（图2-47）。

● 便器布置要点

坐便器的前端到前方门、墙或设备的距离应大于500mm，以便站起、坐下、转身等动作能比较自如；人左右两肘撑开的宽度约为760mm为了保证使用的舒适，坐便器中线与侧墙的距离应大于400mm，最好为450mm，洗脸盆等设备可以为350mm。

蹲便器的布置要考虑人下蹲时与四周墙的关系，一般蹲便器的中心线距两边墙最少应为400mm，即净宽在800mm以上；同时蹲便器前方应留出充足的起身空间（图2-48）。

由于老龄社会的到来，便器旁边须考虑设置扶手，因此卫生间设计时，坐便器应尽量布置在靠墙一侧（图2-49）。

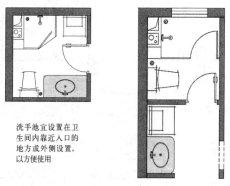

洗手池宜设置在卫生间内靠近入口的地方或外侧设置，以方便使用

洗手池在卫生间的常见布置位置

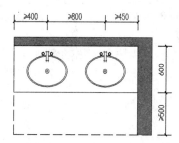

卫生间洗手池及其周边基本尺寸示意图

图2-47 洗手池布置要点

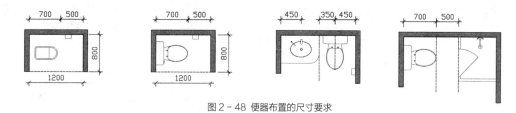

图2-48 便器布置的尺寸要求

手纸盒设置位置方便使用

临近侧墙可设置横向和竖向扶手

图2-49 扶手和手纸盒的位置及布置示例

除此之外，还应该注意便器不宜暴露在户门等公共区域的视线下，以防外部视线贯通，影响私密性（图2-50）。

●浴缸和淋浴房的布置要点

浴缸和淋浴房同属湿区，宜布置在卫生间的里侧，以便与洗手池和坐便器分开，形成干湿分区，防止水溅出来影响外侧的地面，造成滑倒等危险状况的发生（图2-51）。

设置淋浴房时，为了满足人转身、擦拭等操作的空间需求，淋浴喷头中心线距墙不宜小于400mm，淋浴区域尺寸应不小于800mm×800mm（图2-52），若淋浴间封闭，尺寸则应该更大一些（图2-53）。

浴缸的常见宽度为700~750mm，长度为1200~1500mm，为保证老人和儿童的使用安全，浴缸内腔不宜过长过深，以防下滑溺水（图2-54）。

洗浴空间布置时宜留有穿脱衣服、擦拭身体的空间，可在湿区外就近留出衣物摆放的位置（图2-55）。

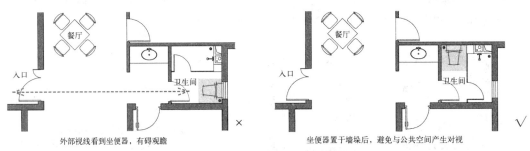

外部视线看到坐便器，有碍观瞻　　　　　　　　坐便器置于墙垛后，避免与公共空间产生对视

图2-50 便器布置应该注意私密性

浴盆与淋浴喷头合并在一个空间，与坐便器、洗手池分开，形成明确的干湿分区

图2-51 浴缸和淋浴的位置关系

浴盆与淋浴房旁留有放置脚垫的空间，防止水被带出

图2-52 卫生间淋浴间周边基本尺寸示意图

图2-53 封闭淋浴间的尺寸示意图

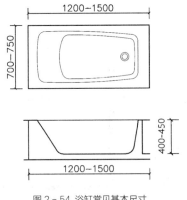

图2-54 浴缸常见基本尺寸

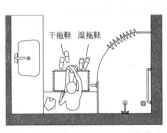

图2-55 洗浴空间外应考虑穿衣放衣的位置

主卧卫生间中一般会配置浴缸，但调研中发现一些家庭希望改成淋浴房，而淋浴房宽度一般比浴缸大，如果浴缸与坐便器距离较近，改造后淋浴屏会过度靠近坐便器，造成使用上的不便。因此设计浴缸时应注意坐便器的定位能为将来的改造留出余地（图2-56）。

• 门的布置要点

卫生间门宜设置小窗局部透光，以便人们通过灯光了解内部的使用状况。在家里有老人的情况下，卫生间门宜设置为内外均可开启的形式或者推拉门，避免人倒地后将门挡住，延误时间影响施救（图2-57）。

• 管井、风道的布置要点

管井应当首先考虑靠近坐便器、淋浴房设置，以方便管线的布置，节省材料；洁具尽可能沿同侧墙布置，以减少管线之间的交叉。

管井尽量不要设置在与卧室相邻的轻质墙上，以免管道的噪声对卧室产生影响。

为了方便套内的灵活划分留出改造的可能性，管井应尽量靠近承重墙布置。

4）卫生间的尺寸要求

• 三件套卫生间平面尺寸

三件套卫生间常用面积在3～4.5m²左右（图2-58）。

• 四件套卫生间平面尺寸

• 布置四件洁具的卫生间所占空间面积稍大，一般面积在5～6m²左右（图2-59）。

• 集成卫生间平面尺寸

近年来随着装配式建筑的发展，越来越多的

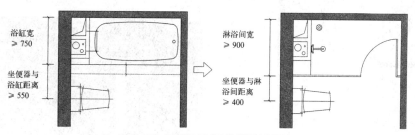

图2-56 坐便器与浴盆和淋浴间的位置关系

图2-57 老人如厕时倒地时将门
挡住，无法从外部施救

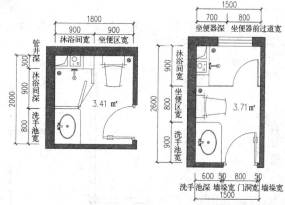

图2-58 三件套卫生间平面布置及相关尺寸

集成卫生间已开始在住宅中运用。集成卫生间在工厂中预先生产，现场进行组装，减少了现场的湿作业；除此之外，它还设有防水底盘，整体防水性能良好，有效解决了卫生间的漏水问题，是卫生间未来发展的趋势。

整体卫生间的尺寸与其中洁具的件数、工业化住宅的模数有关，三件套卫生间常见的平面尺寸为1200×2200、1500×1800等，四件套常见为1800×2000、1200×2800等（图2-60）。

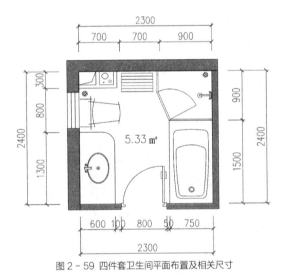
图2-59 四件套卫生间平面布置及相关尺寸

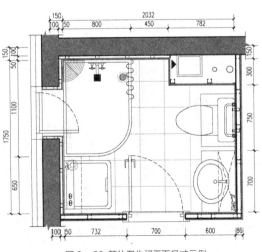
图2-60 整体卫生间平面尺寸示例

2.1.9　走道、过厅

1）走道、过厅的使用需求

在套内空间当中，走道、过厅是联系各个房间的交通纽带，要求通行便捷且不要占用过多的面积。

2）走道、过厅的设计要点

● 避免出现过长的过道浪费空间。

● 尽量提高过道的利用率，可利用过道设置储藏空间和壁柜等（图2-61、图2-62）。

● 确定过道宽度及过道中门的位置时，要照顾到大件家具（如沙发、双人床、床垫等）的进出搬运，不宜将过道设计得过于狭窄"曲折"（图2-63）。《住宅设计规范》GB50096-2011中规定，套型内部通往卧室、起居室（厅）的过道净宽不得小于1.00m，通往厨房、卫生间、贮藏室的过道净宽不应小于0.90m。

图2-61 过道的空间实例

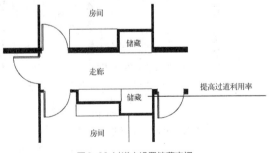
图2-62 过道中设置储藏空间

2.1.10　储藏空间

1）储藏空间的使用需求

在我国住宅的发展历程当中，储藏空间一直没有受到足够的重视，经常让位于其他的功能空间。但随着生活水平的提高、二孩和三孩政策的施行和网络购物的兴起，套型中储藏空间不足的问题日益显露出来，直接影响到了住户的居住生活品质。因此，应注重住宅套型中的储藏设计，尤其是在房价昂贵、套型总建筑面积较小的地区，更需要通过把控好储藏设计来提高空间的利用效率（图2-64）。

一些发达国家，特别是日本，对储藏空间设计有较为深入的研究。结合我国的实际情况学习借鉴相关的国外先进经验，有助于我们，进一步做好储藏空间精细化、人性化设计。

一般住宅当中需要储藏的物品分类见表2-12。

一般住宅当中需要储藏的物品分类　　　表 2-12

日常杂品	季节性物品	暂存物品
清扫工具：如吸尘器、拖布、笤帚等 维修工具：如电锯、电钻、改锥、钳子等 旅行用品：如旅行箱、行李架等 爱好用品：如渔具、露营设备 其他：折叠床、梯子等	床上用品：换季被褥、凉席等 电器：电扇、电暖气、空气加湿器等	淘汰家用电器、外包装纸箱、装修剩余材料等

2）储藏空间的设计要点

一般在一套住宅当中可设置共用储藏和各空间专用储藏，或称为集中式储藏和分散式储藏，下面分别介绍不同空间的储藏需求（表2-13）以及各类储藏空间的设计要点。

不同空间的储藏需求　　　表 2-13

门厅	考虑储藏鞋子、外衣、箱包、雨具、体育用品及儿童玩具等
起居室	考虑放置电视机、音响、机顶盒等设备，及零食、茶具等杂品
厨房	考虑存放炊具、餐具和食品，摆放电磁炉、微波炉等电器设备
餐厅	考虑摆放或展示茶具、酒具等物品
卫生间	考虑卫生用品、清洁工具、毛巾、干净衣物以及待洗衣物等
卧室	考虑存放衣物、被褥、个人贵重物品等
书房	考虑书籍、文具、文件等物品和电脑等电子设备的摆放和存储

● 集中式储藏的设置要点

在确定储藏空间尺寸、门的位置以及开启形式时，要考虑橱柜的布置，以求最大限度地利用空间（图2-65）。

储藏间宜采用轻质隔墙围合，以方便日后改造，如并入其他居室以扩大其面积等。

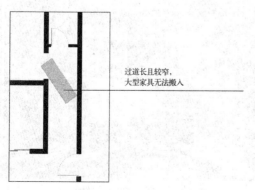

过道长且较窄，大型家具无法搬入

图2-63 狭长的过道设计不利于家具搬运

图2-64 储藏空间实例

●分散式储藏的设置要点

根据储藏物品的性质、使用情况等特征，可在不同房间设置储藏空间及家具，方便就近拿取使用

×
地面不可堆放物品
出入和取放物品不便

√
地面可堆放物品
出入和取放物品方便

图 2-65 衣帽间开门方式对使用便利性的影响

图 2-68 利用楼梯下部设置储藏空间

（图2-66、图2-67）。

此外，储藏空间还有以下一些通用的设计要点。

●充分利用"零散空间"设置储藏

利用过道、居室等的上部空间设置吊柜；利用房间边角部分设置壁柜；利用户内楼梯下部空间放置物品（图2-68）；利用坡屋顶内部空间设置阁楼（图2-69）等。

●结合物品使用频率确定其具体存放的位置

日常使用的物品要放置在随手可及的地方，偶尔使用或季节性较强的物品则可以考虑存放在吊柜等上部空间，同时要根据需要存放物品的类型选用不同的储藏方式，如橱柜式、隔板式或抽屉式。例如在日本住宅的设计当中就对储藏空间进行了细分，根据物品的类型和使用需求考虑了储藏空间的

图 2-66 在卫生间洗手池上方设置搁架，储藏洗漱用品　　图 2-67 在卧室中结合墙体设计壁柜，存放常用衣物

图 2-69 利用屋顶阁楼设置储藏空间

分布与配置，如图2-70所示。

● **结合人体尺度考虑储藏空间的分隔**

应注重从人的视线可及范围、操作姿势与柜体、门扇、贮物之间的关系及安全性角度来进行设计。如储藏空间的内部分隔、衣柜隔板高度和深度及抽屉的位置等，尤其对人伸臂可以直接够到的空间范围，要进行精细化设计，以便充分利用空间（图2-71）。

● **注意储藏空间的通风和采光**

住宅中的储藏空间通常容易设计成没有自然通风采光的"黑房间"，对于衣帽间等面积较大的集中储藏空间，为防止物品受潮、发霉，应注意采取适当的通风措施，如在门上设置百页、内部加设排风扇或抽湿机等。此外，还可通过面向其他房间开设高窗等方式实现间接通风和采光。

2.1.11　阳台

阳台是住宅室内空间与室外环境之间的过渡空间，通常具有很好的自然通风和自然采光条件，具备晾晒衣物、培植花草和储存物品等使用功能，是住宅功能中不可或缺的空间，也是住宅立面设计的重要元素（图2-72）。

1）阳台的分类

阳台按照使用功能可划分为生活阳台和服务阳台。生活阳台供生活起居使用，一般设于阳光充沛的南向或有阳光的东西向，位于起居室或主卧室外侧（图2-73）。服务阳台则是家居生活中进行家务劳动的场所，满足住户洗衣、晾衣、储藏等功能需求，通常与厨房连接，多设置在北向（图2-74）。

2）阳台设计的一般要求

● 开敞式阳台的地面标高应比室内地面标高低30～150mm，并应有1%～2%的排水坡度将积水引向地漏或泻水管。

● 阳台栏板需要具有足够的强度以抵抗侧向力，其高度应满足国家规范要求，6层和6层以下住宅不

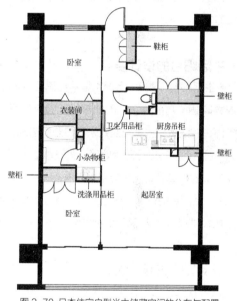

图 2-70　日本住宅户型当中储藏空间的分布与配置

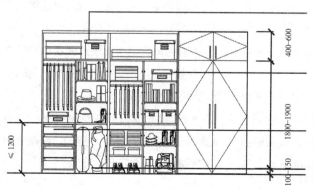

上部大空间用于储藏不常用的大件物品，如换季被褥等。

中部空间以伸展手臂可以够到的高度为上限，用于存放日常用品

考虑到安全可视和使用方法等需求，抽屉宜设在1200mm以下的橱柜部分

下部空间可放置重物和带灰尘的物品

图 2-71　结合人体尺度考虑储藏空间的划分

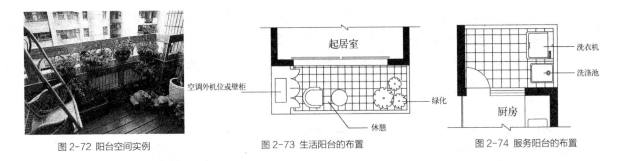

图 2-72 阳台空间实例　　　　图 2-73 生活阳台的布置　　　　图 2-74 服务阳台的布置

应低于1.05m、7层及7层以上住宅不低于1.10m。[①]

● 阳台的防盗、视线干扰等也是不容忽视的问题，在设计时应给予充分考虑。

● 阳台与空调机位的组合设计是住宅立面设计所关注的重点。

3）生活阳台的设计要点

● 生活阳台（图2-75）常常需要满足休闲、养花衣物晾晒等功能需求，因此希望能够有较好的日照条件，并注意在放置花盆处采取防坠落措施。[①]

● 阳台地面需进行防水处理，宜设置上下水，以便加设洗衣机或满足浇花的用水需求。

● 生活阳台的进深可适当增大一些，以便设置休闲座椅，供观景、纳凉等活动使用。

4）服务阳台的设计要点

过去我国住宅设计中对服务阳台不够重视，其使用性质也不明晰，设计人员仅是在厨房附近划出一块空间当作服务阳台，而没有根据相应的功能确定空间大小、进行精细化设计，导致服务阳台在住户心目中就是堆放杂物的空间。调研中发现，多数家庭的服务阳台使用状况较为混乱。

然而，厨房与服务阳台构成的服务空间是家居生活的支撑后台。在日本、韩国等国家的住宅中，非常注重服务性空间的设计，通过设置服务阳台可以满足多种家务劳动的功能空间需求，提高生活品质，减轻家庭成员的家务劳动负担，其设计经验值得我们学习借鉴。日本的服务阳台被称为家务间，一些空间内甚至设有书桌，供主妇记账、写日记、进行兴趣爱好活动等使用，并通过设置装饰品和种植盆栽等方式起到了美化空间的作用。韩国的服务阳台通常设置在北侧，贯通连接几个空间，一般在此进行烹饪、制作泡菜以及熨烫衣服等家务劳动。

鉴于上述状况，我们在进行服务阳台设计时要考虑以下要点（图2-76）：

● 将服务阳台的侧面围护结构尽量设计成实墙面，一方面需在墙上设置煤气表、自来水表等表具，另一方面也能使住户有机会依附墙面打制隔板和吊柜，或设置钩子钉挂笤帚、拖布等条形物品。

● 在寒冷地区，服务阳台可以在一定程度上发挥冰箱的储藏作用；在南方地区，服务阳台可作为管线设备的集中设置区域。

● 合理规划服务阳台空间，进行洁污分区，使储藏污物品的场所与晾晒衣物等清洁度要求较高的场所相对分开，防止相互浸染。

● 服务阳台需考虑设置洗衣机和污物池的可能性，设置好上下水管和电源插座，同时还应做好阳台内侧的防水处理。

● 有条件时可适当扩大阳台面积，结合厨房、工人房等设置洗衣、熨烫、缝纫、储藏等功能空间，以弥补家务空间的不足（图2-77）。

① 《住宅设计规范》GB50096-2011

图2-75 生活阳台的空间示例

图2-76 服务阳台的空间示例

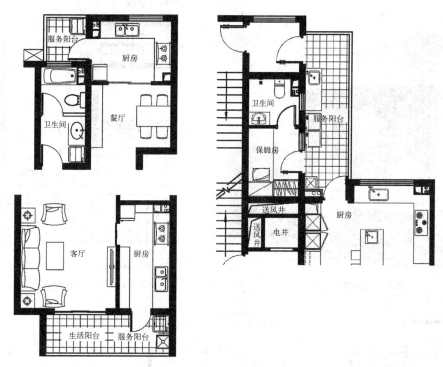

图2-77 服务阳台的设计示例

2.1.12　露台

1）露台的功能

露台是指顶部无遮盖的露天平台，一般出现在低层住宅当中，高层住宅顶层有时也会出现（图2-78）。露台空间能够为住户提供种植花草、乘凉观景、休憩娱乐的室外活动空间，还可作为晾晒衣服被褥、进行烧烤聚餐的场所。因此，带有露台的住宅套型受到了不少居住者的青睐。

2）露台的设计要点

● 露台须相对集中设置，其空间大小的确定要考虑能够满足有三四个人一起坐下，还可以摆上桌案、躺椅、健身设备等等。

● 要避免穿行卧室等私密性较强的房间进入露台（图2-79）。

● 由于露台基层需要进行找坡、保温、防水等处理，往往会使屋面构造层厚度超过居室楼面构造层厚度，造成室外标高高于室内标高；在露台门处易造成雨水倒灌，并且当高差较大时，露台的室内入口一侧将出现台阶，这对室内的地面铺装、家具布置和日常使用十分不利；因此要注意相关构造措施及空间处理，如进行降板处理等（图2-80）。

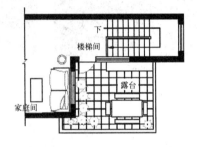

√　经由楼梯间进入露台，不会干扰其他房间的日常活动

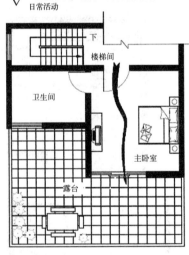

✕　经过主卧室进入露台主卧室的私密性受到影响

图2-78 露台空间实例

图2-79 露台入口位置的选择

平面

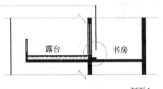

露台标高高于室内标高，室内空间出现踏步。

剖面Ⅰ

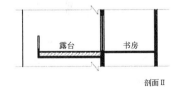

剖面Ⅱ

图2-80 露台标高与居室内标高的关系

● 国家规范规定露台栏杆和女儿墙必须采用防止儿童攀登的构造，栏杆的垂直杆件间净距不应大于0.11m。栏板或栏杆净高6层及6层以下住宅不应低于1.05m；7层及7层以上住宅不应低于1.10m。

● 相邻套型中彼此相连的平台应设分户栏板或分户隔墙，以防止视线干扰。隔墙、栏板的设计还应考虑与住宅建筑的整体风格相协调。

● 应为露台提供上下水，方便住户洗涤衣物、浇花、清洗各类用具、冲洗打扫地面等。

● 露台内侧表面应做好防水处理，特别是转角交接处，表层材料要便于清洗、擦拭，避免选用涂料等易剥落、开裂的材料。

2.2　住宅套型空间的组合设计

套型空间的组合是指将套内不同的功能空间，通过一定的方式，有机地组合在一起，从而满足不同住户的使用需求。套型功能空间的数量、组合方式往往与居住家庭的人口构成、生活习惯，乃至社会经济情况、地域环境和气候条件等因素密切相关。居住者的不同生活需求由不同的套型空间组合方式来满足，同时这种需求又随着家庭人口数量、年龄的变化而不断改变，因此套型应具备一定的灵活改造可能性，以适应居住者长生命周期需求的变化。

2.2.1　套型空间组合设计原则

1）空间分区原则

套型设计需满足居住者睡眠、炊事、就餐、便溺、盥洗、更衣、学习、娱乐、晾晒、储藏等基本的生活需求。为了满足这些需求，除了需要设置相应的功能空间，还要将这些空间按照一定的功能关系进行组合（图2-81）。

在套型设计当中通常根据各空间的使用性质、使用对象及使用时间等因素来进行空间排布，将性

质和使用要求相似的空间组合在一起，避免使用上相互干扰。常见的套型空间分区设计原则包括：动静分区、洁污分区和公私分区。

（1）动静分区

动静分区又称时间分区，是按照功能空间的使用时间进行划分的一种原则（图2-82）。

一般来说，门厅、起居室、公卫、餐厅、厨房、服务阳台和家务空间属于住宅中的动区，使用时间主要集中在白天和晚上的部分时间；而卧室、主卫是住宅中的静区，使用时间主要集中在夜晚。因此两者可分区布置，以便不同时段使用的空间相对集中联系近便。在实际使用中，这一分区也根据居住者的职业、生活习惯的不同而有所差别。

（2）洁污分区

洁污分区是指把有灰尘、烟气、污水及垃圾污染的区域与清洁卫生区域分开布置（图2-83）。

门厅是入户的必经之路，人的鞋底会从室外带来灰尘，容易弄脏此处，属于住宅中"污"的区域；而厨房、卫生间要用水，易弄湿地面，并且会散发一些气味、产生垃圾等，也属于"污"区。这些空间宜与其他"洁"区空间适当分离布置，例如不宜把厨房放在卧室区中，以免油烟气味进入卧室。

（3）公私分区

公私分区也可称作内外分区，是按照空间使用功能的私密程度来划分的（图2-84）。

一般来说，住宅中的公共空间是指门厅、起居室、厨房、餐厅、公卫等家庭成员共同使用的空间；私密空间则指的是卧室、书房、主卫等属于各位家庭成员的空间。住宅的私密性要求二者在视线、声音等方面有所分隔，并应从外向内依次布置公共空间和私密空间。一般套型中会将门厅、起居室、厨房和餐厅集中在一区，将卧室、书房、卫生间集合于另一区。

值得注意的是，套型空间的组合会受到面积大小、空间构成、交通组织、管道布置等诸多因素的影响，加上居住者的个性需求或是家庭结构的不同，功能分区也只能是相对的。设计中时常会出现

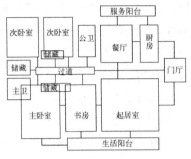

图2-81 套型空间功能关系分析图

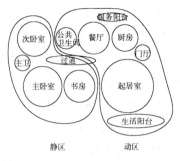

图2-82 动静分区

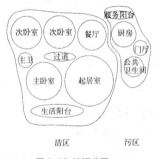

图2-83 洁污分区

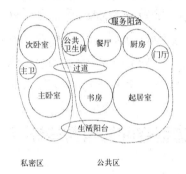

图2-84 公私分区

为照顾某些因素而使功能分区不明显或形成其他分区形式的情况，应根据具体情况灵活处理。

2）长效适居原则

在以往的住宅设计中，墙体划分、管线布置等没有充分考虑人的生命周期和家庭人口结构的变化，人与住宅的关系常常是住户被动地去适应住宅，这与"以人为本"的设计理念相背离。为满足节能减排和可持续发展的需求，住宅设计应符合长效适居原则，具体体现在适应性和可变性两个方面。

（1）适应性原则

在当前社会中，由于老龄化加重、二孩政策放开、离婚率提高、晚婚晚育现象普遍等原因，家庭结构更趋多样化，不再仅仅是单纯三口人的核心家庭，而是出现三代、甚至四代同居，家中同时有两个或更多孩子，大龄子女与父母同居，离婚家庭重组，家中个别房间出租等等多种居住状况，需要在住宅设计中引起重视。

住宅套型的适应性指套型空间设计要能够尽量适应不同社会地位、经济收入、生活模式和家庭结构的住户需求，并可运用简单的技术方式把现有空间加以调整和改变。下面列举三类典型家庭结构及其居住空间需求，来说明套型空间设计的适应性原则。

①多代同居

在多代同居住宅中，常需要考虑设计适合老人居住的房间。一般情况下，老人与子女的作息时间和生活方式不同，为了避免各代人之间的相互干扰，老人房需与子女房适当分离布置。另外，为了方便老人夜间如厕，在老人房的内部或附近还需考虑设置卫生间（图2-85）。

多代同居住宅中另一种考虑是设置多个卧室套间或"双主卧"空间，以更加利于家中两代人居住品质的均好性（图2-86）。

日本、韩国等近邻国家有较多的多代同居理论与实践经验。如图2-87所示，日本某集合住宅设置了双入口，供年轻一代和老年一代分别出入，避免年轻一代晚间回来过晚，打扰到老人休息。套内还进行了分区布置，各代人拥有相对独立的卧室和卫

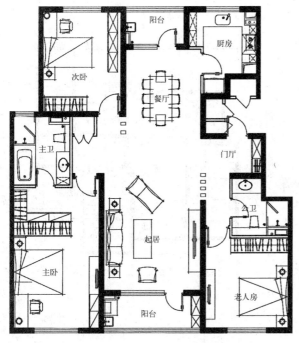

图 2-85 老人房带卫生间的套型示例

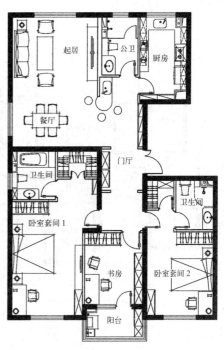

图 2-86 "双主卧"套型示例

浴空间，而厨房、餐厅、起居作为各代人共同使用的空间置于中间，既保证了私密性，又有效促进了家庭成员间的相互交流。

②二孩住宅

从2016年开始，我国已全面实施一对夫妇可生育两个孩子的"二孩"政策。这对购房者的购房选择产生了显著影响。考虑到将来两个孩子出生、父母过来照看的居住需求，即使是首次置业的购房者往往也会选择三居室、甚至四居室来解决未来家庭人口增多的问题；此外，两个孩子在成长过程中，对于住宅的使用需求不尽相同，如何在儿童的成长过程当中实现儿童房间的可分可合和灵活改造，成为购房者关注的重点。

图2-88是一个四居室套型案例，该设计将两间北向次卧作为儿童房相邻布置，并靠近主卧，便于父母照顾年幼的孩子。两间次卧之间采用了非承重墙隔断，可分可合，可满足孩子们共同居住或分别居住的空间需求；当孩子长大离开家后，可将两间次卧改造为书房和餐厅。而靠近入口处设置为老人房，内设卫生间，使老人空间适当独立，生活更自在方便（图2-88）。

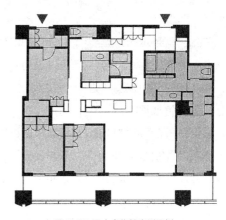

图 2-87 日本多代居套型示例

③余房出租

在住宅的长期使用过程中，套内居住人数常会出现弹性变化，例如孩子长大后因学习、工作等原因离开家，老人照顾孩子后回老家等情况，因此家中的卧室有时会闲置。如果住宅在设计之初即考虑到这一点，可以将闲置的卧室单独出租出去，以提高住宅的使用率和家庭经济收入。

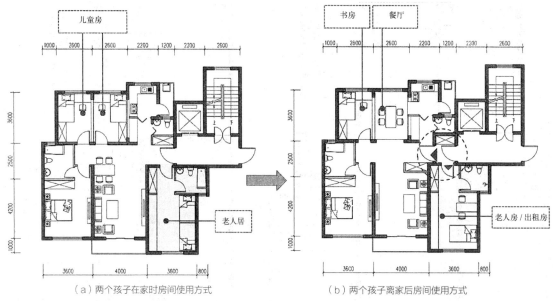

（a）两个孩子在家时房间使用方式   （b）两个孩子离家后房间使用方式

图2-88 适合多子女的套型示例

在图2-88所示的套型当中，位于入户门附近的南向次卧带有卫生间，闲置时可通过改动入户门位置，将其单独出租出去，供青年人居住使用。

（2）可变性原则

套型空间的可变性是指住户能够根据长生命周期的进展以及生活习惯的不同"参与设计"，在已经确定的住宅框架中根据各人需求和喜好对空间加以内部装修和改造。

套型空间的可变性可以通过设置非承重墙来加以实现。非承重墙一般由轻质材料构成，更换位置或拆除时不会破坏住宅的承重结构。因此，在结构设计允许的范围内考虑好非承重墙的位置，可以给住宅空间留出更多的改造余地，通过空间的合并或分隔，提高住宅的可变能力。

设置非承重墙时需预先考虑到住户的需求和可能进行改造的位置。根据实践和调研经验，这些位置主要出现在以下几处：①两卧室之间 ②厨房与餐起之间 ③次卧（或书房）与餐起之间 ④主卫与主卧之间 ⑤阳台与起居（或卧室）之间。下图在原套型中用虚线框标注出了非承重墙的位置，也是设计中预留灵活性、有条件进行改造的位置，并列举了三种不同形式的改造设计示例（图2-89）。

近年来更具改造灵活性的框架结构、钢结构等住宅形式开始出现，为套内空间的灵活使用带来了更多可能。框架结构住宅因其依靠梁柱体系承重，充分解放了套内空间之间的隔墙，可以由住户进行多样化的改造（图2-90）。需要注意的是要事先考虑好管井、烟道的位置，以免影响将来内部空间的合并、分隔。另外，可以考虑多种方法来解决柱子在房间内露角的问题，如将窗帘盒与柱角结合设计，或将柱角掩藏于壁柜内、门后等。

近期一些抗震等级要求不高的地区还出现了利用外墙承重、内部仅设一根柱子，其他墙体均为非承重墙的套型。这种套型空间具有很大的改造余地，能够适应多种家庭的使用需求，是一种较好的尝试（图2-91）。

原套型		
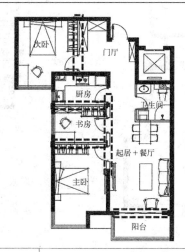		

	改造示例一	改造示例二	改造示例三
适用客群	丁克家庭	青年核心家庭	SOHO办公家庭
图示			
特点	家中居住人数少，书房改为西厨，扩大厨房操作空间，并改阳台为个性化的茶室	扩大次卧为儿童房，将书房功能纳入主卧，使主卧空间开敞	除主卧外，书房、阳台与餐起全部联通作为开敞的办公空间

图2-89 套型灵活改造示例

原套型	改造示例一	改造示例二

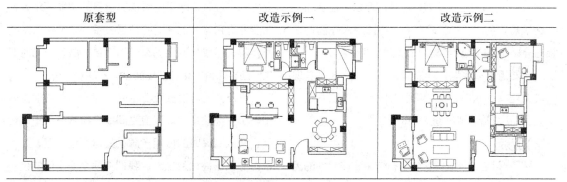

图2-90 框架结构住宅灵活改造示例

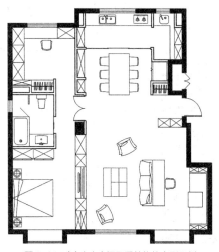

图 2-91 减少套内空间承重结构的套型示例

门厅不占面宽，间接采光

图 2-92 门厅中部入户示意图

2.2.2　套型空间组合布置形式

　　住宅套型空间的组合设计是指对主要空间的布位、相互关系进行反复调整，并结合套型的总面积、进深、面宽等多种因素进行综合考虑的过程，不仅要符合上述空间组合设计原则，还要兼顾日照、朝向、通风等环境条件及结构、采暖、空调、管线布置等技术要求，从而为居住者营造一个满足各项使用需求的套型空间。

1）套内空间同层平面组合
（1）门厅

　　门厅是入户后的第一个空间，也是联系套内各空间的重要枢纽。一般情况下，门厅宜采取中部入户的方式（图2-92）。其特点是门厅到达各空间的动线较短，利用了中部暗空间，不占用采光将直接对外采光的机会让与其他主要空间。

　　随着近年来套型设计的发展，入户方式又涌现出独立电梯厅入户、空中花园入户等新颖的方式，提高了门厅的品质感（图2-93）。

（2）厨房

　　图2-94总结了厨房在住宅布位中应该考虑的因素，但在实际设计中，有时会与其他空间的布置发生矛盾，因此需要在通盘考虑所有房间布局关系的基础上权衡取舍。

　　在确定厨房与餐厅的位置关系时，一般情况下需首先保证厨房占有外墙面，能对外开窗。在此基础上，再争取餐厅的采光面。另外，宜尽量增大厨房与餐厅的"接触面"，加强厨餐间的交流联系，同时为装修改造提供更大的自由度。

　　根据厨餐间的位置关系，我们将其分为两大类：串联式——厨房与餐厅穿套布置，餐厅不占或少占面宽；并联式——厨房与餐厅并列布置，餐厅直接对外开窗，获得通风采光（图2-95）。

（3）卫生间

　　卫生间面积一般较小，设备相对集中，同时还要兼顾通风、采光等各种条件，设计难度较高。在卫生间布位时，除了要考虑其自身的功能要求外，还要考虑它与其他空间的位置关系。住宅中各主要空间都宜尽量与卫生间有较为近便的联系，同时卫生间还要保持一定的独立性（图2-96）。

　　有条件时可设置双卫生间，即一个公共卫生间和一个主卧卫生间。双卫生间既可缓解家人早晚如厕、洗漱高峰时的使用矛盾，又可保证主卫、公卫各自的私密性和卫生性。我们将两个卫生间的位置关系总结为两种情况：分离式布置和临近式布置。

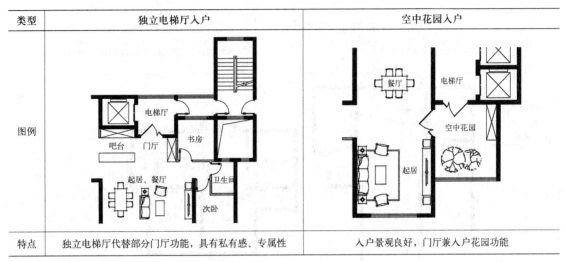

类型	独立电梯厅入户	空中花园入户
图例		
特点	独立电梯厅代替部分门厅功能，具有私有感、专属性	入户景观良好，门厅兼入户花园功能

图 2-93 门厅其他入户方式

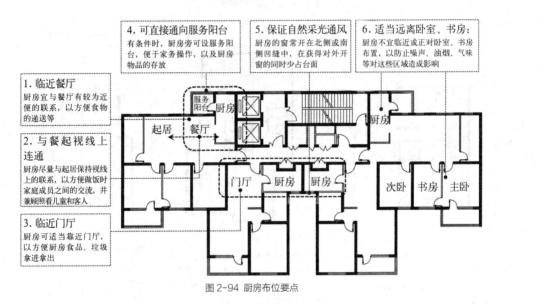

图 2-94 厨房布位要点

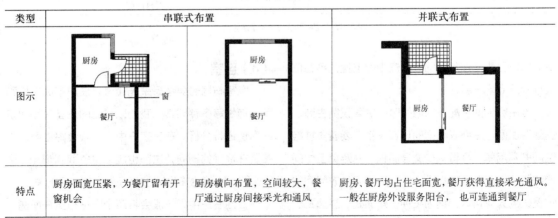

类型	串联式布置		并联式布置
图示			
特点	厨房面宽压紧，为餐厅留有开窗机会	厨房横向布置，空间较大，餐厅通过厨房间接采光和通风	厨房、餐厅均占住宅面宽，餐厅获得直接采光通风。一般在厨房外设服务阳台，也可连通到餐厅

图 2-95 厨房与餐厅的位置关系及特点

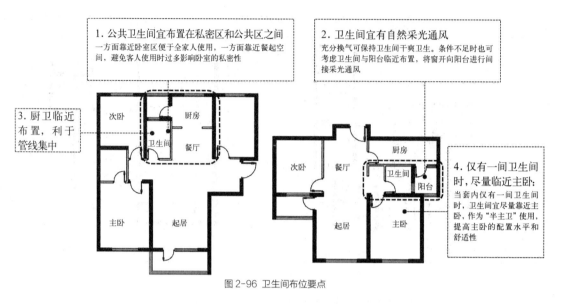

1. 公共卫生间宜布置在私密区和公共区之间
一方面靠近卧室区便于全家人使用，一方面靠近餐起空间，避免客人使用时过多影响卧室的私密性

2. 卫生间宜有自然采光通风
充分换气可保持卫生间干爽卫生。条件不足时也可考虑卫生间与阳台临近布置，将窗开向向阳台进行间接采光通风

3. 厨卫临近布置，利于管线集中

4. 仅有一间卫生间时，尽量临近主卧：
当套内仅有一间卫生间时，卫生间宜尽量靠近主卧，作为"半主卫"使用，提高主卧的配置水平和舒适性

图 2-96 卫生间布位要点

类型	分离式布置		临近式布置
图示			利用凹缝开窗
特点	两个卫生间一个在北部，为公共卫生间，可直接采光；另一个在中部，为暗主卫，有条件时可利用侧立面或凹缝采光	两个卫生间均布置在中部，无自然采光和通风，但有助于增大套型进深，节约面宽，并充分利用套内中部空间。此种布局更适合北方地区	两个卫生间相邻布置在中部，同时利用楼栋的侧立面或凹缝组织自然通风，利于节地，并使管线集中。利用凹缝采光时需注意相邻两户的对视问题

图 2-97 双卫生间的位置关系及特点

下面以双卫生间在常见的三室户中的位置关系为例进行分析（图2-97）。

当主卧套间中配置衣帽间时，需要权衡主卧、主卧卫生间、主卧衣帽间的位置关系，要着重推敲空间的利用率，尽量减少交通面积，并避免卫生间的潮气侵入主卧或衣帽间。主卧卫生间与衣帽间的位置关系大体可以归纳为三种：对面式、贯通式、穿套式。其优缺点见图2-98。

（4）卧室

卧室布局时要考虑采光通风、住户家庭结构和可改造性等多种因素，我们以常见的三室户和四室户为例进行分析。在三室户中，一般会将主卧优先布置在最好的朝向，次卧也应尽量争取到阳光（图2-99）。卧室的布置还要考虑到家庭成员的关系。

在四室户中，一般会将两个卧室布置在南侧、两个卧室布置在北侧。根据卧室之间的位置关系可

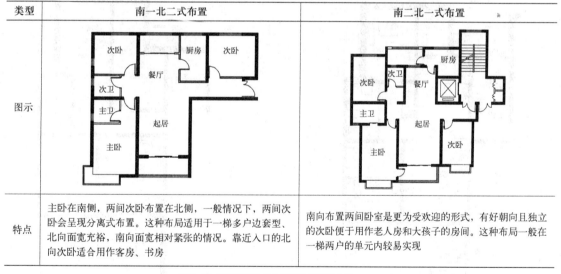

类型	对面式布置	穿套式布置	贯通式布置
图示	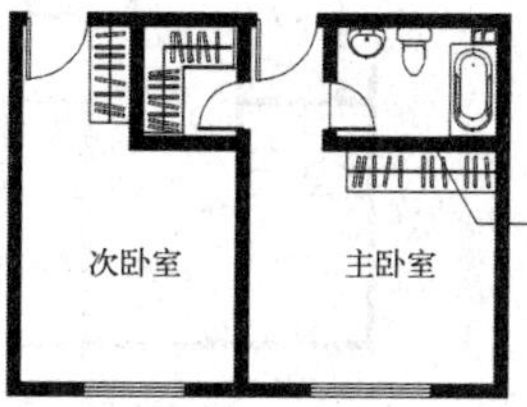	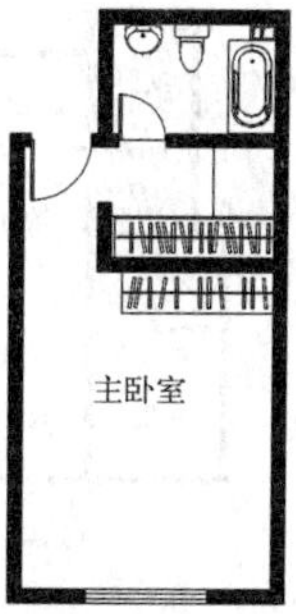	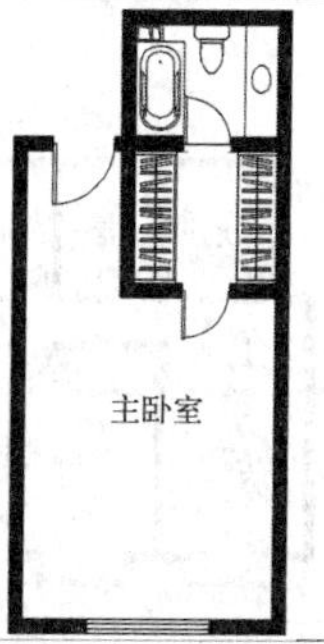
特点	对面式布置节约交通空间，卫生间使用近便，衣帽间独立，不受潮气侵染，卫生干净。但如此布置可能给旁边的次卧带来狭长的走道，需尽量保证次卧门旁能够放下一组衣柜的宽度，有效利用空间	穿套式布置能够给主卧提供完整的墙面，减少交通空间，但由主卧进入卫生间的路线线长，潮气对衣帽间有一定的影响	贯通式布置缺点较多：进入主卧时的视域较窄；衣帽间破坏了主卧的完整墙面；进入卫生间需穿行衣帽间，路线长，且衣帽间容易受到潮气的侵染

图2-98 主卧卫生间与衣帽间的位置关系及特点

类型	南一北二式布置	南二北一式布置
图示		
特点	主卧在南侧，两间次卧布置在北侧，一般情况下，两间次卧会呈现分离式布置。这种布局适用于一梯多户边套型、北向面宽充裕、南向面宽相对紧张的情况。靠近入口的北向次卧适合用作客房、书房	南向布置两间卧室是更为受欢迎的形式，有好朝向且独立的次卧便于用作老人房和大孩子的房间。这种布局一般在一梯两户的单元内较易实现

图2-99 三室户各卧室的位置关系及适应性

以分为三种情况：相邻式、分离式和部分分离式（图2-100）。

2）套型空间分层立体组合

套型空间的上下组合是指套内各功能空间不局限在同层平面中布置，而是根据需要进行上下层组合设计。上下组合的套型空间，一方面功能分区明确，私密性强，作息干扰小；另一方面室内空间丰富，具有层次感。但是，其结构、构造设计较为复杂，特别是卫生间布置、管井对位等需要在设计中给予注意。常见的住宅套型上下组合形式有跃层和复式两种。

（1）跃层套型

跃层套型是指每户占用两层或部分两层的建筑空间，并通过自家专用楼梯上下联系。这种套型室内空间丰富，具有别墅感。不过需要注意的是，跃

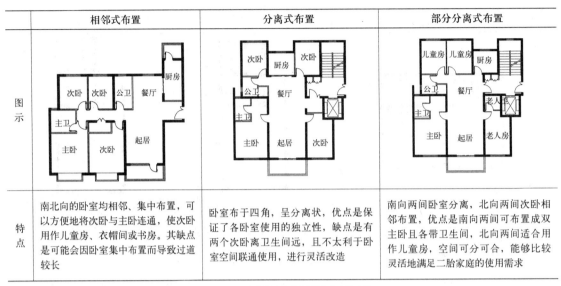

相邻式布置	分离式布置	部分分离式布置
图示		
南北向的卧室均相邻、集中布置，可以方便地将次卧与主卧连通，使次卧用作儿童房、衣帽间或书房。其缺点是可能会因卧室集中布置而导致过道较长	卧室布于四角，呈分离状，优点是保证了各卧室使用的独立性，缺点是有两个次卧离卫生间远，且不太利于卧室空间联通使用，进行灵活改造	南向两间卧室分离，北向两间次卧相邻布置，优点是南向两间可布置成双主卧且各带卫生间，北向两间适合用作儿童房，空间可分可合，能够比较灵活地满足二胎家庭的使用需求

图2-100 四室户各卧室的位置关系及适应性

（a）一层平面

（b）半地下层平面

图2-101 底部跃层套型设计示例

层套型内部楼梯交通空间占用的面积较多，往往总建筑面积较大、总价高，且上下楼梯会给有老人、儿童的家庭带来不便。

跃层套型常见的形式有：

①底部跃层套型

为充分利用地下室空间，可在一层住宅套型内部设楼梯，向下连通整层或部分地下室，来扩大住居面积。地下室部分可作为家庭娱乐休闲空间使用，并可设计下沉庭院以获得良好的通风采光条件（图2-101）。

（a）跃层底层平面

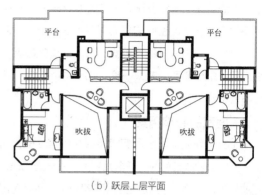

（b）跃层上层平面

图 2-102 顶部跃层套型示例

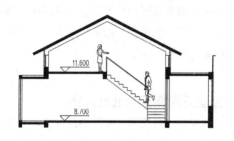

图 2-103 利用坡屋顶的复式套型示例

②顶部跃层套型

跃层套型设计在住栋的顶部有一定的优势：第一，可通过部分空间上下层通高设计、顶层设计室外平台等手法，丰富室内空间效果，并充分利用屋顶空间；第二，可通过设置退台、坡屋顶等方式减少对北侧相邻楼栋的日照遮挡，有利于在楼栋排布上缩小间距，提高容积率，也利于丰富建筑形体，减少对街道的压迫感（图2-102）。

（2）复式套型

复式套型是将部分用房在同一空间内沿垂直方向重叠在一起的形式，例如利用坡屋顶内空间设置阁楼（图2-103）。

另外，在如今高房价的压力下，很多青年人首次置业会购买青年公寓这样的小套型。青年公寓多为单开间，为了适应多种需求，可适当加大层高，以设计为LOFT复式套型。图2-104所示青年公寓，首层可用作餐起空间，也可进行办公；二层可根据使用需求设置为多样化的办公空间或卧室空间。

2.2.3　套型空间尺度控制

1）住宅总进深、总面宽控制

住宅楼栋的总进深、总面宽是进行住区规划布置楼栋时的重要控制指标，在套型内部空间划分及细节设计尚未决定时，主要依靠单元进深和面宽控制规划。

住宅各房间的面宽尺寸决定了占用外墙的长度，这既影响到该套型、该房间的面积大小，也影响到其采光通风效果。其中南向面宽最为重要，主要空间（如主卧、起居室等）更需要占用南向，次要空间（如厨房、卫生间等）可占用北向或东、西向面宽，而楼梯间一般会设在北部。

从经济节地与舒适性的角度而言进深与面宽是一对矛盾，并与多方面因素相互影响，以下分别加以介绍。

（1）进深的影响因素

①建筑密度。在住宅建筑面积一定的情况下，加大进深会使得面宽相应减少，建筑密度和户数会相应增加，利于提高土地利用率和经济效益。

②能源消耗。加大进深可以减少外墙面的面积和体形系数（一栋建筑的外表面积与其所包围的建筑体积之比），减少通过外围护结构的热量传导起到保温、节能的作用。

③采光通风。加大进深同时会带来相应的问

题：大进深的住宅套型在进深方向上一般包括3~4个使用空间，中部空间的采光通风不良，舒适度较差。因此，总进深并不是越大越好，应适度掌握，在常见的中小套型中进深一般以10~14m为宜（不含阳台）。

（2）面宽的影响因素

①舒适程度。套型面宽直接影响到居住的舒适度。面宽大意味着房间的开窗面积大，采光通风条件更加优越。但也要适当控制面宽不可过大，否则可能产生空间浪费、不利于控制套型总面积等问题。

②土地资源。如前所述，缩小面宽、加大进深可以有效增加户数和容积率，提高土地利用率。因此，在土地资源日益紧张的今天，住宅套型设计应注意在保证舒适度的同时对面宽有所控制。一般情况下，住宅的套型类型与其南向面宽的关系如表2-14所示：

2）住宅层高的影响因素

层高的确定与住宅建造的造价以及能源消耗密切相关。降低层高有利于节约墙体材料、减少结构荷载。同时，降低层高还意味着缩小空间容积，缩小采暖、制冷范围，降低空调负荷，对建筑节能具有重要意义。此外，降低层高利于控制建筑的总高度，有利于缩小建筑间距，节约用地。

由此可见，适当降低层高对于量大、面广的住宅建设是有重要意义的。我国的《住宅设计规范》GB50096-2011规定，住宅层高宜为2.8m。考虑到后期加设地面铺装和吊顶，以及某些地区对通风、日照等条件的重视，目前在实际住宅开发建造中常将层高定为2.9~3.0m。

3）套型空间面积与面宽规律

一般来说，住宅建筑设计建立在当地居住水平

不同套型户面宽、单元面宽常用值   表2-14

套型类型 南向面宽	两室户（南侧主卧＋起居室）		三室户（南侧主卧＋起居室＋书房）	
户面宽（m）	7.0~8.0		10.0~12.0	
单元面宽（m）	两室户＋两室户	两室户＋三室户	三室户＋三室户	三室户＋四室户
	14.0~16.0	17.0~20.0	20.0~24.0	

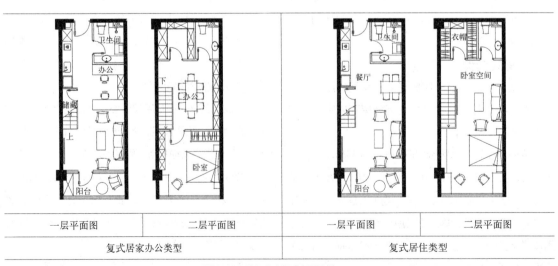

一层平面图	二层平面图	一层平面图	二层平面图
复式居家办公类型		复式居住类型	

图2-104 青年公寓复式套型示例

的基础上，其面积、尺寸标准与国家经济条件和居民生活水平相关联，同时也与住宅使用功能和空间组合关系、家庭人口数量以及居住行为特征等因素密不可分。

因此，在分析套型空间面积与面宽规律时离不开对住宅客群的分析。结合近年来的住宅项目研发和实地调研经验，我们将目前购置房屋的主流客群分为四类：①青年夫妇家庭 ②青年核心家庭 ③中年核心家庭 ④多代同堂家庭，并将四类客群适宜的套型空间及面积总结成表供读者参考（表2-15、图2-105）。

需要特别说明的是，这四类客群仅代表当前大中城市的主流客群，且套型以常见的板楼、塔楼的中小套型为主，不包含别墅、豪宅套型。在各地不同类别的住宅设计中，尚需根据具体情况进行具体分析。

不同客群套型主要空间面积、面宽适配表　表 2-15

	青年夫妇家庭	青年核心家庭	中年核心家庭	多代同堂家庭
套型基本配置	两室两厅一卫	（小）三室两厅一卫或两卫	（大）三室两厅两卫	四室两厅或三厅两卫或三卫
套型总建筑面积	60~80m²	90~110m²	120~140m²	140~170m²
起居面宽	3.4~3.9m	3.5~4.2m	4.0~4.4m	
主卧面宽	3.2~3.6m		3.6~4.2m²	
主卧使用面积	12.0~14.0m²	14.0~16.0m²	16.0m²以上	
厨房使用面积	4.5~6.5m²		6.0m²以上	
主卫使用面积	无	3.5~4.5m²	4.5m²以上	
公卫使用面积	3.0~4.5m²		4.0m²以上	

注：1. 对于上述指标，一线城市由于用地紧张、房价较高等原因可能取值偏小，三四线城市会相对偏大；
2. 主卫指的是含有洗手池、坐便器、淋浴间、浴缸的四件套卫生间，三件套卫生间可适当缩小；
3. 公卫指的是含有洗手池、坐便器、淋浴间、洗衣机的四件套卫生间，三件套卫生间可适当缩小；
4. 主卧使用面积不含主卫和衣帽间。

4）套型空间设计引发的新思考

随着时代的发展，地价、房价的升高，住宅建造技术的成熟及居住需求的改变，住宅套型空间设计每年都在发生变化并且不断进步。下面对近年来居住者对套型设计的新要求进行了总结，需要我们在设计中引起注意。

（1）对起居面宽的要求回归理性

以往，起居室的面宽和面积常被认为是反映套型品质的重要指标。起居宽敞大气在样板间展示时会给购房者"眼前一亮"的感觉，因此在住宅设计时常被分配给较多面积和面宽，由此可能导致卧室、餐厅等其他房间被挤压得偏小。

然而近年来对于住宅套型起居的认识已逐步回归理性，从表2-15数据可以看出，即便是面积偏大的套型，起居面宽也通常控制在4.0~4.4m，而不太会出现5m以上的超大面宽。这与人们生活需求的变化以及高房价等时代因素是紧密相关的。一方面，电脑网络时代的到来改变了现代人的生活模式，家庭成员的活动更趋分散化、独立化，更重视个人专属空间，起居功能在现代家庭生活中有所减弱，很多活动（例如上网、看电视）并非需要在起居进行；另一方面，高房价促使购房者更关注套型的实用性，而不是盲目追求空间的气派，特别是对居住人口较多的家庭，相比于起居，卧室的数量和面积以及餐厅、厨卫是否适用会更加重要。

（2）对厨卫空间的品质更加重视

厨卫空间在过去常被认为是住宅中的附属空间，但这一观念目前已发生了改变。从客群需求调研和入户访谈来看，近年来购房者对厨卫品质的要求不断提升。这不仅是人们对个人卫生条件要求的提高，也是对生活品味的一种追求。调研中，一些家庭表示希望套型中还能够再增加卫生间，或将卫生间进行分离使用，以缓解使用高峰的压力和适应居住人数的变化，并满足家务劳动的需要。而目前种类繁多的家用电器、清洁工具，也对厨房、卫生

图2-105 住宅空间面积与面宽、进深示例

间的精细化设计提出了更高要求。

（3）对储藏空间的需求更加迫切

现今人们的生活在物质方面已经步入较丰裕的时代，特别是互联网和物流业的发展，使网上购物变得十分方便，住户家中物品的快速增多，把人们对储藏空间的需求提到了一个新高度。此外，一个家庭中需要储存的东西不仅仅包含基本生活用品，还包含个人爱好用品、休闲娱乐用品，以及日积月累留存下来的纪念品。这些物品有时不仅是需要"储"和"藏"，还会有展示的需要。住宅中如果没有很好的储藏设计，会使居住空间变得繁乱，甚至会带来安全隐患。因此，新的套型设计中对于储藏空间要给予重视，充分利用空间，做好收纳物品分类，使住宅居住得更加长久、更加舒适。

（4）对二孩、三孩家庭给予更多关注

近年来，为改善人口结构、积极应对人口老龄化，国家逐步放开生育政策。受此影响，一些家庭将育有两到三个子女，家庭规模的扩大、育儿周期的延长、代际互助的增多，对住宅套型面积和功能空间配置等提出了更高的要求。因此，在新的套型设计当中，应该关注到二孩和三孩家庭的需求，预留好功能空间改造的可能性，以灵活适应家庭在不同发展阶段的使用需求。

结语

住宅建设事关千家万户，其中套型设计的优劣直接影响到居住者日常生活的质量。因此，在进行住宅套型设计时，要"以人为本"，从居住者的需求出发，结合生活进行设计，注重室内环境质量、经济性等因素，综合考虑住宅各个单独功能空间的实用性设计和套内空间的组合设计。此外，住宅套型的适应性和可变性设计是套型设计中不可忽视的部分，如何使住宅能够满足长期居住使用的需求是住宅设计关注的重点，也是建筑师不可推卸的责任。总之，做到节能省地、功能齐全、空间舒适、使用方便、灵活可变是套型设计的目标。

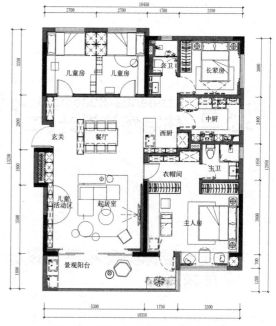

图2-106　适用于二孩家庭的户型平面示例
（户型设计：五感纳得）

第3章
Residential Building Design 2 building design
住宅建筑设计（二）——住栋设计

3.1 住宅楼栋类型和基本设计要求

3.1.1 住宅楼栋的类型

住宅楼栋是由各种空间形式和面积标准的住宅套型按一定规模进行组合而成的整体，简称住栋。它可由一套住宅成栋，也可由数百套住宅组合而成。它的建筑规模、高度、长度和空间形态是由所处基地的总体规划确定的。它的类型可按规划和住户需求综合考虑进行选择。住宅楼栋的类型可按其建筑高度（层数）、进入住宅套型的交通组织方式以及住宅套型组成住栋的空间组合方式进行分类。

1）按住栋的高度（或层数）分类
（1）低层住宅
我国《民用建筑设计通则》GB50352-2005规定，住宅高1~3层的为低层住宅。日本与俄罗斯等国规定2层以下为低层住宅。低层住宅还可按各户拼联方式不同分为独户式、并联式、联排式、群集式和叠拼式等类型。

（2）多层住宅
我国将4~6层的住栋定为多层住宅；欧美发达国家一般限定为3~5层。多层住宅垂直交通可以不用电梯，超过此限即需设置电梯。一般对结构形式与消防设施无特殊要求（详见第3.3节）。

（3）中高层住宅
我国将7~9层住宅定为中高层住宅，楼栋垂直交通需设简易型（经济型）电梯，其结构形式与消防设施要求稍有提高。此类住宅又称小高层住宅。

（4）高层及超高层住宅
我国规范规定10层及以上的住宅（高度100m以下）为高层住宅，超高层住宅极少使用，尚无专门规定。高层住宅均需设置电梯，解决垂直交通，楼梯主要作消防疏散使用。高层住宅结构形式与消防设施的安全技术要求大幅提高。塔式住宅和12层及12层以上的单元式和通廊式住宅，建筑高度大于33米的住宅建筑除设住户客用电梯外，还需设消防电梯。

日本将6层以上住宅定为高层住宅，20层以上定为超高层住宅；欧美各国也有不同规定。除上述单一标准的住栋外，也有不同层数的住宅混合建设的情况。由于不同高度类型的结构与消防有不同的要求，混合建设的住栋在经济上是需经慎重比较后方可采用的。

2）按进入住宅套型空间的交通组织方式分类
（1）接地型住宅
住宅套型空间入口皆在地面上，一般可由地面道路直接进户。各套住宅皆可拥有地面上的专用宅院，因此，1~3层的低层住宅皆属此类（图3-17~图3-19）。

（2）准接地型住宅

此类住宅在习惯独门独院居住的欧美各国较为常见，可用于2~5层的住栋。高度类似多层住宅，但同时又近似低层住宅，可满足各户套型独立与地面联系的要求。住栋由上层住宅套型与下层住宅套型叠合拼接组成（图3-23），其上层住宅套型的进入方式大致有下列几种(图3-1)：

● 住栋入口前如设门廊及上层套型专用楼梯，会使上层住户具有与接地型住宅直接从地面入户相似的空间感觉，为此，常在与专用楼梯相接处留有自用地面庭院空间，但是专用楼梯上达楼层高度超过两层楼面时，接地感将大为减弱（图3-1a）。

● 住栋外设置公用阶梯，或住栋内设直跑楼梯，上层住宅套型入口设于梯段分层平台处，采用室外阶梯时，住宅套型可产生坡地住宅式的接地性感觉。但上层套型入口高度不宜超过三层，否则接地感大为消退，同时套型空间内部关系也较难处理(图3-1b)。

● 住栋楼层中部架设步行敞廊（又称空中步行道），连接上层住户套型入口及花园平台。上层住宅可从地面步行至空中步行道（通过楼梯或自动扶梯），再进入套型空间，因而可使上层住户具有与底层住户地面环境相似的人造接地性环境（图3-1c）。

准接地型住宅为上层套型创造接地性感觉，应特别重视其室外活动空间的便利与舒适，因此，空中步行道的地面标高既不宜过高，也不宜对室内产生视线干扰。上层套型享用的屋顶花园宜设置在自家底层的屋顶平台上，这样可避免由于利用下层套型屋顶平台而可能引发的邻里矛盾（图3-2）。

（3）非接地型住宅

凡是要从住栋总入口进入并经公共楼、电梯及公共交通走廊等栋内交通空间才能达到各住宅套型入口的套型组合方式皆属于非接地型住宅。我国多层及高层住宅绝大多数采用此种组合，其中又可分为三大类：

● 梯间式。从住栋入口通过公共楼、电梯即可到达每户入户门的方式，其平面形式与楼、电梯间的布置形式可有多种变化(图3-3)。当楼、电梯间前形成交通过厅时，还可称为过厅式。

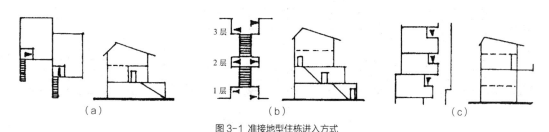

图 3-1 准接地型住栋进入方式
（a）入口前设门廊及套型专用楼梯；（b）街巷状公用阶梯；（c）步行开敞外廊

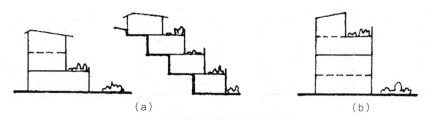

图 3-2 准接地型住栋套型平台处理方式
（a）利用其他住户屋顶作庭院；（b）用本套型退阶作平台庭院

● 公共走廊式。从住栋入口经公共楼、电梯，通过公共走廊到达套型入口。按走廊形式的不同，可有外廊、内廊、双外廊等不同类型变化(图3-4)。

● 跃廊式。其入户交通路线为从住栋入口→公共楼（电）梯→公共交通走廊（隔1～2层设置）→分区楼梯（公用小楼梯或套型专用楼梯）→套型入口。其套型入户交通流线的变化目的在于提高电梯运行速度，电梯仅需在设有公共通廊的楼层停靠。跃廊式主要用于高层住宅，按跃廊设置的方式还可有外跃廊、内跃廊、隔层或隔两层跃廊，或错层跃廊等衍生形式（图3-5）。

3）按套型拼成住栋的组合方式分类

由住宅套型拼合成住栋，有如下几种组合方式（图3-6）。

（1）由套型空间直接拼合成住栋。各类接地型低层住宅即属此类，准接地型低层住宅可看作这种直接拼合方式的上下叠加形式（图3-6）。

（2）由套型空间与交通空间系统整体拼合组成住栋。由住栋交通空间将套型单元连接成整体的组合方式也可称为一次性组合方式。住栋整体交通空间包括垂直交通空间（楼、电梯）和水平交通空间(各层通廊)。多层或高层通廊式（长外廊、长内廊、跃廊等）住宅皆属此类（图3-7）。

（3）由套型空间与分组交通空间拼合组成住栋单元，然后再由多种形式的住栋单元拼合组成住栋整体的组合方式。这种称为单元式住宅的住栋类型，在我国多层住宅、中高层（小高层）住宅和高层塔式住宅中广为应用。因为这种住栋是由套型空间经两次组合构成住栋的，可称为两次性组合方

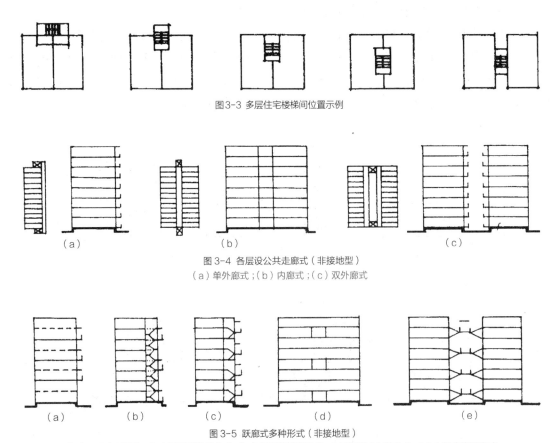

图3-3 多层住宅楼梯间位置示例

（a）　　　　（b）　　　　（c）

图3-4 各层设公共走廊式（非接地型）
（a）单外廊式；（b）内廊式；（c）双外廊式

（a）　　（b）　　（c）　　（d）　　（e）

图3-5 跃廊式多种形式（非接地型）
（a）跃层套型住栋；（b）隔两层外跃廊式；（c）隔层错层跃廊式；（d）隔两层内跃廊式；（e）中间走廊跃廊式

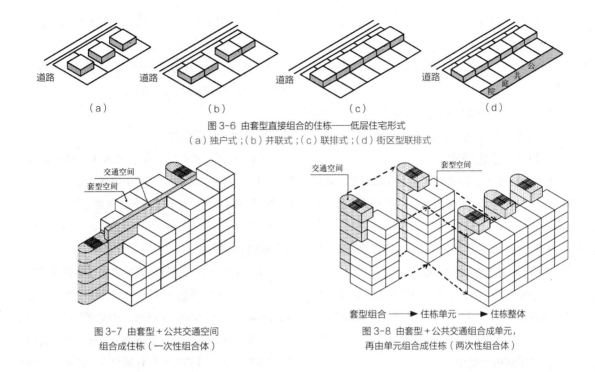

图 3-6 由套型直接组合的住栋——低层住宅形式
（a）独户式；（b）并联式；（c）联排式；（d）街区型联排式

图 3-7 由套型＋公共交通空间
组合成住栋（一次性组合体）

图 3-8 由套型＋公共交通组合成单元，
再由单元组合成住栋（两次性组合体）

式。这种通过两次组合的住栋类型，通过改变套型空间组合形式、单元空间组合形式和住栋组合形式的多种配合重组，可创造出多种新颖独特的住宅形式（图3-8）。

3.1.2 住宅楼栋设计的基本要求

除低层接地型住宅由套型空间直接拼合成住栋外，多层、高层及其他类型住栋空间皆由套型空间和栋内公共空间组成，因而住栋设计的主要任务是解决套型间的空间组合关系和栋内公共空间的设计问题，用以满足城市环境和住户居住生活的各项要求。从前文已知套型空间组合的主要形式，有关栋内公共空间设计，应包括公用交通空间（楼、电梯间，交通走廊及相连的休息交往与等候空间），附设公用活动与服务空间（老年及儿童活动室，娱乐健身活动室及辅助用房）和相关公共设施空间（自行车及汽车库、垃圾收集间、邮政信箱及其他设备

空间）。根据住栋设计的主要任务，其设计的基本要求具体应包括如下方面：

1）聚居的可居性要求

住宅楼栋设计首先应确保居住环境质量，满足住户聚居的可居性。

（1）舒适性要求

● 选定适度的居住建筑面积，以确保用地内足够的绿化率和良好的生态环境。

● 确保充足的日照、良好的通风、安静私密的休息环境和相应的配套设备设施。

● 选择有利于环境融合的空间布局，提供开放的居住空间环境。

（2）便利性要求

● 确保公用交通空间宽敞、通达，方便住户聚散和大型物件搬运。

● 确保良好的服务环境，提供自行车、汽车停放，垃圾收集等空间。

（3）安全性要求

- ●满足建筑结构的防震、减震设计要求。
- ●满足消防安全疏散和防范刑事犯罪的空间要求。
- ●采取防止高空物件坠落的措施。
- ●实施适应老年人和残疾者的无障碍设计。

（4）灵活适应性要求

- ●充分利用与发挥住栋底层、顶层和尽端、转角等特殊部位的特点，增进居住空间构成的丰富性和趣味性。
- ●充分利用屋顶形式变化的功能和景观效果，增进外观造型的艺术性和多样化需求。
- ●优先采用组合、分隔灵活的弹性空间结构体系，适应套型空间和套型组合形式改变的可能性。

2）环境协调性要求

与城市环境、自然环境和社会环境的协调。

- ●住栋空间与造型形式应与基地周边建筑环境和自然环境相协调，有利互动、共存。

- ●住栋建筑的建设不应对周边环境产生有害的影响（日照、通风、财产、生理、心理）。
- ●注意与群体规划要求协调，建筑外观特征应具有鲜明的地方特色和明显的可识别性。

3）空间与造型要求

住栋设计（空间与造型）应满足多样化的需求，并在多样化的基础上实现标准化、系列化，以促进住宅供应的产业化和工业化的发展。

4）经济性要求

以确保可居性为基础，充分考虑住栋建筑的节地、节能、节材和投资的经济性。其投资的经济性应包括基本建设费、运行成本和资产性价值的评估。

结合上述住栋设计的基本要求，在具体设计项目实施时，还必须对影响住栋居住性能的各项设计要素及其相关联的设计问题做出可行的定量标准，仅就建筑设计将涉及的众多问题，可参见表3-1所示作相应的研究和解答。

住栋主要的居住性能与相关设计要点　　　　表3-1

居住性能 设计项目	安全性能	居住性能	环境性能	经济性能
平面设计	①消防疏散路线 ②避难空间设置	①标准层建筑面积规模 ②交通流线设计 ③公用设施配置	①与基地环境协调性 ②与室外院落关联性	①平面几何特性 ②使用面积利用系数
剖面设计	①应急救援开口 ②垂直避难设计 ③建筑层高与总高控制	①层高与净高确定 ②建筑层数与总高确定 ③垂直交通设计	①底层与屋顶空间形式 ②遮阳、通风、采光	①层高与总高控制 ②电梯设置 ③消防设施
空间设计	①防火、防烟分区 ②防刑事犯罪措施 ③防坠落物措施 ④无障碍设计	①空间的连续性与开放性 ②空间的独立性与私密性 ③空间的灵活性与适应性	①保温、隔热 ②防火、防潮、防结露 ③通风、换气 ④隔声防噪 ⑤日照采光	①空间利用率 ②节地、节能、节约用材
装修设计	材料耐火性	材料艺术效果 （色彩，质感）	材料环保性能 （无污染）	①材料高效适用及耐久性 ②空间可变性

3.2　低层住宅设计

我国早期《住宅设计规范》GB 50096–2011中统称1~3层住宅为低层住宅。在现代建筑工业尚未形成的时代，与较低的生产技术水平和城市人口密度相适应的低层住宅曾是一种普遍的建筑形态，世界各地原生的民居建筑就是如此（图3-9）。因而，在中华人民共和国成立建设初期，低层住宅仍然是我国城乡住宅建设的主要形式，并且主要以低标准的集合住宅形式而存在（图3-10）。此后，近半个多世纪以来，由于人口膨胀、城市土地紧缺和经济技术力量的逐渐增长，转而采用无需电梯而尚可提高居住密度的多层集合住宅模式，并且一度成为我国城市住宅建设的普遍形式。近年更建造了大量的高层住宅，使低层住宅建设在我国城市几尽绝迹。20世纪90年代，我国住房制度改革后，住宅建设已成为国民经济支柱产业。城市化和大规模的住宅建设，促使城市急速向土地价位相对较低的郊区扩展。于是，有利于创造较高居住水平的低层

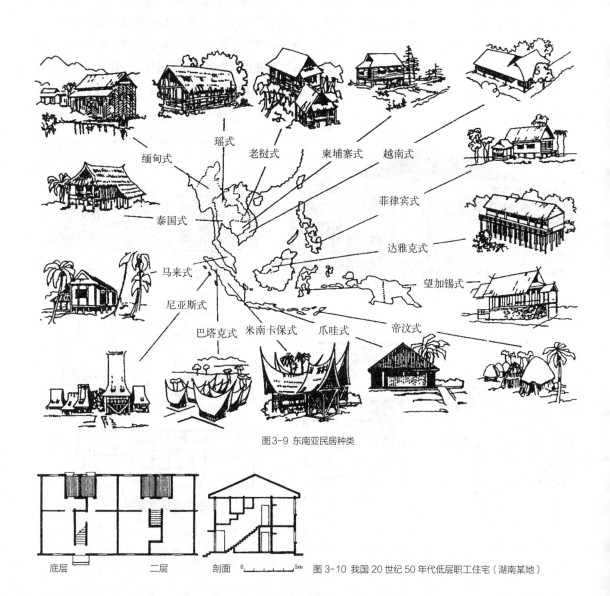

瑶式　老挝式　柬埔寨式　越南式

缅甸式

泰国式

马来式

尼亚斯式

菲律宾式

达雅克式

望加锡式

巴塔克式　米南卡保式　爪哇式　帝汶式

图3-9 东南亚民居种类

底层　　　二层　　　剖面　0　　　　　5m　　图 3-10 我国 20 世纪 50 年代低层职工住宅（湖南某地）

住宅也迅速在大城市周边地区重现了规模化、批量化的建设新浪潮。低层住宅独具的家居品格和环境魅力已成为富裕起来的新一代追求的理想居所，在房地产市场上通常被称作"别墅式住宅"，包括独立别墅（图3-11）、双联别墅（图3-12）和联排别墅（图3-13）等，使低层住宅从现代生活意义上在我国出现了新的发展前景。其实，这种具有现代生活意义的低层住宅形式早在20世纪初期，在我国沿海港口城市，如上海、天津、广州等地都已见雏形，并统称为"花园洋房"。我国低层住宅从"民居"到"花园洋房"、"集合型住宅"，再到"别墅式住宅"的发展历程，反映了低层住宅发展至今仍然旺盛的活力。它所具有的活力也正是其得以长期存在和发展的生命力，这主要来自于人们对低层居住方式的认同和对低层住宅固有特性的把握。

3.2.1　低层住宅的特性

1）优点

（1）居住空间接近自然环境：各户接近地面，均可拥有室外院落，日常起居活动可充分利用室外庭院绿化空间，有利于增进邻里交往，并方便老人、儿童和残疾者出入活动（图3-14）。

（2）空间形态最具有理想家园的亲近感。因其建筑体量小巧，尺度亲切宜人、变化丰富，易为住户创造更具归属感和社区认同感的居住环境（图3-15）。

（3）建筑造型与自然环境景观协调。因为低层住宅不仅体量小巧，而且空间布局灵活，造型丰富多彩，使其更易于结合不同的自然环境（地形、地貌、植被和水体等特征）进行设计建造，保证建筑形态与基地自然环境的整体融合，有利于保护自然

图 3-11　独立别墅（建筑面积 398m²）
（a）透视图；（b）一层平面图；（c）二层平面图

图 3-12　双联别墅（建筑面积 300m²）
（a）透视图；（b）一层平面图；（c）二层平面图

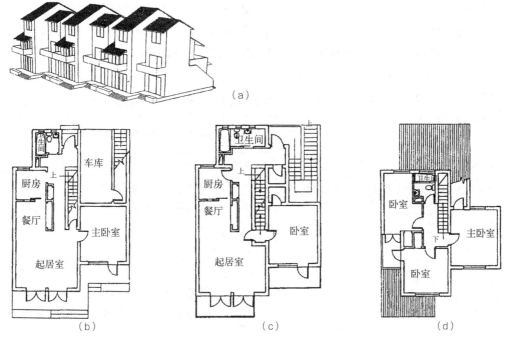

（a）

（b）　　　　　　　　　　（c）　　　　　　　　　　（d）

图 3-13 联排别墅（江苏张家港东山村，套型总建筑面积 256m²）
（a）透视图；（b）一层平面图；（c）二层平面图；（d）三层平面图

（a）　　　　　　　　　　　　　　　　　　　　（b）

图 3-14 低层住宅室外空间促进邻里交往
（a）宅前绿地交往空间；（b）组团绿地及儿童游乐场

图 3-15 建筑形象亲切，环境宜人的低层住宅（美国某小镇）

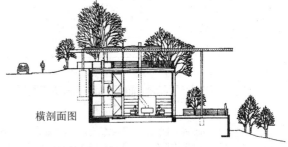

横剖面图

图 3-16 结合自然环境的低层住宅
（德国坡地别墅，诺曼·福斯特，1994）

生态环境（图3-16）。

（4）土建造价相对低廉。结构简单、施工简便，并便于住户参与。建筑自重轻，地基及基础费用比例相对较低，可充分利用廉价的地方材料，房屋土建投资比重显著降低，有利于提高建筑质量所需的各类设备和部件投资的比重（表3-2）。

不同类型住宅主体工程费用构成比较（%）[1]　表3-2

工程项目 ＼ 住宅类型	低层住宅（3层）	多层住宅（6层）	高层住宅（25层）
基础工程	4.1	5.8	4.0
主体工程	20.5	28.2	31.8
外装修	18.8	12.8	9.9
内装修	20.3	20.3	27.3
电气设备	7.9	7.7	7.3
卫生设备	9.7	12.1	6.3
冷暖空调	4.5		
电梯及其他	4.5	4.1	2.6
临时工程	4.1	5.8	4.0
总　计	100	100	100

2）缺点

（1）基地建筑密度偏低，户均耗用土地资源较多，不利于节约建设用地（表3-3）。

我国居住小区人均居住用地控制指标（m²/人）[2]　表3-3

住宅类型 ＼ 城市规划	大城市	中等城市	小城市
低层住宅	20～25	20～25	20～30
多层住宅	15～20	15～20	15～22
多层、中层混合	14～18	14～20	14～20
中层住宅	13～14	13～15	13～15
多层、高层混合	11～14	12.5～15	—
高层住宅	10～12	10～13	—

（2）住宅底层和屋面面积相对于总建筑面积的

比例显著增加，使其相应地用于底层地面的防潮通风和顶层屋面的防水、保温与隔热的建筑处理费用的比例相对增高（表3-4）。

砖混结构住宅土建工程造价构成比较（%）[3]　表3-4

层数	单方造价比较	地基	地坪	墙体	门窗	楼板	屋盖	粉刷	其他
一	100	26.4	6.1	24.7	8.3	—	28	3.9	2.3
二	91.6	16.1	3.73	30.5	10.0	10.5	17.3	4.9	7.0
三	86.9	14.5	2.6	32.5	10.6	14.7	12.3	5.1	7.7
四	81.9	11.4	2.08	34.2	11.2	17.7	9.7	5.4	8.4
五	79.5	9.5	1.71	35.3	11.2	19.7	7.9	5.6	8.7

（3）建筑覆盖率增高，而居住建筑密度相对较低，降低了城市共用设施的利用率（表3-5）。

不同类型住宅居住区规划控制指标[4]　表3-5

控制指标 ＼ 住宅类型 ＼ 气候区别	Ⅰ、Ⅱ、Ⅵ、Ⅶ		Ⅲ、Ⅴ		Ⅳ	
	住宅面积净密度（万m²/ha）	住宅建筑净密度（%）	住宅面积净密度（万m²/ha）	住宅建筑净密度（%）	住宅面积净密度（万m²/ha）	住宅建筑净密度（%）
低层	1.10	35	1.20	40	1.30	43
多层	1.70	28	1.80	30	1.90	32
中高层	2.00	25	2.20	23	2.40	30
高层	3.50	20	3.50	20	3.50	22

上述早期低层住宅特性的分析说明，低层住宅是一种较为接近自然的居住形式，在人口密集的城市环境中，是人们理想的家园。但它自身"先天性"的缺点，也使低层住宅的建设受到了一定局限，因此低层住宅的设计中应充分发挥其优点，尽可能克服其缺点，进行扬长避短的创新努力。

① （日）彰国社编. 集合住宅实用设计指南. 北京：中国建筑工业出版社，2001.

② 中华人民共和国建设部. GB 50180—93城市居住区规划设计规范. 北京：中国建筑工业出版社，2002.

③ 全国注册建筑师管理委员会编，建筑师技术经济与管理读本，北京：中国计划出版社。

④ 中华人民共和国建设部. GB 50180—93城市居住区规划设计规范. 北京：中国建筑工业出版社，2002.

3.2.2 低层住宅楼栋类型

低层住宅楼栋基本上是由每户独立的套型空间单元在平面方向做不同形式的拼联组合而成的，不同于多、高层住宅，它无需在楼栋内设置公用交通空间。

1）独户式住宅（独院式）

它是专供一户单独居住的，独门、独院的单栋住宅。因其建筑四面临空，室内空间组合灵活，各使用空间皆可获得良好的采光和通风，室内居住环境舒适。有供单独使用的户外庭院，私密性好，有利于提供安静、舒适和方便的室外生活空间。独户式住宅根据基地与建筑面积的不同标准可采用单层或2~3层的跃层套型（图3-17）。

2）并联式住宅

这是一般由两户住宅对称并靠拼联而组成的住栋。各户形成三面凌空的独用宅院，它既具有独户式住户的优点，又比独户式住户节省用地。各户皆可按需拥有2~3层的跃层空间。套型较小时，楼层上下尚可分户居住，前后宅院可分属各户专用（图3-18）。

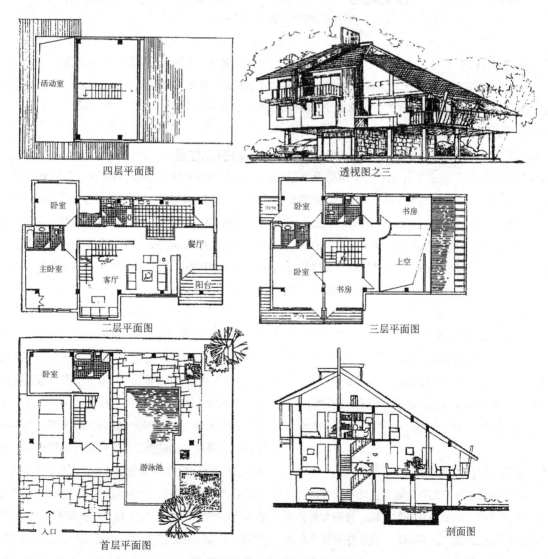

四层平面图

透视图之三

二层平面图

三层平面图

首层平面图

剖面图

图 3-17 独户型住宅（广州红岭花园）

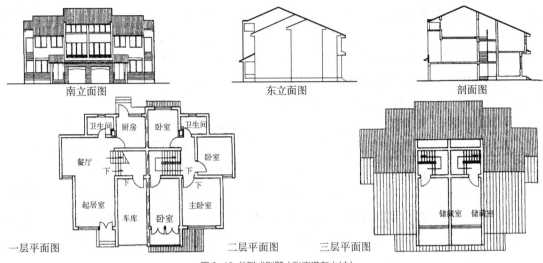

图 3-18 并联式别墅（张家港东山村）

3）联排式住宅

　　一般由各户套型空间单元沿单向拼合组成住栋。各户宅前、宅后皆可拥有专用院落空间，供住户室外活动及家务操作使用。由于各户皆可占有两个以上朝向，室内日照采光及通风条件良好。各拼联套型单元同样可按需要使用2～3层的跃层空间，也可楼层上下分户使用，并同时将前、后宅院分户使用（图3-19）。它又比并联式住宅更为节约用地。其住栋拼联方式多样，可采用横向拼联、纵向拼联、斜向错位拼联、四方拼联和混合拼联等形式，按总体规划构成不同的邻里空间环境（图3-20）。如果在群体规划上，住户既享有专用宅院，又设有公共庭院的联排住宅组团，可称为街区型联排住宅（即townhouse，图3-21）。从住区总体规划考虑，住栋拼联长度一般以30～60m（或拼联4～8个套型）为佳，过短不利于节约用地，而过长则不利于组织住户交通、环境通风和空间景观。

4）群集式住宅

　　它是由更多住户的跃层套型空间单元以两维平面关系拼联组成的板块状住宅楼栋。各户套型空间单元间常以公共走廊纵横相联。由于住栋建筑层数较少，通常利用顶部采光，以天井空间解决室内采光通风要求。其平面空间组合极为灵活，建筑形体丰富新颖，比单向拼联组合的联排式住宅更为节约用地（图3-22）。

5）叠拼式住宅

　　这是为提高低层住宅居住密度、节约城市居住用地而产生的一种新的住宅楼栋类型。它实质上是将两个联排式住宅竖向叠落形成的高密度低层住栋。其下层套型拥有地面花园，上层套型则可拥有下层套型提供的屋顶花园。其环境条件虽较单纯的联排式住宅稍为逊色，但其优势在于既方便缩小套型面积、增加住户，又可大幅提高容积率。一般联排式住宅容积率不大于0.7，而叠拼式住宅容积率一般可高达1.2，与普通多层住宅容积率相近。同时，由于楼栋高度增加，其相应的栋间日照间距增大，一般均可超过避免前后排视线干扰所需的防护距离（15～18m），有利于满足住户对居住空间环境私密性的要求。如果将独立式、并联式和联排式住宅称为接地型住宅，那么，叠拼式住宅可称准接地型住宅，因为其上层住户不能直接与地面相接，只能与屋顶花园的人造地面或类似宽敞的屋顶平台、阳台相接，它只是为上层套型创造了近似地面庭院的环境，而且套型入口需通过室外专用楼梯或架空敞廊与地面相接。叠拼式住宅可兼

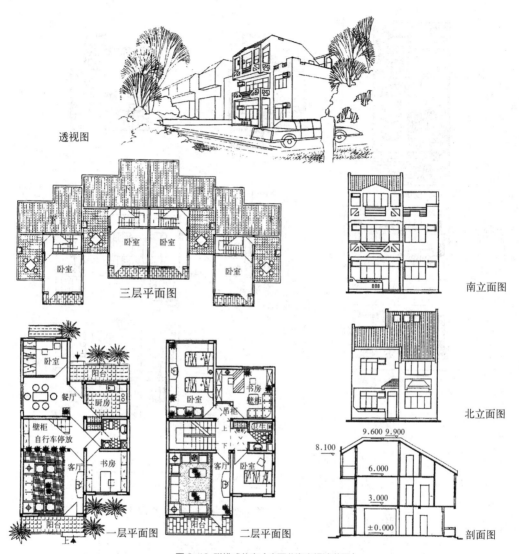

透视图

三层平面图

卧室　卧室　卧室　卧室

南立面图

一层平面图

卧室　阳台　餐厅　厨房　壁柜　自行车停放　客厅　书房　阳台

二层平面图

卧室　书房　壁柜　吊柜　客厅　卧室　阳台

北立面图

剖面图

8.100　9.600　9.900

6.000

3.000

±0.000

图 3-19　联排式住宅（广西北海市银湾花园）

得低层的接地性和多层容积率较高的优势，其空间组合形式仍在不断创新探索中。目前建造的叠拼式住宅大致有如下几种模式：

（1）上、下两套住宅叠拼。两套住宅分向入户，上层住户使用敞开式楼梯与地面相接，突出其独立性与接地性特点。住栋楼层可高达3~4层（图3-23）。

（2）上、中、下三套住宅叠拼。下层住户单独入户，中、上两套住户将共用接地楼梯或楼梯间。下层套型有花园，上层套型可有屋顶花园，中间一套可专设露台或大阳台，皆可为客户提供相类似的户外活动环境。住栋楼层一般采用4~5层，上层住

户入口高度超过三层时会大大削弱低层住宅的亲地性优势（图3-24）。

（3）两套或三套住宅空间交错叠拼。这种组合方式有利于在不降低基地容积率的前提下，适当缩小每户套型面积，适应市场对小套型住宅需求量较大的情况。其每套住宅均可采取占用一层半空间的跃层套型，上层住户入口高度也相应降低，有利于增强上层住户的亲地性感受（图3-25）。

6）别墅建筑

它原本应指"住宅以外的可供游憩、休养的低

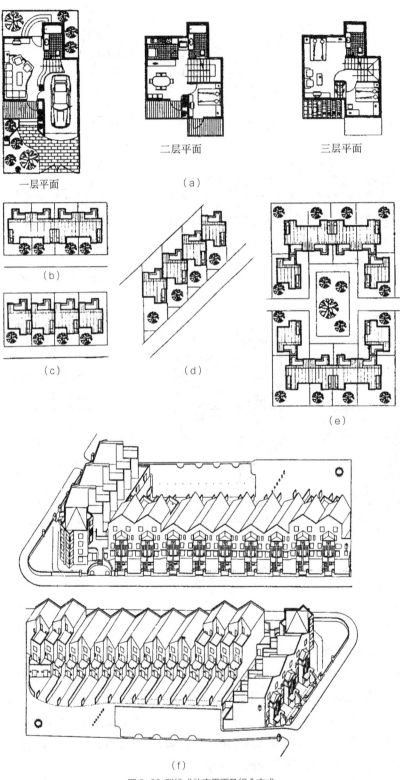

一层平面   二层平面   三层平面

（a）

（b）

（c）

（d）

（e）

（f）

图 3-20 联排式住宅平面及组合方式

（a）住宅平面图；（b）水平式组合 1；（c）水平式组合 2；（d）斜向组合；
（e）聚合式组合；（f）英国伦敦圣马克大街联排式住宅（J. 狄克逊，1979）

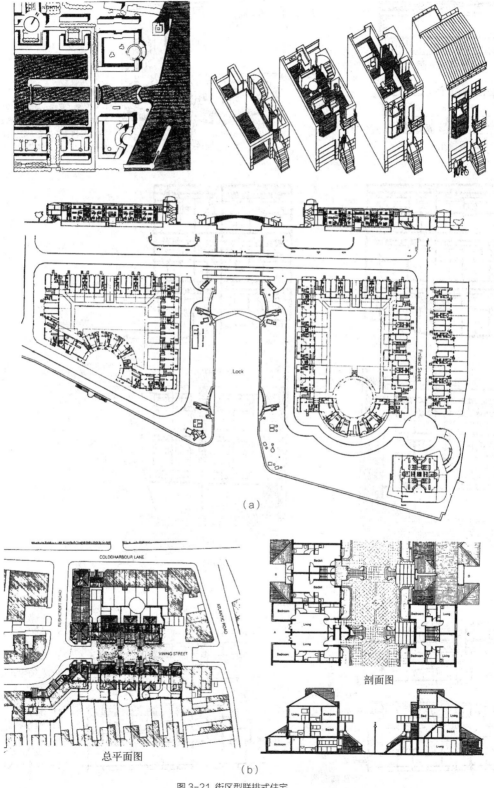

图 3-21 街区型联排式住宅

（a）英国伦敦南码头低层高密度住宅（1989）；（b）英国伦敦威宁大街联排住宅（1991）

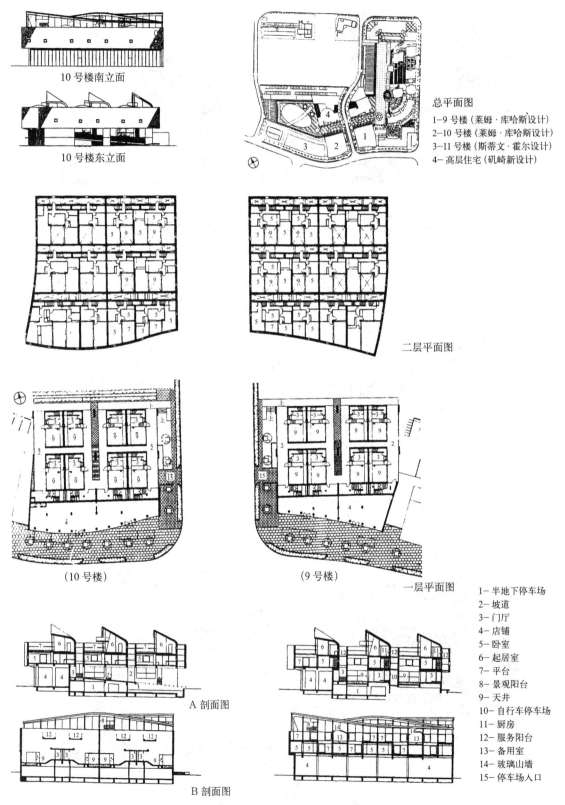

10 号楼南立面

10 号楼东立面

总平面图

1- 9 号楼（莱姆·库哈斯设计）
2- 10 号楼（莱姆·库哈斯设计）
3- 11 号楼（斯蒂文·霍尔设计）
4- 高层住宅（矶崎新设计）

二层平面图

（10 号楼）　　　（9 号楼）　　　一层平面图

A 剖面图

B 剖面图

1- 半地下停车场
2- 坡道
3- 门厅
4- 店铺
5- 卧室
6- 起居室
7- 平台
8- 景观阳台
9- 天井
10- 自行车停车场
11- 厨房
12- 服务阳台
13- 备用室
14- 玻璃山墙
15- 停车场入口

图 3-22 群集式住宅（日本福冈国际住宅展 9 号与 10 号住宅莱姆·库哈斯（Rem Koolhas），1992）

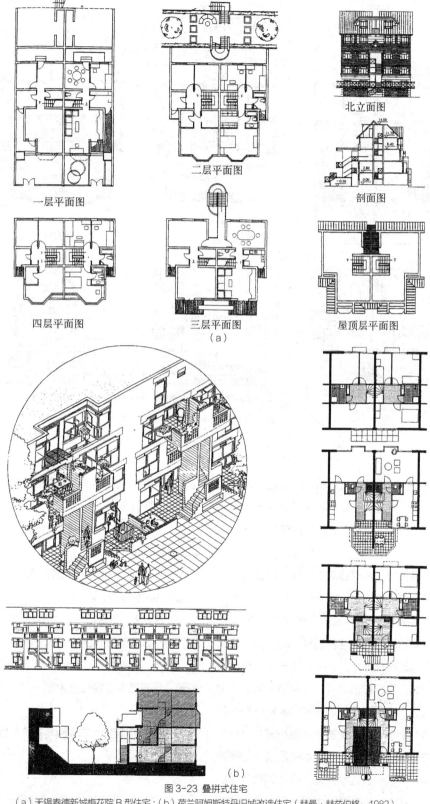

一层平面图

二层平面图

四层平面图

三层平面图

北立面图

剖面图

屋顶层平面图

（a）

（b）

图 3-23 叠拼式住宅

（a）无锡泰德新城梅花院 B 型住宅；（b）荷兰阿姆斯特丹旧城改造住宅（赫曼·赫兹伯格，1982）

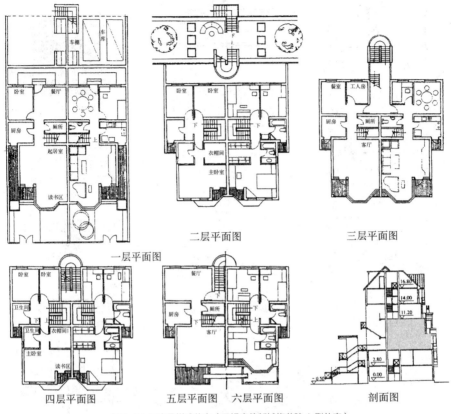

二层平面图

三层平面图

一层平面图

四层平面图

五层平面图   六层平面图

剖面图

图3-24 三户叠拼式住宅（无锡泰德新城梅花院A型住宅）

层园林式住房"，也就是日常居住的住宅以外的另一处住所，其户内空间主要为满足舒适的休闲生活而设计建造。因此，总体上，别墅的建筑标准（主要指套型面积和建筑质量）和环境标准（主要指基地环境和公用设施）都明显高于一般低层住宅。正因如此，当前住宅市场上常把舒适度较高的低层住宅也称为"别墅式住宅"，故而出现有"独立别墅"、"双联别墅"和"连体别墅"的称谓，其实只是为了强调这类住宅所具有的较高居住品位和高档的建筑质量。别墅建筑尚可认为是另一类豪华型的低层住宅，但它与一般低层住宅的差别还不仅仅表现在建筑标准上，更重要的还表现在其各自独具的，重在表现居住者个性、情趣和生活追求的建筑空间和环境特色，以及能反映这种特色的设计理念和建筑艺术形式上。别墅建筑大多为高档独立式住

宅，对其建筑设计具有更高的艺术性要求，主要可归结为以下几点。

（1）要求建筑空间形态因地制宜，与自然环境和谐、统一（图3-26）；

（2）户内空间功能配置齐全合理，符合个性化生活特点（图3-27）；

（3）空间布置自由、灵活，室内外空间层次丰富，具有较高的空间品位（图3-28）；

（4）外观造型优美动人，尺度亲切宜人，建筑形象富有艺术个性特色（图3-29~图3-31）。

3.2.3　低层住宅楼栋设计与选型的基本要求

住户与地面可有较直接的联系（接地性），这

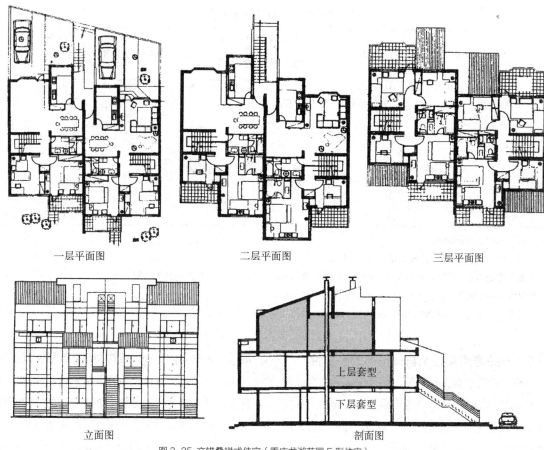

一层平面图　　　　　二层平面图　　　　　三层平面图

立面图　　　　　　　　　剖面图

图 3-25 交错叠拼式住宅（重庆龙湖花园 F 型住宅）

是低层住宅的主要特点和独具的环境优势，因而低层住宅楼栋设计的任务就是要在维护这项特点的条件下，对住户套型单元进行多样化的组合，同时满足住宅群体规划和套型空间设计提出的各项要求。

1）符合住宅群体规划的要求
（1）居住密度的控制

为了提高城市土地资源的有效利用，住区规划皆十分重视对居住密度的控制。如何在不降低环境质量的条件下提高居住密度是规划设计特别关注的问题。对于居住密度相对较低的低层住宅来说，问题尤为突出。规划设计中，通常以单位用地上建造的住宅套型数量（即住宅套密度）来衡量居住密度。有关衡量土地投入和环境质量的要求，在不同国家或地区皆会有一个相对合理的标准，并参照合理的居住密度的控制，对每户的用地指标做出相应的限定。依据限定，每套住宅结合用地条件来选择或设计合适的低层住宅套型和楼栋类型，就成了满足总体规划对居住密度进行调控的重要手段。实践表明，在确保住户具有同等环境质量的前提下，不同的套型空间组成和楼栋类型都应与合理的用地规模相适应。

前述的低层住宅楼栋类型中，显然独户式住宅（尤其是别墅建筑）的居住密度最低，耗地量最大，而其他类型从并联式、联排式、群集式到叠拼式，其居住密度则依次增高，每户耗地量逐次降低。各类低层住宅的合理用地指标可参见表3-6所示，在选择住栋类型时，必须考虑总体规划用地的可能性。

各国低层住宅住区规划相关指标   表3-6

	单位	中国（商会）①				北欧	美国"能买得起的小住宅"						加拿大某地		印度②	小城镇规划②		建议值
							住区1	住区2	住区3	住区4	住区5	分区要求				镇小区	中心村庄	
		高档独立式住宅	独立式住宅	双拼式住宅	联排住宅	独立式住宅	独立式住宅					独立式住宅	小宅基地住宅	传统独立式住宅	低层住宅	低层(3人)	低层(3人)	独立式住宅
宅基地面积	m²	1000	400~700	327~473	200~266	480	232~480					465~557	260	480	44	250~375	273~409	260
建筑面积	m²	350	200~350	180~260	150~200	108	60~120	209~260	100~152	72~120	83~101	最小为167	160~190	280	22	150~225	150~225	60~190
套密度	套/1000m²	≤1.0	≤1.5	≤2.0	≤3.5	1.7~2	1.98	2.66	1.63	1.66	4.3	1.54~2.69③	1.98~2.47	0.25~1.68④	12.5	1.2~2.9	0.95~2.1	1.54~2.69

①中国住宅产业商会数据。
②户均人口为3人的中国村镇规划居住用地指标。
③印度住宅是由分组庭院，组群院子，社会空间和每家每户的（最小为44m²）独门独院共同构成。
④加拿大某地套密度，郊区为0.25~0.59；市区为0.84~1.68。
⑤美国某地套密度，郊区为1.73；商住两用为2.47；联排住宅为6.18。

（2）住户套型和住宅群体形态的多样性

住户的需求是多样化的，因而住宅的套型面积规模和空间组成形式应该是可供多样选择的。事实上，低层住宅丰富的住栋类型为满足住户多样化的选择提供了广泛的可能。一般认为，独户式住宅最能满足住户对大套型和个性化空间的要求，而联排式和叠拼式住宅则适合于住户对小套型住宅和通用化空间的一般需求。住户对住宅套型空间的不同需求也可直接反映在住栋形态的变化上。住宅楼栋形态的丰富变化，不仅有利于增强住户的识别性，也有利于创造富有特色的住宅群体景观，满足总体规划的基本要求。低层住宅群体形态的多样性，不仅完全可以运用不同类型的低层住栋来构成，还可采用低层住宅与多层（或高层）住宅相结合，形成混合式住宅群体来达到形态多样化的目的（图3-32、图3-33）。

（3）院落空间的组织与利用

低层住宅优越的居住环境特点之一，就是住户均可与地面有较直接的联系，并可拥有属于自己专用的地面空间，这种与住户有着明显从属关系的地面空间可统称为院落。院落空间在功能上可作为住户底层室内空间的延伸，或作为室外起居空间供休闲娱乐活动使用，或作为杂物后院空间供家务活动使用等。住栋设计或选型均需考虑满足住户对低层住宅这一独具的环境特点的选择，重视院落空间的组织和利用。住宅院落按其归属使用方式，还可分为各户专用的独院和几户共用的合院。独院的私密性好，合院有利邻里交往，各有所长，皆可酌情选择。通常认为，住栋组合的平面形态对院落空间的形成起着主要作用，采用凹凸平错的组合方式或者成行排列，或形成曲折小巷，或围成小型合院等，既可用以改善日照，又可用以形成私密性—半私密性—半公共性—公共性的多层次的院落空间（图3-34）。

住宅院落空间的组织不仅具有物质使用功能，而且还具有产生一定环境效用的精神功能。组织住宅院落可运用其不同的几何特征，通过处理空间的封闭与开放程度，空间与建筑界面的不同关系以及空间展示层次的处理，取得不同的空间效果和环境氛围。这不仅有利于加强居住空间环境的识别性，也有利于增进住户的社区归属感，从而促进社区环境和邻里关系的健康发展（图3-35、图3-36）。

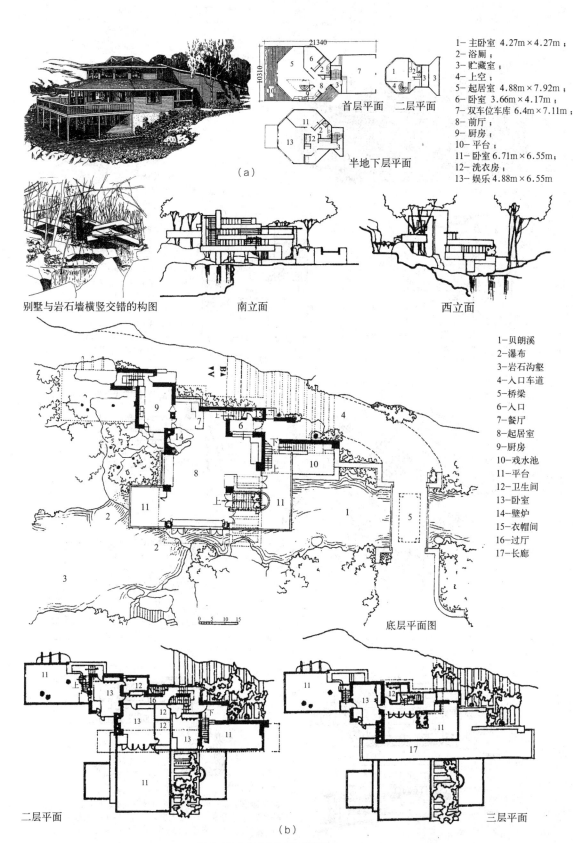

1— 主卧室 4.27m×4.27m；
2— 浴厕；
3— 贮藏室；
4— 上空；
5— 起居室 4.88m×7.92m；
6— 卧室 3.66m×4.17m；
7— 双车位车库 6.4m×7.11m；
8— 前厅；
9— 厨房；
10— 平台；
11— 卧室 6.71m×6.55m；
12— 洗衣房；
13— 娱乐 4.88m×6.55m

首层平面　二层平面

半地下层平面

（a）

别墅与岩石墙横竖交错的构图　　南立面　　西立面

1—贝朗溪
2—瀑布
3—岩石沟壑
4—入口车道
5—桥梁
6—入口
7—餐厅
8—起居室
9—厨房
10—戏水池
11—平台
12—卫生间
13—卧室
14—壁炉
15—衣帽间
16—过厅
17—长廊

底层平面图

二层平面　　　　　　　　　　　　　　　三层平面

（b）

图 3-26 空间形态结合自然环境

（a）美国某坡地别墅；（b）美国宾夕法尼亚，匹兹堡流水别墅（赖特 Frank Lloyd Wright，1936）

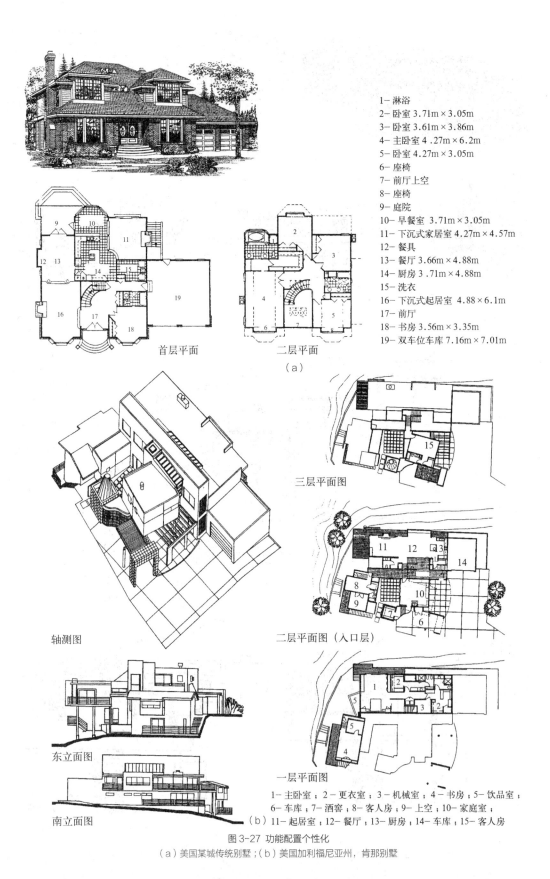

1– 淋浴
2– 卧室 3.71m×3.05m
3– 卧室 3.61m×3.86m
4– 主卧室 4.27m×6.2m
5– 卧室 4.27m×3.05m
6– 座椅
7– 前厅上空
8– 座椅
9– 庭院
10– 早餐室 3.71m×3.05m
11– 下沉式家居室 4.27m×4.57m
12– 餐具
13– 餐厅 3.66m×4.88m
14– 厨房 3.71m×4.88m
15– 洗衣
16– 下沉式起居室 4.88×6.1m
17– 前厅
18– 书房 3.56m×3.35m
19– 双车位车库 7.16m×7.01m

首层平面　　　　二层平面

（a）

三层平面图

二层平面图（入口层）

一层平面图

轴测图

东立面图

南立面图

1– 主卧室；2– 更衣室；3– 机械室；4– 书房；5– 饮品室；
6– 车库；7– 酒窖；8– 客人房；9– 上空；10– 家庭室；
（b）11– 起居室；12– 餐厅；13– 厨房；14– 车库；15– 客人房

图 3-27 功能配置个性化

（a）美国某城传统别墅；（b）美国加利福尼亚州，肯那别墅

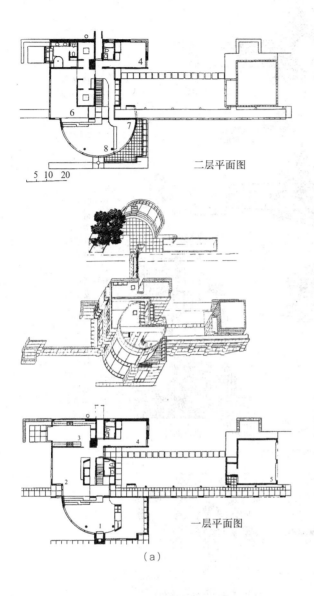

二层平面图

5 10 20

（a）

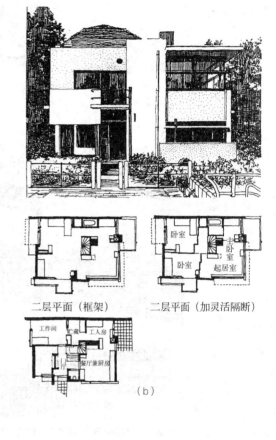

二层平面（框架）　　二层平面（加灵活隔断）

（b）

图 3-28 具有高雅脱俗的空间品位

（a）美国新泽西州葛罗塔乡村别墅
（理查德·迈耶，1989）；（b）荷兰施罗德别墅
1- 起居室；2- 餐厅；3- 厨房；4- 卧室；
5- 车库；6- 主卧室；7- 家庭室；8- 上空

2）符合低层住宅套型空间构成的特点

（1）住宅楼栋形式应能满足低层住宅建筑标准较高、居住功能更趋完美的设计要求

当前住户对低层住宅的需求多是出于提高居住生活水平的考虑，因为低层住宅的建筑标准和环境质量都高于一般多层和高层住宅，特别是高档的低层住宅(别墅式住宅)。因此，低层住宅理应在功能设置和空间组成上考虑得更为周详，更能贴近住户个性化的要求。

低层住宅套型空间多半采用接地型的跃层式（或错层式）空间模式，低层楼栋由套型单元直接拼联而

成，因而其套型空间组成的特点也直接反映在住宅楼栋的类型特征上。低层住户对居住空间功能质量的较高要求，自然也决定着住栋类型的选择和空间设计。住栋设计形式应该能够满足低层住宅对居住空间功能质量较高的要求，具体应体现在如下两方面：

●居住功能设置的细化。因为低层住宅一般具有较高的建筑面积指标（尤其是高档别墅式住宅），各户不仅可有底层空间，而且还有楼层空间可使用。宽敞优越的空间条件为满足更高的居住生活质量要求提供了可能。首先，表现在与日常居住行为相关的空间组成上，功能变得更加明晰、周全、灵

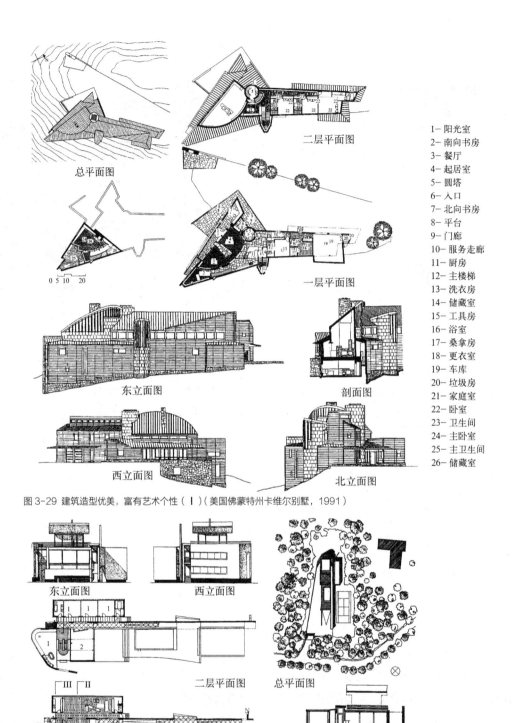

总平面图

二层平面图

一层平面图

东立面图

剖面图

西立面图

北立面图

1— 阳光室
2— 南向书房
3— 餐厅
4— 起居室
5— 圆塔
6— 入口
7— 北向书房
8— 平台
9— 门廊
10— 服务走廊
11— 厨房
12— 主楼梯
13— 洗衣房
14— 储藏室
15— 工具房
16— 浴室
17— 桑拿房
18— 更衣室
19— 车库
20— 垃圾房
21— 家庭室
22— 卧室
23— 卫生间
24— 主卧室
25— 主卫生间
26— 储藏室

图 3-29 建筑造型优美，富有艺术个性（Ⅰ）（美国佛蒙特州卡维尔别墅，1991）

东立面图

西立面图

二层平面图

总平面图

一层平面图

Ⅱ—Ⅱ剖面图

Ⅰ—Ⅰ剖面图

Ⅲ—Ⅲ剖面图

图 3-30 建筑造型优美，富有艺术个性（Ⅱ）（荷兰汉斯别墅，1989）

1— 卧室；2— 上下贯通空间

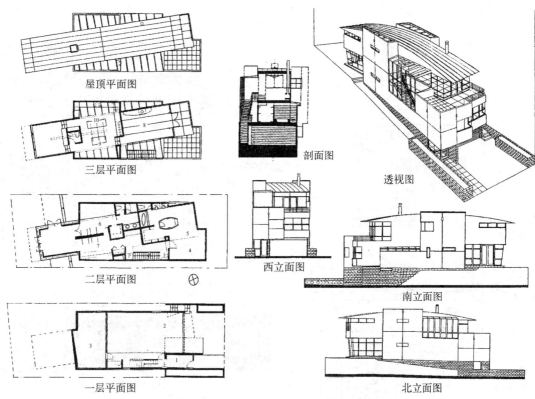

屋顶平面图

三层平面图

二层平面图

一层平面图

剖面图

透视图

西立面图

南立面图

北立面图

图 3-31 建筑造型优美，富有艺术个性（Ⅲ）（美国加利福尼亚埃略特别墅，1993）
1- 入口；2- 车库；3- 储藏室；4- 主卧室；5- 主浴室；6- 客人房；7- 家庭室；8- 起居室；9- 餐厅；10- 厨房

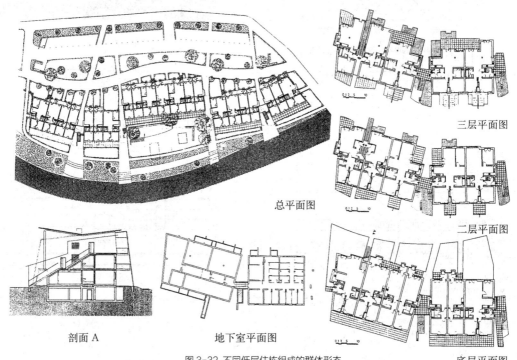

总平面图

三层平面图

二层平面图

剖面A

地下室平面图

底层平面图

图 3-32 不同低层住栋组成的群体形态
（奥地利沃伊斯堡集合住宅，麦克尔·齐泽克维兹，1993）

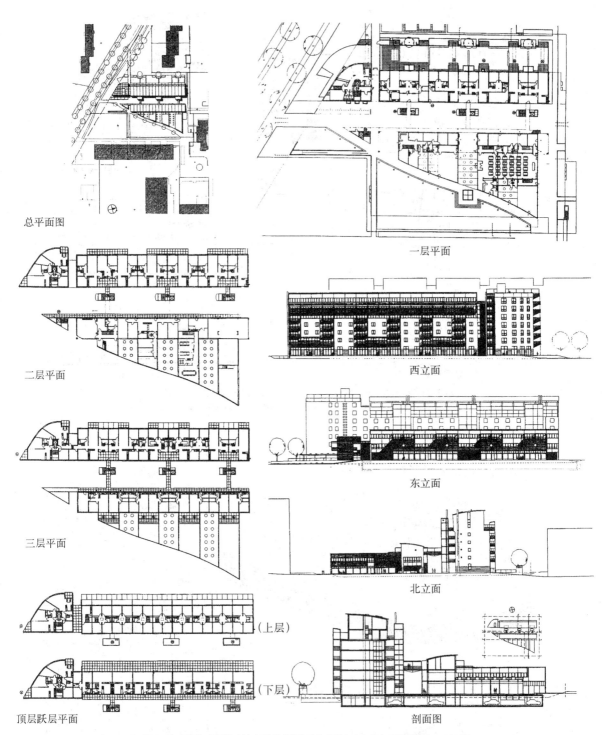

总平面图

一层平面

二层平面

西立面

三层平面

东立面

北立面

顶层跃层平面

（上层）

（下层）

剖面图

图 3-33　低层与多层住宅结合形成的群体形态（瑞士奥布维尔经济型住宅，1994）

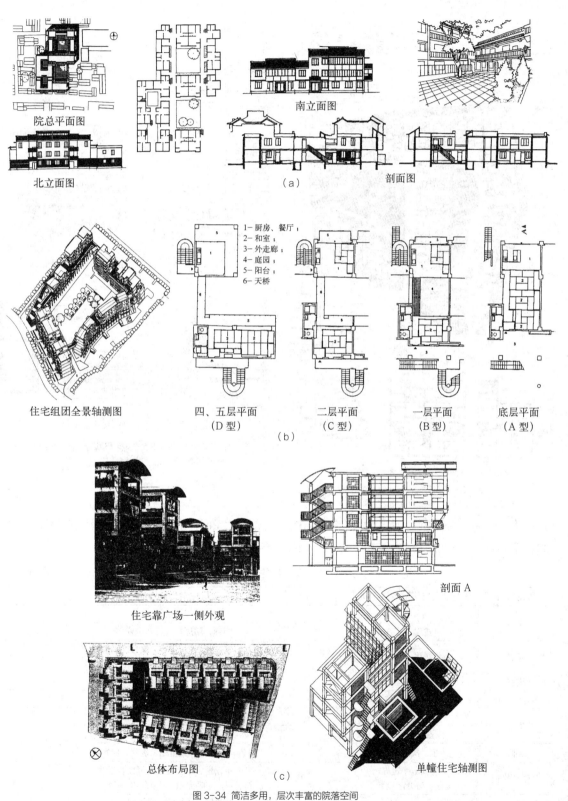

院总平面图

北立面图

南立面图

剖面图

（a）

住宅组团全景轴测图

1－厨房、餐厅；
2－和室；
3－外走廊；
4－庭园；
5－阳台；
6－天桥

四、五层平面
（D型）

二层平面
（C型）

一层平面
（B型）

底层平面
（A型）

（b）

住宅靠广场一侧外观

剖面A

总体布局图

单幢住宅轴测图

（c）

图3-34 简洁多用，层次丰富的院落空间
（a）北京菊儿胡同"新四合院工程"（第一期工程）；
（b）日本茨城县松代公寓，大野秀敏，1993；（c）日本熊本市集合住宅，山本理显，1991

图 3-35 日本水产市六番池小区低层住宅群

（空间的开放与封闭相结合，
丰富院落空间层次，形成日本文化韵味）

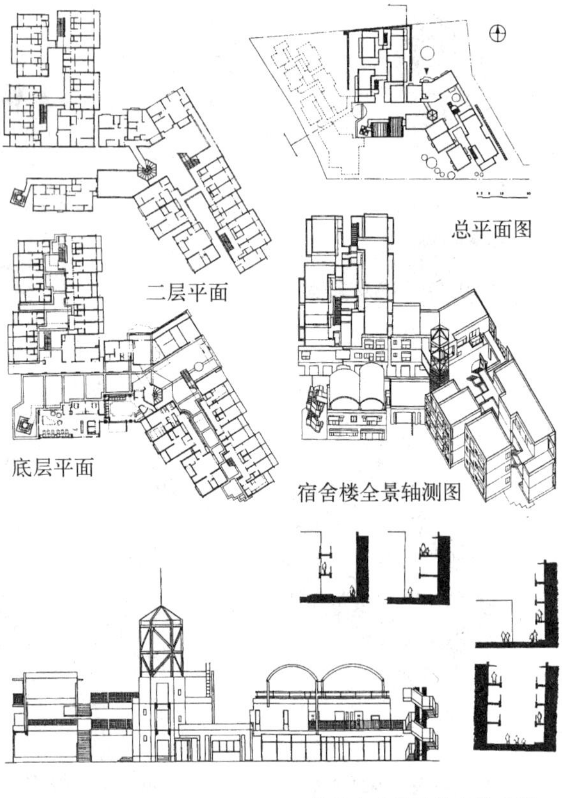

总平面图

二层平面

底层平面

宿舍楼全景轴测图

巷道北立面　　　　巷道中多层次的交往空间

图 3-36 日本东京大学生宿舍（艾柯玛建筑事务所，1995）
（多层次的巷道空间构成邻里交往空间）

活多样和个性化，也就是说，表现为套型空间居住功能设置的细化。把低层住宅与多层（或高层）住宅的行为空间作个比较，就不难理解其居住水平提高的具体内容了（表3-7）。

低层住宅与多（高）层住宅行为空间比较　　　　　　　表3-7

居住行为	多层或高层住宅生活空间	低层住宅生活空间
交通	户门	前门，后门
	门厅（或门斗），走道	门廊，门厅，过厅，走廊
起居	起居厅（室）	客厅，家庭起居厅（室），健身娱乐室， 阳光室，室外起居空间（露台，花园，泳池等）
进餐	餐厅（或餐桌区）	早餐（便餐）室，正餐厅（家庭聚餐室）
学习，工作	书房（或书桌位）	书房，居家办公室
家务	厨房	厨房，备餐间，吧台，杂物后院
	洗衣机位	洗衣房，烘干整理室
寝卧	主、次卧室	主卧室，次卧室，儿童房，客房，保姆间
洗浴，排便	卫生间集中设置 （或居、卧分区设置）	卫生间分层，分区设置（可设客用， 起居用，主卧专用，次卧共用等处）
存放及其他	贮藏空间（壁橱、顶柜等）	贮藏间，衣帽间，设备间， 车库，暖房，阁楼，地下室等

　　低层住宅套型生活空间的组成，可依据住户的意愿和住栋的类型作相应的安排，但应注意适度、合理，避免片面追求大、全、多而造成浪费。有关低层住宅建筑标准可参见表3-8所示。

低层住宅建筑设计建议指标（中国工商联合会住宅商会2002年11月）　　　　表3-8

项目	房间名称	住宅类型 套建筑面积	高档独立式住宅 ≥350m²/套	独立式住宅 200～350m²/套	双拼式住宅 180～260m²/套	联排式住宅 150～200m²/套
套内各组成空间使用面积标准（m²）	门厅		● 3～5	● 3～5	● 3～5	●
	客厅		● ≥40	● ≥30	● ≥25	● ≥25
	厨房（含早餐室）		● ≥16	● ≥16	○	
	厨房（不含早餐室）			● ≥8	● ≥6	● ≥6
	餐厅		● ≥15	● ≥10	● ≥10	● ≥10
	家庭室		● ≥18	● ≥15	○	○
	主卧室		● ≥20	● ≥20	● ≥15	● ≥15
	双人次卧室		● ≥15	● ≥12	● ≥12	● ≥12
	单人次卧室		● ≥10	● ≥8	● ≥8	● ≥8
	工作室（书房）		●	●	○	○
	兴趣房间		★	★	○	○
	工人房		● 6～8	● 6～8	○	○
	健身房		●	★		
	主卫生间		● ≥6	● ≥6	● ≥6	● ≥4.5
	次卫生间		● ≥4.5	● ≥4.5	● ≥4.5	● ≥4.5
	阳光室		●	★	○	○
	洗衣室		● 3～5	★	○	○
	设备间		● 3～5	★		
	储藏室		● ≥5	● ≥5	● ≥5	● ≥2
	车库		● ≥18	● ≥18	○	○
室内（外）泳池			●	★	○	○
设备配套标准	厨房设备		灶台，调理台，洗池台，搁置台，吊柜，冰箱位，排油烟机			
	卫生间	四件套	浴缸，淋浴间，洗面盆，坐便器，镜（箱），自然换气（风道）			
		三件套	浴缸或淋浴，洗面盆，坐便器，镜（箱），自然换气（风道）			
		二件套	洗面盆，坐便器，机械换气（风道）			

注：●表示必须设置　★表示建议设置　○表示可设也可不设

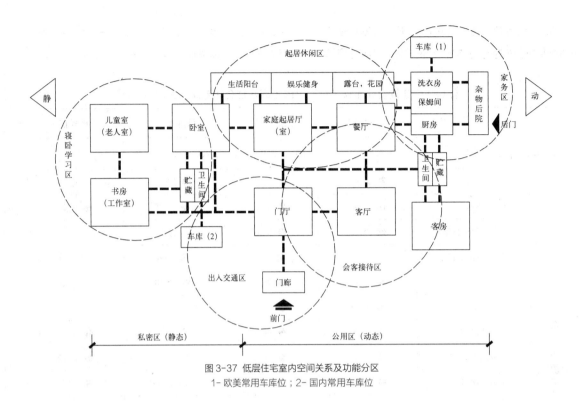

图 3-37 低层住宅室内空间关系及功能分区
1- 欧美常用车库位；2- 国内常用车库位

● 空间功能分区的强化。由于低层住宅居住功能设置的细化，空间功能组成更加完善和丰富，再加上其底层空间接地性的特点，使众多的功能空间的组织关系变得更为复杂和重要。为了有效地组织居住生活，提高环境的舒适度，强化空间功能分区也成了低层住宅空间的重要组成特点。功能设置较完善的低层套型空间，一般室内可分为五个功能区，另外加上一个室外功能区，其相互空间关系可见图3-37所示。

①出入交通区。门廊，门厅，车库（或车位）。

②会客接待区。门厅，客厅，餐厅，客房（可兼作娱乐室）。

③休闲起居区。餐厅，家庭起居厅（室），健身房，娱乐室。

④家务操作区。备餐，厨房，洗衣房，保姆间，库房，设备间，杂物院。

⑤寝卧学习区。主、次卧室，儿童室（老人室），书房（工作间），附属卫生间，存衣间等。

⑥室外活动区。生活阳台，露台，屋顶花园，底层院落。

由于考虑节约用地，目前城市低层住宅一般皆在二层以上，单层平房已极少采用（包括农村住宅），因而套型空间的功能分区常常需要采用分层竖向分区的处理方法。各功能区分层可依其与地面交通和院落空间的关联程度来处理，可将关联程度相对较低，而私密性要求较高的寝卧学习区置于住宅顶层和上层，同时将关联程度最高和较高，公共性要求较强的出入交通区、会客接待区、家务操作区、休闲起居区依次优先置于住宅底层和下层空间处（图3-38）。

（2）住宅楼栋形式应有利于增进住户室外空间的有效利用

低层住宅应充分利用其居住空间接近地面自然环境的特点，为住户提供富有生活气息的室外空间。

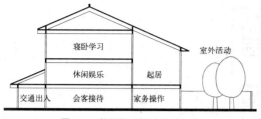

图 3-38 低层套型空间竖向功能分区

室外空间作为室内功能空间的延续，可满足居民休闲娱乐、家庭团聚、社交活动以及家务、停车等多种生活需要，同时还具有满足城市景观及环境绿化的功能。室外空间的利用应包括宅院绿地、阳台、露台、屋顶平台以及入口交通场地的组织利用，其利用方法与住栋的平、剖面设计形式密切相关。

宅院空间是与住宅底层空间相邻接的室外空间，因而宅院空间的利用应综合协调住栋的朝向、平面形式、入户道路方位和底层室内空间功能配置的要求，以利于宅院功能的适当分区和院内面积的合理分配（图3-39、图3-40）。不同类型的住栋具有不同的宅院空间形态，如独户式住宅其四周的空地可以形成前、后、左、右4个院子，并联式住宅可有前、后、侧面3个院子；而联排式住宅仅有前后2个院子；准接地型的叠拼式住宅则需利用下层住户的屋顶平台提供近似地面环境的屋顶花园。上述宅院皆为住户独用的宅院，住户可以根据宅院的条件，利用住栋平面形态变化，对其使用功能作适当的区划（图3-41）。另外，联排式和叠拼式住宅，在城区高密度环境中，常常采用共用合院的形式，也就是近年在国外广为采用的街区型联排住宅（Townhouse），它将住户入口交通空间、休闲起居空间与庭院绿化空间都集中在一个共用大院里，以期形成和谐、优雅、安全和具有归属感的邻里空间环境，此时住栋的入口交通均应朝向合院开设（图3-42）。

阳台、露台以及屋顶平台的利用，不仅与套型楼层平面设计相关，而且涉及住栋的剖面设计形式。这些室外空间的设置与利用应该和套型内的楼层面积的分配及空间功能的设置相互协调。一般卧室、客房和书房（工作室）可利用阳台；休闲起居厅（室）或餐厅、客厅宜利用露台空间；屋顶花园皆可作为上层居室的室外活动空间加以利用。同时，上述室外空间的位置均宜设在明亮、向阳或景色优美的方位。另外，叠拼式住宅可以利用屋顶花园替代地面宅院的部分功能，也可以与下层住户分享宅院空间，采取前后宅院分别归属各户单独使用的方法，使上下住户能够有相近的环境优势（图3-43）。

（3）住宅楼栋的形式应满足住户汽车停放空间需要

妥善解决住户家用汽车的停放问题，对低层楼栋而言问题更加突出，因为低层住户的家用汽车拥有率一般高于多层和高层的用户，所以低层住宅不仅应每户设置车库或车位，而且户均车位拥有数应高于多层和高层住宅的设置标准。因而，建筑标准较高的低层住宅（如独院式住宅），自备车库可设两个或两个以上的车位。停车空间可采用自备车库或宅院内停车位（露天或半露天）的形式。自备车库的形式因节约用地的考虑，现已极少采用独立车库，多附设在住栋空间内。我国与日本等国皆以一个车位的车库为多（开间3.3～3.6m，进深5.4～6m）。用地相对宽松的独户式住宅，也有据住栋总体功能布局和造型设计需要将车库设在住栋附属的单层建筑空间中的。联排式住宅等用地相对狭小的低层住宅，通常可将车库设在住栋的底层空间中，或者可采用住户合用的地下车库形式。不论采用何种家用汽车停放方式，停放空间和居住空间以及道路空间的方便联系都是住栋设计需要妥善解决的问题（图3-44）。

（4）住宅楼栋形式应该有利于节约建筑用地

低层住宅户均建筑用地指标大大高于多层和高层住宅，这虽然是低层住宅无法改变的特性，或者可以说是"先天性缺陷"，但是节约用地的国策仍然应是低层住栋设计至关重要的因素。低层住宅因建筑高度较低，日照间距已不是控制住宅建筑用地的决定性因素。因为日照间距已经大大小于住

二层平面图　　　　　一层平面图

图 3-39 东莞海景山庄别墅

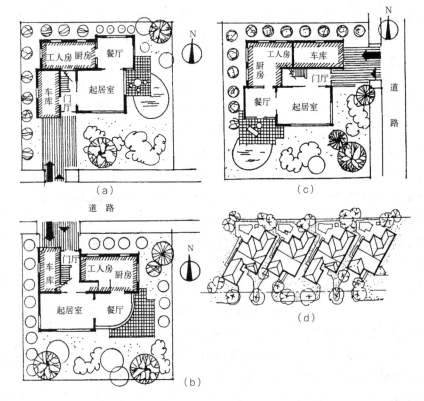

图 3-40 建筑平面布局与道路、朝向及庭院关系

（a）道路在庭院南侧：建筑宜靠近庭院北、西侧，留出南部绿化，车库靠西侧，工人房、厨房靠西、北侧，留出起居室及餐厅朝南和朝东，争取好的朝向及景观；（b）道路在庭院北侧，建筑仍应靠近庭院的西、北侧，以使南、东侧有较大的植栽、绿化空间，其他布置原则与（a）相同（若北侧为主要交通道路，噪声较大时，则应多退后些）；（c）道路在庭院的东侧或西侧：一般情况下，建筑也应靠北靠西，留出南、东较大的空间进行绿化、植栽，建筑内部布置原则与（a）相同；（d）锯齿形斜向布局使街景富有变化，并扩大了房子与街道的距离

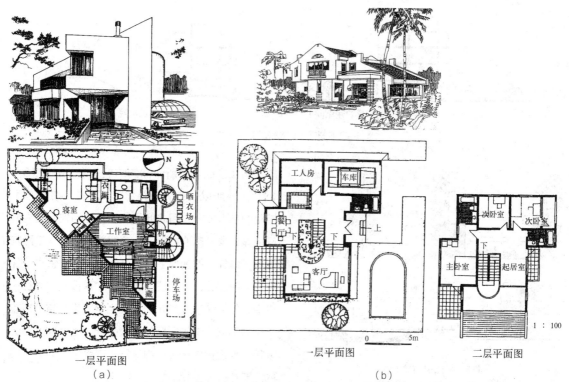

一层平面图
（a）

一层平面图
（b）

二层平面图

图 3-41 利用住栋平面形态限定宅院功能分区
（a）日本代泽之家；（b）东莞海景山庄别墅，建筑面积 250m²

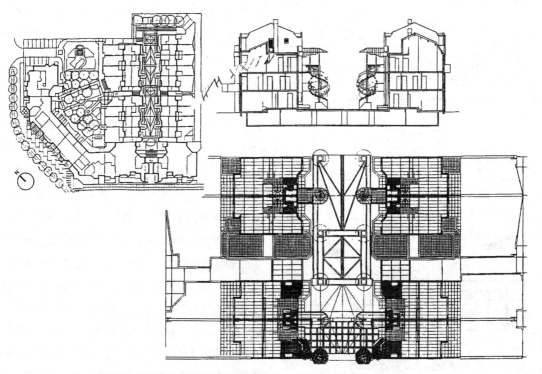

图 3-42 街区型联排住宅的院落空间利用（法国爱薇丽 103 住宅，A·赛史迪，1981）

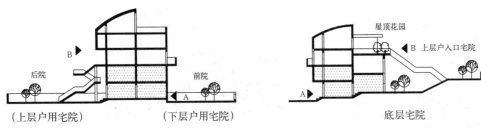

图 3-43 叠拼式住宅室外空间分配形式

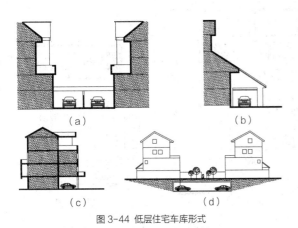

图 3-44 低层住宅车库形式
（a）利用楼栋间空间设敞开式车棚；
（b）结合造型附设单层车库；（c）分设底层车库；（d）分设地下车库

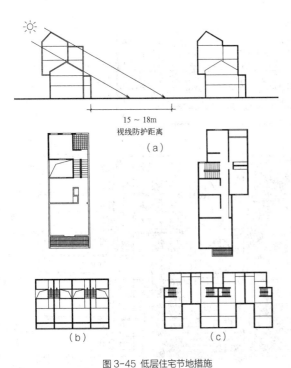

图 3-45 低层住宅节地措施
（a）适当增加楼层；（b）用内天井加大进深；（c）用凹天井加大进深

户间防止视线干扰所必需的防护距离（一般15~18m），所以视线防护距离就成了控制住栋前后排距的基本依据，因此低层住栋节约用地问题主要应依靠自身形态的合理设计来解决。一是在不影响低层环境优势的前提下，适当增加楼层，叠拼式住宅的创新设计即是此法的运用；二是设法加大住栋进深，但进深超过13m时，住宅中部室内空间环境（采光和通风）的质量将大大降低，因而此时常会采用中部设置内天井（内庭园）或者设置向外开口的凹天井的方法来解决（图3-45）。

（5）住宅楼栋形式应有助于满足低层住户提高家居环境品位的要求

满足低层住宅提高居住水平的要求，不仅体现在住宅室内外环境的方便、舒适、安全等物质性功能的设计上，而且还应体现在对居住空间环境品位的关注上。住户期望居住空间具有亲切、温馨、悦目、典雅、美好的家居环境的品位，反映了人们对环境氛围综合感受的心理需求，体现着居住环境的精神性功能。构成家居环境氛围和品位的因素是复杂的，不仅包括可以直接感知的空间物质因素（形、色、光和材质等），而且还包括只可间接领会的场所精神因素（情趣、个性、文化和观念等）。理想的住栋设计形式可以为构成居住环境品位的各种因素的展现和表达提供适宜的空间条件，其中应包括功能空间的各自形态和不同空间之间相互关联的组合形态（延伸、转折和交错；静止、流动和层次等）。家居环境品位的构成当然不仅限于室内空间环境氛围的感受，而且还存在于室外空间氛围及室内外环境协调关系的感受中（图3-46）。

图 3-46 室内外环境氛围构成家居环境品位的要素

（a）条形空间的起居室与餐厅、楼梯间的连续与分离；（b）客厅布置（欧美式）；

（c）厨房与餐厅的空间联系；（d）起居室与上层空间的联系；（e）起居室与内庭相结合；

（f）开敞的起居室与室外绿化庭院紧密结合；（g）组合家具分隔空间

3.3   多层住宅设计

在《民用建筑设计通则》GB50352-2005 中将住宅建筑按层数分类，多层住宅一般指 4~6 层住宅，是将平层或者复式套型在垂直方向上叠加。在多层住宅中，二层以上住户需要借助楼梯、电梯及走廊等解决上下楼或同层间的交通联系。多层住宅尺度宜人，具有较高的土地利用率；平面布局紧凑，公摊面积较少，整体性价比高；结构简单，可利用工业化标准化建造，建设周期短；户型方正，采光和通风较为理想，易被购房者接受，是适应性较好的一种住宅类型。

3.3.1   多层住宅平面组织

1）设计要求

多层住宅设计应使建筑与周围环境相协调，创造方便、舒适、优美的生活空间。住宅设计应以人为本，除满足一般居住使用要求外，根据需要尚应满足老年人、残疾人等特殊群体的使用要求。还应满足居住者所需的日照、天然采光、通风和隔声要求。同时，住宅设计必须满足节能要求，应能合理利用能源，宜结合各地能源条件，采用常规能源与可再生能源结合的供能方式。多层住宅是我国当前新建住宅的主要形式，因此在设计中应推行标准化，积极采用新技术、新材料、新产品，促进住宅产业现代化，开发推广资源节约、环保生态的新型住宅建筑体系。

2）平面组合形式及交通组织

在多层住宅的设计中，利用楼梯和走廊将平层或复式住宅套型灵活组织可以形成丰富的住宅平面形式。

（1）多层住宅的平面组织形式

多层住宅的平面组合及交通组织方式可参见 3.1 中的相关内容。根据套型组织和交通形式的不同，常见的多层住宅平面形式有以下几种：

①通廊式

即住宅平面中利用走廊等水平交通与垂直楼梯将若干住宅套型组织起来，通廊的长度及垂直交通的位置可依据《建筑设计防火规范》GB50016-2014 中的相关规定来确定。根据走廊在建筑中的位置可分为长内廊式、长外廊式和跃廊式等（图3-47）。

②单元式

即将住宅套型布置在垂直交通及平台周围，套型与交通空间组合成一个单元，单元经过拼接形成住栋。按住宅套型入户方式可分为梯间式和短廊式两种，其中短廊式又包括短内廊式和短外廊式两种（图3-48）。

③独立式（点式）

即单元式住宅独立成栋，套型围绕交通核布置，平面形式灵活。因其四面皆可采光通风，有利于为住户提供较好的室内环境条件。

（2）多层住宅的楼梯设计

楼梯是多层住宅主要的垂直交通方式，考虑到人的登高能力，《住宅设计规范》GB50096-2011 中规定 7 层及以上的住宅或住户入口层楼面距室外设计地面的高度超过 16 m 以上的住宅必须设置电梯。因经济条件的限制，目前在我国多层住宅一般都不设电梯，所以多层住宅的层数不超过 6 层，若顶层采用跃层式套型则多层住宅的层数实际可达 7 层。

步行上下楼的住宅层数与居住舒适性有一定的关系，因为人的年龄、身体状况等都会影响住户的行动。按照规范多层住宅虽然可以不设电梯，但 4 层以上住户步行上下楼并不舒适，特别是对老年人和体弱者。有些国家把不设电梯的住宅层数控制在 4 层以下，提高了多层住宅的居住舒适性。如果条件许可，考虑到我国已经步入老龄化社会的现实，多层住宅也可设置电梯或预留电梯位置，为以后装设电梯提供可能性，以更好地满足居民的生活需要，提高居住标准。

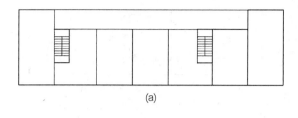

(a)

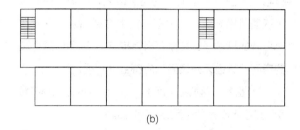

(b)

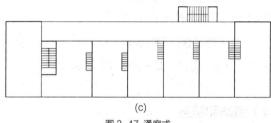

(c)

图 3-47 通廊式
(a) 长外廊式 (b) 长内廊式 (c) 跃廊式

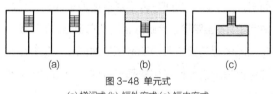

(a)　　　　(b)　　　　(c)

图 3-48 单元式
(a) 梯间式 (b) 短外廊式 (c) 短内廊式

●多层住宅中楼梯的设计应符合现行国家标准中的有关规定。首先应保证安全性，满足防火和疏散要求。其次要注重舒适性，应选择适宜的踏步宽度、高度和踏面形式。此外在栏杆高度、栏杆垂直杆件间距及楼梯井的设计上都要考虑到住户尤其是儿童的行为特点，保障住户安全。

《住宅设计规范》GB50096-2011 规定：

①楼梯梯段净宽不应小于 1.10 m。六层及六层以下住宅，一边设有栏杆的梯段净宽不应小于 1 m（注：楼梯梯段净宽系指墙面至扶手中心之间的水平距离）。

②楼梯踏步宽度不应小于 0.26 m，踏步高度不应大于 0.175 m。扶手高度不应小于 0.90 m。楼梯水平段栏杆长度大于 0.50m 时，其扶手高度不应小于 1.05m。楼梯栏杆垂直杆件间净空不应大于 0.11m。

③楼梯平台净宽不应小于楼梯梯段净宽，并不得小于 1.20 m。楼梯平台的结构下缘至人行过道的垂直高度不应低于 2 m。入口处地坪与室外地面应有高差，并不应小于 0.10m。

④楼梯井宽度大于 0.11 m时，必须采取防止儿童攀滑的措施。

多层住宅中楼梯的形式及其位置选择相对灵活，通过将走廊、楼梯和住宅套型的拼接组合能够创造出丰富的住宅平面形式。楼梯在住宅设计中不仅可以起到联系上下层交通的作用，还能给住户提供一个有助于邻里交往的空间。

●按照楼梯在多层住宅中的位置可分为外置式、内置式和梯间式等。

①外置式

将楼梯单独置于建筑一侧，位置相对灵活（图3-49)，除了交通作用外它还可以成为住栋的装饰元素，尤其是在围合式的组团平面中，有助于创造互动的邻里交往空间。

②内置式

楼梯设置在住栋的内部，靠外墙或者设置在建筑中间，住栋体型完整，这种布置形式在多层住宅最为常见（图3-50)。楼梯靠外墙布置，采光通风视线均好，利于防火和安全疏散；若楼梯布置在住栋内部，可以加大住宅进深，节约用地。但楼梯间设置在中间采光较差，可借助天窗采光，若楼梯井宽度大于 0.11 m时，必须采取防止儿童攀滑的措施。

③梯间单元式

将楼梯间作为一个独立的单元插入两个单元之间（图3-51)。这种布置使楼梯间具有良好的采光和通风条件，虽然交通面积有所增加，但可以利用楼梯平台为住户提供交往空间，有助于改善一般单元式住宅设计中缺乏交流空间的缺陷。

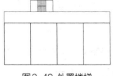

图3-49 外置楼梯

图3-50 内置楼梯

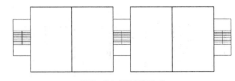

图3-51 梯间单元式

多层住宅中常用的楼梯形式分双跑、单跑和三跑楼梯等几种。双跑楼梯面积较省，构造简单，施工方便，是采用较多的一种楼梯形式。单跑楼梯连续步数多，回转路线长，方便组织进户入口，设计时应注意连续的踏步数不应超过18步。三跑楼梯最节省面积，进深浅，利于墙体对直拉通，但构造复杂，平台多，中间有梯井时，易发生小孩坠落事故，应采取安全措施。

3）多层住宅的采光和通风

阳光是人类生存和保障人体健康的基本要素之一。在居室内部环境中获得充足的日照是保证居住者尤其是行动不便的老、弱、病、残者及婴儿身心健康的重要条件，同时也是保证居室卫生、改善居室小气候、提高舒适度等居住环境质量的重要因素。多层住宅楼栋应尽量选择有利朝向，通过合理的建筑平面布置和套型设计创造具有良好日照条件的居住空间。按照住宅规范的规定在多层住宅中每套住宅至少应有一个居住空间能获得日照，当一套住宅中居住空间总数超过四个时，其中宜有两个应获得日照。获得日照要求的居住空间，其日照标准应符合现行国家标准《城市居住区规划设计规范》GBJ50180-93（2016年版）中关于住宅建筑日照标准的规定。

卧室、起居室（厅）应有与室外空气直接流通的自然通风。在住宅设计中应合理布置这些居室的外墙开窗位置、方向，有效组织与室外空气直接流通的自然风，特别是应组织相对外墙窗间形成对流的穿堂风或相邻外墙窗间形成流通的转角风。利用平面形状的凸凹变化或在住栋中间设天井，都能增加室内外临空面，有利于通风采光，在南方地区尤其重要。按照规范的规定：卧室、起居室（厅）应

有与室外空气直接流通的自然通风，单朝向住宅应采取通风措施，比如采取户门上方通风窗、下方通风百叶或机械通风装置等有效措施。采用自然通风的房间，其通风开口面积应符合下列规定：

（1）卧室、起居室（厅）、明卫生间的通风开口面积不应小于该房间地板面积的1/20。

（2）厨房的通风开口面积不应小于该房间地板面积的1/10，并不得小于0.60m²。

（3）严寒地区住宅的卧室、起居室（厅）应设通风换气设施，厨房、卫生间应设自然通风道。

4）消防和疏散

多层住宅由于层数和居住人口较多，它所面临的消防和疏散问题也比低层住宅困难和复杂。一般而言，二层以上的住户因不直接接地都存在安全疏散问题。安全疏散包括疏散距离及安全出口的确定。安全疏散距离直接影响疏散所需时间和人员安全，它包括房间内最远点到房间门或住宅户门的距离和从房间门到安全出口的距离。

安全出口是指可直接通往室外的防烟楼梯间、封闭楼梯间等安全地带的出口或门。安全出口的位置和数量，应结合住宅平面形式，使建筑物内的人员能在接到火警信息后，在规定的最短时间内，全部安全疏散到室外或其他安全地带。按照《建筑设计防火规范》GB50016-2014的规定，建筑高度不大于27m的住宅建筑，当每个单元任一层的建筑面积大于650m²，或任一户门至最近安全出口的距离大于15m时，每个单元每层的安全出口不应少于2个；每个住宅单元每层相邻两个安全出口以及每个房间相邻两个疏散门最近边缘之间的水平距离不应小于5m。

对楼梯间的形式在规范中也有规定，如建筑高

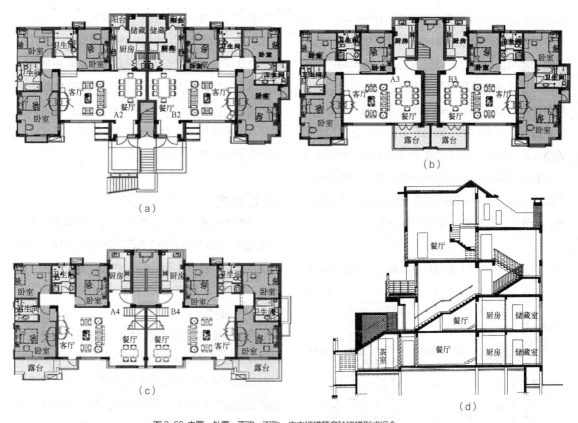

图3-52 内置、外置、直跑、双跑、户内楼梯等多种楼梯形式组合

（a）外置楼梯与内置楼梯结合；（b）直跑楼梯与双跑楼梯结合；（c）公共楼梯与户内楼梯结合；（d）楼梯剖面

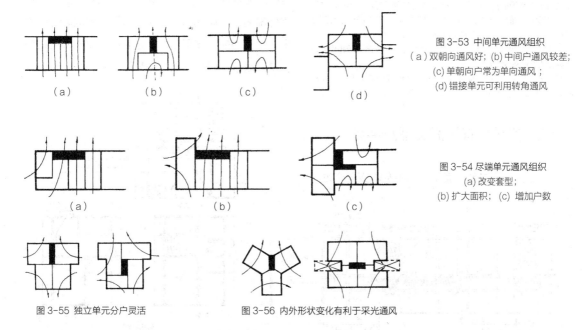

图 3-53 中间单元通风组织

（a）双朝向通风好；(b) 中间户通风较差；

(c) 单朝向户常为单向通风；

(d) 错接单元可利用转角通风

图 3-54 尽端单元通风组织

(a) 改变套型；

(b) 扩大面积；(c) 增加户数

图 3-55 独立单元分户灵活　　　图 3-56 内外形状变化有利于采光通风

度不大于 21m 的住宅建筑可采用敞开楼梯间；与电梯井相邻布置的疏散楼梯应采用封闭楼梯间，当户门采用乙级防火门时，仍可采用敞开楼梯间；居住建筑的楼梯间宜通至屋顶，通向平屋面的门或窗应向外开启。疏散楼梯间在各层的平面位置不应改变。直接通向公共走道的房间门至最近的外部出口或封闭楼梯间的距离，应符合表 3-9 的要求。房间内任一点到该房间直接通向疏散走道的疏散门的距离，不应大于表 3-9 中规定的袋型走道两侧或尽端的疏散门至安全出口的最大距离（图 3-57）。

住宅建筑直通疏散走道的户门至最近安全出口的直线距离（m）　　表 3-9

住宅建筑类别	位于两个安全出口之间的户门			位于袋形走道两侧或尽端的户门		
	一、二级	三级	四级	一、二级	三级	四级
单、多层	40	35	25	22	20	15
高层	40	—	—	20	—	—

注：1. 开向敞开式外廊的户门至最近安全出口的最大直线距离可按本表的规定增加 5m；
2. 直通疏散走道的户门至最近敞开楼梯间的直线距离，当户门位于两个楼梯间之间时，应按本表的规定减少 5m；当户门位于袋形走道两侧或尽端时，应按本表的规定减少 2m；
3. 住宅建筑内全部设置自动喷水灭火系统时，其安全疏散距离可按本表及注 1 的规定增加 25%；
4. 跃廊式住宅的户门至最近安全出口的距离，应从户门算起，小楼梯的一段距离可按其水平投影长度的 1.50 倍计算。

3.3.2　常见住栋平面类型及特点

多层住宅是由若干套型在水平及垂直两个方向

上组合叠加而成的，非底层住户需经楼梯、走廊等才能入户，其平面组织形式可分为通廊式、单元式和独立式等三种，在设计时可以灵活地利用楼梯、走廊组织不同的套型入户方式，形成多样化的住宅平面形式，为家庭提供私密的生活空间，促进邻里共处。根据楼梯与走廊组织方式的不同，多层住栋的平面可以分为以下几种：

1）通廊式

通廊式是多层住宅平面设计的一种重要形式，它是利用走廊结合楼梯将若干平层或者跃层住宅套型串接起来。按照走廊在建筑中的位置可分为：外廊式、内廊式和跃廊式等三种。

（1）外廊式

所谓外廊式即是通过公共楼梯与设置在建筑外侧的走廊连接各套住宅的平面布置形式。外廊式平面形式的好处是能保证布置在外廊一侧的住宅仍能达到通透的外部条件，采光和通风均可满足住户的基本需求。同时作为交通通道的外廊光线明亮，可进行家务操作，并有利于邻里交往和安全防卫，若将外廊适当扩展成为"空中街道"，则能为住户提供一个空中的交流平台。外走廊虽然便于邻里往来和空间联系，但除尽端住宅套型之外，中间套型均

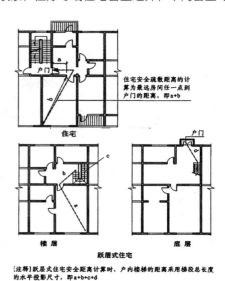

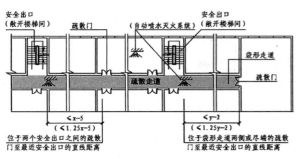

图 3-57 安全出口与疏散距离

有一部分外墙邻近走廊，公共外廊会对户内产生视线及声音上的干扰，此外中间套型的平面布局也会受到一些限制。因此在设计时应注意防止来自公共区域如楼梯、走廊等对住宅套型内的干扰，可以通过变更室内外高差、设置入户缓冲区、增加护窗板或将走廊外置等方式提高住户的私密性。外廊的长度与楼梯间的位置应符合防火及安全疏散的要求。

按照外廊的朝向有南外廊和北外廊之分。南外廊能获得良好的日照，方便住户进行家务活动和邻里交往，但外廊对南向居室的影响较大，会影响到日照，而且当厨房等布置在套型北端时则入户流线过长，容易形成穿越式空间，造成居室间的干扰。与此相反，北外廊的设置可以在套型朝南面布置卧室和起居室，而把厨房、餐厅和卫生间等布置在靠近走廊一侧，减少公共走廊对居室内主要功能空间的干扰。外廊式也可以采用东西向布局，尤其是设在西向时能有效地减弱西晒对住宅居室的影响，此时外廊除了交通功能之外还兼顾到遮阳作用（图3-58~图3-61）。

外廊式住宅中楼梯的设计相对灵活，可采用直跑、双跑楼梯，内置或外置楼梯，楼梯可以设置在住宅中部

或分散设置在两端。在布置楼梯时应满足消防要求，楼梯之间的距离及套型入口距楼梯间的距离均应满足规范中的疏散要求。图3-62显示几种楼梯布置方式。

（2）内廊式

以内廊连接各套型，住宅分布在走廊的两侧称为内廊式住宅。由于走廊位于住宅平面的中间，各套型朝向走廊部分不通透，通风性能较差，各套型住宅日照条件并不均衡；不过因楼梯和走廊服务户数较多，交通效率比较高；此外住栋的进深较大，用地比较经济。但内廊式住宅的各套型均为单朝向，若内廊过长其采光会受到影响，户间干扰也较大。内廊式住宅宜结合规划采用东西向布置，使走廊两侧的住户都有机会获得日照。或者将走廊一侧的个别套型抽掉，改善长内廊可能产生的狭长、乏味的空间布局和幽暗的通道所带来的不安全因素（图3-63）。

（3）跃廊式

跃廊式住宅是利用走廊将复式住宅套型组织起来，经由走廊进入各户后，再由户内楼梯进入其他楼层，住宅的套内空间跨越两个楼层及以上。这种平面布局每隔一两层设置公共走廊，电梯也可以隔

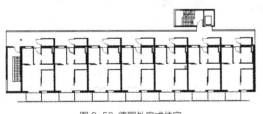

图 3-58 德国外廊式住宅

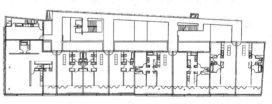

图 3-59 丹麦外廊式住宅

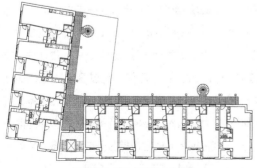

图 3-60 丹麦 L 形外廊住宅

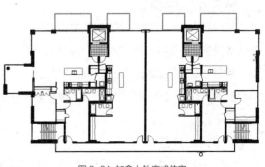

图 3-61 加拿大外廊式住宅

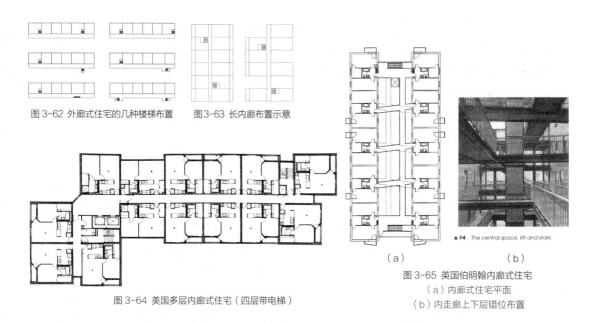

图 3-62 外廊式住宅的几种楼梯布置   图3-63 长内廊布置示意

图 3-64 美国多层内廊式住宅（四层带电梯）

▲ F4   The central space, lift and stairs

（a）   （b）

图 3-65 英国伯明翰内廊式住宅
（a）内廊式住宅平面
（b）内走廊上下层错位布置

层停靠，节省了公共交通面积，既可增加垂直交通的服务户数同时又能减少公共交通对户内的干扰。从适居性的角度，其优点是将生活区和睡眠区有效分离，具有较强的私密性和更多的空间变化。此外每户都有可能争取两个朝向，有利于采光和通风。在套型平面设计时应考虑通廊对户内空间布局的影响。一般在走廊所在的楼层设置厨房、餐厅和起居室，而将卧室、卫生间等对私密性要求较高的居室设在其他楼层。跃廊式适用于面积大，居室较多的住宅，否则交通面积在户内所占比例偏大并不经济。按照走廊在住宅中的位置可分为内廊跃廊式和外廊跃廊式（图 3-66、图 3-67）。

2）单元式住栋平面

即利用一种或者数种住宅单元拼接形成住栋。单元式是多层住宅中使用较多的一种平面类型。各单元相互独立，平面组织灵活，通过相似或不同的单元拼接可以产生丰富的平面形式，适应总体规划的不同需要。

（1）单元划分方式

单元的划分可大可小，多层住宅一般以数户围绕一个楼梯间来划分单元。为了调整套型方便，单元之间也可咬接（图 3-68、图 3-69）。

（2）单元式住栋平面类型

单元式住栋平面按照不同的分类方式可划分为多种类型，可归纳为以下几种形式：

按照交通组织的不同形式，住栋单元平面可分为梯间式和短廊式两种。

●梯间式（图 3-70）

梯间式是以一部楼梯为几户服务的单元组合体，每层以楼梯为中心，通过公共楼梯即可到达每个套型。这种平面布局不需设公共走廊，故称为无廊式或梯间式。梯间式平面布置紧凑，每层户数较少，因无走廊相应地减少了公共交通面积。梯间式布置的套型数量有限，一般在 2~4 户。单元内各户自成一体，生活设施完善，户间干扰少相对比较安静，能适应多种气候条件。但由于从楼梯间直接通向各户，往往缺少邻里交往空间。此外，当每单元超过 3 户时难以保证每户有良好的采光和通风条件。按照楼梯的位置又可将梯间式分为：南入口楼梯间型和北入口楼梯间型。

梯间式住宅单元根据楼梯服务户数的多少又可分为：一梯二户、一梯三户和一梯四户等。

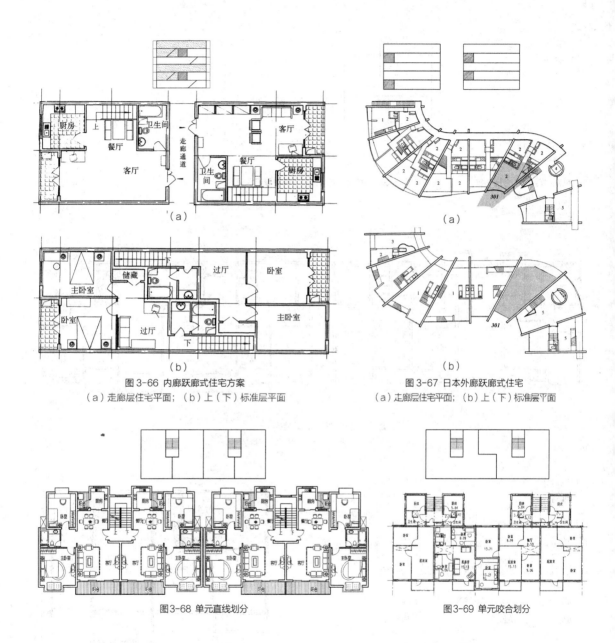

图 3-66 内廊跃廊式住宅方案
（a）走廊层住宅平面；（b）上（下）标准层平面

图 3-67 日本外廊跃廊式住宅
（a）走廊层住宅平面；（b）上（下）标准层平面

图3-68 单元直线划分

图3-69 单元咬合划分

①一梯两户

　　每单元有两户，分设在楼梯两边。由于每户有两个朝向便于组织户内的采光和通风，拼接也比较灵活，是应用颇为广泛的一种形式。一梯两户的楼梯间可以布置在北部，也可以朝南，多根据道路入口位置及住宅群体组合而定（图3-71、图3-72）。套型入口可以设在建筑中间或靠近房屋外侧。入口在中部则户内流线较短，易于居室的排布；入口靠外侧则户内流线较长，相应增加了交通面积。为了解决这一矛盾，

可以将入口处平台扩大，利用楼梯平台为住户提供一个交往的空间，塑造积极的楼栋与庭院间的联系。还可以在住户入口处增设入户花园作为室内外的过渡空间，增加套型设计的多样性（图3-73）。

②一梯三户（图3-74）

　　单元内每层三户共用一部楼梯，楼梯使用率高，每户都能有好的朝向，但中间的一户因为是单朝向，所以通风可能会受到影响，单元面积也应控制在防火规范限制范围内。为了改善中间一户的不利因素

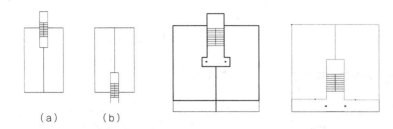

图 3-70 梯间式的楼梯布置
（a）北入口楼梯间型
（b）南入口楼梯间型

图 3-71 一梯两户南北入户平面布置示意图

（a）

（b）

图 3-72 一梯两户南北楼梯
（a）一梯两户北梯；（b）一梯两户南楼梯

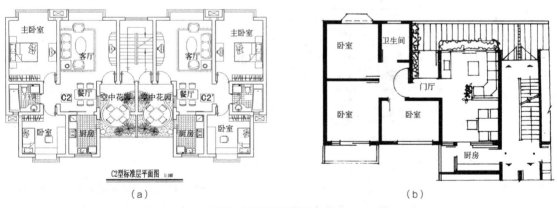

（a）

（b）

图 3-73 南北向入户花园
（a）南向入户花园（成都住宅）（b）北向入户花园

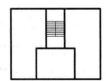

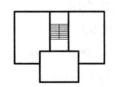

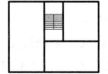

图 3-74 一梯三户平面布置示意

常常将它适当向外突出形成"T"形，以求得较好的采光通风条件（图3-75）。一梯三户在转角单元也常见采用（图3-76）。

③一梯四户（图3-77）

四户围绕一部楼梯布置，是一种经济高效的多层布置方式。与前两种形式相比，楼梯的使用率最高，但住宅套型的采光和通风均不甚理想，建筑面积也会受到一定的限制。利用开口、错位或设天井可以改善部分套型的采光通风条件（图3-78、图3-79）。

●短廊式

利用短廊和楼梯间结合形成楼栋的交通核心，套型需经短廊入户的住栋单元称为短廊式，分短外廊和短内廊两种。

①短外廊（图3-80）

将楼梯间和外廊组合，每层设置套型数量可依据防火规范单元面积限制及疏散距离来定。它具有外廊式的优点而相对安静，并为邻近套型提供了人际交往的空间。由于走廊较短，对住户的干扰也相对较少。

(a)   (b)

图3-75 一梯三户
（a）北京三户住宅方案；（b）上海一梯三户住宅 1- 起居室 2- 卧室

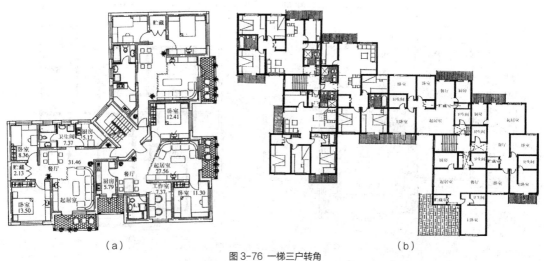

(a)   (b)

图3-76 一梯三户转角
（a）沈阳一梯三户转角单元 （b）天津一梯三户住宅单元拼接

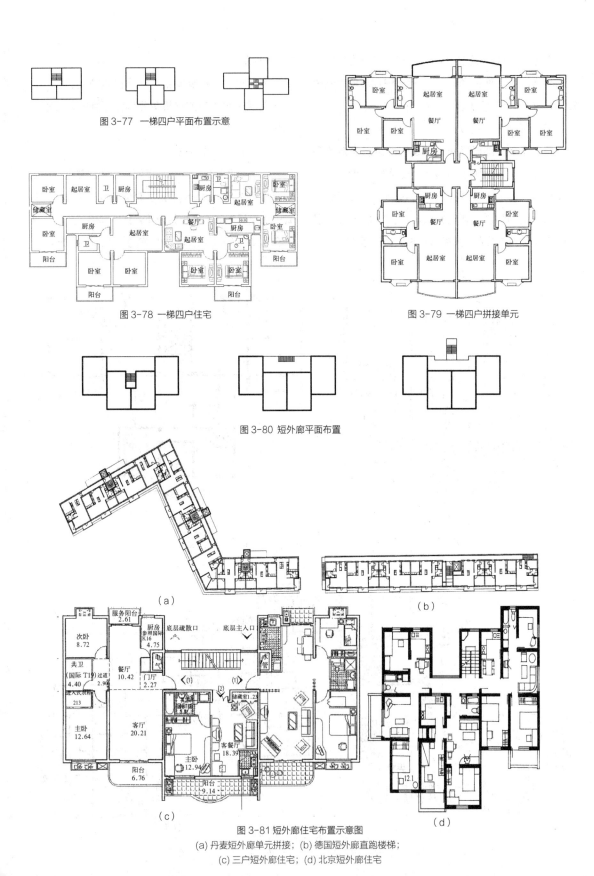

图 3-77 一梯四户平面布置示意

图 3-78 一梯四户住宅

图 3-79 一梯四户拼接单元

图 3-80 短外廊平面布置

（a）

（b）

（c）

（d）

图 3-81 短外廊住宅布置示意图
（a）丹麦短外廊单元拼接；（b）德国短外廊直跑楼梯；
（c）三户短外廊住宅；（d）北京短外廊住宅

②短内廊 短内廊拼接户数较少，内廊短，居住较安静。一般以 3~4 户为宜，若将套型错位排布能改善不利朝向住户的采光通风条件（图 3-82）。

● 按照住栋单元拼联方式分类 在组织住栋单元平面时，除了简单地将住栋单元并行排列之外，还可以选用特殊形式的单元或改变单元的拼接方式，避免住栋形式过于单一。

①单向拼联（图 3-83）将住栋单元沿一个方向拼接，可以平行或错位拼接形成锯齿型组合体（图 3-84）。拼接单元数量不宜过多，否则住栋过长不经济。

②双向拼联（图 3-85）利用一些特殊形式的单元如 L 型等，可以将住栋单元在两个方向进行拼接（图 3-86~ 图 3-88）。

③多向拼联 一些呈工型、X 型等的单元在四个方向上皆可拼联（图 3-89）。

图 3-82 短内廊住宅布置示意图
(a) 南京四户短内廊住宅；(b) 山东淄博 U 型短内廊；
(c) 北京短内廊方案（直跑楼梯）；(d) 短内廊一梯三户

图3-83 单元单向拼接

图3-84 福州多层单元错位咬接

图 3-85 单元双向拼接

图3-86 广西柳州单元双向拼接转角单元

图 3-87 苏州双向拼接转角单元

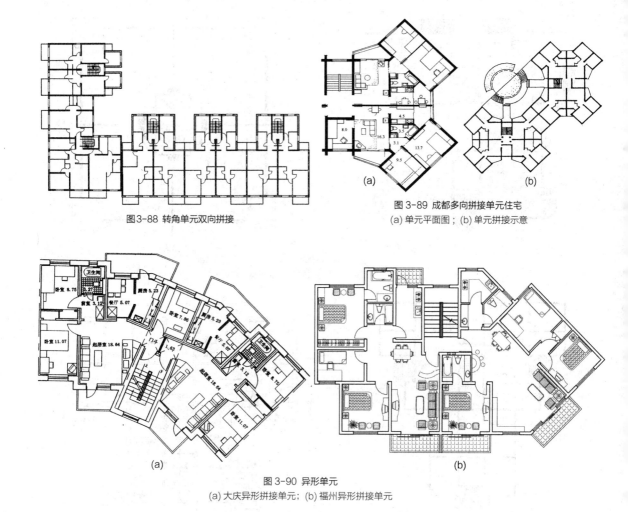

图3-88 转角单元双向拼接

图 3-89 成都多向拼接单元住宅
(a) 单元平面图；(b) 单元拼接示意

图 3-90 异形单元
(a) 大庆异形拼接单元；(b) 福州异形拼接单元

④异形拼接为了打破条式拼联易产生单调的行列式布局，采用蝶形的或楔形的单元拼接成异形组合体。拼联时要注意住户的朝向，在形体变换方向时应使每户居室处于较好的朝向（图3-90）。

3）独立式单元（点式住栋）的平面形式

独立式单元是一种特殊的单元式多层住宅形式，其特点是住宅套型围绕交通核布置，独立成栋不与其他住栋拼接，四面皆可采光通风。建筑占地小，形式自由多样，常与板式建筑组合排列，成为塑造居住空间的积极因素。若运用得当，不仅能够丰富居住区的景观，形成空间的变化，还有利于组织居

住区的采光通风。但点式住栋外墙面较多，在节能上应有所考虑。

点式住栋的形式很丰富，有方形（图 3-91）、圆形、三角形、"T"形、风车形等等。方形住栋平面布局方正，墙体结构整齐，有利于抗震设防，若布置成一梯二户则每户都能获得良好的居住条件，若户数较多则可能出现朝向不利的套型。点式住宅若采用一梯三户或四户布置时，为了争取户户朝南，常采用"T"形（图 3-92）、"Y"形（图 3-93）、"工"字形（图 3-94）、风车形（图 3-95）或蝶形（图 3-96）、五边形（图 3-97）等平面形式因增加了临空面，有利于套型内的采光通风。

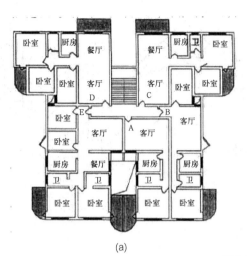

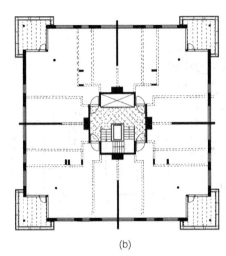

(a)   (b)

图 3-91 方形单元
(a) 方形单元平面；(b) 芬兰方形单元平面

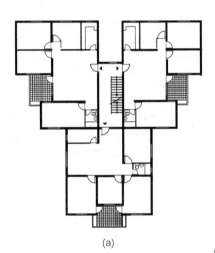

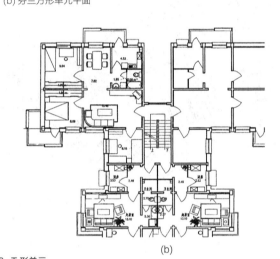

(a)   (b)

图 3-92 T 形单元
(a)T 形住宅（直跑楼梯）；(b) 北京 T 形塔楼错层

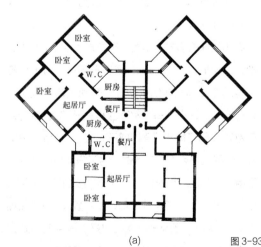

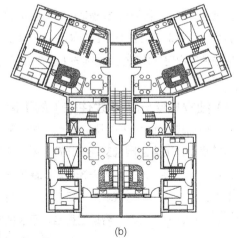

(a)   图 3-93 "Y" 形单元   (b)
(a) 北京 Y 形四户；(b) 错层式 Y 形平面

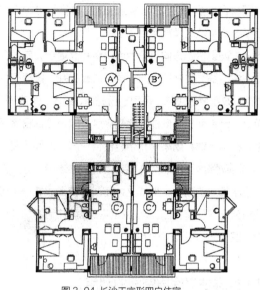

图 3-94 长沙工字形四户住宅

图 3-95 珠海风车式4户

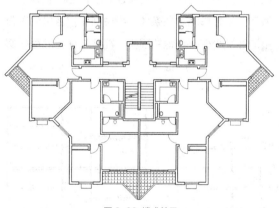

图 3-96 蝶式单元

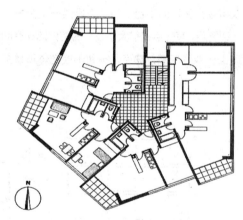

图 3-97 芬兰五边形住宅

3.3.3 多层住宅的剖面设计

多层住宅在垂直方向上的组合方式也很灵活，住宅套型除了最常见的单平面层之外，还有双平面层或多平面层等其他几种形式（详见 3.1）。多层住宅在剖面设计中除了将相同的平面套型叠加之外，还可以利用不同的套型进行垂直组合，使多层住宅的设计更加多样化。

多层住宅的垂直组合方式常见有以下几种：

1）叠加式
（1）单平面层套型组合（图 3-98）

将单平面住宅套型叠加，每一层的住宅单元相同，优点是结构简单，施工简便，适用面广。住宅面宽可以从一开间、两开间到四开间等，适应不同的面积需求。但单平面层面积不宜过大，否则户内交通流线过长并不经济。多层住宅的进深一般控制在 11~13m，进深加大虽然土地利用率高，但户内中间部分的采光通风不甚理想。

（2）多平面层套型组合（图3-99）

　　将多平面层套型叠加，如跃层套型组合或错层套型组合。

（3）混合套型组合（图3-100）

　　将单平面层和多平面层组合在一栋住宅中。在多层住宅中比较常见的是在底层和顶层采用跃层式。底层住宅直接从庭院入户，有私有的花园；上层住户通过楼梯入户，在顶层设置露台，在多层中形成类似"别墅"的居住形式，尤其是顶楼采用跃层式套型更为普遍，既能将住宅层数控制在规范要求之内，还可以增加居住面积，提高容积率。

2）退台式

　　在住宅单元进行叠加时逐层后退，使得每户都能获得较大面积的平台，为住户提供一个良好的户外活动场所，其优点是扩大了住户的室外活动空间，创造出一种庭院感；缺点是不利于控制体形系数，

屋面平台较多，要采取适当的保温和防雨措施，避免平台积水造成屋面渗漏（图3-101）。

　　按照退台的方向可分为南退台和北退台，南退台使住户能获得良好的日照，通过放置盆栽、修建植物棚架，改善屋顶隔热，可用于日光浴、乘凉、游戏等；而北退台有助于降低住栋北侧高度，缩小住栋日照间距，提高土地利用率。利用退台将花园从地面沿着人们的活动路线引入这类住宅入口、公共走廊、分户入口直至每户的阳台，形成立体花园，使多层住户也可拥有自己的私家花园，产生类似接地型住宅的居住环境（图3-102~ 图3-105）。

3）多层住宅底层空间的利用

　　多层住宅底层的居住条件相对较差，尤其是在南方潮湿多雨地区，采光和通风条件也不够理想，为了改善住户的居住条件，考虑到住宅区机动车数量增加缺少停车场地的现实，往往将住宅底层的层

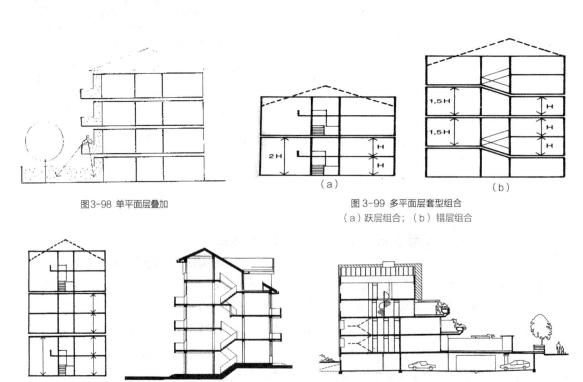

图3-98 单平面层叠加

图3-99 多平面层套型组合
（a）跃层组合；（b）错层组合

图3-100 混合套型垂直组合
（a）跃层与单平面层组合；（b）错层与跃层组合

图3-101 退台式住宅剖面

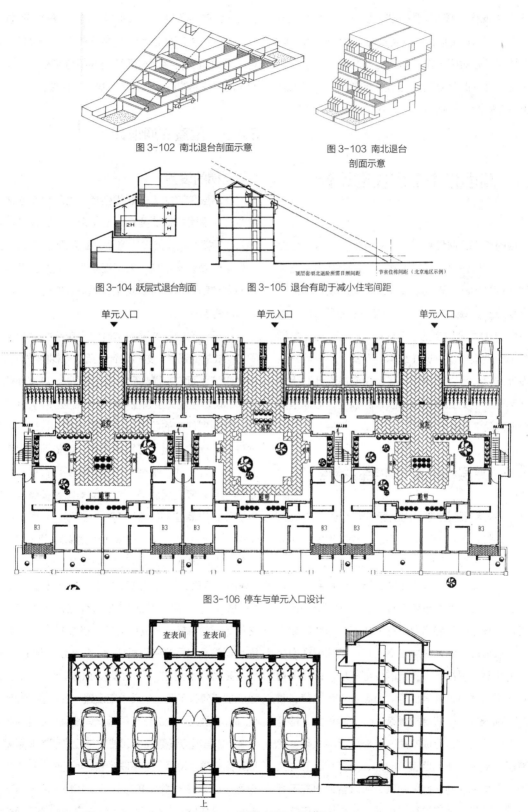

图 3-102 南北退台剖面示意

图 3-103 南北退台
剖面示意

图 3-104 跃层式退台剖面

图 3-105 退台有助于减小住宅间距

图 3-106 停车与单元入口设计

图 3-107 底层停车平面和剖面设计

高适当降低作为停车和储藏空间（图3-106、图3-107）。也有将沿街的住宅底层作为商业用途以减少城市道路对底层住户的干扰，保持街道商业空间的连续性。但商业项目的选择要慎重，应避免对上层住户的生活产生干扰。

3.4　高层和中高层住宅设计

当前城市日益受到土地、交通和人口等各方面的压力，高层住宅已经成为我国大、中城市普遍采用的一种主要居住形式。在《民用建筑设计通则》GB50352-2005中将7～9层的住宅建筑划分为中高层，10层及以上的住宅建筑为高层。因高度增加而相应地增加了建筑在结构、设备、消防等方面的设计难度，所以高层和中高层住宅在设计时比多层住宅更多地受到各项技术因素的限制，绝非是多层住宅的简单叠加。

3.4.1　高层和中高层住宅的特点

与多层和低层住宅相比高层住宅土地利用率高，在占地率较低的情况下能达到较高的容积率，从而有条件在高密度的城市中为居民提供开敞的室外公共空间及活动设施。高层住宅上层住户视野开阔，空气质量较好；因设置电梯提高了居住的舒适性，设备管线集中可节约市政工程的投资，为住户提供更有效的保障；此外高层住宅还有利于组织规模化的管理服务，提供集中安全的住宅环境，以及具有良好的采光通风条件等优势。但高层住宅也存在着一些不利因素，比如结构复杂、公摊面积大，得房率低，造价高，运行成本高，体形尺度巨大等。此外高层住宅为了做到明室、明厅、明厨、明卫并兼顾各种套型的朝向尽量朝南等，所以容易出现不规则形状的套型，为了提高电梯的使用效率还可能将套型布置在不利朝向上，影响到住宅的居住舒适性。

高层和中高层住宅因其特殊的结构、设备、消防和交通组织对平面布局和空间组合带来的影响，使得高层住宅的设计具有其自身的独特性。

3.4.2　垂直交通设计

1）电梯的设置

在高层住宅中电梯取代楼梯成为垂直交通的主要方式。根据规范的要求，七层及以上的住宅或住户入口层楼面距室外设计地面的高度超过16 m以上的住宅必须设置电梯。为了提高垂直公共交通体系的使用效率，需要组织安全、迅速、方便、舒适而又经济的电梯系统。

高层住宅的标准层通常围绕以电梯井道和楼梯间等组成的交通核心进行设计，所以电梯的数量和规模对建筑平面的布置起到重要的影响。高层建筑中电梯的设置台数关系到住宅建筑的服务水平和经济效益，影响到住宅的居住标准。要准确、合理、经济地确定电梯的数量、容量和速度，可依据电梯所要服务的乘客人数、乘客候梯时间和平均行程时间等合理选用并应满足消防要求。欧美国家按照居住标准将候梯时间控制在50~120秒之间，我国高层住宅中电梯的设置一般也要求居民候梯时间以120秒为限，电梯数量可以按经验数字或公式计算确定。据现有资料表明：每台电梯的服务户数一般为，板式住宅在66～120户之间；塔式住宅在56～84户之间，一台电梯适宜的服务户数是80~90户。为了满足消防及居民的使用要求，《住宅设计规范》GB50096-2011规定：12层及以上的住宅，每栋楼设置电梯不应少于两台，其中应设置一台可容纳担架的电梯。12层及以上的住宅每单元只设置一部电梯时，从第12层起应设置与相邻住宅单元联通的联系廊。联系廊可隔层设置，上下联系廊之间的间隔不应超过五层。联系廊的净宽不应小于1.10m，局部净高不应低于2.00m。12层及以上的住宅由两个及两个以

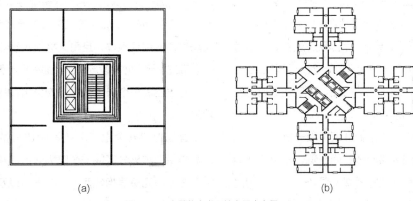

图 3-108 高层住宅交通核心居中布置
（a）中心核位置；（b）香港 20 户高层住宅

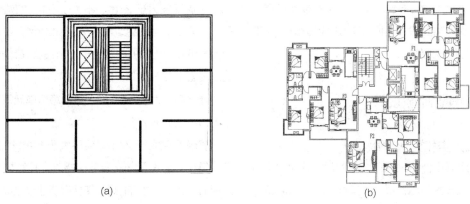

图 3-109　交通核心偏心布置
（a）偏心核位置；（b）三户点式高层住宅

上的住宅单元组成，且其中有一个或一个以上住宅单元未设置可容纳担架的电梯时，应从第 12 层起设置与可容纳担架的电梯联通的联系廊。联系廊可隔层设置，上下联系廊之间的间隔不应超过 5 层。联系廊的净宽不应小于 1.10m，局部净高不应低于 2.00m。

高层住宅若电梯数量过少极易因故障或检修等情况影响居民使用。如果将两台或以上大小容量搭配的电梯成组集中布置，就能同时或交替使用，便于管理，并能节省日常维修管理费用，节约能源。电梯轿厢尺寸的选择应考虑到家具搬运及急救担架的使用。

电梯在建筑平面中的位置应考虑到住户的使用方便和结构安全。高层住宅电梯宜每层设站以方便住户，也允许隔层设站，但设站间层不超过两层。

减少电梯设站有利于节约电梯造价，缩短运行时间，简化电梯管理及减少损坏率。

2) 交通核心的布置

在高层和中高层的平面设计中，常将电梯、楼梯、各种设备管井和公共通道等功能集中，形成一组上下贯通的垂直核心体，以解决楼层间、同层各户间的交通联系及安全疏散。

核心体的位置随标准层平面形式和套型组织方式而定，最常用的有中心核和偏心核两种形式。

中心核：核心体位于标准层中心位置，平面各向均衡对称，结构稳定性好，可使四周的居住用房获得最多的采光面（图 3-108）。为使各户和核心部位获得良好的自然采光和通风，常在"核"的四周加开"凹槽"，这种布置可适合于各种平面形式，有良好的适应性和可调性，综合经济效益好，尽管有部分住户可能处于不利朝向，一般还可以通过市场价格或来调节，用户也能接受，在某些对朝向要求不高的地区采用得较多。

偏心核：核心体位于标准层平面一侧，左右均衡对称，各住户围绕核心体三面布置，各单元都能得到最好的朝向和最佳的景观（图 3-109）。同时核心体靠一侧外墙布置，也有利于组织自然采光、通风和排烟。竖向筒体靠外墙用自然通风来解决筒体内的消防排烟问题，节省了机械通风的设备投资，节约建筑空间和面积。这种布置方式可以避免在不利朝向或方位布置住户。

3.4.3　消防疏散设计

1）建筑分类和耐火等级

在《建筑设计防火规范》GB 50016-2014 中将高层建筑按其使用性质、火灾危险性、疏散和扑救难度进行分类：建筑高度大于 54m 的住宅建筑（包括设置商业服务网点的住宅建筑）为一类建筑，其耐火等级应为一级；建筑高度大于 27m，但不大于 54m 的住宅建筑（包括设置商业服务网点的住宅建筑）为二类建筑，耐火等级不应低于二级；各类建筑在建筑材料、结构、消防设施设置等方面都有应符合相关要求，以保证火灾时结构的耐火支撑能力。

2）防火分区与安全出口

为了保证高层住户的安全疏散，规范规定高层住宅应用防火墙等划分防火分区。采取每层作水平的分区（以防火墙划分）和垂直的分区（以耐火的楼板划分），力争将火势控制在起火单元内扑灭。高层民用建筑的防火分区允许建筑面积为 1500m²，当建筑内设有自动灭火系统时，面积可扩大一倍。如果有上下贯通的平面设计，则标准层面积应叠加

计算，当上下开口部位设有耐火极限符合现行国家标准《门和卷帘的耐火试验方法》有关耐火完整性和耐火隔热性的判定条件，且耐火极限大于 3.00h 的防火卷帘或水幕等分隔设施时，其面积可不叠加计算。

高层建筑每个防火分区的安全出口应符合相关规定：

建筑内的安全出口和疏散门应分散布置，且建筑内每个防火分区或一个防火分区的每个楼层、每个住宅单元每层相邻两个安全出口以及每个房间相邻两个疏散门最近边缘之间的水平距离不应小于 5m。

建筑高度大于 27m、不大于 54m 的建筑，当每个单元任一层的建筑面积大于 650m²，或任一户门至最近安全出口的距离大于 10m 时，每个单元每层的安全出口不应少于 2 个；

建筑高度大于 54m 的建筑，每个单元每层的安全出口不应少于 2 个。

建筑高度大于 27m，但不大于 54m 的住宅建筑，每个单元设置一座疏散楼梯时，疏散楼梯应通至屋面，且单元之间的疏散楼梯应能通过屋面连通，户门应采用乙级防火门。当不能通至屋面或不能通过屋面连通时，应设置 2 个安全出口。

3）安全疏散与消防电梯

在高层住宅的内部因功能需要设有楼梯间、电梯井、管道井、排气道等竖向管井，这些井道一般贯穿若干或整个楼层，如果在设计时没有考虑防火分隔或处理不当，发生火灾时会产生烟囱效应，使火灾快速蔓延，造成严重的损失。由于高层住宅层数多，垂直疏散距离长；人员密集，居民中有老人、孩子和病残者等，人口组成复杂，造成人员安全疏散困难；同时在扑救时还会受到消防给水设施条件的限制，扑救难度大，所以消防和疏散是高层住宅设计中需要着重考虑的重要因素。

（1）走廊宽度和安全疏散距离

高层住宅的疏散路线由水平段和垂直段两部分

组成，水平段即从住宅户门到达本层最近一个安全出口的距离，通道宽度必须满足规范要求，以保证人员在发生火灾时能够及时疏散。住宅建筑的户门、安全出口、疏散走道和疏散楼梯的各自总净宽度应经计算确定，且户门和安全出口的净宽度不应小于0.90m，疏散走道、疏散楼梯和首层疏散外门的净宽度不应小于1.10m。建筑高度不大于18m的住宅中一边设置栏杆的疏散楼梯，其净宽度不应小于1.0m。

规范中还限定了住宅户门至最近的外部出口或楼梯间的最大距离，如果住宅位于两个安全出口之间则疏散距离不超过40m，位于袋形走道两侧或尽端的最大距离应少于20m（表3-9、图3-57）。跃层式住宅的安全疏散距离，应从户门算起，小楼梯的一段距离按其1.5倍水平投影计算。

（2）疏散楼梯和消防电梯

高层住宅的垂直交通由楼梯、电梯和消防电梯组成。在日常情况下高层建筑的垂直交通主要靠电梯，而楼梯既是高层住户的疏散通道又是低层住户主要的垂直交通通道。

高层住宅住户的垂直段疏散由楼梯承担，此外高层住宅应设消防电梯，消防电梯是专供消防人员携带消防器械迅速从地面到达高层或灾区的专用电梯。建筑高度大于33m的住宅建筑应设置消防电梯。消防电梯可与客梯或工作电梯兼用，但应符合消防电梯的要求。消防电梯间应设前室，面积不应小于4.50m²，当与防烟楼梯间合用前室时，不应小于6.00m²。消防电梯间前室宜靠外墙设置，在首层应设直通室外的出口或经过长度不超过30m的通道通向室外。消防电梯应分别设置在不同防火分区内，且每个防火分区不应少于1台。

楼梯的设置要兼顾安全和便捷两方面。楼梯的设置数量与高层住宅的高度及其平面形式有关。高层住宅疏散楼梯的设置详见上节安全出口的规定。

住宅单元的疏散楼梯，当分散设置确有困难且任一户门至最近疏散楼梯间入口的距离不大于10m

时，可采用剪刀楼梯间，但应符合下列规定：

● 应采用防烟楼梯间；

a. 梯段之间应设置耐火极限不低于1.00h的防火隔墙；

b. 楼梯间的前室不宜共用；共用时，前室的使用面积不应小于6.0m²；

c. 楼梯间的前室或共用前室不宜与消防电梯的前室合用；合用时，合用前室的使用面积不应小于12.0m²，且短边不应小于2.4m；

● 楼梯为剪刀梯时，楼梯平台的净宽不得小于1.30m。

此外，高层住宅不可忽视楼梯的安全性设计。中高层、高层住宅的阳台栏杆设计应防止儿童攀爬，栏杆垂直净距不应大于0.11m。净高不应低于1.10m。封闭阳台栏杆也应满足阳台栏杆净高要求。中高层、高层及寒冷、严寒地区住宅的阳台宜采用实体栏板。一是防止冷风灌入室内，二是防止栏杆缝隙坠物伤人。

（3）根据防火要求，高层住宅应设防烟楼梯间或封闭楼梯间

楼梯间应靠外墙，并应有直接天然采光和自然通风，当不能直接天然采光和自然通风时，应按防烟楼梯间规定设置。在设计中应根据高层住宅的高度及平面类型选用相应的楼梯间形式。如规范中规定：

建筑高度大于21m、不大于33m的住宅建筑应采用封闭楼梯间；当户门具有防烟性能且耐火完整性不低于1.00h时，可采用敞开楼梯间；

建筑高度大于33m的住宅建筑应采用防烟楼梯间。同一楼层或单元的户门不宜直接开向前室，确有困难时，每层开向同一前室的户门不应大于3樘且应具有防烟性能且耐火完整性不低于1.00h。

住宅建筑与其他使用功能的建筑合建时，住宅部分与非住宅部分的安全出口和疏散楼梯应分别独立设置。

封闭楼梯间和防烟楼梯间的设置要求详见表3-10和表3-11。

封闭楼梯间的设置要求   表 3—10

应设封闭楼梯间的高层住宅	封闭楼梯间的设置要求
建筑高度大于 21m、不大于 33m 的住宅建筑	1. 楼梯间应能天然采光和自然通风，并宜靠外墙设置。靠外墙设置时，楼梯间、前室及合用前室外墙上的窗口与两侧门、窗、洞口最近边缘的水平距离不应小于 1.0m；不能自然通风或自然通风不能满足要求时，应设置机械加压送风系统或采用防烟楼梯间； 2. 除楼梯间的出入口和外窗外，楼梯间的墙上不应开设其他门、窗、洞口； 3. 高层建筑其封闭楼梯间的门应采用乙级防火门，并应向疏散方向开启； 4. 楼梯间的首层可将走道和门厅等包括在楼梯间内形成扩大的封闭楼梯间，但应采用乙级防火门等与其他走道和房间分隔

防烟楼梯间的设置要求   表 3—11

应设防烟楼梯间的高层住宅	防烟楼梯间的设置要求
1. 建筑高度大于 33m 的住宅建筑 2. 采用剪刀楼梯间的住宅单元	1. 楼梯间应能天然采光和自然通风，并宜靠外墙设置。靠外墙设置时，楼梯间、前室及合用前室外墙上的窗口与两侧门、窗、洞口最近边缘的水平距离不应小于 1.0m； 2. 应设置防烟设施； 3. 前室可与消防电梯间前室合用；前室的使用面积不应小于 4.5m²。与消防电梯间前室合用时，合用前室的使用面积不应小于 6.0m²； 4. 疏散走道通向前室以及前室通向楼梯间的门应采用乙级防火门； 5. 除楼梯间和前室的出入口、楼梯间和前室内设置的正压送风口和住宅建筑的楼梯间前室外，防烟楼梯间和前室的墙上不应开设其他门、窗、洞口； 6. 楼梯间的首层可将走道和门厅等包括在楼梯间前室内形成扩大的前室，但应采用乙级防火门等与其他走道和房间分隔

（4）其他防火规范

对于高度大于 54m 但不大于 100m 的住宅建筑，尽管规范不强制要求设置避难层，但此类建筑较高，为增强此类建筑户内的安全性能，规范对户内提出了防火要求，为户内人员因特殊情况无法通过楼梯疏散而需要待在房间等待救援提供一定的安全条件

如规范规定：建筑高度大于 54m 的住宅建筑，每户应有一间房间符合下列规定：

● 应靠外墙设置，并应设置可开启外窗；

● 内、外墙体的耐火极限不应低于 1.00h，该房间的门宜用乙级防火门，外窗宜采用耐火完整性不低于 1.00h 的防火窗。

3.4.4 结构体系及设备系统特点

1）结构体系对建筑设计的影响

高层住宅的结构体系不但要承担一系列垂直荷载，而且还要承担较大的风荷载和因地震而产生的水平荷

载。高层建筑如同一个悬臂梁，层数越高，刚度越差，风力和地震力影响也更大。在风和地震力的影响之下，高层建筑会产生侧位移，对内部隔墙和设备造成破坏，严重时还可能引起火灾危及整个结构体系的安全。因此，在高层住宅的结构设计中，抗风设计和抗震设计具有极其重要的意义。要保证结构具有足够的强度和刚度，应选择合理的结构体系和外形，尽量采用对称的平面形状。

（1）框架结构体系布置特点

这种体系能大幅度降低结构自重，使内部分隔具有很大的灵活性，因而在国内外被广泛使用。但由于框架体系刚度不大，建筑越高这一弱点就越明显，其抗高风荷载和抗地震的能力也较低，因而往往在框架结构体系中的适当部位增加剪力墙，以辅助框架结构之不足。此外，框架柱尺寸较大，通常会在室内外露，影响到用户的家居布置，而改用异形框架柱可以有效地避免这一问题。

（2）剪力墙结构体系布置特点

剪力墙结构体系是以一系列剪力墙纵横相交，既作为承重结构又作为分隔墙。利用剪力墙可以减少非承重隔墙数量，一般用钢量也比框架结构少，而且室内无外露梁柱，为充分利用建筑高度创造了条件（如可以降低层高、增加层数等），亦使户内隔墙布置更为灵活，为住户调整户内功能提供了较强的可变性。剪力墙的材料一般为钢筋混凝土，既可预制也可现浇，墙体具有较大刚度。这是抵抗高层建筑风荷载及地震力水平荷载的有利条件。这种体系的缺点是剪力墙开间较小时，虽结构的刚性较强，但平面布局的灵活性会受到影响，如能扩大开间，采用大跨度楼板，使用轻质的隔墙，则可比较自由地组织内部空间，既保证了室内空间的完整性，便于家具布置，又给建筑师在建筑造型设计上提供了更多的灵活性。

（3）地下室设置及利用

高层住宅的基础类型，应根据地基性质、结构类型等因素综合选择，主要有箱型基础、桩基础、筏基础和条形基础等。由于高层建筑基础埋深较大，通常与结构设计结合将这部分空间设计成地下室加以利用。地下室可用来做停车库、设备层和人防工程等。

高层住宅结构体系的特点详见第 8 章。

2）设备系统布置与设备空间布置

电梯井、电缆井、管道井和排气道等竖向管井应分别独立设置，视平面情况可以集中布置或分散布置。建筑高度不超过 100m 的高层住宅，其电缆井、管道井应在每层楼板处用相当于楼板耐火极限的不燃烧体作防火封堵。电缆井、管道井与房间、走道等相联通的孔洞，其空隙应采用不燃烧材料填塞密实。风道井应视核心体平面布置方式定，若自然通风排烟能满足防火要求的，就不必设置风井；凡不具备自然通风排烟条件的防烟楼梯间及前室、消防电梯间前室或合用前室，必须设置独立的正压防烟系统，风道尺寸要根据通风要求经计算后确定，风道断面约 $0.6 \sim 1 m^2$，对于剪刀楼梯则需按此数增加一倍。

高层住宅的给排水、供热和供电设计详见第 9 章。

3.4.5　高层住宅平面类型及特点

高层住宅的平面布局受到结构选型和消防要求的制约，其灵活性不如多层住宅，交通面积较大，得房率低。其平面类型通常可分为下列几种：

1）单元式高层住宅

与多层住宅单元类似，单元式高层住宅也是由若干住宅套型围绕交通核组成，每单元相对独立，单元之间可以拼接（图 3-111）。各个单元的设计应满足建筑规范的相关规定，安全出口及疏散距离直接影响到单元面积大小以及住宅套型的组织。其中楼电梯的数量及楼梯间类型详见 3.4.3。若建筑高度大于 27m，但不大于 54m 的住宅建筑，每个单元设置一座疏散楼梯时，疏散楼梯应通至屋面，且单元之间的疏散楼梯应能通过屋面连通，户门应采用乙级防火门。

图 3-110 楼梯与电梯间的防排烟设计
(a) 利用阳台排烟； (b) 防烟前室； (c) 不靠外墙的前室设送风排烟设施

图3-111 单元式高层住宅平面及拼接

当不能通至屋面或不能通过屋面连通时，应设置2个安全出口。建筑高度大于54m的建筑，每个单元每层的安全出口不应少于2个。

与多层单元式住宅相比，高层住宅单元平面中增加的不仅仅是电梯，其平面形式及套型组织均应考虑高层建筑结构特点及特殊的消防疏散要求。利用单元式可以组合成多种住栋平面形式，如板式、"T"形、"Y"形和"Z"形等，也可以将楼电梯组成的交通核独立作为住宅单元间的连接体，这种连接方式形成的平面更为灵活。为了增加单元式高层住栋的变化，单元之间也可以通过阳台或走凹廊连通（图3-112）。连廊的位置可以设置在上下两层窗户之间的墙体位置，对上下楼层的北窗不产生遮挡，减少对住户的视线、噪声干扰。

2）通廊式高层住宅

与多层住宅相似，通廊式也是高层住宅的一种主要平面形式，可分为内廊式、外廊式和跃廊式等。

（1）内廊式

内廊式高层住宅的住户分布在走廊两侧，交通空间利用率高，从满足日照条件的角度上宜做东西向布置，否则部分住户难以达到《城市居住区规划设计规范》GBJ50180-93（2016年修订版）中关于住宅建筑日照标准的规定。内廊的形式除了常见的一字形之外，还可采用"L"形、"Z"形、"Y"形、"U"形、"十"字形、"工"字形、"回"形等，有助于增加采光面，减少内廊式布局对住户的干扰，改善长走廊的空间环境（图3-113、图3-114）。

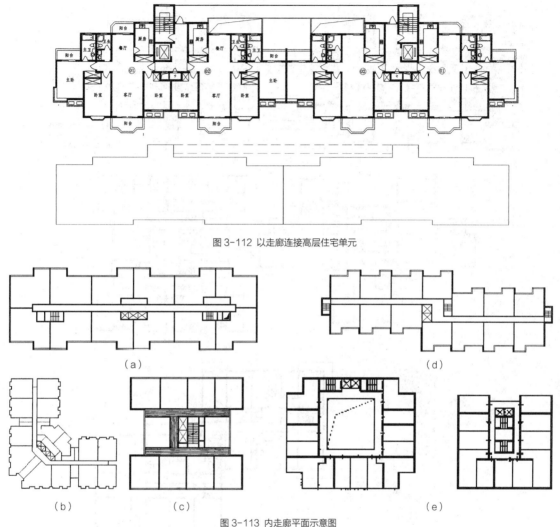

图 3-112 以走廊连接高层住宅单元

（a）

（d）

（b）   （c）   （e）

图 3-113 内走廊平面示意图
(a)"一"字形内走廊；(b)"L"形内走廊；
(c)"工"字形内走廊；(d)"Z"字形内走廊；(e)"回"形内走廊

（2）外廊式

利用外廊作为住户的主要入户通道，规范规定在高层住宅中作主要通道的外廊宜做封闭外廊。由于沿外廊一边常常布置厨房、卫生间，需要良好通风，同时考虑防火排烟，故规定封闭外廊应有能开启的窗扇或通风排烟设施。

外廊按方位可分为南廊和北廊，各有利弊。为了改善外廊式住宅可能对户内产生的干扰，可以通过对外廊进行一些特殊的处理来加以避免。如改变门窗的开启方式，走廊采取变标高设计，设置住户私家庭院，调整外廊位置使它远离住宅外墙或位于两层之间等（图 3-115）。

在外廊式高层住宅中楼梯和电梯的布置有多种组合形式，如图 3-116，可以集中在中部也可以分散设置在两端，集中设置可以减少相互的视线和噪声干扰，还可以在人流少时停开部分电梯节省运行费用。

在外廊式高层住宅中走廊的形式除了常见的"一"字形，还可以采用"L"，"U"形等（图 3-117~图 3-120）。

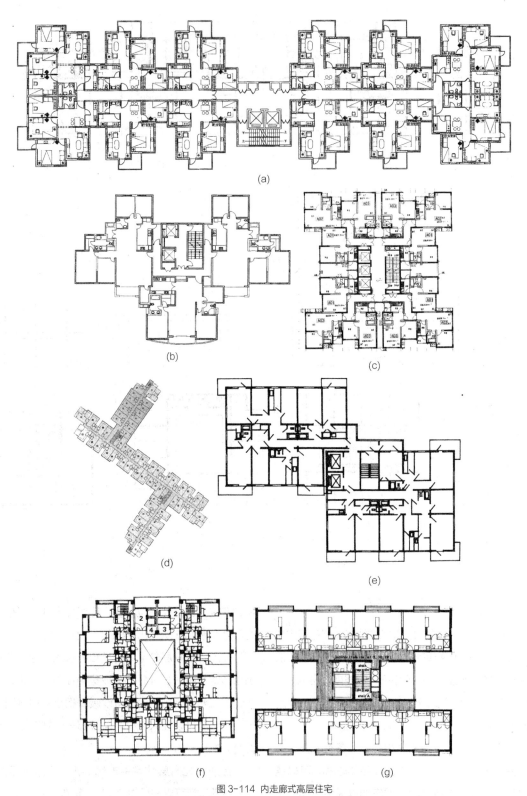

图 3-114　内走廊式高层住宅

(a) 北京"一"字形内走廊高层住宅方案；(b) "U"形内廊上海高层住宅；(c) "工"字形走廊高层住宅；
(d) "T"形内廊组合；(e) 北京"Z"形走廊高层住宅；(f) 上海回形内廊高层住宅；(g) 美国工字形内廊高层公寓

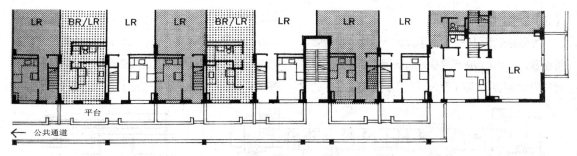

图3-115 将外廊分为公共通道和入户平台两部分

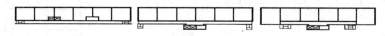

图3-116 外廊式楼电梯位置示意

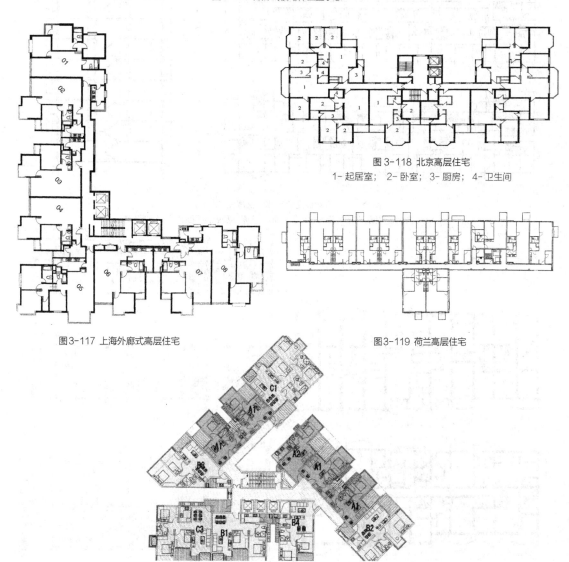

图3-117 上海外廊式高层住宅

图 3-118 北京高层住宅
1- 起居室； 2- 卧室； 3- 厨房； 4- 卫生间

图3-119 荷兰高层住宅

图3-120 外廊式住宅平面

（3）跃廊式

为节省交通面积，提高电梯运行速度，将走廊隔层设置，住宅套型采用平层或者跃层式，通过公共或者户内楼梯组织套型（图3-121）。跃廊式住宅的安全疏散距离，应从户门算起，小楼梯的一段距离按其1.50倍水平投影计算。跃廊式高层分为内廊跃廊式住宅和外廊跃廊式住宅，以公共交通通道在平面中的位置确定（图3-122、图3-123）。

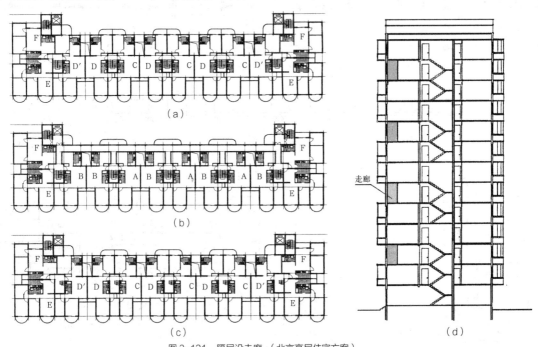

图3-121　隔层设走廊 （北京高层住宅方案）
（a）上层组合平面；（b）走廊层组合平面；（c）下层组合平面；（d）剖面图

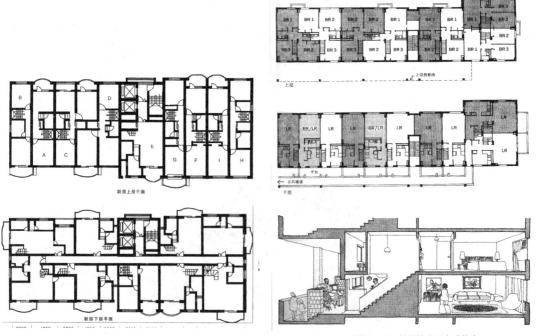

图3-122 内廊跃廊式住宅　　　　　图3-123 美国外廊跃廊式住宅

3）塔式住宅

塔式住宅是指标准层平面在长宽两个方向的尺寸比较接近，而高度又远远超过其平面尺寸的高层住宅。塔式高层住宅围绕以楼梯和电梯等垂直交通核心布置套型。与板式高层相比用地灵活节省，抗风能力强，能发挥结构材料的优越性；它所形成的阴影区小、阴影覆盖时间短；体型高耸挺拔，造型活泼，易于组成视觉空间丰富的建筑群体。

在塔式高层住宅标准层平面设计中，常将电梯、楼梯、各种设备管井和公共通道等功能集中，形成一组上下贯通的垂直核心筒，以解决楼层间、同层各户间的交通联系及安全疏散。楼梯是塔楼安全疏散的主要通道，塔式高层住宅标准层面积一般按层设防火分区。在核心体中，通过设置两部平行双跑楼梯或一部剪刀式楼梯来实现两个安全出口的要求。采用两部双跑楼梯其疏散方向明确，剪刀梯上下楼梯层的方向性不如前者明确，在紧急情况时易造成跑错楼层的现象。因此必须在两个方向的楼梯口安装指示标志，表明楼层及上下方向，以确保疏散安全可靠。

塔式住宅的标准层平面受结构、使用功能和视觉形象的影响，可分为方形、圆形、三角形等基本的组合型平面以及由此产生的变体和相互组合的几何形平面（图3-124）。常用的有以下几种：

（1）方形（图3-125）

平面为方形或近似方形，用地节省，平面利用系数高，体型方正，结构稳定。

（2）井字形

平面形似井字，四面中部各有一开口天井。它布

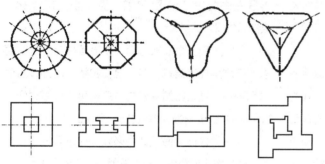

图3-124 常见的塔式高层住宅平面形式

（a）   （b）

图3-125 方形塔式高层住宅
（a）北京高层住宅；（b）塔式高层住宅

局紧凑，外伸的各翼可长可短，伸缩性与灵活性较大，容纳户数多，每套住宅都有良好采光与通风，容积率高，平面规整对称，有利于结构受力（图3-126、图3-127）。

（3）蝶形

因平面形似蝴蝶而得名，蝶形平面可使每户均有良好的朝向，且每户最重要的房间（客厅、主卧室）均处在景观朝向好的位置.有效地解决了井字形平面中部分住户朝向不佳的难题（图3-128）。

（4）"Y"或"T"形

"Y"或"T"形是高层塔式住宅中的日照条件最好的平面形式。保证各户都有良好的采光和通风（图3-129）。

（5）风车形

因平面近似风车而得名，大部分住户能得到较好的采光和通风（图3-130）。

（6）塔楼组合

由于受到用地的限制，为了提高容积率可以将塔式高层住宅连接起来，形成一种有别于板式和塔式的特殊居住形式，即连塔式（图3-131）。连塔有利于丰富居住建筑的形体和立面设计，节约用地，降低成本。各塔体自成单元独立交通，克服了高层板楼交

通廊对住户的干扰；但在连塔设计时应尽量拉大塔体间的距离或采用斜向拼接等，避免两塔间的视线干扰，保证塔间各户有较充足的日照（图3-132）。

3.4.6　中高层住栋平面类型及特点

中高层住宅的层数在7~9层之间，是介于多层和高层之间的一种居住形式，与多层住宅相比增加了电梯，在提高居住舒适性的同时相应增加了住宅的交通面积，且提高了造价。但中高层住宅土地利用率比多层高，相对占地面积小，尺度较为宜人，减小了高层住宅给人的压迫感，能在高容积率的条件下塑造较为宜人的居住区环境空间；同时中高层住宅相对高层住宅其造价和技术要求较低，属于性价比相对较高的一种居住形式。由于设置了电梯，更容易适应老龄化社会的居住需求。

在防火和安全疏散方面，中高层住宅的消防要求低于高层住宅建筑，消防电梯和楼梯间的设置要求也相对较低，比如单元式中高层可不设置封闭楼梯间，楼梯与电梯的结合也比较灵活。

中高层住栋平面设计中必须同时设置楼梯和电梯，通常将它们组合在一起设置，以节省交通面积，

图 3-126　井形高层平面

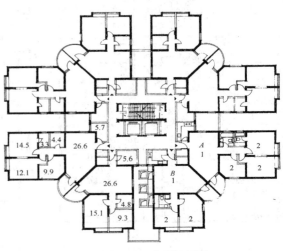

图 3-127　井形高层平面

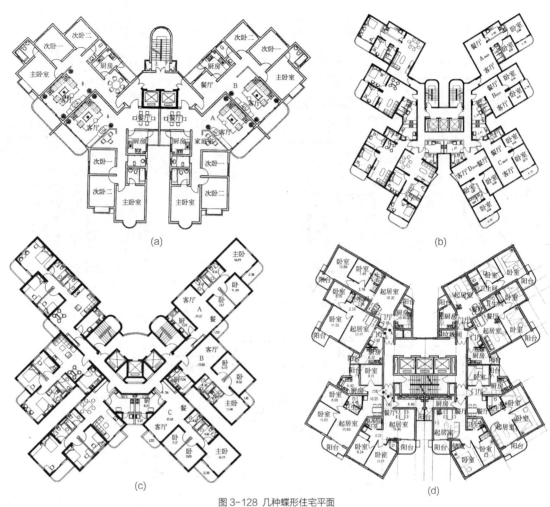

(a)　　　　　　　　　　　　　　　　　　(b)

(c)　　　　　　　　　　　　　　　　　　(d)

图 3-128　几种蝶形住宅平面
（a）石家庄蝶式高层；（b）上海蝶式高层；（c）上海蝶式高层；（d）北京蝶式高层

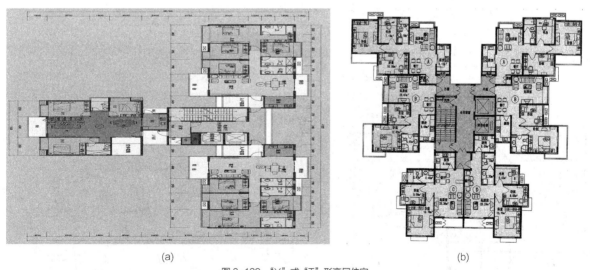

(a)　　　　　　　　　　　　　　　　　　(b)

图 3-129　"Y"或"T"形高层住宅
（a）"T"形高层住宅；（b）"Y"形高层住宅

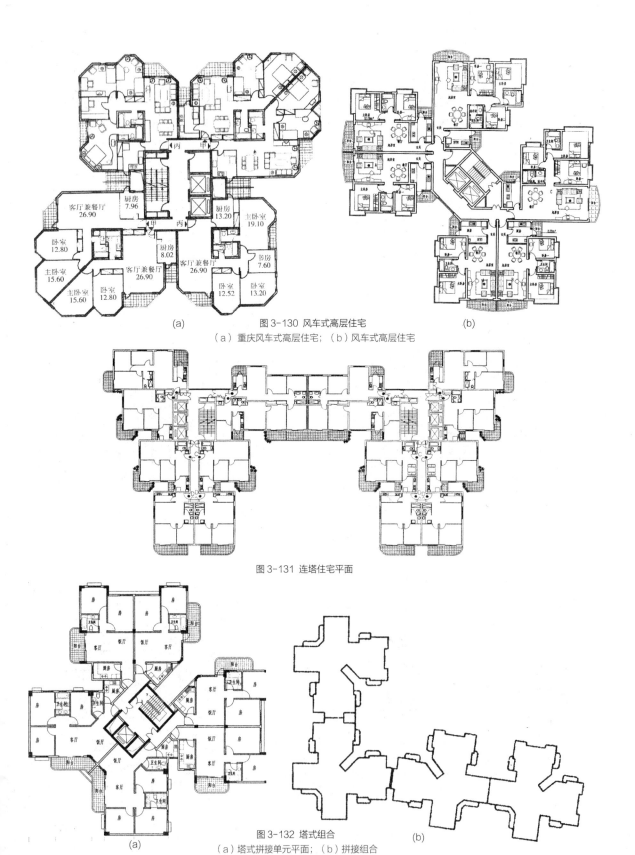

图 3-130 风车式高层住宅
（a）重庆风车式高层住宅；（b）风车式高层住宅

图 3-131 连塔住宅平面

图 3-132 塔式组合
（a）塔式拼接单元平面；（b）拼接组合

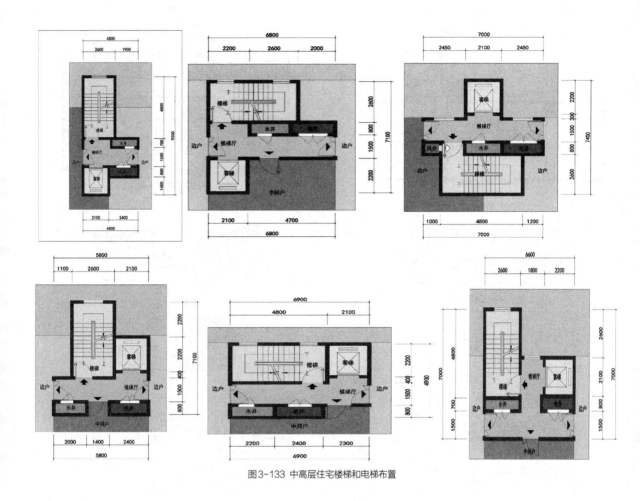

图3-133 中高层住宅楼梯和电梯布置

最大限度地发挥交通核心的作用。楼电梯常见的平面布置形式有以下几种（图3-133）：

中高层住宅形式从设计手法上与多层住宅类似，常见的有单元式、外廊式和塔式等。

中高层住宅设置了电梯，但并没有将电梯的运力发挥到最佳，所以目前在住宅建设中出现了一种介于中高层和高层之间的居住建筑形式，俗称为"小高层"。

小高层住宅是指7～12层设有电梯的住宅。按照《住宅设计规范》GB 50096-2011的规定：七层及七层以上住宅电梯应在设有户门和公共走廊的每层设站。住宅电梯宜成组集中布置。12层及以上的高层住宅，每栋楼设置电梯不应少于两台，其中应配置一台可容纳担架的电梯。而小高层住宅的入户层因控制在11层以下，每单元仅需设置一台电梯，并且在《建筑设计防火规范》GB50016-2014中允许建筑高度大于21m、不大于33m的住宅建筑可以不设封闭楼梯间（但开向楼梯间的户门应为乙级防火门，且楼梯间应靠外墙，直接天然采光和自然通风），这样既可发挥电梯的运力又节约交通面积。若是在顶层采用跃层式套型则住栋的层数可达12层，在满足规范的前提下实现较高的容积率。

小高层住宅可以利用住栋单元拼接成板式、"L"形等，平面布局形式灵活（图3-134）。

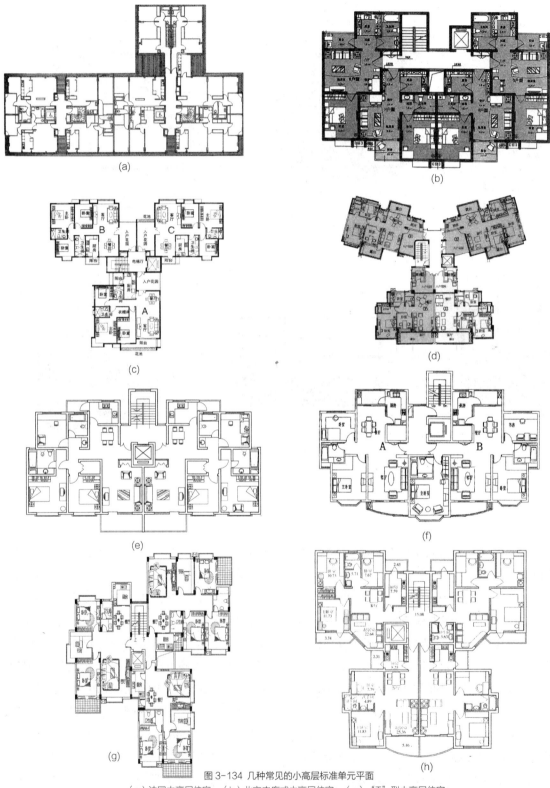

图 3-134 几种常见的小高层标准单元平面

（a）法国中高层住宅；（b）北京内廊式中高层住宅；（c）"T"型小高层住宅；

（d）蝶形小高层高层；（e）、（f）南京中高层住宅；（g）、（h）上海中高层住宅

3.5 适应地域环境特点的住栋设计

人们建造住宅最基本的目的就是为了抵风雨，抗寒暑，为生活提供一个安全舒适的居住空间。世界各地普遍存在的地域性居住建筑，千百年来皆由无名工匠或住户自己动手建造，在与大自然抗争，适应不同的地形、气候等自然环境的建造实践中，积累了丰富的经验（图3-135）。我国民居（民间居住建筑的习惯称呼）就是其中最为珍贵的历史财富。如在适应地域性气候特点方面，有适应西北地区气候寒冷、干旱且多风沙的青海民居（图3-136），也有适应

亚热带炎热多雨气候的云南西双版纳的干阑式竹楼（图3-137）以及适应江南温和气候的园林住宅（图3-138）。又如在适应地域性地形特点方面，可见江南水乡的沿河民居（图3-139），西南山区的吊脚楼（图3-140）和藏族碉楼民居（图3-141）等。它们对当今居住建筑的环境适应性设计无疑有着极大的启示和重要的参考借鉴意义。

适应地域特点的居住环境的创造，涉及建筑群体空间、住栋组合形式、套型空间构成以及建筑细部构造等多层次的规划设计问题，需要每个设计环节的有机配合，整合一体方可奏效。本节仅就住栋设计中，有关适应地域环境的主要设计问题和解决方法作一简要介绍。

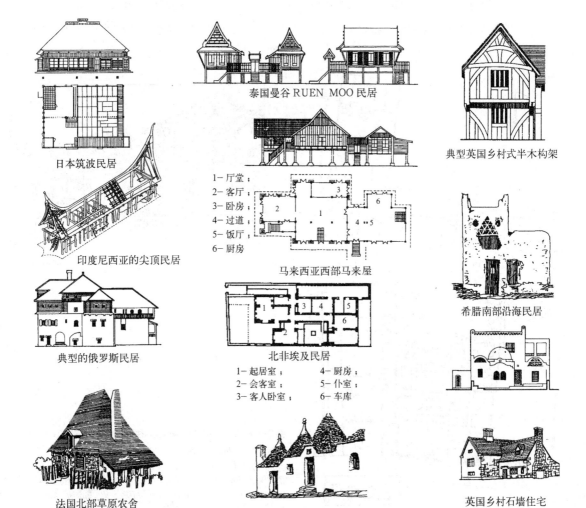

泰国曼谷 RUEN MOO 民居

日本筑波民居

典型英国乡村式半木构架

印度尼西亚的尖顶民居

1—厅堂；
2—客厅；
3—卧房；
4—过道；
5—饭厅；
6—厨房

马来西亚西部马来屋

希腊南部沿海民居

典型的俄罗斯民居

北非埃及民居

1—起居室；   4—厨房；
2—会客室；   5—仆室；
3—客人卧室； 6—车库

法国北部草原农舍

英国乡村石墙住宅

图3-135 适应地域环境的各国民居

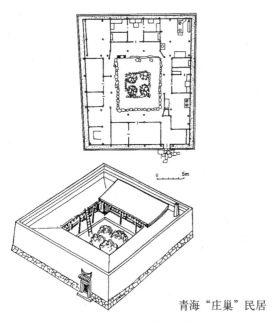

青海"庄巢"民居

图3-136 适应西北大陆性气候的青海民居

傣族竹楼为竹木干栏式，用板梯上楼。设前廊及大晒台。室内高敞凉爽，草披歇山屋顶高峻，别具一格。

滇南西双版纳傣族竹楼民居

图3-137 适应亚热带炎热多雨气候的干栏式民居

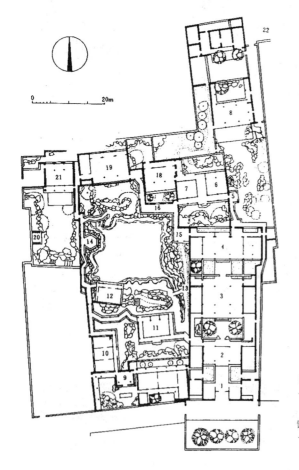

图3-139 江南水乡苏州沿河民居

图3-138 适应江南温和气候的园林住宅（江苏苏州宋宅及网师园）
1- 大门；2- 轿厅；3- 大厅；4- 撷秀楼（花厅）；5- 半亭；6- 五峰书屋（楼下）；7- 读画楼（楼上）；8- 楼云室；9- 琴室；10- 蹈和馆；11- 小山丛桂轩；12- 灌缨水阁；13- 小拱桥；14- 月到风来亭；15- 射鸭廊；16- 竹外一枝轩；17- 平石桥；18- 集虚斋；19- 看松读画轩；20- 冷泉亭；21- 殿春簃；22- 后门

3.5.1　适应地区气候特征的住栋设计

　　我国地域辽阔，各地区气候存在极大差异，同时也形成了不同的生活习惯，因而住宅设计除了满足一般使用功能外，还应适应不同气候条件，创造舒适的室内外环境。我国气候区划分为七个区域：东北严寒区、华北寒冷区、华东华中夏热冬冷区、西南温和多雨区、华南夏季湿热区、西北干旱风沙区、青藏高原高寒区。不同的气候特征对套型平面布置和空间组织设计的影响已在第 2 章住宅套型设计中提及阐明，在此再就住栋设计在不同地区气候条件下的主要设计问题和解决方法作简要归纳总结。

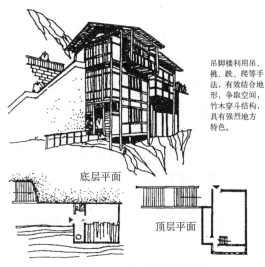

吊脚楼利用吊、挑、跌、爬等手法，有效结合地形，争取空间，竹木穿斗结构，具有强烈地方特色。

底层平面

顶层平面

图 3-140　西南山区重庆沿江吊脚楼民居

1）严寒和寒冷地区的住宅楼栋设计要点

　　严寒地区的气候特点是冬季漫长而严寒，夏季短促而凉爽，年温差很大。寒冷地区的气候特征是冬季较长，寒冷干燥，夏季炎热湿润，春秋相对短促，气温变化较大，且多风沙。针对这两类气候条件，住宅楼栋设计的任务除满足一般住宅楼栋设计的基本要求外，还应满足冬季保温、采暖和节能的特殊要求，并实现防寒保暖，采暖舒适，节能达标的设计目标。为此，住栋设计需采取如下相应有效的解决办法：

（1）通过改进住栋规划布局

　　优化住栋周邻的微气候环境，为住栋的防寒保温提供避风向阳的有利的基地环境。为此，应从建设选址、群体组合、建筑方位、朝向、体形和建筑间距、冬季主导风向等方面进行综合考虑，并应在住区规划设计中落实解决，在此且不再详述（图 3-142）。

（2）通过改进住栋的建筑节能设计

　　严寒与寒冷地区的居住建筑，在冬季，为了保持室内适宜的温度，自然要求建筑物向外散失的热量能与所获得的热量保持一定的平衡，因此建筑节能成了北方严寒和寒冷地区住宅设计的重要依据。冬天，建筑物散失的热量包括围护结构（外墙、屋顶和门窗等）的传热和门窗缝隙空气渗透的耗热两部分。前者约占总耗热的 70%～80%，后者约占 20%～30%。建筑物所获得的热量包括采暖供热（约占总热量的70%～80%）、太阳辐射热（约占总热量的 15%～

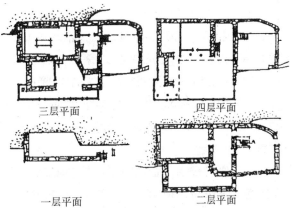

三层平面　　　　　　　　　　四层平面

一层平面　　　　　　　　　　二层平面

图 3-141　川西北马尔康藏族碉房

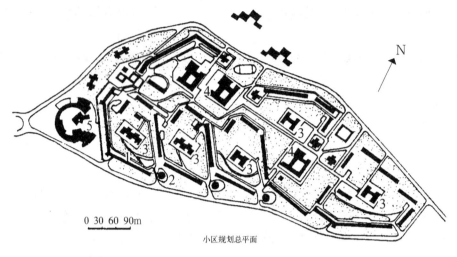

N

0 30 60 90m

小区规划总平面

图3-142 防卫冬季恶劣气候采取"防护单元"
组织的规划布局形式（俄罗斯新西伯利亚市北一小区）
1-9层住宅；2-16层住宅；3-幼托；4-中、小学校；5-小区中心

20%）和室内热源产热（炊事、照明、家用电器和人体散热，约占8%~12%）。建筑节能的基本原理就是尽量多利用太阳辐射热和建筑内部产热，同时适当减少建筑物向外热量的耗失，以求降低采暖供热的能源消耗。据此原理，首先，住栋建筑朝向宜采用南向和接近南向的方位，避免采用东西向，并尽量扩大建筑的朝南向阳墙面或利用适当技术措施提高太阳辐射热的利用。其次，应从门窗和围护结构两方面，降低室内热量的耗失。降低门窗的热耗失，可以通过建筑窗墙面积比的适当控制和门窗保温性能的提高（包括门窗材料构造的传热阻与气密性）来解决；降低围护结构的热耗失，需要从减少建筑物外墙面积和加强围护结构的保温性能两方面来努力。采用高效保温墙体、屋顶和门窗是提高围护结构保温性的唯一途径，而减少建筑物外墙面积则需通过住宅套型空间设计、住栋内套型组合形式和群体规划空间形态的统一协调方能获得预期目标。

减少住栋建筑外墙面积的关键在于控制建筑的体形系数。所谓建筑体形系数是指建筑物外表面积与其所包容的体积的比值。体形系数越小，说明同等体积的楼栋的外墙面越小，也就是散热面小，热量耗失会减少，节能效果也就越好。我国《民用建筑节能设计标准》规定，建筑物体形系数宜在0.30以下。为控制适宜的建筑体形系数，并有利于满足住栋形体多样化的需要，住栋形体组合可采用下列有效措施，以适当减小其建筑体形系数：

● 合理增大住栋进深。在确保室内空间必需的采光、通风条件下，采用适宜的空间设计形式，增加住栋进深方向的空间层次。这可直接反映在组成住栋的套型平面形式上：采用三进、四进空间组成的套型（图3-143），内天井套型（图3-144）、内楼梯套型（图3-145）和内跃廊套型（图3-146）有利增加住栋的进深，缩小体形系数。

● 适当增加住栋层数和单元拼接长度，以增大住栋体量，缩小体形系数，避免采用体量偏小的单栋独户的低层住宅和点式多层住宅。统计表明，高层住宅可比多层住宅耗热指标约低6%，建筑面积相近的高层塔式住宅可比高层板式住宅的耗热指标约高10%~14%，说明住栋体量增大，体形系数会相对缩小，从而可降低建筑外围护结构的热耗失。

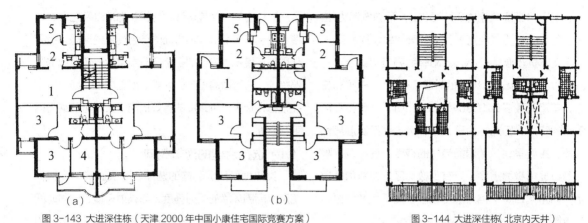

图 3-143 大进深住栋（天津 2000 年中国小康住宅国际竞赛方案）
（a）套型 A；（b）套型 B（细部调整）
1-起居室；2-餐室；3-卧室；4-工作室；5-服务员室

图 3-144 大进深住栋（北京内天井）

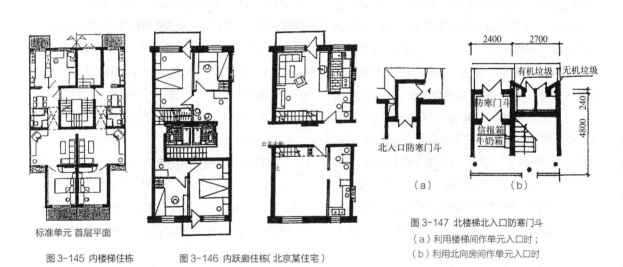

标准单元 首层平面

图 3-145 内楼梯住栋

图 3-146 内跃廊住栋（北京某住宅）

北入口防寒门斗

（a）

（b）

图 3-147 北楼梯北入口防寒门斗
（a）利用楼梯间作单元入口时；
（b）利用北向房间作单元入口时

● 住栋平面空间形态应力求简洁、紧凑，体量集中，尽量减少外形过多的凹凸变化。从几何学上可知，三向空间尺度相同或相近的形体（如近似圆球体、立方体），同样的体积下比其他形体有更小的表面积，也就有更小的体形系数。同理，外表平整的形体在同样的体积下比外表凹凸变化较多的形体具有较小的外表面积，体形系数也自然较小。要使住栋建筑的形体满足上述要求，有必要从套型设计和套型组成住栋的形式两方面协同解决。

除上述控制建筑体形系数外，加强住宅楼栋内公共交通空间的防风御寒设计也是大幅降低住栋空气渗透耗热的重要环节。因为公用交通空间中人员出入频繁，室外冷空气影响较为严重，因此，冬季室外温度低于-6℃时，单元式住宅在楼梯入口处设置防风门斗，楼梯间采暖是十分有效的措施（图3-147）。

2）炎热地区住宅楼栋设计要点

我国炎热地区的气候特点是气温高，持续时间长，七月份最高气温为30～38℃，平均气温为26～30℃，日平均气温高于25℃的天数每年约为75～175天，昼夜温差较小，太阳辐射强度可达800～900kW/m² · h，最热月相对湿度在80%～90%左右，年降雨量多达1000～2000mm，呈现多季风气候的特点。因此，我国大部分炎热地区属湿热性气候，主要呈现"潮湿闷热"的特点，使建筑的隔热通风显得极为重要。只有少数地区（如新疆吐鲁番、四川渡口等）相对湿度较小，属干热性气候，对建筑隔热要求较高，通风要求则稍次之。

尽管家用空调制冷已迅速在我国城乡普及，但是建筑自身的防暑降温功能仍然是当今人们特别需要的环境要求。这不仅是建筑节能的需要，而且也是创造健康居住环境的需要。因为家用空调的使用有其局限性和伴生的副作用，如室内环境封闭，空气新鲜度和清洁度难以保证，同时室内外温度和湿度变化剧烈，使人易患感冒等"空调病"，晚间噪声影响睡眠等。更为重要的意义是，提高居住建筑自身良好的防暑降温性能是与当今实现人居环境可持续发展的总目标，开创生态建筑研究与实践的发展方向相一致的。从分析太阳辐射热对室内温度升高的影响方式可知（图3-148），炎热地区住宅的防暑降温设计是一个从群体规划、楼栋设计到材料、构造以及色彩、环境、绿化等多层次、多方面的综合性系统课题，需要从居住环境规划设计的各个环节中整合一切有效的降温措施，方可取得理想的效果。据国内外实践总结，在住栋设计中可供采取的有效措施，大致可归纳为以下几方面：

（1）选择合理的建筑朝向

炎热地区建筑朝向的选择，不仅影响阳光对住宅及其周围环境的辐射强度（与辐射角度、照射时间相关），而且也影响住栋内部对夏季季风的有效利用的程度。合理的建筑朝向应有利于减小太阳辐射热的不利影响，并有利于组织自然通风散热。因此，既能使建筑少受太阳辐射热，又能获得较好通风散热条件的方法，就是选择合理的建筑朝向。对我国炎热地区而言，住栋朝向选择以南偏东15°至南偏西15°为最好，偏角越大则越不利，偏东好于偏西，北向次于南向，北偏东尚可，北偏西则西晒严重。西向最为不利，应尽量避免。

（2）采用有效的遮阳设施

遮阳设施用于减少太阳光辐射对住栋室内的加热作用。夏季，通过门窗传入室内的太阳辐射和外部环境的热量比通过墙体传入的热量要大得多，其中，太

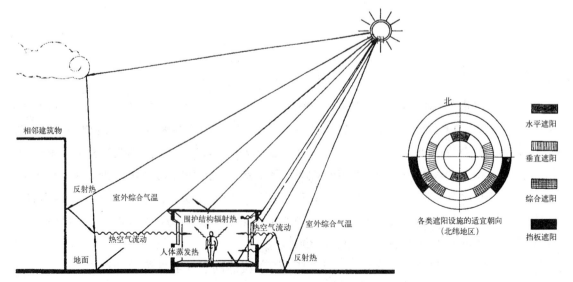

图3-148　太阳辐射热对室内气温升高的影响

阳光直接照射的辐射热所占比例最大。设置遮阳设施可有效地阻止太阳辐射的进入，降低室内温度，这对炎热地区住栋的东西向门窗尤为重要，遮阳方式可分为水平式、垂直式、综合式和挡板式（图3-149），可据阳光照射角度和门窗所处方位酌情选用适宜的遮阳形式。

● 水平式。适用于遮挡从上方照射下来的阳光。因此，从使用方位看，适用于南向墙面和北回归线以南（亚热带）低纬度地区的北向墙面；从使用地区看，更适用于夏季太阳高度角相对较大的南方低纬度地区。

● 垂直式。适用于遮挡高度角较小，但与墙面偏斜照射的阳光。主要用于东北、西北向墙面或北回归线以南低纬度地区的北向墙面。

● 综合式。即将水平式与垂直式相结合的形式，可用以遮挡从各向以不同高度角照射的阳光。适用于前述各方位的墙面，并适用于较广泛的地区及同日各时段的遮阳要求。

● 挡板式。主要用于遮挡从正面照射过来，角度较小的阳光。一般只用于东西向墙面。

遮阳设施按照材料和构造方式可分为固定式遮阳板、活动式遮阳配件和家用遮阳设备。固定式遮阳板通常应根据需要采用相应的遮阳形式，并应与立面设计相结合，统筹考虑。遮阳板可采用栅板式（即百叶板）和实心板式。前者构件较轻巧且利于散热，有利减少自身对室内的辐射热量，但栅板的栅距和倾斜角度设计应确保有效遮挡阳光。后者构件材料与构造应注意避免雨水和积尘对墙面的污损。

活动式遮阳配件皆采用轻质耐候材料（金属或工程塑料）制作，遮阳效果较好，通风性强，有利于工业化生产，但使用、维护和外观适用性皆存问题，目前国内较少使用（图3-150、图3-151）。活动式遮阳设施同样也可用于屋顶降温。

家用遮阳设备包括窗帘、百叶窗、活动百叶窗帘等，一般作为室内装修设置在室内，主要用于遮光，对遮挡外部太阳辐射热的进入收效甚微，且会影响室内通风，其中百叶窗尚能保持一定通风效用，比较适用。

除专设遮阳设施外，在建筑设计中，结合外廊、阳台、挑檐等立面处理，也可同样达到遮阳的目的，而且还会给炎热地区建筑的外观造型带来地区性的特点。

（3）采取外围护结构的隔热措施

夏季室外高温影响室内的另一主要途径是通过外围护结构传热，包括外墙与屋顶。其中屋顶由于受太阳正向辐射，且受照射时间比墙面长，使其温度通常高于墙体，因此，降低外围护结构传热的重点在屋顶，墙面则以受日照角度较小而受热较多的东西外墙为控制传热的重点。围护结构隔热设计标准规定：在房间自然通风条件下，建筑物的屋顶和东西外墙的内表面最高温度应满足不大于夏季室外计算温度最高值的要求。为达到这一要求，常可采用如下设计措施：

● 采用高效隔热材料和有效的构造措施，减少围护结构的受热程度，降低其内表面温度，从而减轻其传热的影响。现代高效隔热材料的品种已极为丰富，材料的技术经济性能是决定选择采用的重要因素。

● 利用围护结构自身的通风构造降低受热外墙和屋顶的表面温度。如采用通风墙体和通风屋面构造，是最为简便、经济的隔热措施（图3-152）。

● 住栋组合的布置形式应有利于减小东西墙面的长度或减少受太阳辐射的影响，优先采用浅色或具有反射热辐射的外墙材料（图3-153）。

● 将楼电梯、卫生间等辅助空间置于住栋空间外层，特别是东西两侧端部，以减少太阳辐射对住栋中部使用空间的影响（图3-154）。

● 利用建筑形体的凹凸变化和半开敞过渡空间创造更多的建筑阴影区空间，减轻太阳直射的辐射作用（图3-155）。

● 在屋顶设置可随季节和时间变化的遮阳格片，降低屋面受热程度并创造可利用的屋面平台空间（图3-156）。

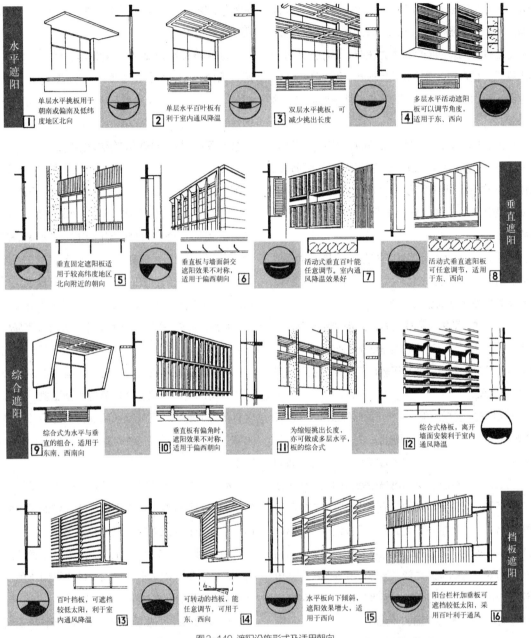

图3-149 遮阳设施形式及适用朝向

• 采用有土或无土屋顶花园、蓄水屋面及墙面垂直绿化，以利遮挡热辐射和利用蒸发降温（图3-157）。

• 充分利用坡屋顶的隔热效果。

（4）利用自然通风散热，改善室内环境

选择合理的朝向，采取遮阳和隔热措施，皆可减轻夏季太阳辐射（直射与反射）对室内环境温度的直接影响，但在不使用空调降温的情况下并不能完全缓解夏季人们闷热难耐的感受，因为环境的舒适度不仅与气温、相对湿度相关，而且与空气流通的程度相关。良好的自然通风，可使人们在偏高的气温中仍感觉比较舒适，这是因为空气流通能从如

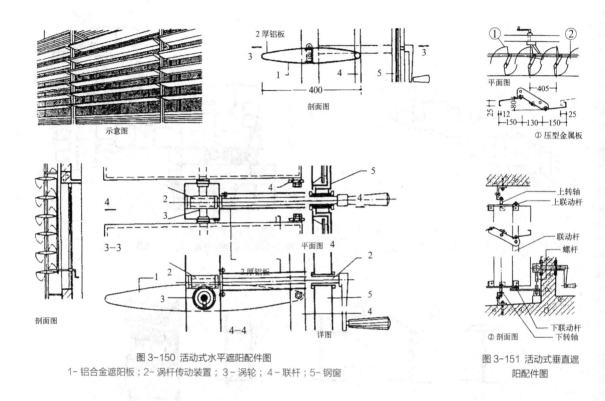

图 3-150 活动式水平遮阳配件图

1- 铝合金遮阳板；2- 涡杆传动装置；3- 涡轮；4 - 联杆；5- 钢窗

图 3-151 活动式垂直遮阳配件图

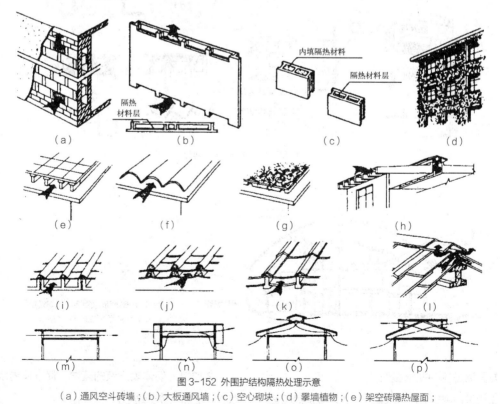

图 3-152 外围护结构隔热处理示意

（a）通风空斗砖墙；（b）大板通风墙；（c）空心砌块；（d）攀墙植物；（e）架空砖隔热屋面；

（f）拱顶隔热屋面；（g）铺土植草隔热屋面；（h）大型通风屋面板；（i）、（j）架空黏土瓦屋面；

（k）、（l）架空水泥瓦屋面；（m）吊顶通风隔热层；（n）吊顶上下通风隔热层；（o）、（p）坡顶设气楼或老虎窗

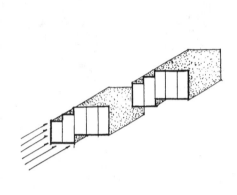

图 3-153 有利减少西晒阳光辐射的住栋组合形态

图 3-154 外置辅助空间，减少阳光辐射

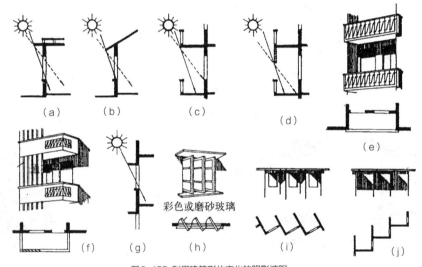

图3-155 利用建筑形体变化的阴影遮阳

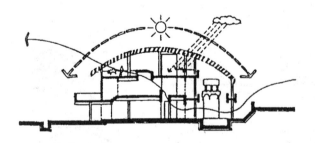

图 3-156 屋顶采用活动遮阳设施
（马来西亚杨经文自宅，1984）

下几方面增进环境的舒适度：

①驱散由围护结构进入室内的太阳辐射热和室内热源（电器、炉灶等）的散热，有效降低室内温度。

②加快人们体表汗液的蒸发，促进体内余热的散发，增加人体舒适感。

③保持室内空气新鲜，提高空气清洁度和舒适度。

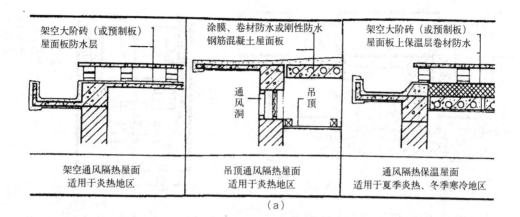

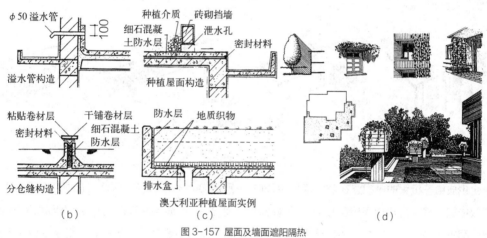

图 3-157 屋面及墙面遮阳隔热
（a）隔热屋面；（b）蓄水屋面；（c）种植屋面；（d）建筑外围绿化

④消除湿度过大对室内环境舒适度的影响。

住栋设计可采用的加强室内通风、降温的措施，通常包括如下几方面：

● 加强套型内部空间的通风组织。利用夏季季候风及热压差形成的空气流动，带走室内过多的热量和湿气以改善室内环境，有效地组织室内"穿堂风"。

● 加大住栋进深，形成室内局部空气环流，促进室内通风降温。进深较大的住栋中，处于建筑中部的空间受环境热辐射影响较小，因而室内温度相对较低，具有荫凉的环境感受，对增加室内温度的稳定性也具有显著作用。

● 利用天井、中庭空间形成室内外环境热压差增强通风效果。由于天井受阳光照射时间短，天井中气温经常低于周围环境温度和室内温度，可形成天井中冷空气向室内流动的冷却效应，有助改善室内环境。当外部风压较大时，天井因处于负压状态，还可起到拔风的作用。中庭空间同样具有拔风作用（图3-158、图3-159）。

● 利用阳台、窗楣、窗扇、遮阳板等建筑构件导风入室，增强室内通风（图3-160）。

此外，除上述建筑自身可采取的防暑降温措施外，改善建筑外部环境条件也十分重要，其目的是降低住宅楼栋周围环境的综合温度，为住栋提供一个适宜的小气候环境，以最大限度地降低环境辐射热对室内的影响。为此，对建筑外部的通风环境和

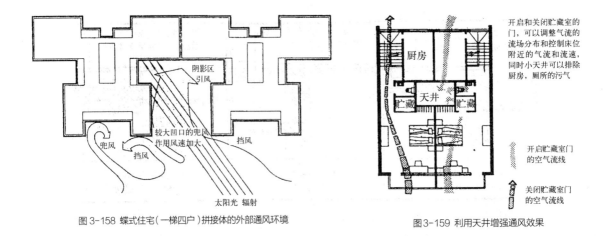

图 3-158 蝶式住宅（一梯四户）拼接体的外部通风环境

图 3-159 利用天井增强通风效果

图 3-160 利用建筑构件导风入室

环境绿化也应给予极大的重视。在群体规划中，应采取有效措施，减少建筑物间相互遮挡对环境通风的影响（图3-161）。在室外环境设计中，应尽可能增加绿荫面积，减少不必要的硬质地面，以利吸收部分太阳辐射热，降低环境温度。

当室内使用空调时，前述住栋的防暑降温措施同样也有利于降低空调运行的能耗，因为空调的运行负荷是由太阳辐射得热、围护结构传热与空气渗透得热、内部产热（人体与设备）三部分组成的，设计采用遮阳隔热措施显然可减少前两项的热负荷，有利于空调节能。研究表明，影响空调负荷最敏感的因素是围护结构中窗墙面积的比例和门窗的气密性。空调设计日冷负荷和运行负荷是随着窗墙面积比的增加而增大的。经测试，窗墙面积比为50%的房间与窗墙比为30%的房间相比，设计日冷负荷增加25%~42%，运行负荷增加17%~25%。门窗的气密性差也会大大提高空调负荷。如室内换气次数由0.5次/h增至1.5次/h，设计日冷负荷及运行负荷将分

别增加41%和27%。因此，在现今家用空调普及的情况下，应适当控制窗户面积，提高窗户的遮阳性能和构造的气密性。一般认为，窗墙面积比不宜超过0.30（单层窗）和0.40（双层窗或双玻窗）。外窗气密性等级不应低于国家标准《建筑外门窗气密、水密、抗风压性能分级及检测方法》相对应级别规定的Ⅲ级，对降低空调负荷更为有利。

3.5.2　适应基地地形特征的住栋设计

充分考虑对地球资源的保护、利用，促进住区与周边环境的和谐，保障居住环境的健康和舒适，已是当今人居环境建设的历史责任。为此，我们必须优化土地资源的利用，科学地整治与利用地形、地貌、山林、植被和江湖水系，最大限度地保护自然环境。

住宅建设离不开土地资源的开发与利用。孔子曰："仁者乐山，智者乐水。"揭示了我国传统自然观中人与山水之间的亲和关系，当今我们更应以

科学的环境生态观重新认识人与自然的关系，研究山地环境和临水环境中居住建筑的设计问题。

1）山坡用地的住栋设计

在我们赖以生存的地球上，山地面积远远大于平原面积。我国山地面积约占国土面积的2/3。由于要为不断膨胀的人口开拓生存空间（利用山地资源，少占耕地和回归自然的需要），人类住区建设活动已愈来愈重视山地的开发利用。

（1）基本设计原则

实现建筑环境与自然环境的和谐与协调，重视保护山地生态系统，促进住区环境可持续发展，是山地住宅设计的基本原则。为此，在着手设计时，应对用地环境做好相关的调查研究：首先，充分了解用地地质状况（包括基岩走向，岩层厚度，山洪、滑坡、地下水与溶洞分布等情况）；然后分析研究地貌特征，确定可利用的地形、地物和合理的建筑形式。在确定山地住宅合理的建筑形式时，主

要应掌握如下原则：

● 为保护地貌，尽可能保留地表原有的地形和植被，建筑宜采取"减少接地"的形式。我国民居建筑中运用"借天不借地"的方式，形成了干阑、吊脚、悬挑等可以减少对地貌影响的建筑形式，在现代建筑中，更有许多注重维护自然地貌和山地景观的优秀建筑实例，见图3-162、图3-163。

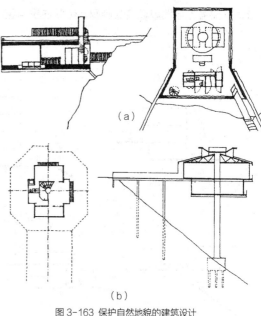

（a）

（b）

图 3-163 保护自然地貌的建筑设计
（a）美国威斯康星州某度假别墅；
（b）美国俄勒冈州某度假别墅

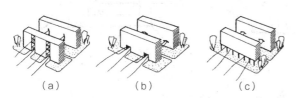

（a）　　　　（b）　　　　（c）

图3-161 住栋建筑物设通风口增强环境通风

（a）

（b）

图 3-162 顺应自然地貌的民居建筑
（a）黔南干阑式民居；（b）浙江山村民居

● 合理利用地形高差和山位特点，灵活组织建筑入口交通。在山地建筑中，可以根据道路标高与建筑底层标高的不同关系，因地制宜地确定入口层的标高，这不仅方便交通流线的组织，也有利于山地建筑空间特色的形成。如果将建筑接地层称建筑底面，入口层称为建筑基面，那么两者据地形变化可以采用多种组合关系（图3-164）。

● 建筑形体应与山地环境相协调。山地住宅的建筑形体既要考虑与地段环境的协调，也要注重与整体山势景观环境的协调（图3-165），形成山屋共融、相辅相成的景观特色。

（2）住栋与用地地形关系的选定

● 住栋建筑与等高线的关系。住栋结合地形设计的首要问题是处理与地面等高线的关系。就住栋与地面等高线的关系而言，主要有三种布置方式：建筑与等高线平行、建筑与等高线垂直和建筑与等高线斜交三种方式。采用何种方式，应取决于用地坡度对道路布置、节约土石方工程量以及住栋朝向

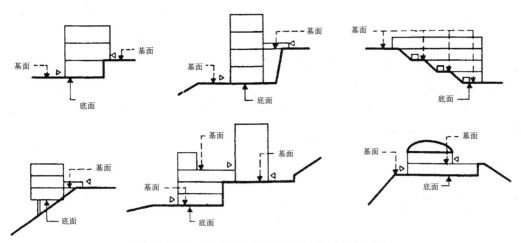

图 3-164 建筑入口层（基面）与建筑接地层（底面）的多种关系

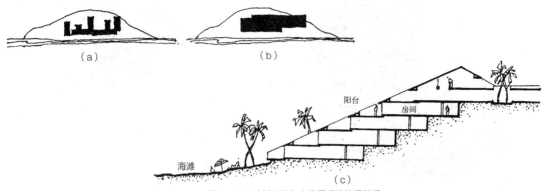

（a）   （b）

（c）

图 3-165 建筑形体与山势景观的协调关系
（a）塔式住宅减少对山体的遮挡；
（b）板式楼群堵塞山体景观；（c）建筑剖面与山势坡向协调融合

与采光通风的综合影响程度。与地形等高线关系合理的住栋建筑布置，应是符合道路组织顺畅，土石方工程量较少，并能满足住栋朝向及群体空间组织要求的方式。据实践经验总结，地形坡度与合理的建筑布置方式可参照下表选择确定（表3-12）。

地形坡度与合理建筑布置方式　　　　　　　　　　　　　　　　　　　　表3-12

坡地类型	坡度	布置方式
平坡地	<3%	基本上同平地，道路及建筑布置均可自由，仅需注意场地排水组织
缓坡地	3%～10%	住区内车道可纵横自由布置，场地不需作台阶状整平处理，住宅群体布置可不受地形影响，建筑只需提高勒脚高度适应地面坡度（图3-166）
中坡地	10%～25%	住宅区内场地需作台阶状处理，车道已不宜垂直等高线布置，住宅群布置受到一定限制，地面筑台处理应使建筑尽可能建在挖方部位，以利减少基础埋深和地基处理（图3-167）
陡坡地	25%～50%	住宅区内车道需与等高线成锐角布置，住宅布置及住栋形式受到较大限制，住栋平行等高线布置将大幅增加土方工程量，并不利底层通风与排水组织（图3-168），一般宜采用垂直等高线或与等高线斜交并错层的布置方式（图3-169）
急坡地	50%～100%	车道上坡困难，需曲折盘旋而上，人行路段需做梯道，梯道需与等高线成斜角布置，住栋设计需作特殊处理，一般住栋宜与等高线垂直布置并作错层处理，以减少土方量，有利建筑采光、通风和排水

● 住栋建筑的接地形式。山地住栋的接地形式是住栋建筑与自然基面相应关系的概括描述，反映了山地住栋建筑克服地形障碍，获取使用空间的不同手段和模式。接地形式不同，意味着对山体地表的不同改造形式和相应的不同的住栋建筑组合方式。依据建筑底面与山体地表的不同关系，山地建筑可以有不同接地形式，分为地下式、地表式和架空式三大类。它们各自还可按住栋建筑的空间组合方式，再分若干种不同处理方式，以适应不同地形特点，见表3-13。

坡地住栋建筑接地形态　　　　　　　　　　　　　　　　　　　　　　表3-13

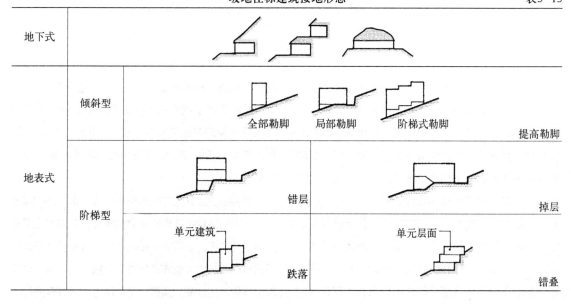

续表

| 架空式 | 架空型 | 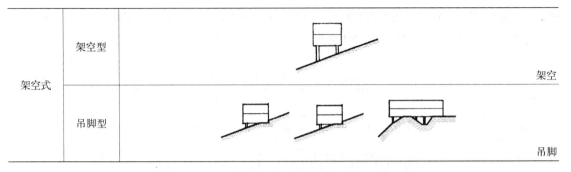 | 架空 |
| | 吊脚型 | | 吊脚 |

图 3-166 缓坡地用勒脚高度变化适应坡度

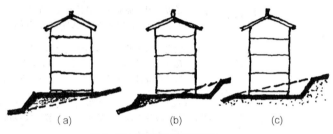

图 3-167 中坡地筑台处理状况
（a）全填；（b）半挖半填；（c）全挖

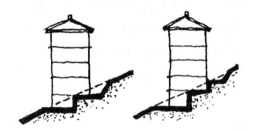

图 3-168 陡坡地形时建筑平行等高线不利于底层使用

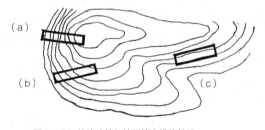

图 3-169 住栋建筑与地形等高线的关系
（a）垂直；（b）斜交；（c）平行

①地下式。地下式接地形式的住栋形体位于地表以下，对山地地表的环境影响相对减少，有利于保留开发用地的自然地形和植被，对建筑节能也十分有利，其室内环境可获得冬暖夏凉的效果。窑洞住宅是我国西北黄土高原地区常见的"穴居"式居住建筑，是利用原土拱形结构的地下式住栋，其主要优点是能适应外界恶劣的气候变化并十分节能。但其空间布置受到很大约束，采光、通风条件也不尽如人意。其布局形式有的沿等高线单穴成行布置，有的围绕下沉院落空间成组布置，也有在竖向

呈台阶状层层相叠布置，这时下层窑洞的顶就成了上层窑洞的院子或道路（图3-170）。由于地下建筑在环境保护与建筑节能上表现的优点，因此在现代建筑中也常被应用于特定用地环境中的居住建筑（图3-171）。

②地表式。这是在山地环境中应用最广泛的接地形式，因为这种接地形式不会影响住栋的内部空间采光与通风的设计。地表式接地住栋，其主要特征即在于建筑底面与山体地表直接发生接触。为了减少对倾斜山坡用地的改变，实践中可采用的方式共有两种：

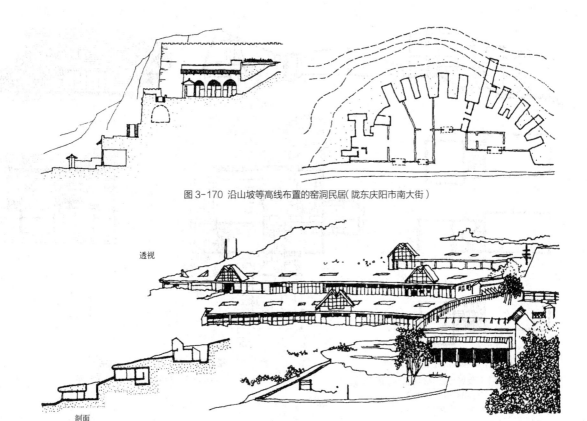

图3-170 沿山坡等高线布置的窑洞民居（陇东庆阳市南大街）

透视

剖面

图3-171 日本群马县利根郡某疗养院

一是斜接，二是平接。与地面倾斜相交的倾斜型是通过砌筑倾斜的勒脚来调整与地面相接的标高变化的。当地面坡度大于一定程度时，勒脚高度及其工程量会大幅增加，在技术经济上成为制约因素。此时就需对地面作一定修整，沿等高线变化将建筑用地平整成台阶状（梯田式）。如果山地坡度较缓，用地修筑的台地宽度就较宽，对住栋组合形式不会产生影响。只有当坡度较大，台地宽度较小时，才会对住栋建筑空间组合形式产生直接的影响，住栋空间组合的形式可据实际需要采用下列不同的处理方式。

a.错层。错层空间中地面高差通常在同层高度以内，一般适应于山地坡度为10%～30%的地形，山地住栋内错层处理主要是依靠楼梯的设置与流线组织来实现的。利用楼梯间错层时，住栋单元内部组合很灵活，可利用楼梯各休息平台组织进户入口，具有户

间干扰较小、楼梯间利用率高的优点，可广泛应用于坡地多层住宅中。同时，可根据地形坡度的大小采用两跑、三跑、四跑或不等跑楼梯，作出不同高度的错层处理。在低层住宅中，也可被用于底层地面标高变化的情况（图3-172、图3-173）。

b.掉层。当住栋基底内地形高差达到一层高度或以上时，就可采用掉层的处理方式。掉层处理方式一般适用于坡度为30%～60%的地形。掉层处理即在自然地面较低的范围往下加设一层。掉层的基本形式有纵向掉层、横向掉层和局部掉层三种（图3-174）。

纵向掉层的住栋建筑跨越较多的等高线（与等高线垂直或斜交布置），其底部以阶梯状顺坡掉落，适合于面东或面西的山坡，掉层部分均可获得较好的采光、通风和充足的日照。其掉层部分平面

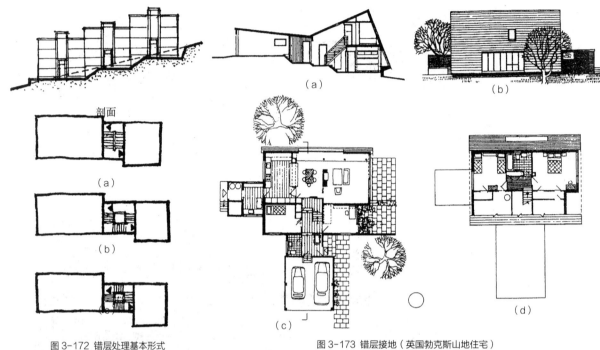

剖面

（a）

（b）

（c）

图 3-172 错层处理基本形式

（a）利用双跑梯（可使单元错 1/2 层）；
（b）利用三跑梯（可使单元错 1/2 或 2/3
层）；（c）利用四跑梯（可使单元错 1/4
或 3/4 层）

（c）

（d）

图 3-173 错层接地（英国勃克斯山地住宅）
（a）剖面；（b）立面；（c）下层平面；（d）上层平面

基本应与上层对应，宜以整个单元或完整的套型平面作加层处理（图3-175）。

横向掉层的住栋，一般沿等高线布置，其基底平面跨越不同标高的用地平台时，落于较低用地平台上的住栋部分平面将在下部增建一层，即为掉层部分。由于横向掉层部分只能一面开窗，其室内采光、通风受到影响，因此一般都在地形复杂或建筑形体多变时适当采用。其掉层平面与上层平面也宜相互对应，以减少结构与设备管道的复杂性（图3-176）。

c.跌落。跌落式处理是指以单元分段组合的住栋，随坡顺势下落，住栋楼层平面成阶梯状布置。由于住栋以单元为单位分段跌落，因而单元内部平面布置不受影响，每阶跌落高差也可随坡任意确定。

这种结合地形的住栋组合方式，可适用于以单元组合的多层住宅，也可适用于以套型为住栋组合单位的联排式低层住宅（图3-177）。如果单元较长，则不适于在陡坡地形上采用此种接地形式。

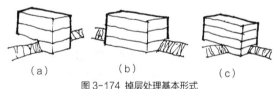

（a）   （b）   （c）

图 3-174 掉层处理基本形式
（a）纵向掉层；（b）横向掉层；（c）局部掉层

d.错叠（台阶式）。错叠式住栋通常建在单坡基地上，其主要特征是每个住宅套型空间沿山坡层层重叠建造，下层套型的屋顶成为上层套型的平台。由于外部形态呈规则的踏步状，因此也通称台阶式。它与跌落式不同之处是，上下层套型空间可错位相叠，户间垂直交通联系通常利用室外阶梯来组织。同时，错叠式住栋可以通过调节住宅套型空间的进深和屋面平台的大小来适应不同坡度的地形。在急坡地形中（坡度大于50%），还常采用悬挑阳台来扩大屋面平台空间（图3-178、图3-179）。错叠式住栋通常采

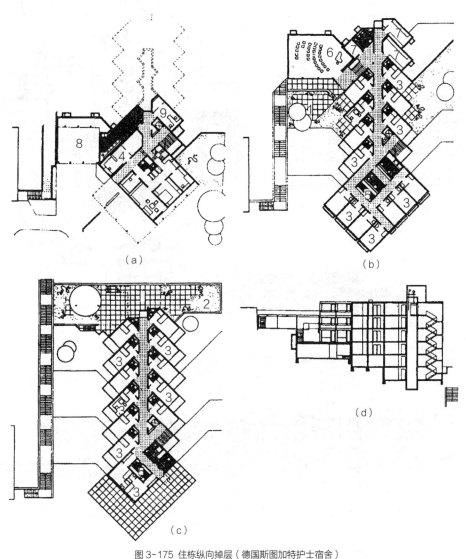

图 3-175 住栋纵向掉层（德国斯图加特护士宿舍）
（a）一层平面；（b）三层平面；（c）五层平面；（d）剖面
1-平台；2-绿地；3-寝室；4-管理室；5-开水间；6-活动室；7-贮藏室；8-车库；9-工作室

取建筑与地形等高线垂直正交的布置方式，此外，在朝向、日照等允许的情况下，也可采取与等高线斜交的方式，以适应地形坡度和建筑平面布置的需要（图3-180）。

另外，错叠式住栋平面及剖面通常较复杂，设计务必注意上下层结构及设备管线的对应关系，以便简化工程技术要求。由于住栋外形能依坡地走向形成立体绿化，在住区景观设计上颇具特色，但应注意解决上层住

户对下层平台使用的视线干扰（图3-181）。

e.架空式。采用架空式接地形式的山地住栋，其底面与基地表面完全或局部脱离，以柱子或建筑局部支承建筑上部的荷载。由于建筑与基底表面接触面缩小，因此采取此种形式接地对地形变化有极强的适应能力，对山体地表的影响也可降至最低程度，是一种有利于保护山地自然生态环境的理想接地方式。同时，因建筑底面架空，脱离地面，还有利于建筑的防

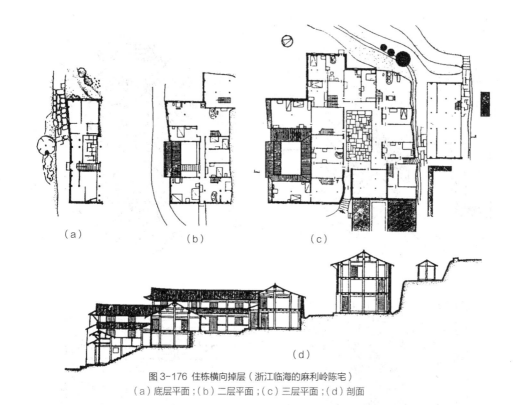

（a）   （b）   （c）

（d）

图 3-176 住栋横向掉层（浙江临海的麻利岭陈宅）
（a）底层平面；（b）二层平面；（c）三层平面；（d）剖面

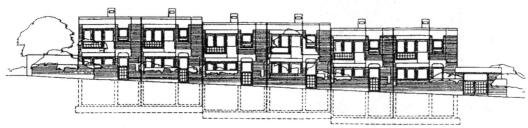

图 3-177 跌落式接地住栋（德国某联排式住宅立面）

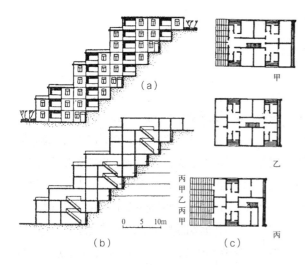

0 5 10m

图 3-178 梯间式错叠住宅
（a）立面图；（b）剖面图；（c）平面图

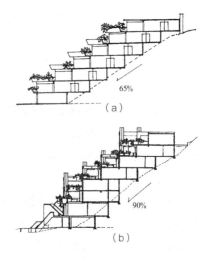

图 3-179 错叠式住栋实例
（a）瑞士楚格的台阶式住宅；（b）瑞士利斯塔的台阶式住宅

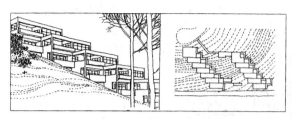

图3-180 瑞士贝阿海麦瑞克的台阶式住宅

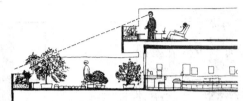

图3-181 错叠式建筑将局部放大以避免视线干扰

潮和减少地面虫、蝎等有害生物的侵扰，因而这种形式更广泛用于热带森林中或需保护原始生态环境的居住建筑中。

根据建筑的架空程度还可分为架空型（全架空）和吊脚型（半架空）两种。

a）架空型。其基本模式是建筑以支柱落地，住栋建筑架于支柱之上。我国传统的干阑式民居就是这种典型形式，在我国西南山区广泛运用。在现代建筑中，结构技术的发展更为这种形式的运用提供了极大的方便，因而常被用于依山傍水的建筑基地中（图3-182）。

b）吊脚型。其名来自于我国西南山区的吊脚楼民居形式，形象地说明了住栋建筑局部以支柱架空的形体特征。采用吊脚型接地的建筑，平面布局可以不受地形限制，变化比较自由且能与山地自然环境相互穿插，更加融合。一般吊脚型建筑都处在单坡山位上，如处于山顶或其他起伏不平的山位时，吊脚形式将会出现变异，吊脚处理可在住栋建筑两侧，也可能在建筑体的中段，可随地形需要以支柱承托架空部分，极为自由（图3-183）。

（3）住栋临街基地状态与建筑入口处理形式

当单栋建筑临接山坡道路布置时，特别是在山城的沿街住宅中，建筑入口总是需要结合道路来布置的。由于道路两侧的住栋用地的形态常变化，自然会影响道路两侧的住栋建筑采取不同的接地方式，并相应改变住栋平面和剖面的设计和建筑入口的处理。通常可见如下几种处理方式：

● 掉层处理。住栋入口紧接道路平面，住栋基地紧邻道路，可由道路直接进入建筑内部。由于与道路相同标高的基地宽度不能满足修建住栋的需要，住栋建筑需作局部掉层使住栋部分基底落在道路标高以下的山坡上。根据地形坡度，掉层可做一层或两层（图3-184）。

● 吊脚处理。住栋入口紧接道路平面，住栋基地紧邻道路，可由道路直接进入建筑内部。由于临街基地宽度不能满足修建住栋底面的需要，住栋建筑底面需局部架空并以支柱接地，即作吊脚型处理（图3-185），架空部分不大时，可采用建筑底面局部悬挑的方式处理，架空部分较大时，也可用吊脚与悬挑结合处理（图3-186、图3-188）。

● 天桥连接。建筑基地标高低于道路平面，住栋建筑脱离道路边缘，道路边缘需修筑挡土墙，道路至建筑需搭建天桥方可进入建筑中部入口，即此时建筑入口层（基面）高于建筑接地层（底面）。道路平面以下的建筑楼层临街一侧仍可利用天桥跨越的空间，组织采光、通风。由于建筑入口在住栋中腰部，住栋入户可分成上下两段，因而可以适当提高不设电梯的住栋的楼层数，有利节约山区用地（图3-187、图3-189）。

● 住栋凸出楼梯间与道路连接的处理。这与上述天桥连接道路相似，以凸出住栋外墙的楼梯间与道路边缘的挡土墙相接，住户可从楼梯平台进入楼内。由于楼梯间外凸使住栋外墙与道路挡土墙之间留有足够间距，可供道路平面以下楼层解决采光通风之用（图3-190）。

● 住栋以交通连廊与街道间接连接的处理。当住

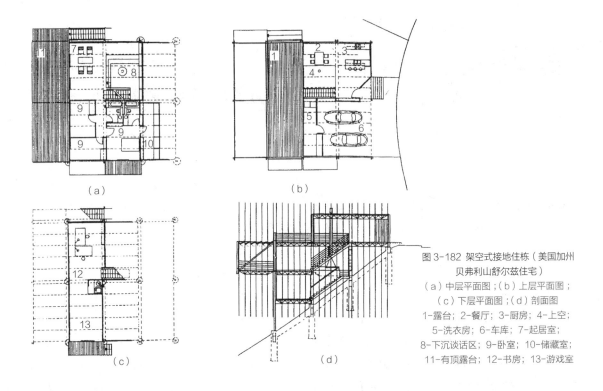

图 3-182 架空式接地住栋（美国加州
贝弗利山舒尔兹住宅）
（a）中层平面图；（b）上层平面图；
（c）下层平面图；（d）剖面图
1-露台；2-餐厅；3-厨房；4-上空；
5-洗衣房；6-车库；7-起居室；
8-下沉谈话区；9-卧室；10-储藏室；
11-有顶露台；12-书房；13-游戏室

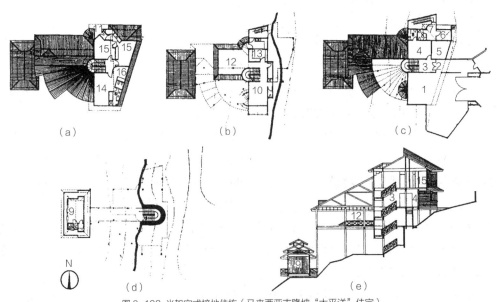

图 3-183 半架空式接地住栋（马来西亚吉隆坡"太平洋"住宅）
（a）二层平面；（b）入口层平面；（c）负一层平面；（d）负二层平面；（e）剖面
1-车库；2-入口；3-门厅；4-书房；5-藏书室；6-佣人室；7-工作间；8-浴厕间；
9-客人房；10-餐厅；11-阳台；12-起居室；13-厨房；14-主卧室；15-卧室；16-挂衣室

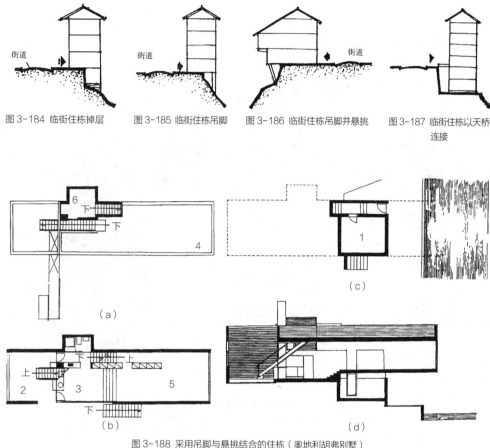

图 3-184 临街住栋掉层　　图 3-185 临街住栋吊脚　　图 3-186 临街住栋吊脚并悬挑　　图 3-187 临街住栋以天桥
连接

图 3-188 采用吊脚与悬挑结合的住栋（奥地利胡弗别墅）
（a）上层平面图；（b）一层平面图；（c）地下室平面图；（d）剖面图
1-仓库；2-庭院；3-门厅、厨房、餐厅；4-屋顶平面；5-起居室；6-卧室

栋建筑山墙贴临主要街道时，可在与街道标高接近的某几层楼面设置交通廊，与道路取得便捷的联系，并可减少住户进出住栋的行走高度（图3-191）。

● 住栋以室外梯道与街道连接。梯道虽属室外环境处理形式，但当建筑用地标高高于街道平面时，梯道已成为建筑入口交通不可或缺的有机组成部分，其形式应予特别关注（图3-192）。

2）临水用地的住栋设计

人类社会聚居的城镇空间大多是依存于自然水体环境的地理分布逐步形成与发展的。较大的城镇更多见于或沿江河或临湖海的水域环境，因而城市临水

地带居住区的开发建设，始终是城市建设中常遇的重要课题，同时也是创造城市特色和理想居住环境应予特别关注的问题。如我国江南城镇，人口密集、水网纵横，延续历史的发展，形成了以舟代步、临水建屋的城市生活方式，创造了富有地域特色的江南水乡风貌，成为我国传统民居建筑文化的宝贵遗产。为适应城市临水用地加速开发建设的需要，应注意研究吸收古今中外有关滨水住区建设的成功经验，创造更加符合当今城市生活需要的，环境优美的滨水居住环境。

（1）基本设计原则

临水用地通常是指濒临城市主体水系的住区建设用地。国内外实践表明，临水用地内的住区建设

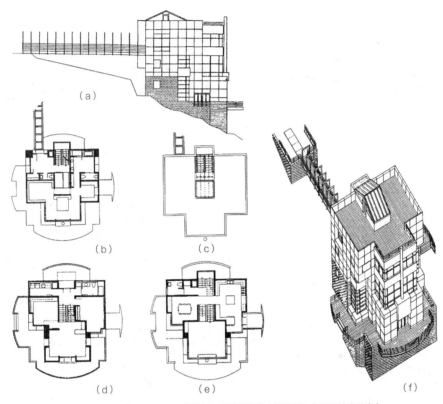

图 3-189 住栋以天桥连接街道（美国蒙大拿州罗伯森住宅）
（a）剖面；（b）三层平面；（c）屋顶平面；（d）底层平面；（e）二层平面；（f）轴测图

应遵循下述几项基本原则，并用以指导住栋建筑的规划与设计。

● 生态原则——保护城市自然水体环境

水是生命之本，城市自然水体环境是城市生存发展的重要命脉。由于城市水体环境是不可再生的自然环境资源，临水住区的开发建设应确保自然水体生态环境的合理利用和可持续发展。为此，必须综合处理水体的防洪排涝、水质治理和自然风貌保护等多重功能的要求，避免大规模围田造地、侵蚀自然水域面积、破坏水体自然生态平衡的开发利用方式。

● 开放原则——增进环境资源共享

临水用地是城市有限的优质空间资源，滨水环境的开发利用方式应具有足够的公共性，充分发挥资源利用的社会效益。其规划设计应重视体现开放的原则，使城市滨水空间环境尽可能满足面向广大城市居

图 3-190 住栋以凸出楼梯间与街道连接

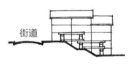

图 3-191 住栋以交通连廊或室外梯道与街道连接

民开放使用的要求，以利增进环境资源的社会共享，有效改善城市居住环境，丰富城市生活品质。

● 景观原则——展现城市景观特色

城市水体空间环境中视野开阔，其临水用地往往是有利创造并充分展现城市整体风貌的重要景观地带，对其滨水景观质量显然应有较高的要求，因而滨水景观质量的评价标准往往成为临水用地规划设计的主导原则。城市滨水景观质量的评价标准主

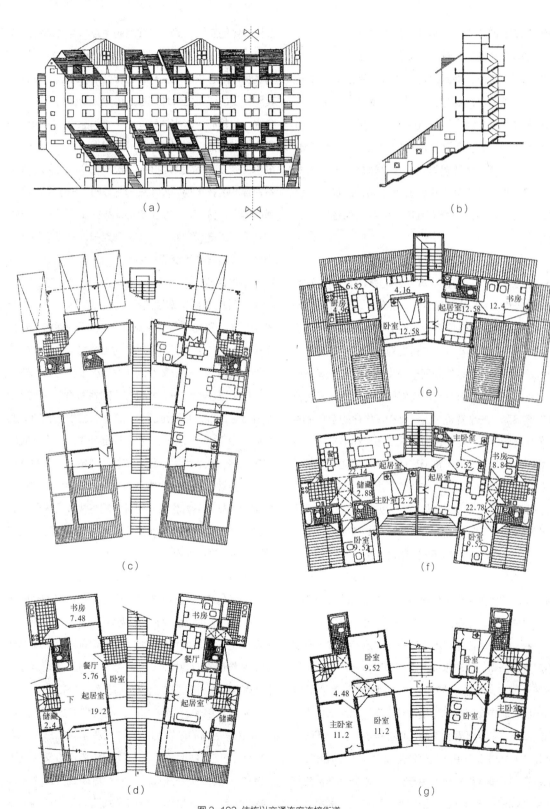

图 3-192 住栋以交通连廊连接街道

（a）半南立面；（b）剖面图；（c）三层平面；（d）二层平面；（e）九层平面；（f）八层平面；（g）一层平面

要包括环境审美和心理感受两方面的要求。环境审美的重要准则是强调景观的整体性、多样性、协调性和奇特性等形式美的表现；心理感受的要求主要是应满足人们对景观的自然感、亲水感和情趣感等价值观准则的体验。以景观质量评价标准主导城市临水用地的规划，有利于用地内建筑群体、个体形象与城市水体自然环境景观的有机整合，形成最富魅力和活力的城市滨水住区，得以充分展现城市整体风貌与地域特色，增进城市社会经济长远发展的潜力。

● 人本原则——创造宜人的亲水空间

观水、悦水、近水、嬉水和习水的喜好是人类共同的天性，常称之为亲水性。诚然，创造宜人的亲水环境是城市滨水空间开发建设的核心目标。同时，还应强调"以人为本"更是其规划设计的根本原则。也就是说，临水用地的规划布局和建筑形态均应充分结合水体环境的形态特征和自然属性，为城市居民创造丰富多彩、安全舒适、人性化和多样化的亲水空间环境，充分满足城市居民对居住质量和精神文化生活（休闲、娱乐、游览观赏及其他情趣性活动）不断增长的环境需求。"以人为本"的理念，也具体地体现在临水用地中住栋建筑群体和个体的设计中，其设计特点和重点应是强调室内外空间的亲水性处理。

（2）住栋与滨水空间环境的关系

住栋与城市水体的相对空间关系表现为群体形态与水体形态的关系和个体区位与水岸空间的关系两方面，对住栋亲水性设计有着决定性影响。

● 住栋群体布局与水体形态的关系。以城市宏观的尺度来衡量，城市水体形态可表现为点、线、面的不同几何形态特征。如池、潭、塘、泽，其水面双向尺度与城市街区相比，相对较小者可谓点状水体；湖泊海湾，其水域面积常超越城区范围，则可谓面形水体；如水体仅为单向尺度延伸较大，即为城区江河水系者，可谓线形水体。由于城市滨水景观通常是临水用地规划的核心问题，因此水体形态的不同变化不仅决定着临水用地的分布状态，而且还深刻地影响着

住栋群体的空间布局。实践表明，临水用地规划为获得良好的水面景观和住户亲水空间环境，住栋群体布局随水体形态不同而变化。当城区存在点状水体时，其周邻街区受其内聚性视线的诱导，街区内住栋群体布局一般趋向于以水体空间为中心的向心型空间布局形态，借以为住户提供良好的观景视线，并有利于增进水面景观的营造和利用（图3-193）；当江河水系贯穿城区，呈现为城市线形水体时，临水用地沿河道两侧平行分布，在水上交通流线的引导下，河道两侧空间形成连续延伸的城市景观走廊。河道两侧临水用地内住栋群体的空间布局宜在沿河景观走廊的总体控制下做出相应的调整，以满足沿河景观对空间连续性、层次性和丰富性的视觉要求（图3-194、图3-195）。我国江南水乡城镇传统的沿河民居，创造了极富地域特色的城市景观，对当今城市线形水体两侧临水用地的住栋群体空间布局具有极高的研究与借鉴价值（图3-196）；水域宽广的湖面海湾，因尺度接近城区用地，甚至地跨城际范围，应视作城市面形水体。由于水岸线绵长，水面视野开阔，并常处城市门户地带，从水面可远眺城市整体景象，因此对其临水用地景观的整体性要求更为突出，对用地内住栋群体组合的整体形象和天际轮廓线的整体表现应予以极大的关注，以期城市滨水景观能给人以最美好的城市第一印象（图3-197）。

此外，城市水体形态对住栋群体空间布局的影响不仅与水体的几何特征相关，而且也与水体的空间尺度相关。一般认为，面临水域面积较小的水体时，住栋群体的空间尺度也不宜过大，应以滨水景观的协调性对其作适当的调控，以免使水体空间环境显得过于封闭和拥塞，产生视觉上的压迫感（图3-198）。

● 住栋区位环境与水岸空间规划的关系。城市水体沿岸空间的开发利用方式取决于城市总体规划的功能定位。然而，水岸空间的功能定位又决定着它的权属关系和空间性质。一般可表现为三种不同的功能定位：一是作为城市公共活动空间利用；二是作为城市居住区环境空间利用；三是作为住栋或

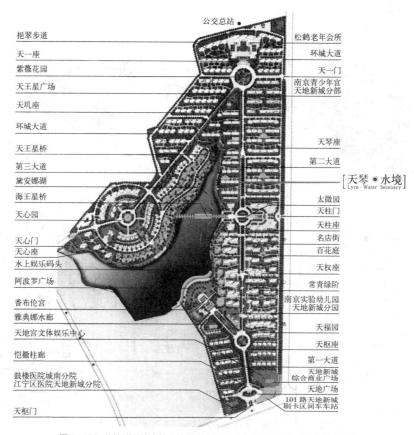

图 3-193 住栋群面临点状水体的向心型布局（南京天地新城居住区规划）

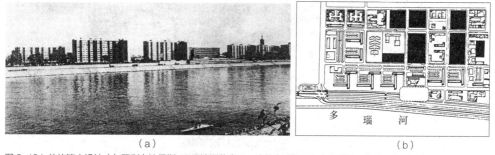

（a）　　　　　　　　　　　　　（b）

图 3-194 住栋滨水设计（匈牙利布达佩斯 13 区滨河住宅区，该住宅区位于市中心北面，多瑙河岸一块狭长的用地上，面积 31.3hm²，住宅楼与河流平行布置，共有 4000 套住宅和相应的公共福利设施）

（a）沿河外景；（b）平面图

住栋组团专属室外活动空间利用（图3-199）。不同的功能定位，对水岸空间的公共性有着不同的要求，住户因亲水活动环境和方式的不同，对住栋亲水性设计也自然提出了不同的要求。

①水岸空间作为城市公共绿地、公共活动及相关设施用地，供全市公众休闲、娱乐、游憩、交通等活动开放使用。此时，住栋建筑一般远离水岸空间，常建于城市滨水的第一街区中，住户仅可从远

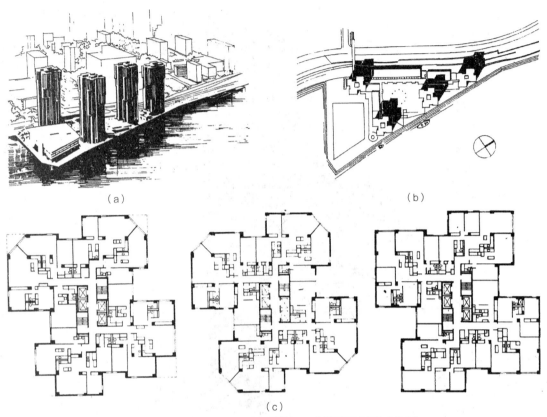

（a）　　　　　　　　　　　　　　　（b）

（c）

图 3-195 住栋群面临线形水体的连续性景观（美国纽约东河滨水住宅）

（a）鸟瞰图；（b）总平面图；（c）平面图

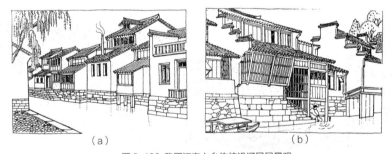

（a）　　　　　　　　　　　　（b）

图 3-196 我国江南水乡传统沿河民居景观

（a）江苏苏州沿河民居；（b）江苏吴江莘塔镇沿河景观

处观赏水岸景色，可望而不可及。为满足观景活动的需要，使大多数住户享有良好的室内外观景空间成了住栋亲水性设计的焦点，并同时要求住栋室内空间布局应妥善解决居室朝向与景向的矛盾，外部造型应为水面景观创造优美的城市背景轮廓线（图3-200）。

②水岸空间作为居住区环境开发利用，主要为住区全体居民日常活动提供开放的亲水空间环境。住栋建筑临近水岸，住户不仅可观赏而且可利用水岸空间。为方便住户开展多样的亲水活动，住栋亲水性设计首先应要求住区总体规划加强住栋与水岸空间联系交通的通达性。其次，应加强住栋群体空

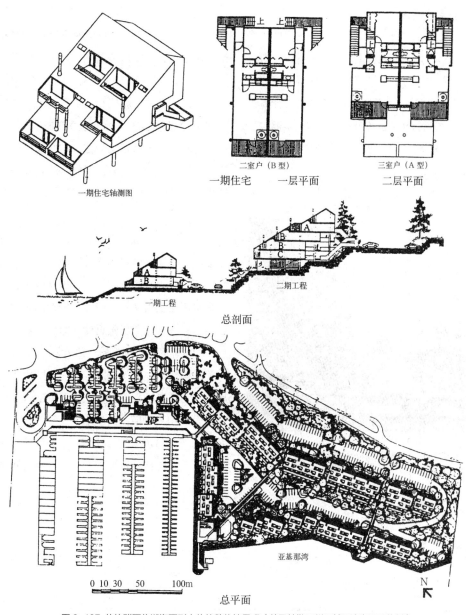

一期住宅轴测图

二室户（B型）

一期住宅　　一层平面

三室户（A型）

二层平面

一期工程

二期工程

总剖面

亚基那湾

0 10 30　50　　100m

总平面

N

图3-197 住栋群面临湖海面形水体的整体性景观（美国俄勒冈州亚基那湾海员居住村）

间形态、室内观景空间与水岸空间的关联性，使水岸空间成为完整的方便住户共享的亲水活动场所（图3-201）。

③水岸空间作为住栋或住栋群体的院落空间专用。住栋建筑与水岸空间直接相邻相依，或傍岸临水，或围岸抱水，再或倚岸入水，建筑空间已与水岸空间融为一体。此时，住户亲水性活动不仅要求住栋提供优美、舒适和丰富的室内外观景空间，而且还要求创造富有特色和情趣的水岸亲水活动场所和环境景观。也就是说，住栋亲水性设计在满足住户对水岸空间可观、可达和可用的前提下，应注重住栋滨水景观特色和个性的创造（图3-202）。

（3）住栋亲水性设计

住栋亲水性设计是涉及群体空间布局、个体建筑处理、室内空间配置和室外景观艺术多层面设计内容的综合性课题。根据前述住栋建筑与滨水环境不同的空间关系，可以在各个层面上对住栋亲水性设计提出不同的要求，并选择相应的设计措施。实践中相应于各设计层面，通常会采用下述设计措施作为创造住栋亲水性特点的有效途径。

杭州中河边大规模住宅区

图 3-198 住栋群应与水体空间尺度相协调（过大的住栋体量使小河道之间变得拥塞、封闭，失去原有历史风貌）

• 住栋群体空间组织。在住区总体规划层面上，加强住栋院落与临水环境的空间联系，是满足住栋亲水性要求的基本环境措施，它用以增进日常居住活动对水岸空间的有效利用并丰富水岸景观。

①构建水体景观视廊。结合城市总体规划，滨水住区内道路宜采取与水岸垂直布置的布局方式。这不仅有利于增进道路两侧住栋与水岸地带的交通联系，同时还可利用道路空间形成群体空间与水体环境的景观廊道，扩展住区内水景观赏的空间范围（图3-203）。

②利用自然水湾空间。水体岸线的自然曲折变化形成的小型水湾是滨水住区规划中最有价值的空间资源，利用水湾空间组织住栋群体院落，不仅可丰富水岸空间层次，创造富有魅力的滨水景观，而且也可为住栋创造优雅近便的室外亲水活动空间和宜人的水环境小气候（图3-204）。

③再造水体支脉空间。当住栋院落远离水岸，且无法通过景观视廊获得滨水环境的视觉感受时，通常可以用人工增添自然水体支脉的方式来拉近院落空间与自然水体的心理距离。此时，人工水体在视觉上应能与自然水体整合，形成相辅相成的支脉

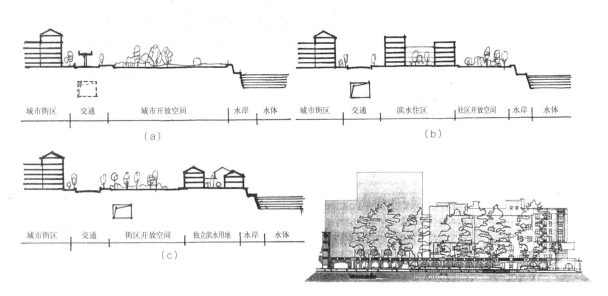

|城市街区|交通|城市开放空间|水岸|水体|
（a）

|城市街区|交通|滨水住区|社区开放空间|水岸|水体|
（b）

|城市街区|交通|街区开放空间|独立滨水用地|水岸|水体|
（c）

图 3-199 水岸空间的功能定位
（a）城市公共绿地；（b）居住区开放空间；（c）住栋专用院落

图 3-200 住栋远离水岸成为近岸城市公共绿地的背景

图 3-201 住栋临近水岸共享亲水活动场地（荷兰阿斯特丹滨水住宅群，由弯月形住栋矩形塔楼围合成亲水活动场地）

图 3-202 住栋紧邻水岸，建筑室内外空间融入水岸空间（英国伦敦湖滨住宅）

空间和景观效果，同样可获得群体院落的近水环境，有利于住栋亲水性的创造（图3-205）。

● 住栋建筑造型处理。建筑造型处理总是与其所处的空间环境相关联的，因而在滨水环境中，住栋造型处理应表现出亲水建筑的景观特色，也就是，其造型语言中应有与环境主题相对应的表达，住栋造型处理的重点一般应放在建筑形体和傍水立面的表现上。

① 建筑形体的滨水态势。建筑形体的外观轮廓是城市滨水景观总体形象的主要组成。建筑形体构成是由其内部空间布局与外部环境条件互动作用并相互适应而决定的。滨水环境中，住栋形体的构成应是居住空间适应亲水活动的布局与并滨水环境条件相关联的空间组合形态。住栋形体构成与滨水环境的关联性可称之为形体的滨水态势，它是对形体

图 3-203 垂直水岸布置住区道路形成景观视廊
（街道应可能通向水边，街道垂直于水面使远景的水面与
城市浑然一体，形成更多的视廊带）

图 3-204 利用水湾空间形成住栋群亲水院落空间
（较大的水面，城市可以依据地形条件增加更多的小港湾，以
形成更多拥有水体的小环境，有助于改善城市局部地区的小
气候，也更能反映城市的特色）

规划总平面

图 3-205 规划人工水系增强住栋亲水环境效果（南京秦淮河水岸住宅区"明月港湾"）

产生亲水性空间感受的视觉心理基础。形体的滨水态势的表现，主要是利用形体与水岸平、剖面关系中的各种视觉要素，激发人们视觉思维，使两者在空间形态上形成视觉张力来实现的（图3-206）。

②傍水立面的亲水意象。住栋傍水立面是滨水城市引人观赏游览的重要景观资源，它应作为滨水住栋立面设计的重点处理。傍水立面的造型宜充分表现其居住建筑独有的生活情趣和亲水性意象。从水面可以观赏到它动人的立面轮廓线、高低错落的亲水平台以及明亮的墙面色彩等构成的优雅的滨水景观。处于静水环境的傍水立面，对其倒影艺术效果的观赏也常是傍水立面亲水性意象表现的重要手段。学习运用适当的造型语言，掌握一定的艺术表现技巧，是做好傍水立面设计必备的设计能力。从立面的门窗形式、墙面材料与色彩、观景空间设施（阳台、露台及屋顶平台）到水岸亲水平台、码头及门廊等建筑细部的设计处理，皆是营造具有生活情趣性和亲水意象傍水立面的有机组成部分，应予以精心推敲（图3-207）。

● 室内观景空间配置。享受观赏优美水景的愉悦心境是滨水住栋室内空间特有的使用价值，也是滨水住区广受青睐的基本原因。因此，提供安逸舒适、视野开阔的观景空间，往往是滨水住栋室内空间布局中首要考虑和必须妥善解决的课题，也是创造住栋空间环境亲水性的主要手段。室内观景空间配置设计主要涉及居室朝向选择和公用空间利用等问题。

①居室空间布局的景向处理。滨水住栋的套型空间布局一般皆需考虑观景空间的妥善设置。观景空间一般宜与日常起居空间相结合，可置于室内或室外。在室内观景，则要求居室处于景观较佳且朝向也适宜的方位，并应有足够开阔的视野。此时，在套型空间布局中，则应统筹解决居室朝向与观景方向选择（简称景向选择）的矛盾。在室外观景，可设置阳台、露台及屋顶平台等开敞空间设施，由于室外观景空间具有相对开阔的视野，其设置方位较为灵活，对居室朝向的合理布局影响较小，但一般宜与起居空间相联系，以便日常起居活动能更多地接触户外优美的滨水景观环境（图3-208）。

②公用空间配置的观景功能。多层或高层集合住宅的楼栋内一般皆设置有若干公用空间，如可供全楼住户共享使用的活动交往空间，可供联系各户的交通疏散空间（楼梯、走廊、门厅及过厅等）等，这是人们进入住栋后会首先感受到的室内空间环境。因此，利用这些公用空间提供栋内观景活动的场所，将有利于增强住栋地处滨水环境而富有亲水情趣的空间感受。特别是利用栋内交通空间兼作公用观景空间使用，对提高住栋室内环境质量和空间艺术品位最为有效（图3-209）。

● 室外景观要素整合。城市景观是指城市空间环境在时间过程中对人的视觉和心理感受的综合审美效果。它是通过各项景观构成要素的整合来实现的。构成环境景观的四项基本要素是人、自然、建筑和环境设施。滨水住区室外环境景观的构成包括亲水活动项目、滨水用地环境、住栋建筑形态和滨水环境设施四

（a）　　　　　　　　　　　　　　（b）

图3-206 住栋形体的滨水态势（美国罗斯福岛台阶式住宅的亲水性形体）

（a）效果图；(b) 平面图

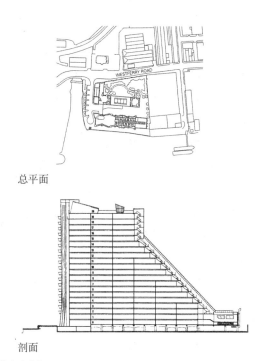

总平面

剖面

图 3-207 住栋傍水立面的亲水意象
（英国伦敦泰晤士河陡壁形住宅，立面色彩及观景阳台和台阶状屋顶观景平台表达亲水意象）

海景花园高层住宅标准层平面

标准层平面

图 3-208 临水住栋室内观景空间的配置（深圳海景花园高层住宅，各户起居室面向大海）

项基本要素。前三项要素与住栋亲水性设计的关系已于前文论述，有关室外环境设施要素的功能和设计要点仍需在此略加阐明。

室外环境设施可以认为是住栋亲水性空间由室内向室外延伸扩展的中介空间构件，因此它是滨水住栋亲水性设计中不可忽视的有机组成部分。环境设施在与其他环境景观要素协同营造室外空间场所时所发挥的功能作用总是综合性的。首先，它能以自身物质性的实用功能为活动提供使用、安全、便利、信息控制等服务。其次，可以其自身形态和空间布置形式表达室外活动场所的空间环境意象，传达和启示一定的场所意义和活动方式。再次，则是设施自身的外观造

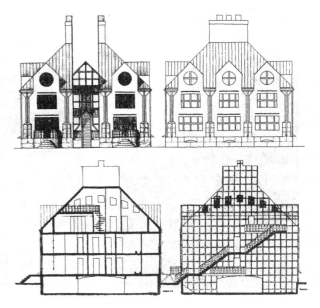

图 3-209 住栋公用空间的观景利用（德国柏林城市别墅，两栋共用交通空间可供观景共享，增进户间交往）

型可以发挥衬托和美化环境，渲染环境氛围的作用。同理，滨水环境下，室外环境设施的主要功能应包括提供亲水活动所需的环境支撑性服务，表达住栋室内外空间环境的亲水性意象，以及协同构成优美的滨水环境景观这三项基本内容，其综合性的功能特性反映着环境设施与其他景观构成要素间相辅相成的有机联系。因此，无论是整体配置还是单项设计，环境设施皆应充分考虑其功能作用综合性的要求，以有利于环境设施与其他景观构成要素间的良好整合，协同实现住栋亲水性设计的整体目标。

室外环境设施包含的内容十分庞杂，其研究的视角不同也使分类方法不尽相同。在此，从满足住栋亲水性要求的方式及其与水岸的空间关系来考虑，室外环境设施可大致分属三类：住栋观景设施、场所意象设施、水岸利用设施。

①住栋观景设施。住户专用的从住栋室内外观赏水景的附属建筑设施，包括观景阳台、露台、屋顶平台和类似空间设施。其设置的方位，应考虑能获得理想的视线和视野，设施的尺度和形式应满足住户观景活动的方式和舒适性要求，其设施的外观造型也宜具有与住栋造型相匹配的可观赏性（图3-210）。

②场所意象设施。这是滨水住栋室外按不同专业功用配置的具有表达环境空间概念和场所意象作用的各类环境设施。空间概念是指空间的定位、关联、领域、权属、层次、构成和形态等含义；场所意象是指场地空间的活动意义、方式、场景和氛围等的视觉感受。这类设施内容广泛，可包括道路及附属设施，场地与界面铺装，空间界定与导向设施以及场地活动器具和标志等。这类设施既具技术性功能又具有视觉性功能，是表现住栋滨水环境特征和亲水性格必不可少的景观要素（图3-211）。

③水岸利用设施。直接利用水岸空间开展各种亲水活动，如水旁休憩、观景留影、嬉水习水、驾舟漂游等，是滨水住栋特具的环境魅力。为提供可开展各类亲水活动的环境条件，一般皆宜对水岸空间进行一定修整，配置相应的水岸利用设施，其中可包括置景利用和功能利用两类设施。置景利用设施用于分隔或连接水面与水岸，丰富水岸景观，如廊、桥、亭、榭等临水小筑；功能利用设施用于开展水上活动，增添亲水情趣，如码头、船坞、亲水平台和驳岸等建、构筑物。这类设施对水岸空间景观特色和住栋亲水性格的表现皆有重要作用（图3-212）。

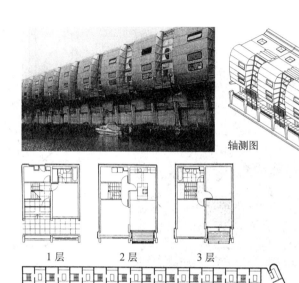

轴测图

1层   2层   3层

标准层平面

(a)   (b)

图 3-210 住栋室内外观景设施
（a）英国伦敦泰晤士河陡壁住宅（利用台阶形屋面观景平台）；
（b）英国伦敦某超市附属住宅（面水船体形立面，利用底层敞廊与楼层阳台观景）

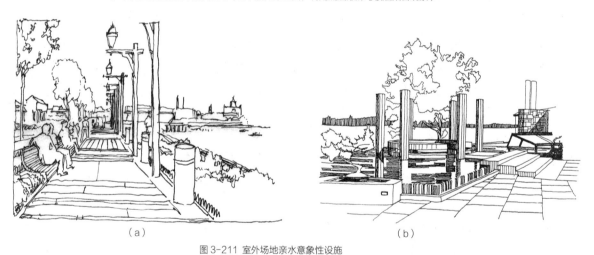

(a)   (b)

图 3-211 室外场地亲水意象性设施
（a）路灯、座椅、绿化、堤岸等对水岸空间的限定；（b）（美）某湖滨别墅，由六根洁白立柱构成水榭与湖面波光相映生辉

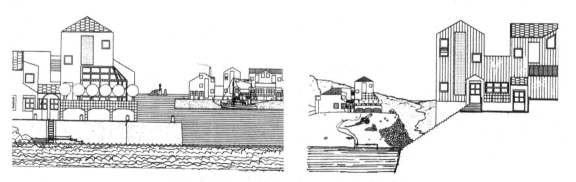

图 3-212 水岸亲水活动设施（台阶、驳岸、嬉水驾舟、亲水平台等）

第4章 Apartment Building Design
公寓建筑设计

适应现代社会生产方式和生活方式的发展变化，人们的定居生活不仅需要适合于家庭居住的住宅建筑，也需要大量可供非家庭住户（或称集体户）居住的公寓建筑（惯称公共宿舍建筑）。公寓建筑有着不同于住宅建筑的功能组成和空间形式并具有自身的设计特点。同时，公寓建筑的住户因多半是特定社会机构或集团的群体，他们在工作、学习和生活起居上都具有许多群体性的共同需求，成为公寓建筑的基本设计依据和目标。然而，不同的社会群体又具有不同的居住行为特性和不同的服务需求，形成了公寓类型性的特征。因而，供各类行政机关、科研单位、大中专院校等不同住户群体使用的专用型公寓建筑存在着各自不同的设计特点，为此本章首先将在前三节讲述公寓建筑共同的基本设计原理和方法，然后在后三节简述主要公寓类型的设计特点。

4.1 公寓建筑的概念及类型

4.1.1 公寓建筑的概念

公寓建筑与公共宿舍一样，都是为非家庭型住户提供居所的集体性居住建筑类型。尽管它们在空间形式上基本相同，但在设计的内涵上仍存在着不少差别。

1）供求关系的差异

公共宿舍是计划经济体制下的产物，是"单位制"社会结构下，"单位"内部公共使用的居住设施。公共宿舍的建设皆由国家统一计划拨款包干，单位内成员住宿实行统一分配、免费供给。宿舍建筑标准也由国家统一制定，差别很小。然而，公寓建筑则是市场经济体制下的产物，建设费用来自多种渠道，主要依靠社会集资。入户居住已不再免费，而变成了交费租用。因而其建筑设计标准不但需适应入住对象的生活方式和功能需求，而且还必须适应住户群的社会经济生活水平及多层次消费结构的需要。从当前我国经济体制改革的总体情况来看，过去意义上的公共宿舍基本上已不存在。

2）建设标准的差异

在计划经济条件下，以往公共宿舍受供给制分配方式的局限，居住标准普遍偏低，如学生宿舍人均建筑面积仅在 4 ～ 6m² 左右，教职工宿舍人均建筑面积标准也大致相同。宿舍内居室大多 4 人以上合住，空间狭小，公用空间缺乏。当今公寓建筑标准大大提高，按最新国家标准《宿舍建筑设计规范》JGJ 36-2016 规定，居室建筑标准可按入住对象分为五类，人均居住面积标准为 3 ～ 16m²，有了较大的选择空间，见表 4-1。

居室类型及相关指标   表4-1

类型		1 类	2 类	3 类	4 类	5 类
每室居住人数（人）		1	2	3～4	6	≥8
人均使用面积（m²/ 人）	单层床、高架床	16	8	6	—	—
	双层床				5	4
贮藏空间		立柜、壁柜、吊柜、书架				

3）建筑配套设施的差异

以往低标准免费供给的公共宿舍,限于国家财力,其建筑配套设施一般十分简单。居室内除了床位与简单的桌椅家具外，很难再增添其他个人生活器具，贮物空间也极其有限。宿舍楼内，每层除了简陋的公共卫生间与盥洗室外也很少有公共活动用房。当今的公寓建筑，其建筑配套设施已可按需设置，以满足不同住户群体的实际需要和不同消费水平的需求。按照现行国家规范，居室内可配置充足的贮物空间，可提供个人照明、个人计算机和有线电视的使用装置；楼层内公用设施，除卫生间和盥洗室外，还可根据住户需要和经济条件设置洗衣房、小卖部、会客室、阅览室、文体活动室和餐厅等生活服务和社交活动用房。住户自用交通车辆的存放问题，也普遍纳入建筑设计要求。

上述差异自然反映在建筑空间的构成和建筑形式的变化上，使公寓建筑逐渐脱离传统公共宿舍刻板僵化的空间模式，并随着社会经济的变革和新的社会群体对居住空间产生的新需求，不断丰富与改变着自身的建筑功能与形象。根据当前我国公共宿舍已普遍实行社会化与市场化管理的实际情况，本书拟以"公寓建筑"替代"宿舍建筑"的习惯称谓，用以表明同类建筑在社会经济体制变革进程中建筑设计理念的演变。

4.1.2   公寓建筑的类型

公寓建筑常因入住对象、管理模式和楼栋空间形态的不同而采取不同的建筑标准和服务功能，因

而也可依此对公寓建筑作不同的分类。

1）按入住对象分类

根据公寓入住对象的年龄差别，常设有青年公寓、老年公寓等类型，通常最普遍的是以居住者的社会或职业身份设立的学生公寓、教员公寓、海员公寓和各行业职工公寓等。不同的居住者具有不同的生活方式，可对公寓建筑的功能组成、空间形态和管理模式提出不同的要求，群体性的要求可以形成建筑类型性的设计特点。按主要住户群体及其居住行为的特性分类，供特定社会机构或集团专用的公寓建筑大致可分为四种类型: 老年公寓、学生公寓、员工公寓和商务公寓。

（1）老年公寓

是老年居住建筑中最常见的类型，是专为 60 岁以上身体健康的老年群体提供长期或定期居住及综合性生活服务的居住建筑设施。

（2）学生公寓

是专为大中专各类学校的在校学生提供寄宿服务的建筑设施。

（3）员工公寓

是各行政机构、管理部门或企事业单位专为驻地单身员工（包括各级"白领"职员和各业"蓝领"职工）提供居住服务的建筑设施。

（4）商务公寓

是专为商贸流通活动所需驻外业务人员提供居住与办公服务的综合性城市建筑设施。

2）按管理模式分类

公寓楼日常管理模式可分为自助管理、委托管理和旅馆式管理三种不同的模式。自助管理模式主要依靠住户自治组织进行管理，一般适用于公共活动空间较少的、服务功能简单的公寓楼栋；规模较大或对社会化服务要求较高的公寓楼或楼群，常委托专门物业管理机构提供相应的管理服务；对生活服务质量要求更高的高级公寓，则可采取旅馆式（或酒店式）的管

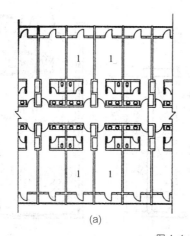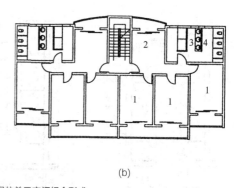

(a)　　　　　　　　　　　　　　　　(b)

图 4-1　居住单元空间组合形式

（a）单居室组合单元；（b）多居室组合单元

1- 卧室；2- 起居室；3- 盥洗室；4- 厕所

理模式，楼内可附设多种公用服务设施和充足的公共活动与交往空间。管理模式的不同选择对公寓楼内的空间布局和建筑形式有着重要影响。

3）按楼栋建筑空间形态分类

公寓建筑类型同样可按其建筑高度分为低层、多层、中高层和高层公寓，适用于不同的城市地段环境和不同的建筑质量标准。同时，还可按楼栋空间组合形态分为通廊式和单元式两大类，通廊式公寓有利于提高社会化管理水平和综合效益。另外，也可按平面几何形态的特点分为多种形式类别。无论采用何种建筑形态，创造适宜的室内外居住环境、优化建筑的技术经济效益和环境效益，始终应是设计考虑的核心。

4.2　公寓居住单元设计

4.2.1　居住单元的概念和空间组成

1）居住单元的概念

可供居住者租赁使用的，具备配套生活设施的独立居住空间单位可称为居住单元，因而入住者的日常基本生活起居行为一般皆可在居住单元内完成，其配套空间组成至少应包括居室（起居、睡眠）、卫生间（便溺、洗浴）和可按需设置的厨房。

2）居住单元的空间组合形式

居住单元内居室空间可为单间，也可为多间成组配置，因此居住单元的空间组合形式基本上分为单居室独立配套和多居室成组配套两种形式。单居室单元的居室空间可为单床间、双床间或多床间，其起居空间和睡眠空间往往同处一室或稍作空间区划，使用方式较为灵活，适用于各类社会群体、多层次消费水平的住户使用。多居室单元一般居室功能仅为寝卧休息之用，单元内集中配置公用起居厅（室）、公用卫生间和公用小厨房等配套生活空间，可形成家庭式的居住空间，适用于同类社会群体、同等消费水平的住户使用（图 4-1）。

4.2.2　居住单元设计基本原则

1）适应住户不同生活方式对空间功能组成的要求

各类住户的生活方式存在很多差异，对居住空

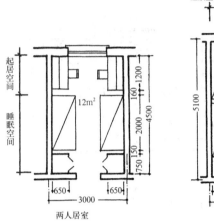

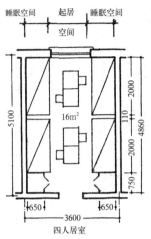

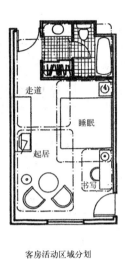

图 4-2　居室空间功能区划（睡眠与起居空间）

间的核心功能要求自然各有侧重，如学生公寓的居住单元空间形式以创造良好学习环境、丰富校园生活为主要功能目标，各类职工公寓则以方便职工睡眠休息和丰富业余生活为主要目标。然而，老年公寓则还应符合老年人身心特点和退休生活方式采用相应的居住单元组合形式。

2）适应居住者不同经济能力对建筑标准的选择要求

社会各阶层、各年龄段群体的经济支付能力存在很大的差异，可供租赁使用的居住单元的建筑设计标准应为居住者根据自身经济能力选择提供可能，因而在同一公寓建筑内也宜为居住者提供采用不同建筑标准的居住单元，以便住户自主选择。

3）适应不同物业管理模式和服务功能对单元空间组合形式的选择

采用集中管理模式的大型高级公寓，一般倾向于选择通廊式空间组合形式，以方便管理，提高服务质量和效益，相应居住单元空间组合形式的选择也将适应通廊式总体空间布局的需要。相反，采用自助式管理的普通公寓，对楼栋空间形式的约束较

少，居住单元空间组合形式也较随意。

4.2.3　居住单元内组成空间设计

1）居室设计

（1）室使用面积和空间尺度应根据居住对象、居住人数和生活要求采用适宜的标准。

考虑到学校的学生、教师和企业科技人员在居室内除睡眠休息外，还要学习工作，要求居室环境卫生、安静和减少相互干扰，因而居室面积标准相对提高。其中博士研究生、教师和企业科技人员可按表 4-1 中 1 类居住标准采用单人间，人均使用面积可高于 16m²。高等院校硕士研究生可按 2 类居室标准，本科生可按 3 类标准。然而，中等院校的学生和企事业单位职工，因集体活动相对较多，居室功能多半以睡眠休息和其他居住行为为主，因此宜采用标准较低的 4 类居室。

（2）居室空间主要应包括睡眠休息和起居活动两部分，睡眠休息与起居活动也可同处一个通敞空间，或仅作适当区划，或可适当分隔（图 4-2）。

（3）居室内床位布置应满足方便室内活动和互不干扰的最小空间尺寸：

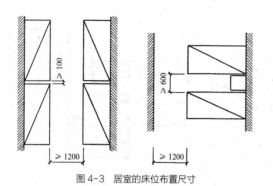

图 4-3　居室的床位布置尺寸

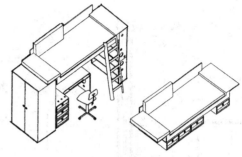

图 4-4　学生公寓高架床组合家具

- 两个单人床长边的间距应不小于 0.60m；
- 两床床头间距应不小于 0.10m；
- 两排床之间或床头与墙面之间的走道宽度应不小于 1.20m（图 4-3）。

高架床是近年广泛用于学生公寓的组合家具，其上层用于睡觉，下层可用于学习工作等起居活动。个人生活空间范围分明、便于自助管理，值得推广（图 4-4）。

（4）居室内除应设有足够的桌椅家具外，还应配置便于贮存衣物的贮藏空间。

随着社会生活水平的提高，个人生活用品越来越多，每人净贮藏空间不宜小于 0.5m³，严寒或寒冷地区和夏热冬冷地区还应适当增加，贮藏空间的最小尺度应能满足存放衣物和箱子的需要：净深应不小于 0.55m；设固定箱架时，每格净空宽度应不小于 0.80m，深度应不小于 0.60m，高度应不小于 0.45m；书架尺寸净深应不小于 0.25m，每格净高应不小于 0.35m。

（5）居室应有良好的朝向，满足相应的冬季最低日照标准。居室不应布置在地下室，也不宜布置在半地下室。若条件所限需设在半地下室时，应对居室采光、通风、防潮、排水及安全防护采取可靠措施。

（6）居室采用单层床时，层高应不小于 2.80m，

在采用双层床或高架床时，层高应不小于 3.60m。

2）起居厅（室）设计

居住单元内的起居空间根据建筑标准和居住者特点一般可采取两种不同的布局形式：单居室独用起居厅（室）和多居室共用起居厅（室）。

（1）单居室独用起居厅（室）

在单居室居住单元中，居室使用面积标准较低时，起居空间一般难以独立成室，而采取适当的空间功能区划，形成居室中相对确定的起居活动区。当居室使用面积标准较高，居住人数较少时，宜将睡眠空间与起居空间作适当分隔，形成独立的起居空间，以更方便开展多种个体活动，丰富起居生活内容（包括会客、用餐、休闲娱乐或工作学习等），同时也有利于维护睡眠空间私密、安静和清洁的环境条件。睡眠空间与起居空间的分隔可采用完整隔断墙形成独立的起居厅（室），也可采用灵活隔断设施（屏风、家具、推拉门等）形成与居室空间流通的半独立起居厅（室）（图 4-5）。此类起居厅（室）的布置多见于青年公寓、老年公寓、教师公寓和商务公寓等标准较高的公寓建筑。

（2）多居室共用起居厅（室）

在多居室居住单元中，一般应设置共用的起居厅（室）以促进室际交往和开展多种集体起居活动。

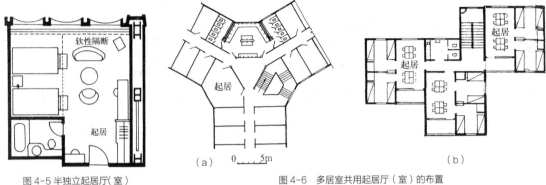

图 4-5 半独立起居厅（室）

图 4-6 多居室共用起居厅（室）的布置
（a）北京某大学学生宿舍；（b）南京某大学学生宿舍

特别是当居室使用面积标准较低时，可将各居室分散的起居空间集中起来，形成空间较大的起居厅，用以满足丰富起居生活和多功能使用的需要。一般较多用于学生公寓、老年公寓等供同类居住群体使用的公寓建筑，其居住者具有较多的相似的生活要求、作息节奏和情趣爱好，易于形成和谐融洽的生活集体（图 4-6）。

3）卫生间设计

卫生间配置方式与居住单元空间组合形式相协调，可采用单居室独用卫生间或居室组共用卫生间两种方式。

（1）单居室独用卫生间

一般附设于各居室相邻空间，可供 1～4 人使用，卫生条件较好，类似旅馆客房的配套卫生间。卫生间内只设坐（蹲）便器和盥洗盆时，其使用面积应不小于 2m^2；同时设有淋浴设备或设 2 个坐（蹲）便器时，其使用面积应不小于 3.50m^2，并且宜在厕位与淋浴位之间设置隔断，以便同时使用。附设独用卫生间的配置方位与居室平面的关系常见如下三种形式（图 4-7）：

● 设于居室入口走廊一侧。其优点是有利于隔绝走廊内行走噪声，减轻夜间走廊干扰声，但当走廊采用中廊时，其自然采光、通风条件不良，影响室内环境质量，增加能源消费（图 4-7a）。

● 设于居室外墙一侧形成凹阳台。其优点是有利于卫生间自然采光、通风，但也往往由此产生居室自然采光面积不足的问题，对日照条件较差的南方多雨地区，室内采光问题尤为显著（图 4-7b）。

● 设于两居室之间集中配置。其优点是两个独用卫生间拼合成设备空间单元，有利于设备管道集中布置，也有利于室内自然采光与通风，尤其南方炎热地区采用单面走廊布局形式时，更有利于组织穿堂风，防暑降温。但因卫生间直接由居室开门，对室内家具布置方式有较大的影响（图 4-7c）。

（2）居室组共用卫生间

● 在多居室居住单元中，卫生间为各居室共用，共用卫生间一般由厕所与盥洗室两部分组成，其平面位置应适中，与最远居室的距离不应大于 25m。居室与卫生间距离过大，对居住者特别是在冬季夜间使用极不方便，同时也给走廊沿途的其他居室带来较大的干扰。此外，共用卫生间和盥洗室的门不宜与居室门相对布置，以避免视线干扰，方便使用，也有利于改善相邻居室的环境条件。

● 共用卫生间的卫生设备数量，应根据居住单元的居住者使用人数确定。设备配置项目和数量应不低于国家标准规定的数量（表 4-2）。

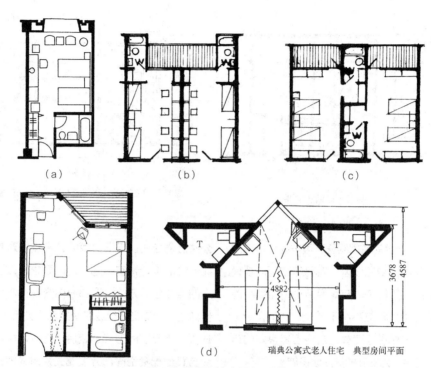

图 4-7 独用卫生间与居室平面关系

（a）在居室内侧；（b）在居室外侧；（c）在两居室之间；（d）在居室外侧的实例

共用厕所、盥洗室内洁具数量   表 4-2

项目	设备种类	卫生设备数量
男厕	大便器	8 人以下设一个，超过 8 人时，每增 15 人或不足 15 人增设一个
	小便器	每 15 人或不足 15 人设一个
	小便槽	每 15 人或不足 15 人设 0.7m
	洗手盆	与盥洗室分设的厕所至少设一个
	污水池	公用卫生间或盥洗室设一个
女厕	大便器	5 人以下设一个；超过 5 人时，每增加 6 人或不足 6 人增设一个
	洗手盆	与盥洗室分设的卫生间至少设一个
	污水池	公用卫生间或盥洗室设一个
盥洗室（男、女）	洗手盆或盥洗槽龙头	5 人以下设一个；超过 5 人时，每增加 10 人或不足 10 人增设一个

4）厨房设计

（1）居住单元是否需要设置厨房，应视居住者实际生活方式和服务环境而定。一般供青年教师、公务人员、科技人员等"白领工作"人员居住的公寓内皆应设置提供餐饮服务的配套设施，或在公寓区附近有相应的城市餐饮服务网点可利用，否则应在公寓的居住单元空间组成中考虑厨房的设置。当然，在具有公共餐饮服务的情况下，为了便于居住者自助调配饮食，改善生活，也可按需设置简单的炉灶和烹调器具（图 4-8）。

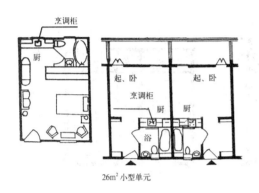

26m² 小型单元

图 4-8 居室附设简易烹调柜

标准双人公寓套房平面

图 4-9 居住单元内厨房平面位置（与起居厅相邻）

（2）单居室配套的独用厨房，可按住户日常炊事活动的实际使用人数和频率决定厨房空间的规模和设备。居室组共用厨房，应满足最小使用面积的要求，一般其使用面积应不小于 6m²。此外，厨房在使用过程中会产生有害气体，应保证其良好的自然采光和通风条件，并安装抽排油烟设施。

（3）厨房的平面位置宜与居住单元内的起居空间邻接布置，以便于起居空间兼作餐厅（室）或聚会活动等多功能使用（图 4-9）。

4.3 公寓楼栋设计

4.3.1 楼栋空间组成和基本设计要求

1）楼栋空间组成

公寓楼栋是由居住单元空间与其功能支撑系统有机结合形成的统一体。独立运营使用的公寓楼栋空间组成一般应包括居住单元空间、公共活动空间、生活辅助空间和交通联系空间四个部分。其中，居住单元可以由单居室与配套生活设施组成，也可由居室组与配套生活设施组成；公共活动空间可包括会客接待室、阅览室、文体活动室、公用厨房、开水房、公用厕所与浴室，以及晾晒与存车空间等；交通联系空间可包括门厅、过厅、走廊和楼电梯间等楼内公共流通空间。不同类型的公寓楼栋对其空间各组成部分的设计皆有一些特定的要求，以适应不同住户的居住生活方式。这部分内容将在本章后三节再作详述。楼栋主要组成空间的功能关系如图 4-10。在居住单元空间形式确定后，将一定数量的居住单元与其他配套空间部分按此关系组成楼栋整体，即是楼栋设计的基本任务。

2）楼栋设计基本要求

（1）楼栋建筑用地宜选择有日照条件，通风良好，有利排水，避免噪声和各种污染影响的场地，并宜邻近小型活动场地，集中绿地。用地内应设置自行车存放处和机动车停车位。

（2）建筑用地宜接近工作或学习地点，并靠近方便生活的公共服务设施，其利用服务半径一般不宜超过 250m（约 3min 步行距离），否则楼栋内或楼栋群组内应配置相应生活服务设施。

（3）用地内建筑布置与相邻建筑间距，应满足国家标准有关防火及日照的要求，且应符合当地城市规划的相关规定。

（4）楼栋空间布局应确保半数以上的居室能有良好朝向，并能满足相应的日照标准。炎热地区应尽可能避免朝西向布置居室，若不可避免时应采取有效遮阳措施。严寒地区为避免无日照的北向居室，可酌情采取东西向布置，以争取全部居室都能获得日照。

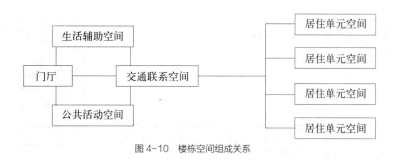

图 4-10　楼栋空间组成关系

（5）因地下室环境一般都较潮湿，且通风、采光条件差，故居室不应设在地下室，也不宜设在半地下室。若特殊情况所限，只能将居室设在半地下室时，则应对采光、通风、防潮、排水及安全防护采取有效措施。

（6）楼内首层应至少设置一间符合无障碍要求的居室和配套卫生间，以便于乘坐轮椅者使用。也可在楼栋群组内集中设置无障碍居室。

4.3.2　楼栋空间组合基本类型及特点

公寓楼栋空间组合形式基本可分为通廊式和单元式两大类型。通廊式又可按其走廊连接居住单元的数量分为长廊式与短廊式，按其走廊在平面中的位置分为外廊式或内廊式等不同形式。由于楼栋内交通联系空间的不同变化，给各类楼栋空间组合形式带来了各自的特点。

1）通廊式公寓

楼栋内交通联系空间形成统一的整体系统，楼栋安全疏散设计应按楼栋整体统一考虑。一般认为，当公共走廊服务两侧或一侧居室，其走廊长度大于 5 间居室者可称为长廊式，小于或等于 5 间居室者则可称为短廊式。

（1）长廊式公寓特点

● 长内廊式公寓。这是最常使用的传统性公寓形式，其优点是建筑平面紧凑，走廊利用率高。由于建筑进深大，适宜用于高层公寓，其抗风、抗震性

能好，并有利于节约用地，降低造价；用于北方采暖地区时，有利于节约建筑能耗。其缺点是楼内使用干扰大，内廊采光通风不良；北向居室缺少日照，通风、卫生条件较差，冬季室内温度偏低，舒适度难以保证（图 4-11）。

● 长外廊式公寓。因居住单元沿走廊单边布置，楼道内使用干扰大为降低，走廊环境条件也大为改善。走廊可采用南廊或北廊，南向走廊通风好，夏季可遮阳并可供晾晒衣物和作为寒冷季节的室外活动场所，同时也丰富了建筑立面造型；北向走廊多采用封闭走廊，可提高楼内冬季保温性能。与其上述优点相伴的缺点是建筑平面欠紧凑，楼内行走路线较长，建筑体形系数增大，不利于节约能耗，也不利于节约建设用地，建筑造价相应提高（图 4-12）。

● 内廊与外廊混合式公寓。根据用地环境和使用要求，可灵活采用内廊与外廊相结合的楼栋空间组合形式，从而使设计兼有两种形式的特点，以利达到两者优缺点互补的目的（图 4-13）。

（2）短廊式公寓特点

为避免长走廊带来的弊端，采取以一条袋形走廊服务 6 ~ 10 个居室，并共用一组厕浴盥洗设施和楼电梯交通空间的楼层空间组合方式，通常称为短廊式公寓。其中短内廊尤为常见，如日本自治医科大学学生宿舍（图 4-14），其短走廊居住单元由 8 间居室、一部楼梯和卫生间组成，其卫生间服务于两个单元，同时借以连通楼层各单元，中心穿堂即可作为单元内公共活动空间。又如我国清华大学新

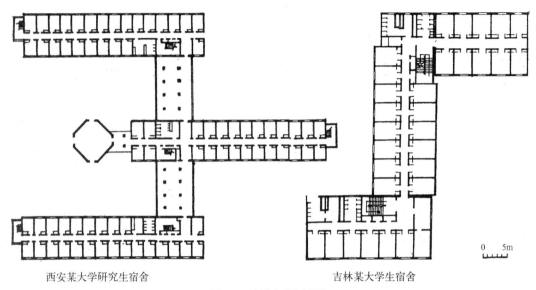

西安某大学研究生宿舍   吉林某大学生宿舍

图 4-11 长内廊式公寓平面

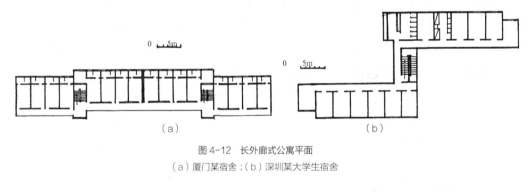

（a）   （b）

图 4-12 长外廊式公寓平面

（a）厦门某宿舍；（b）深圳某大学生宿舍

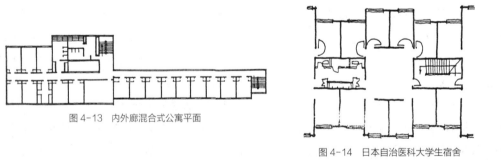

图 4-13 内外廊混合式公寓平面

图 4-14 日本自治医科大学生宿舍

建的紫荆学生公寓，以 10 间居室作为一个居住单元，以短内廊相连。每个单元皆拥有专用的厕浴盥洗室和楼梯间，学生的一般生活起居行为皆可在单元空间内完成（图 4-15）。

短廊式公寓改善了长廊式公寓走廊采光通风差，

厕浴盥洗室使用人数过分集中，相互干扰较大的缺点。但是，由于建筑形体较分散，一般不利于节约用地，同时因楼栋辅助空间增加，建筑造价也相应提高。其楼层平面组合中，宜将居室成组集中布置，并把产生较大干扰的厕、浴、盥洗室等辅助空间与

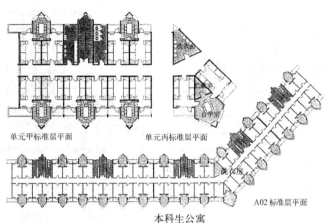

单元甲标准层平面　　　　　单元丙标准层平面

紫荆学生公寓外景　　　　　　　　　　　　　　本科生公寓

A02标准层平面

图4-15 清华大学紫荆学生公寓

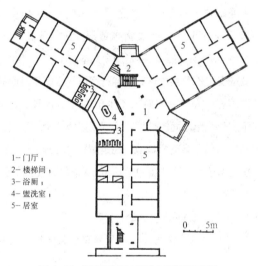

1-门厅；
2-楼梯间；
3-浴厕；
4-盥洗室；
5-居室

0　　　5m

图4-16 短廊式公寓内动静分区的平面设计

楼梯间也相对集中于一区设置，与居室区适当隔离可更好地解决动静空间分区，避免相互干扰的问题（图4-16）。

2）单元式公寓

单元式公寓皆以楼、电梯交通枢纽为核心，联系2~8套居住单元组成一个楼层单元（图4-17）。单元式公寓的优点是：

（1）能大幅改善居住卫生条件。因单元内共用厕浴与盥洗室人数减少，较便于打扫和维护室内环境卫生，有利于减少疾病传染的机会。

（2）有利于保护居室环境的安静，创造良好的学习、工作和休息环境，满足个人私密性活动的要求。

（3）单元内各居室共享一套起居活动用房，有利于创造具有家庭式氛围的居住环境，可增强入住者的社会归属感，促进人际关系和谐融洽。

（4）平面布局紧凑，有利于节约室内交通面积，提高建筑面积利用率。

（5）由于单元式楼栋平面拼接灵活自由，单元平面形式多样，平面尺度较小，较适用于地形复杂或用地平面形态不规则的建设基地环境。

单元式公寓与通廊式公寓相比，其缺点是室内卫生设备配置数量相对增加，造价明显提高。

3）其他楼栋组合类型

由于公寓建筑的租用者不仅有传统意义上的非家庭住户（或集体户），而且还常有已婚者流动性居住的家庭住户。现代社会中，人们婚姻观念的变化和工作、学习岗位流动性的增加，使流动性家庭大量增加，对公寓建筑的空间形式提出了新的需求。居住标准较高，与各类住宅套型空间相似的居住单元也已被广泛用于公寓建筑中，形成了新型的住宅式公寓，其套型空间组合形式更为多样。每套公寓居住单元可根据需要设定居室的数量、起居空间的

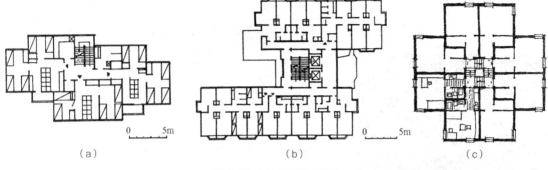

（a）   （b）   （c）

图4-17　单元式公寓楼层平面

使用方式和辅助空间的服务功能，形成家庭式的合住空间模式。

4.3.3　交通空间和安全疏散设计

公寓楼栋内交通联系空间包括门厅、走廊、过厅和楼电梯间，既是住户安全疏散的通道，又是住户间日常社交行为发生的场所。因此，良好的交通空间设计应充分体现其通达与交往的双重功能的有机结合。

1）门厅

它是公寓建筑人流出入的总枢纽，其位置应设在对外交通方便，对内与各住户联系距离适中的位置。在门厅相邻空间应设有管理室，负责楼内治安管理和公用服务设施管理。门厅既是人流出入集中的空间，也应成为住户间信息交流的中心场所。行政管理部门也可利用门厅发布相关信息和开展宣传教育活动，因此要求门厅设计应注重空间布局完整，光线充足，并宜留有大片墙面，以便设置布告栏，开辟宣传教育园地，楼栋主楼梯和电梯厅也应布置在主要门厅的显著部位（图4-18）。

2）走廊及过厅

走廊（包括外廊或内廊）作为交通联系空间，其室内采光通风条件的好坏，直接影响公寓整体居住环境的质量。特别是采用内走廊时，应注意改善其空间环境，宜在走廊端部或拐角处设置可直接采光通风的外窗，或在长廊中段设置凹天井并开设外窗。

通廊式公寓走道的净宽度，当单面布置居室时不应小于1.60m，当双面布置居室时，不应小于2.20m；单元式公寓公共走道净宽不应小于1.40m。并应按安全疏散要求核算其通行宽度：走廊总宽度应按楼层居住人数每100人不小于1.00m计算。走廊内不宜有凸出墙面的壁柱或墙垛，以免墙面装修易遭碰击损坏和影响安全疏散。在走廊转角或分岔处一般皆宜设置过厅以形成缓冲空间，确保紧急疏散的安全。

3）楼梯、电梯和安全出口

公寓建筑既属居住建筑又具有公共建筑人员密集、人流交通量大和使用时间集中的特点，因此它的安全疏散要求不同于住宅建筑，也不同于一般公共建筑，尤其反映在楼电梯和安全出口的设计要求上。

（1）疏散楼梯间布置

主要楼梯的位置，一般应与门厅相邻或结合布置，次要楼梯可置于楼栋两端、拐角或中部连接体内，以尽量减少对邻近居室的干扰。由于公寓楼梯间使用人流较为集中，其安全性要求更应予重视。为便于使用和有利于安全疏散，楼梯间应有直接采光和通风，平面位置应靠外墙布置。

（2）楼梯间的设置应符合现行国家标准有关建筑设计防火规范的要求

• 公寓安全出口不应少于两个，但9层及9层

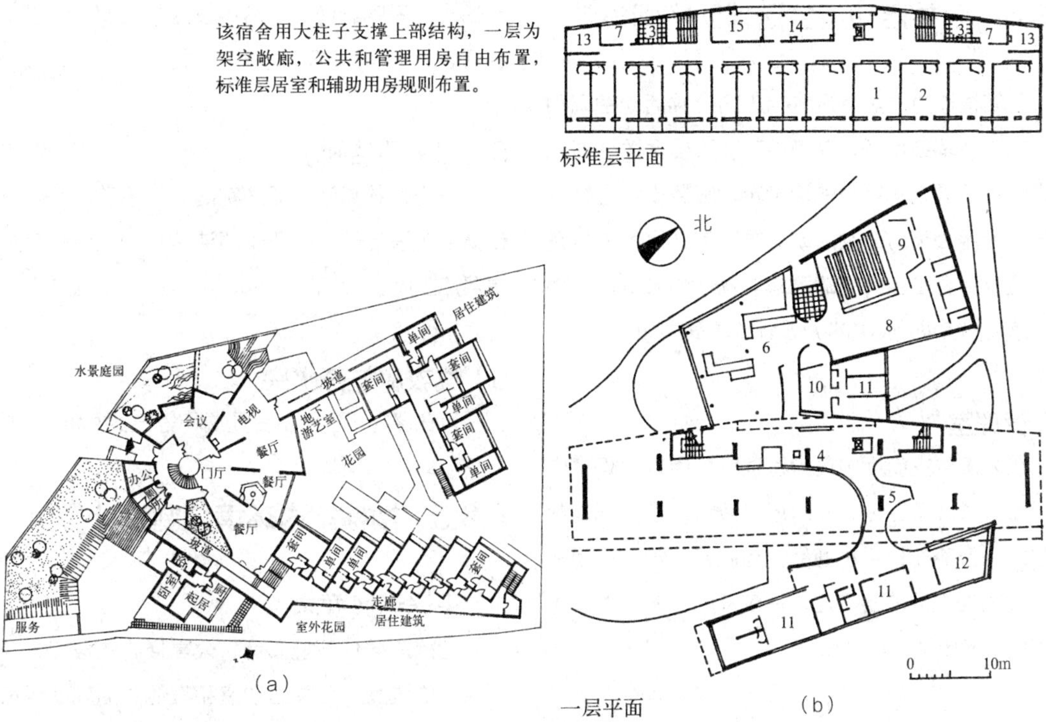
该宿舍用大柱子支撑上部结构，一层为架空敞廊，公共和管理用房自由布置，标准层居室和辅助用房规则布置。
标准层平面
北
一层平面
0
10m
水景庭园
会议
电视
餐厅
门厅
办公
坡道
地下游乐室
花园
单间
套间
居住建筑
服务
室外花园
走廊
卧室
起居
(a)
(b)

图 4-18　楼栋主门厅平面布置

（a）法国巴黎某老年公寓门厅布置；（b）法国巴黎大学巴西学生宿舍门厅布置

1- 单人居室；2- 双人居室；3- 厕所；4- 门厅；5- 接待室；6- 休息厅；7- 厨房；8- 活动室；9- 会议室；10- 餐厅；11- 管理室；12- 阅览室；13- 音乐室；14- 学习室；15- 工作室

以下且每层建筑面积不超过 300m^2，每层居住人数不超过 30 人的单元式公寓可设一个楼梯间。

● 通廊式公寓和单元式公寓楼梯的设置与楼栋高度关系应符合下列规定：

① 7 ~ 11 层的通廊式公寓应设封闭楼梯间，12 层及 12 层以上的通廊式公寓应设防烟楼梯间。

② 12 ~ 18 层的单元式公寓应设封闭楼梯间，19 层及 19 层以上的应设防烟楼梯间，7 层及 7 层以上各单元的楼梯间均应通至屋顶，但 10 层以下的公寓楼在每层居室通向楼梯间的出入口处设有乙级防火门分隔时，则楼梯间可不通至屋顶。

● 楼梯安全构造应符合下列要求：

①楼梯间门、楼梯段及走廊总宽度应按通过人数每 100 人不少于 1.00m 计算，且梯段净宽不应少于 1.20m，楼梯休息平台宽度不应小于楼梯段宽度。

②楼梯踏步宽度不应小于 0.27m，踏步高度不应大于 0.165m，扶手高度不应小于 0.90m，楼梯水平段栏杆长度大于 0.5m 时，其扶手高度不应小于 1.05m。

③小学生公寓楼梯踏步宽度不应小于 0.26m，踏步高度不应大于 0.15m，楼梯扶手及楼梯井应采取防坠落措施。

● 关于电梯设置：6 层及 6 层以上公寓或居室最高入口层楼面距室外设计地面的高度大于 15m 时（即居室采用双层床的 6 层公寓顶层楼面高度）宜设置电梯。高度大于 18m 时，应设置电梯，并宜有一部电梯供担架平入。电梯厅设置位置宜与楼梯间和出入口门厅相结合。

● 由于公寓内人员密集，出入口人流集中，其安全出口以及门的设置应按照集中疏散的公共场所要求进行设计。安全出口不应设有门槛，门口净宽不应小于 1.40m。

4.3.4 公共活动与生活辅助空间设计

公寓楼栋内一般需设置相应的公共活动空间和必要的生活辅助用房，其使用功能可根据居住对象的实际生活需求和特点酌情确定。服务于特定社会群体的专用公寓对公共活动和生活辅助用房的设置要求通常会有各自特殊的考虑。就一般公寓楼栋而言，常设的辅助用房功能及设计要求简述如下：

1）管理室

在公寓楼主门厅内设置管理室，用以保障楼内安全和公共环境卫生，同时还可兼管来客登记、邮件收发以及兼作日用小商品代售服务。管理室用房面积应根据服务内容酌定，并应考虑安置管理人员值班使用的床位。

2）会客接待室

为方便楼内安全管理，大多公寓不允许来客直接进入居室，故应集中设置会客空间，公寓规模较大时可单独设置会客接待室，以便于居住者接待亲友等来访者。

3）公共活动室

公共活动空间是可用于居住者观看电视、阅览、棋牌和聚会交往等休闲活动的空间场所。公共活动室的设置有利于维护居室环境的相对安静，以减少不同居住行为间产生的相互干扰。特别是对于以睡眠休息为主，且有轮班工作制的工矿企业的职工公寓，设置公共活动室更为必要。公共活动室可在楼内集中设置或分区分层设置。活动室空间规模应方便开展多种活动和多功能使用，面积不宜小于 2 ~ 3 间居室的大小，并不应小于 30m²。

4）公共卫生间

公寓居住单元采用单居室附设独用卫生间时，公寓楼内宜每层另设公共厕所，以方便参与公共活动的居住者就近使用，其内设卫生器具（大、小便器及盥洗池等）均不宜少于 2 件。

5）卫生清洁间

采用公共厕浴、盥洗室的公寓建筑中，宜分层设置卫生清洁间，以便于清洁工打扫卫生和存放卫生清洁工具。

6）洗衣房与开水房

可在楼内分层独立设置或附设于公共盥洗室内。

4.3.5 楼栋室内环境控制设计

1）采光通风要求

为提高居住环境质量，公寓楼内的居室、公共厕浴、盥洗室、公共活动室和其他生活辅助用房皆应有良好的自然采光和通风条件，以保持室内空气洁净、光线明亮。自然采光标准应符合居住建筑采光的现行国家标准。居室通风外窗可开启通风的开口面积应不小于该居室地板面积的 1/20。在严寒地区，冬季难以开窗换气时，为有利于健康，应设置通风换气设施，如气窗、通风道、换气扇、通风器等，以改善冬季室内空气质量。

2）隔声防噪要求

居室不应与电梯和设备机房紧邻布置。居室与公共楼梯间、公共盥洗室等产生较大噪声的房间紧邻布置时，应采取隔声减振措施，其隔声量应达到国家相关规范的要求。

3）热环境质量要求

（1）为保证室内热环境质量，提高居室舒适度及节约采暖和空调能耗，应采取冬季保温和夏季隔热的有效措施：注重建筑最佳朝向的选择，争取向阳、避风和日照充足的方位，以有利于冬季保温；避免东西晒，合理组织自然通风，以利于夏季隔热防热；

选择高效的冬季保温和夏季隔热措施，达到国家有关建筑节能要求。

（2）严寒和寒冷地区建筑体形应简洁紧凑，平立面不宜出现过多形体凹凸或错落变化，应严格控制建筑体形系数。体形系数越大，越不利于建筑保温隔热。为有利于建筑保温，严寒地区不应设置开敞的楼梯间和外廊，同时楼栋出入口应设门斗或采取其他防风防寒保温措施。

小结

本章至此仅阐明了公寓建筑设计的基本原理与方法，然而决定公寓建筑功能组成和空间形式选择的根本依据还是住户群体对公寓居住环境提出的基本要求。因此，设计者除了要正确运用上述基本原理外，更重要的是还必须研究掌握各类住户群体在居住行为上的特点及其对建筑设计提出的相应要求和解决方法。结合设计实践需要，本章还将在下文分别概要讲述老年公寓、学生公寓和员工公寓三种主要公寓建筑类型的基本设计特点。

4.4 老年公寓设计

目前我国 60 岁以上老年人口已超过 2.3 亿（2016 年底统计），社会老龄化发展加速。为适应这种发展变化，适时应对老年群体对居住环境的特殊需求，必须逐步建立能适应人们全生命周期，方便生活和使用的居住建筑体系。我国已于2017 年颁布了《老年人居住建筑设计规范》GB/T 50340-2016。该标准根据我国国情并比照国际相关标准确立了我国老年居住建筑体系的组成，其中包括老年住宅、老年公寓、养老院、护理院及托老所等专为老年人设计建造并可供长期或定期居住的养老设施。老年人可以根据本人健康状况和意愿选择居家养老，或选择进住相应社会养老设施。我国传统的养老模式是以居家养老为主，设施养老为辅。当今，专供老年人使用的住宅在我国尚未形成商业性供应规模，然而因各种原因无法居家养老的老年人迫切需要社会提供帮助，因此，社会养老设施近年已在我国取得了很大的发展，国家也已将社会养老设施纳入城镇住区规划设计的规范，成为了城镇居住建筑体系的重要组成部分。社会养老设施中发展最为迅速的是老年公寓，它是专为能正常独立生活的老年人提供的公寓建筑类型，其居住功能较为简单，学习研究它的一般设计原则与方法，对掌握其他类型的老年人居住建筑设计具有典型的指导意义。

4.4.1 老年住户特点及基本功能要求

1）老年学相关概念

通常认为，人们年龄达到 60 岁后即表明已进入老年阶段，并且随着年龄的增长、人体生理机能逐渐衰退，健康状况也不断下降，随后个体生活起居活动的能力和医疗保健的需求程度也将逐年发生变化。随着年老体衰状况的发展，个人日常生活将会从完全自理变为日渐需要越来越多的帮助，同时生理机能将会从健康正常变得经常需要各种医疗护理。因此，在老年学中通常将健康状况与生活能力不同的老年人，按照他们需要提供帮助的程度和性质，分为自理老人、介助老人、介护老人等类别。身体健康、行动方便、具有独立生活能力的老年人称为自理老人；身体基本健康，但行动尚有不便，日常生活不能完全自理，需要一定程度帮助，如借助于器械或借助于护理人员帮助的老年人被称为介助老人；身体健康状况不佳，行动不便，不仅日常生活不能自理，而且还需要提供特别医疗护理维持生活的老年人，可称为介护老人。生活能力不同的老年人需要提供相应合适的居住环境和建筑服务功能，以帮助老年人提高生活质量。

2）入住对象及对设施功能的要求

老年公寓是专为身体基本健康并具有一般生活自理能力的老年人提供独立或半独立家居形式的老年居住建筑设施，也是服务功能较为简单的社会养老设施。实际使用情况表明，当前我国老年公寓接纳的老年住户主要是无子女或子女离家的空巢户中独居的老人或老年夫妇，或是因子女工作繁忙、生活紧张而无暇照顾的老人。他们希望入住后能获得必要的生活照料，增添生活的意义和乐趣，以排解孤独感，由此对公寓居住环境提出了如下基本的功能要求：

（1）公寓内应备有相对完整的配套服务设施，可按老年住户的需要提供必要的生活服务。公寓配套服务功能的设置，应以有利于维护与延长老年人生活自理能力为服务目标和功能限度，服务项目不宜完全包揽老人可以自行完成的日常生活起居活动和提供过度的照料。

（2）公寓居住环境应提供足够的室内外公共活动空间和设施，以便组织有意义的集体或个人兴趣活动，丰富生活内容，增添乐趣和怡养心情。活动项目设置应符合老年住户群体构成的情况（包括住户年龄、性别、职业背景等的构成特点），并应能提供多样化选择的可能。

（3）公寓内居住空间布局应有利于促进老年人之间的自由交往，有利于创造和谐、温馨、亲切的家庭式居住氛围，增进老年住户对公寓居住环境的归宿感。

4.4.2 基地环境选择与场地规划

1）基地环境要求

（1）老年公寓的基地环境应既有益于老年人的健康，又能方便日常生活和参与社会活动，因此，基地位置宜选择在洁净、开阔、安静、方便且有一定发展余地的地段。邻近城市公园或成片公共绿地的地段是基地选择的理想环境，因为空气新鲜、场

地干燥洁净、排水通畅、日照充足、远离污染的基地环境更有益于老年人进行必要的户外活动。

（2）老年住户日常大部分时间要在自己的居室内度过，因此也要求基地环境和总体规划确保老人居室能获得良好的朝向和开阔的视野。应确保主要居室在冬季获得足够的日照，冬至日满窗日照时数不宜少于2h。居室窗外能面向充满阳光的开阔绿地最为理想。

（3）为确保老年人获得安静的休息与睡眠环境，基地位置应尽可能避开车辆繁忙、交通噪声较大的城市干道，但同时还需考虑日常出行交通的方便。基地总体规划应考虑使用商店、邮局、银行和公共交通站点等城市公共设施的近便，以利于老年住户能更多地接触和参与社会生活。

（4）老年公寓建设用地应纳入城镇居住区规划。居住区中心区的边缘地段是老年公寓较理想的基地位置，它可与区中心的其他公共建筑设施规划相结合，特别宜与居住小区中青少年活动设施相结合，形成小区综合性的服务中心，同时也可形成居住区的主要建筑景观。

2）合理建筑规模的确定

老年公寓建筑规模的确定一般应考虑三个主要因素：

（1）应满足其所在服务区域的老年居民人口的实际需要。据统计，因种种原因需要入住老年公寓的老人约占老年人口总数的3%～4%，老年公寓配置宜与城市居住区规划结合，使老年住户的生活仍可不脱离原来熟悉的社区环境，并方便亲友探访和精神关照。

（2）应考虑适合公寓内形成健康和谐的家庭般居住氛围的要求。规模过大会使管理人员与住户关系疏远，住户间相互交往减少、感情淡化；规模过小则会使人感到难以避开无法选择的人际交往，不利于人们的和谐相处。

（3）应考虑建设投资和日常经营的经济效益。

建筑规模过小会降低配套服务设施的利用效率，提高每个居住单元的平均建设投资，同时也会降低服务设施的完整性和服务质量。研究认为，公寓接纳的住户规模小于 50 人，既不经济又不利于创造适宜的人际交往环境，规模大于 100 人时，则会要求较高的管理水平，以致增加经营管理费用。

基于上述因素的考虑与实际使用经验表明，最适宜的建筑规模是能容纳 50 ~ 75 名老年人。这样的建筑规模大致上能满足目前我国城市中 2 万 ~ 3 万人口的居住区的设施养老的实际需求，并可满足建筑设施服务水平和投资经营经济性的要求。

3）建筑用地规划要求

（1）公寓建筑用地标准可参照《老年人居住建筑设计规范》GB/T 50340-2016 的相关标准核定。其建筑用地指标宜略高于住宅建筑，接近一般医疗建筑用地标准。

（2）基地内建筑密度应作相应控制，一般应小于住宅建筑的标准，以确保老年人对日照条件的特殊要求和提供足够宽敞的室外活动场地。因此，要求市区基地的建筑密度不宜大于 30%，处于郊区的基地建筑密度不宜大于 20%，基地的容积率宜控制在 0.5 以下，并应留有远期发展的余地。

4）室外活动场地规划

公寓建筑基地应为老年人提供适当规模的绿地和室外休闲活动场地。室外休闲活动场地按其活动功能与使用方式，通常包括下述四类场地：

（1）供交通与社会交往使用的室外活动场地

场地位置常处于建筑主要交通出入口、步行便道的交汇点和日常使用频繁的服务设施（如邮电局、小卖店、餐饮厅等）的附近空间，老年人可在此聚集交流或观看别人活动，是促进社会交往的一种积极方式和公共场所。

建筑主要交通出入口附近的停车场地规划应予以特别关注。国内外发展趋势显示，老年驾车者将

越来越多，我国交通法规对老年人驾驶机动车的年龄限制也已放宽。因此，老年公寓的停车场地应设置专供老年住户使用的相对固定的停车位，一般应靠建筑物和活动场所的出入口。轮椅使用者专用的停车位应设置于靠停车场出入口最近的位置，并应保证足够的车位宽度以方便上下车。

（2）供享受自然环境的室外活动场地

老年人喜爱到室外享受大自然的优美环境，利用室外园地从事园艺种植活动，或观赏自然景色的丰富变化，这可增进季节感和时光流逝的方位感，有利于老年人的身心健康，也可以激发老年人积极参与室外健身活动的愿望。

（3）供健身锻炼活动使用的室外场地

健身锻炼活动是老年人维持身体健康的重要生活内容。供老年人散步和休憩的活动场地宜设置适当的健身器械，以方便进行必要的体能锻炼。场地和器械的设置不仅要考虑体弱者的方便与安全，而且也应考虑活动需要有适度的激励作用。体育活动场地中，还可考虑设置供来访者和儿童使用的活动设施，以便活跃气氛。

（4）供改善室内环境景观的室外活动场地

坐在舒适的椅子里，从居室内观赏室外活动或自然景色是最受老年人喜爱的起居活动，尤其对行动不便的老人，或在严寒的冬季时节更为需要。因此，室外场地总体规划中，对活动区的安排应重视其与室内活动空间的相应关系，以利于从室内观赏室外环境时能提供一个良好的并富有吸引力的景观。这不仅是为了满足室内的观赏，更重要的是为了激励和吸引老年人走到室外去参与各种交往与体育活动，因为室内外空间环境在视觉和心理上的联系，有利于增进老年人的安全感和参与意识。可供室内观赏的室外景观十分丰富，可包括周围的街道、建筑及其出入口，人群聚集的公共服务设施，休憩活动场地以及野生动植生长的自然风貌景区等，都是老人们颇有兴趣观赏的对象。

在进行基地室外活动场地规划时，应考虑各项

活动的特点，采取适当的隔离措施实行合理的动静分区，以确保活动的安全。通常将体育活动场地视作"动区"，休憩散步的场地视作"静区"，静区中宜设置花圃、花架、阅报栏和座椅等设施，并应避免烈日暴晒和寒风侵袭。

4.4.3 老人居住单元设计要点

1）基本设计原则

　　居住单元是老年公寓中最重要的组成空间。老年人大部分时间是需要在自己的房间里度过的，因此居住单元设计应非常仔细地考虑老年人在生理和心理上的特点，并作出相应的精心安排。根据老年人更愿保持自立生活的心理，居住单元设计应保证老年人仍能享有较多的日常生活独立性和私密性。在确保需要时能及时获得必要帮助的同时，还应确保在日常生活中免受不必要的干扰。因此，老人居住单元的设计具有不同于一般公寓单元或旅馆客房的设计特点。

2）单元空间形式

　　老人居住单元的空间形式宜以单床间和双床间为主要选择。单床间可供单身孤老使用；双床间宜供老年夫妇使用，也可供老人与陪护子女合住使用。素不相识的同性老人不宜合住双人间，以免生活不协调引发矛盾。考虑经济能力的差异也可设置部分多床间以供住户选择。目前我国已建老年公寓限于社会经济条件，大多采用多床间单元，一室3～4床甚至更多，使老年住户无选择可能，不得不接受单身宿舍般拥挤的集体生活环境，这是老年人生理上和心理上难以承受的环境条件。因此，据国外长期经验和国内实践分析表明，老年公寓居住单元的空间形式的选择宜采取以单床间为主体，适当配置一定比例的双床间和多床间的方式。双床间的适宜数量宜为单床间的 1/15～1/10，多床间的数量可视地区居民生活水平酌情设置。

3）使用面积标准

　　我国制定的《老年人居住建筑设计标准》GB/T 50340-2016 对老年公寓居住单元最低使用面积提出了相应的标准，此标准已基本接近国际常规标准，比当前国内水平有较大的提高。可以认为，其提出的最低使用面积是比照《住宅设计规范》GB 50096-2011 规定的一类和二类住宅的标准，并考虑老年护理工作及使用轮椅的空间需要而制定的。按此标准，单身老人使用的居住单元可采用卧室与起居室贯通合一的单室套型空间组合形式；老年夫妇使用的居住单元可采用其中的一室一厅套型或二室一厅的套型（表4-3）。但是，当前国内老年公寓居住单元仍以低标准的为多，基本上都采用单室套型的空间组合形式，因此，根据当地经济生活水平仍需按较低标准设计时，可参照国家标准有关养老院居住单元的最低使用面积标准执行：卧室使用面积不应小于 6.00m² / 床，且单人间卧室使用面积不宜小于 10.00m²，双人间卧室使用面积不宜小于 16.00m²。

老年人住宅和老年人公寓的最低使用面积参考标准

表4-3

空间组合形式	老年人住宅	老年人公寓
单室套型（起居卧室合用）	25m²	22m²
一室一厅套型	35m²	33m²
二室一厅套型	45m²	43m²

4）居室空间布置

　　居室空间的大小应满足布置基本家具（床、书桌、书架、炊事用杂物柜）、壁柜、卫生间、盥洗室和必要的交通空间的需要，同时还需满足轮椅使用者对交通空间的特殊要求。研究表明，单床间净使用面积至少应有 10.50m²，双床间净使用面积至少要有 16m²（无凹室）或 22m²（有凹室）（图

4-19）。老年人居室的室内装修标准宜适当高于一般住宅的室内装修水平。

另外，老年人居住单元内宜设置炊事用炉灶，用以给老年人生活提供一定的自立感。炉灶可供煮茶、热饭和作简单的烹调加工之用，但日常饮食仍主要靠公共餐厅供应。因此居室门口宜在靠走廊处设一个小舱口，需要时可方便提供送餐送药等生活服务。

4.4.4 公寓楼栋设计要点

1）楼栋空间基本组成

公寓楼栋的空间组成一般应包括老人居住单元、公共活动用房、生活服务用房、医疗保健用房和业务管理用房五个基本组成部分。其中直接为老年住户使用的老人居住单元和公用活动空间是楼栋内最主要的使用空间，通常应占楼栋总建筑面积的60%以上。

（1）老人居住单元的基本空间形式确定后，方可进行公寓楼栋的整体设计，此时，须遵循老年人日常生活的组织方式，按一定的空间关系组合成楼栋主体空间，老人居住单元在楼栋中的组合方式与公寓内老人日常生活的组群结构相关联，下文再予详述。

（2）公共活动用房、生活服务用房和医疗保健用房共同构成公寓楼栋的综合配套服务空间，这是实现"老有所养、老有所医、老有所乐、老有所学和老有所为"需要提供的相应的服务项目与活动空间，是确保老年住户健康、安全生活的必要环境条

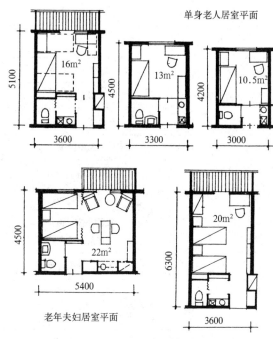

单身老人居室平面

老年夫妇居室平面

图4-19 老年公寓居室平面类型

件。其中公共活动用房一般需包括餐厅或多功能大厅，健身娱乐、图书阅览、兴趣爱好等活动用房；生活服务用房应包括供住户公用的厨房、卫生间、浴室及洗衣房等和用于提供公共服务的银行、邮电、小卖部、理发及招待客房等用房；医疗保健用房可按家庭常备水平配置必要的医疗保健工作与医药贮存的用房。

具体工程项目设计时，可据当地实际情况和需要补充相关服务设施的用房。行政管理和护理人员辅助用房也应按实际需求酌情确定并从简配置（表4-4）。

老年公寓建筑配套服务设施用房配置参考标准   表4-4

用房	项目	配置标准
餐厅	餐位数	总床位的60%～70%
	每座使用面积	2m²／人

续表

用房		项目	配置标准
医疗保健		医务、药品室	20～30m²
		观察、理疗室	总床位的 1%～2%
		康复、保健室	40～60m²
生活服务	公用	公用厨房	6～8m²/每楼层
		公用卫生间（厕位）	总床位的 1%
		公用洗衣房	15～20m²
		公用浴室（浴位）（有条件时设置）	总床位的 10%
	公共	售货、餐饮、理发	100 床以上设
		银行、邮电代理	200 床以上设
		来访者客房	总床位的 4%～5%
		开水房、贮藏间	10m²/每楼层
休闲活动		多功能厅	可与餐厅合并使用
		健身、娱乐、阅览、教室	1m²/人

2）楼栋居住空间组合与生活组群结构

人们在社会生活中需要进行人际交往活动，在社会交往活动中通常都会表现出一定的亲疏层次性关系，总会分成最亲近的、较熟识的和一般相识的几种交往层次。根据老年人生理和心理的特点，研究认为，老年人在群体生活中，日常交往频繁、关系密切的友邻人数一般在 10 人左右，形成了日常交往的基本层次。因此，国际上众多老年公寓皆以 8～12 个老年人作为公寓日常生活管理的最小组织单位，称之为基本生活组群，其居室空间可由若干单床间、双床间（夫妻间）或多床间混合组成，也可由相同的居室类型组成。当居室统一采用单床间时，楼栋居住空间组合应按性别差异实行性别分区。

基本生活组群中人际关系密切，既方便开展多种社交活动，又可在日常生活中发挥友爱互助的生活辅助作用，方便管理。通常每个基本生活组群中宜设一处公用交往空间，可称之为交谊厅（室）或起居厅（室），并共用一个楼梯，形成公寓楼栋空间最基本的组成单元。两个基本生活组群宜共用一台电梯，电梯厅前便可以成为相邻基本生活组群间进行交往活动的枢纽空间。通常宜由四个基本生活组群结合成扩大生活组群，住户总人数约在 32～48 人之间，一个扩大生活组群内应提供相应住户公用的小厨房和洗衣房，并提供一处便于组织集体活动和日常户外休闲活动的场地。

公寓楼栋居住空间通常可由两个或两个以上的扩大生活组群相结合而成。研究认为，一个老年公寓的楼栋居住空间组成规模，最多不宜超过六个扩大生活组群单元，且住户总人数宜在 200 人以内。适宜的建筑规模有利于确保居住环境质量，有利于提高服务水平和投资运营的经济效益。

总之，老年公寓楼栋中居住空间的组合宜以老年住户特有的生活组群结构为设计的依据，可采取由基本生活组群空间、扩大生活组群空间和楼栋总体居住空间三个空间层次逐层结集组合的方式，形成有机统一的楼栋整体空间结构（图 4-20）。

3）楼栋空间组合形式选择

由于老年公寓的楼栋居住空间组合方式与老年住户日常生活的组群层次结构密切相关，因此楼栋空间组合大多采用较适应基本生活组群空间规模与要求的短廊式和单元式公寓的平面布局形式。短廊式平面布局还可分为短外廊和短内廊两种形式，在设计中应注意充分利用该形式的有利因素，克服不利因素。

（1）采用短外廊式平面布局，居住单元沿走廊成单侧布置，其优点是单边走廊空间明亮，有利于老年人的行走安全，如局部加宽还可发挥户际交往空间的作用。室外天气欠佳时，还可发挥室内活动场所的作用。其缺点是以单边走廊连接基本生活组群内各居住单元，使走廊交通空间大幅增加，如设计安排不当，易增加老人日常生活不必要的行走距离，因此其平面布局中应注意沿廊居住单元不宜太多，一般以少于 5 个居住单元为宜（图 4-21）。

（2）采用短内廊式平面布局，居住单元可沿走廊两侧布置，其优点是连接基本生活组群内各居住单元的交通距离缩短，提高了交通空间利用率。其缺点是内走廊的采光通风条件差，不利于老人的行走安全，容易产生较大交通干扰。因此，平面布局中应注意改善内走廊的环境条件。改善采光条件宜采取在走廊中段设开敞的凹阳台的方式，留出可供采光通风的豁口，同时可作为促进人际交往、停留使用的公用小空间。此外，还应注意加强走廊顶端或楼梯间空间的采光。公寓建筑为单层楼栋时，内走廊还可利用屋顶天窗改善采光通风条件（图 4-22）。

（3）采用单元式平面布局，居住单元常以公用起居厅（或交谊厅）及公用交通空间为中心成组团状布置，其优点是平面空间较为紧凑，不仅有利于保证个人生活的私密性，而且有利于形成具有家庭氛围的生活空间，促进基本生活组群内和谐亲密的人际关系的形成，缺点在于单元式组群空间的独立性易于削弱楼栋空间的整体联系，影响建筑设施总体运营管理的效益（图 4-23）。

4）楼栋建筑层数与楼电梯设计要求

（1）老年公寓的住户通常是具有一定活动能力的健康老人，楼栋建筑层数的确定既要考虑老年人的体力状况，还应综合考虑节约城市建筑用地、节约建设投资和降低日常运营费用的要求。为增强老年公寓服务功能的适应性，现行国家规范规定：二层及以上老年人居住建筑应配置可容纳担架的电梯；十二层及十二层以上的老年人居住建筑，每单元设置电梯不应少于两台，其中应设置一台可容纳担架的电梯。

（2）老年公寓的建筑层数，在用地紧缺的大城市或中小城市中心区也可采用高层楼栋，但应指出，高层公寓用于老年人居住毕竟存在较多不利因素。首先，上层住户远离地面活动，易使老年人产生更多心理上的孤独感，不利于身心健康。其次，高层公寓的安全保障设置较为困难，相应的设备投资也较昂贵。因此，采用高层楼栋时空间布局应重视解决高层老年住户参与户外活动的方便的问题，宜利用屋面花园或楼栋中部空中庭院增加上部住户进行户外活动的便利性，并应重视从建筑空间布局和设备技术上减少老年住户对环境安全的担忧。

（3）老年公寓的安全疏散楼梯的布置应与公寓内生活组群的空间组合结构相协调，以利于增进各住户疏散距离的均等性和疏散人流分布的均衡性。由于老年人行动能力普遍下降，从老人居住单元或活动空间至疏散楼梯间的安全疏散距离应小于一般居住建筑的规定，可采用与医院和疗养院建筑要求相同的标准，并且疏散楼梯的梯段有效宽度不应小于 1.20m，不应采用螺旋形楼梯，也不宜采用直跑

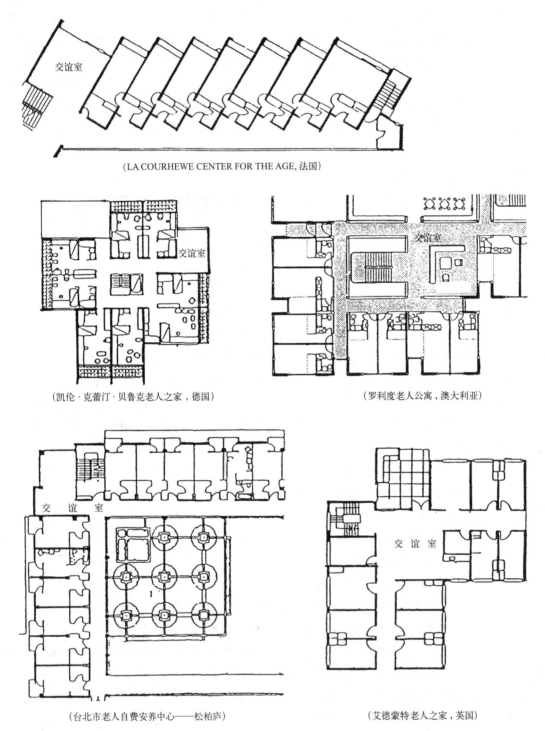

(LA COURHEWE CENTER FOR THE AGE, 法国)

（凯伦·克蕾汀·贝鲁克老人之家，德国）

（罗利度老人公寓，澳大利亚）

（台北市老人自费安养中心——松柏庐）

（艾德蒙特老人之家，英国）

图 4-20 老年公寓基本生活组群平面组合形式

楼梯，以避免造成安全事故。

　　供老年住户使用的电梯应考虑轿厢尺寸需满足轮椅使用和搬运担架的最小空间尺寸要求。电梯厅也应具有适当的空间尺寸，以便于老年轮椅使用者出入电梯，电梯厅深度不应小于 1.60m（图 4-24）。电梯宜选用速度不大于 1m/s 的低速电梯。

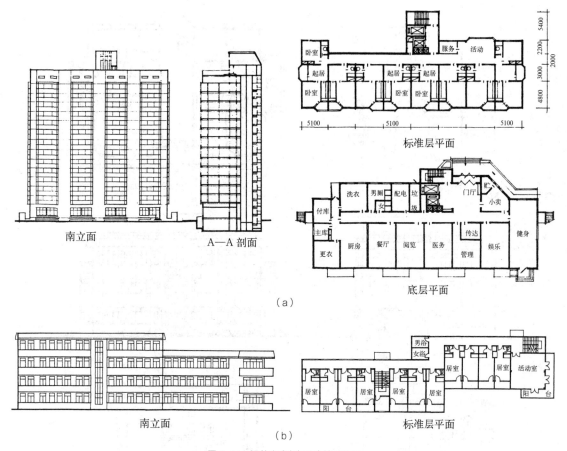

图 4-21 短外廊式老年公寓楼层平面
（a）北京方庄老年公寓；（b）南通退休职工公寓

4.4.5 室内外建筑细部设计特点与措施

公寓室内外建筑细部设计皆应仔细考虑老年人居住行为与身体机能的特点，以提高室内外居住环境的舒适性和安全性。设计内容包括室内使用空间细部和室外活动场所两方面。为满足居住的舒适性要求，设计应正确运用老年人体工学原理，对日常频繁使用的空间部位，特别是厨、厕等功能性空间做精心设计，为老年人提供操作方便、使用安全的空间环境；为满足居住的安全性要求，设计不仅应重视交通空间和公共活动空间的无障碍设计，排除日常行动的意外伤害，而且还应在供暖、供气、供水、电气照明等建筑设备系统与配件上，采取相应的安全技术措施。

1）室内使用空间的细部设计要点

住户日常生活中使用最频繁、对生活质量影响最大的空间部位，应是功能性和操作性最强的卫生间和厨房空间，其室内空间的细部尺寸的合理性对日常使用的方便与安全影响极大。

（1）卫生间设计要求

● 老年人生理发生退行性变化，日常使用卫生间的次数会较一般成年人频繁，因此老人专用卫生间应与卧室近邻布置，以方便使用。

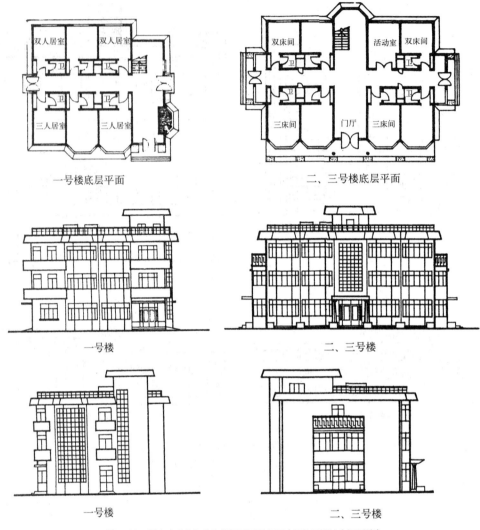

图4-22 短内廊式老年公寓楼层平面及立面（江苏无锡社会福利院）

• 老人使用的卫生间空间与卫生洁具的布置应方便轮椅者使用。地面不应有高槛或突出物，地面应选用防滑易洁的材料，以避免滑倒伤害事故的发生。

• 卫生间门净宽尺寸应不小于0.8m，以方便轮椅通行。为使老年人在卫生间内发生意外时能得到及时的发现和救助，卫生间门应采用推拉门或外开门，以方便顺利打开救助。

• 浴盆及便器旁应安装安全扶手。卫生洁具的选用和安装位置应便于老年人操作使用，以适应老年人腰膝及手腕能力的下降（图4-25）。

• 多床间共用的卫生间，宜将便器、浴池和洗脸盆等卫生洁具分件隔开配置，以方便多人同时使用，减少相互干扰。

（2）厨房设计要求

• 厨房空间中操作项目繁杂，危险因素也随之增多。为避免使用功能的相互干扰，确保操作使用安全，老年专用的厨房宜适当增加使用面积，一般不应小于4.5m²。供轮椅者使用的厨房面积不

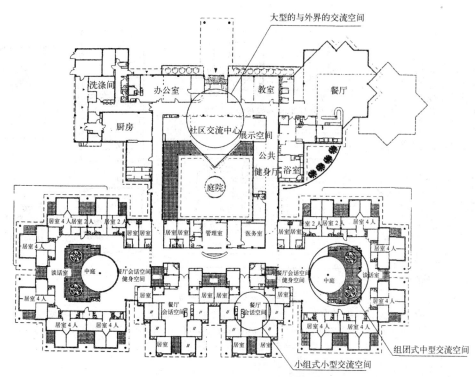

图 4-23 单元式老年公寓楼层平面

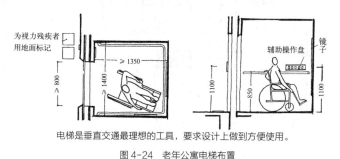

电梯是垂直交通最理想的工具，要求设计上做到方便使用。

图 4-24 老年公寓电梯布置

应小于 6m²，并应留有轮椅回转空间，不宜小于
1.50m×1.50m。

• 厨房操作台的安装尺寸以方便老年人和轮椅使
用者为原则。一般其台面高度不宜高于 0.85m，台
面下净高不小于 0.70m，台面深不宜小于 0.25m
（图 4-26）。

• 老年人使用的厨房应选用安全型灶具，安装熄
火后能自动关闭燃气系统的安全装置，并应设置火
灾自动报警装置。

2）交通空间的细部设计要点

老年人的行走活动能力是维持生活自理能力的
基本条件。为能更长久地维护老年人的生活自理能
力，确保日常行走活动的安全格外重要。因此，对
室内外交通空间全面实施无障碍设计是老年公寓居
住环境的基本要求和特点。

（1）建筑出入口设计要求

• 出入口门厅是老年住户从室内到室外的交通枢
纽和集散空间，因此宜有足够的过渡缓冲空间，可
结合门厅设置休息与交往空间，以方便老人在此候
车待客，并宜邻近门厅设置保安、传达、收发、邮电、
银行等服务设施（图 4-27）。

• 门厅出入口大门内外，应在门扇开启范围之外
留出不小于 1.50m×1.50m 的轮椅回转空间。为节
省门扇开启空间，出入口大门宜采用推拉门或自动门。

• 所有出入口大门皆应设置雨篷，既可用以防雨
又可用以防止上部物体坠落伤人。

• 建筑主要出入口外观的形象宜鲜明、醒目和独

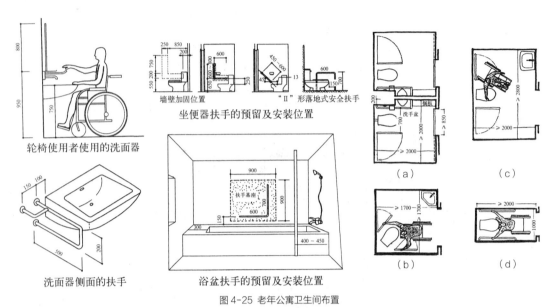

轮椅使用者使用的洗面器

墙壁加固位置

坐便器扶手的预留及安装位置

"II" 形落地式安全扶手

洗面器侧面的扶手

浴盆扶手的预留及安装位置

（a）

（b）

（c）

（d）

图 4-25　老年公寓卫生间布置

（a）左右对称布置的平面，有两个以上厕位的地方可采用此种布局；（b）面积较小时，将便器斜设在墙角处，可节省面积；（c）便器两侧都留有便于轮椅接近的空间；（d）小规模建筑物中轮椅用厕所布置实例，由于受到条件的限制，只能满足最低要求

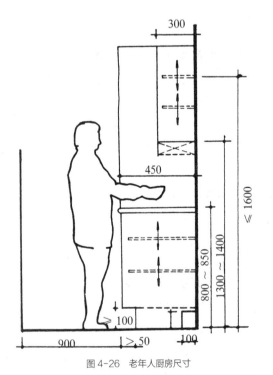

图 4-26　老年人厨房尺寸

底层平面

图 4-27　老年公寓出入口门厅空间布置（日本东京，光清苑特护老人之家）

1- 入口大厅；2- 办公室；3- 接待室；4- 谈话室；5- 餐厅；
6- 休养室；7- 厨房；8- 厕所；9- 休息室；10- 食品库；
11- 洗衣房；12- 机械室；13- 敞屋；14- 贮藏；15- 活动室；
16- 更衣室；17- 护理员教室；18- 浴室；19- 纪念室

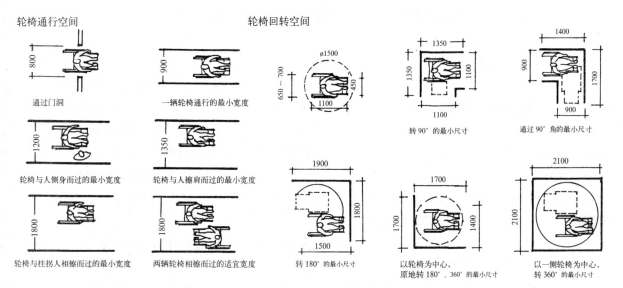

图 4-28 轮椅基本动作尺寸

具特色，以便于老年人辨认。

（2）公用走廊设计要求

- 楼内公用走廊空间应能保证老年人使用轮椅和拐杖时的安全通行。走廊净宽宜不小于 1.50m，以方便轮椅回转和轮椅与行人可平行通过。当走廊宽度不足 1.50m 时，应不小于 1.20m，仅可供轮椅单行通过，但同时应在走廊两端设置轮椅回转空间（图 4-28）。

- 楼内公用走廊应设置助行用扶手，扶手宜保持连贯统一。设置双层扶手时，上层扶手的高度应适合老年人站立和行走时使用，高度为 0.90m，下层扶手适合于轮椅者使用，高度应为 0.65m，设置单层扶手时，扶手高度宜为 0.80 ~ 0.85m。

- 为保证走廊中通行的安全，平开门开向走廊时应设置凹室，使门扇能不突出于走廊内，同时应保证门扇开启端前留有不小于 0.45m 墙垛，以方便轮椅者使用（图 4-29）。

- 公用走廊地面有高差时，应设置坡道并设置明显的标志提示注意。走廊转弯处墙面阳角宜做成圆弧形或切角形，以保证安全视线和使轮椅转弯容易。

- 受气候条件和身体机能的限制，部分老年人外出行动不便，社会交往减少，不利于身心健康。因此，应充分利用公用走廊增加老年人的活动交往空间，促进邻里关系的和谐融洽。

（3）安全疏散楼梯设计要求（图 4-30）

- 楼梯宽度应考虑老年人使用拐杖和在他人帮扶下行走的要求，梯段有效宽度不应小于 1.20m，楼梯休息平台深度应大于梯段的有效宽度。

- 楼梯应在梯段内侧设置扶手，梯段宽度大于 1.50m 时，应于两侧设置扶手，扶手形式应与走廊扶手相同，以便楼内扶手连续统一，充分发挥扶手的安全效用。

- 安全疏散楼梯不应采用螺旋楼梯，也不宜采用直跑楼梯，梯段高度不宜大于 1.50m，同一梯段的踏步高度与宽度应统一。踏步宽度不应小于 0.28m，踏步高度不应大于 0.16m。

- 楼梯踏步面层应采用防滑材料，并适应老年人视力下降的情况，采用不同材料或色彩区别楼梯踏步和走廊地面，以避免老人踩空失脚的危险。

（4）居住单元进户门及户内过道

• 户门是关系到老年住户出入方便和必要时实施护理、救助行动方便与否的重要部位，因此老年住户的户门有效宽度不应小于 1.00m，而且户门上宜设置探视窗，便于护理人员和邻里能及时观察到户内异常情况。户门内侧宜设置更衣、换鞋的空间和相应的扶手及坐凳。

• 户内过道宽度不应小于 1.20m，同时为保证老年人行走安全，过道主要部位应设置连续式扶手。过道地面及其与各居室地面之间应避免出现高差。

3）室外活动场所的细部设计要点

室外活动场所是室内活动空间的外延扩展，同样需要适应老年人生理机能上的变化。场地设施也应符合老年人体工学的要求，满足正常步行者、挂拐杖者以及坐轮椅者不同活动能力老人的不同空间需求，以提高室外环境的适用性、舒适性和安全性。室外活动场所的细部设计涉及范围广泛，其中最需特别关注的设计内容有下列几项。

（1）室外座椅和桌子的设置。老年人参与室外活动时需要坐下来的时间较多，因而座椅的设计十分重要。座椅应按老年人体的生理变化特点制作，以方便老人随时坐下或离座走开。室外固定座椅的布置还应符合老人们日常聚会和随意交谈的空间需求，选择合适的地点和排列方式。同时，场地的空间布局，桌椅排列方式与高度都应考虑坐轮椅者参与活动的方便与安全。

（2）花坛和老人园艺种植场地，为方便老年人的观赏和种植活动，宜将种植场地抬高，高出地面的高度应方便轮椅使用者参与，以高出地面 0.75m 为佳（图 4-31）。

（3）室外标志应考虑老年人视觉退化的状况，标志图文内容应便于老人在一定的视距范围内辨识。

（4）建筑主要出入口、停车场、踏步、坡道等室外重点交通部位，应提供高标准的夜间照明设施。

4.5 学生公寓设计

国家社会经济的快速增长，促进了我国教育事业的蓬勃发展，各级教育部门的校园现代化建设计划对学生公寓的居住环境质量提出了更高的要求。学生公寓是学生在校学习、生活和成长的重要场所，也是校园文化的重要组成部分，对滋养学生高尚的情操，培育优秀的人格品德具有深远的影响。

4.5.1 住户特点和基本功能要求

学生公寓的住户是寄宿于各类学校的青少年学生群体。他们来自不同的家庭，处于不同的生理和心理成长过程，接受着不同职业目标的各类教育，努力完成学业并成为社会需要的合格人才，正是他们生活的中心任务和目标。因此，学生公寓最基本的功能要求，就是要为青少年学生住校学习期间提供一个与学校生活目标相协调的居住生活环境。这样的生活环境应有利于学生安全健康地成长，有利于促进学生奋发努力地学习。

由于学生接受教育的等级、类型、目标和学制的不同，学生公寓面对的住户在年龄、性别、个性、生理和心理特征以及家庭背景等方面除了存在个体性差异外，更突出的表现为群体性的差异。如接受高等教育的学生年龄通常大于中等教育以下的学生年龄；又如接受普通教育的学生不存在性别选择倾向，但在某些职业教育学校中具有明显的性别选择要求与倾向；再如高等教育学校，高年级学生的生理、心理特征和要求，通常要比中等教育学校、低年级学生更趋成熟和个性化，如此等。诸多此类群体性的差异，给学生公寓的居住环境提出了不同的设计要求，因此，学生公寓设计不仅具有共性，而且对应于不同的学生群体也表现出不同的个性化的特点，具体反映在建筑基地的规划、居住单元的形式、楼栋空间的组合和建筑造型的变化等方面。

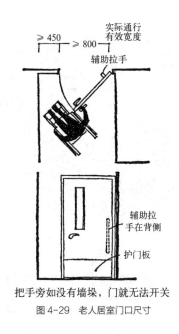

图 4-29 老人居室门口尺寸

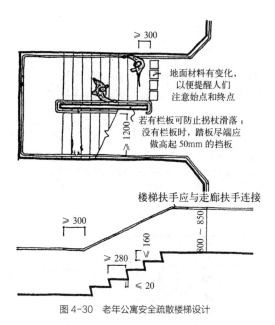

图 4-30 老年公寓安全疏散楼梯设计

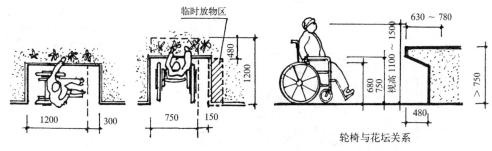

图 4-31 室外花坛设计

4.5.2　基地环境选择与规划

1）学生公寓是学生集中居住的社区空间，我国学生公寓大多集中建造于校园用地范围内，形成相对独立的学生公寓区，与教学区紧密相邻。然而在国外，学生居住问题基本由相关社会组织采取商业性途径解决。特别是大学生公寓，通常集中在城市建造一批旅馆式的学生公寓，可供一个学校或几个学校联合租用。另外，为适应当今大学生中已婚生、带着生和老年学生不断增加的趋势，近年国外还出现了大批学生村（学生城或学生街区）。学生村一般独立建在离学校不远（约 2～3km）的范围内。学生村的规划与住宅区的规划极为相似，可方便成年学生过家庭生活（图 4-32）。近年我国各地兴建的大学城规划也开始采取类似的方式，将各校学生公寓集中于学生居住区（学生城），实行社会化运营管理，以提高教育资源的社会化、集约化利用水平和经济效益（图 4-33）。

2）我国城市中小学校舍建筑一般不配建学生公寓，但是在人口密度较低、学校服务半径较大的农村地区，一些中等学校也需配建一定规模的学生公寓，其建设规模可根据实际需要住校学生的情况酌

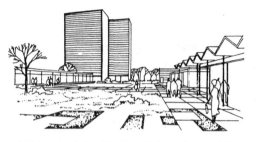

该村共有1500套房，建筑高低层结合，形成几个自由空间的院落。公共建筑设在村中心。3栋9层宿舍楼为主导，17层复式宿舍塔楼为最高点。村内只许步行出入，避免交通噪声和空气污染，创造适宜于居住的环境。

总平面

2层宿舍楼一层平面

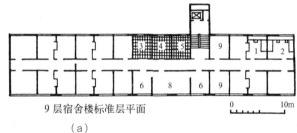

9层宿舍楼标准层平面

0   10m

（a）

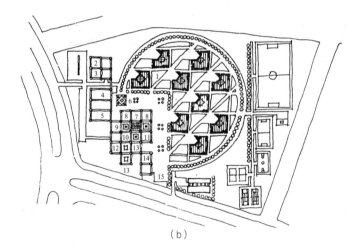

（b）

图4-32 国外学生居住区规划
（a）德国慕尼黑学生村
1-单人居室；2-双人居室；3-厕所；4-浴室；5-洗衣房；6-休息厅；7-厨房；8-活动室；9-会议室；10-餐厅
A-17层宿舍；B-集会厅、餐厅；C-9层宿舍；D-集会厅附地下车库；E-建入坡地的2层宿舍；F-中庭式2层宿舍；G-商店；H-俱乐部；J-工场；K-广播站
（b）阿尔及尔大学学生宿舍区
1-宿舍；2-保健；3-洗濯；4-体育馆；5-多功能大厅；6-清真寺；7-喷水池；8-多功能大厅音乐厅；9-食堂；10-图书馆；11-商店；12-厨房；13-管理；14-警卫；15-大门

情确定，学生公寓建筑用地在校园用地中的比例也不等，通常不大于20%。中等职业学校与高等学校相似，一般根据国家教委相关校园规划标准，按全体学生住校的要求配建相应规模的学生公寓，一般建设规模约占校舍建筑总面积的25%，因而学生公寓常需建成数栋，并在校园规划中形成独立的学生生活区。

3）学生生活区应与校园整体环境统一规划。学生生活区内除合理布置学生公寓建筑外，还应配建必需的集中生活服务设施，如公共食堂（餐厅）、商店、邮电、银行、浴室等公共服务设施，学生文化活动中心及体育场地等学生课余活动设施。学生生活区与教学区应有便捷的步行交通联系。为提高学生公寓区的环境质量和文化品质，建筑基地宜充

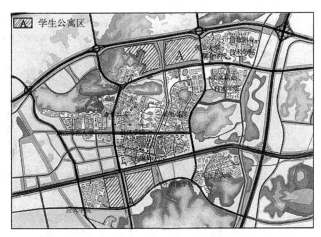

图 4-33 南京仙林大学城学生公寓区规划

分利用自然地形、地貌，营造绿色生态的校园文化环境，以利于孕育高素质的社会人才（图 4-34）。

4.5.3　居住单元设计要点

当前我国正处于社会转型的变革时期，经济体制、教育理念和生活方式的变化正极大地影响着校园环境的建设，特别对学生公寓的建设提出了前所未有的各种新要求。首先表现在对学生基本生活空间——居住单元的设计要求上。当今影响公寓居住单元设计的主要因素可简要归纳为下述诸方面：

1）课余学习方式对居室空间要求的影响

（1）居住单元的空间组成应符合学生课外学习活动安排的要求。目前，中学课程学习方式都以课堂听讲和课外作业的方式为主，县镇中学住校学生的晚间课余自习也普遍利用班级固定教室来完成。因此，普通中学课余学习方式仍以班级的集体活动为主，居室空间就仅以睡眠休息功能为主，不必考虑学习或其他课余活动的空间要求，建筑面积标准自然可相应降低。按现行《宿舍建筑设计规范》JGJ 36-2016，中等教育学生公寓居室使用面积标准应属第 4 类：可采用双层床，人均使用面积标准定为六人居室时应不小于 4m^2/ 人，八人居室时应不小于 3m^2/ 人。

（2）大学与大中专科或职业学校的课程学习方式与普通中学已有很大不同。学生除参加课堂听讲外，还有丰富多样的课余学习活动，并采取统一调度的方式，相应安排在学校形式多样的教学空间中。课余学习活动已很少采取在班级专用教室集体自习的方式，因此学生大部分课余自习活动需要利用居室空间来完成，居室设计理应考虑室内个人学习空间的安排。当设计采用单居室配置生活辅助空间组成居住单元时，其单居室空间中应考虑个人学习需要的书桌和其他家具的摆放。当设计采用多居室配置相应生活辅助空间组成居住单元时，个人学习空间可集中合并为单元内公用起居学习厅（室），使居室的睡眠休息功能更为强化。这种课余分散自习对学习思考空间的需求，往往随教育等次的提升而随之增加。通常大学本科生宜 6 ~ 8 人合用同一个学习空间，特别对于以基础课学习为主的低年级学生更为适宜，因为共用同一学习空间有利于促进交流和互助共勉学习环境的形成。然而，到了高年级，特别是进入研究生学习阶段，逐渐需要有更多

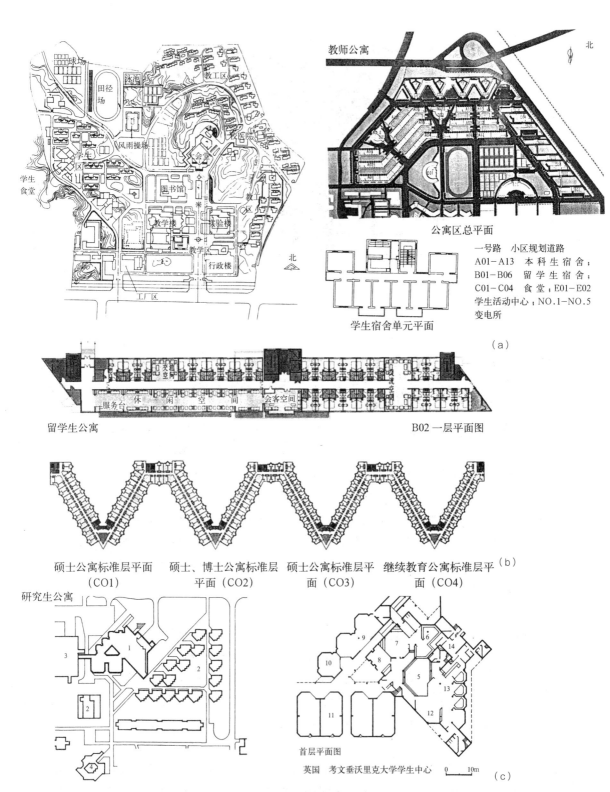

教师公寓

北

公寓区总平面

学生宿舍单元平面

一号路 小区规划道路
A01—A13 本科生宿舍；
B01—B06 留学生宿舍；
C01—C04 食堂；E01—E02
学生活动中心；NO.1—NO.5
变电所

（a）

服务台 休 闲 空 间 会客空间

留学生公寓

B02 一层平面图

硕士公寓标准层平面
（CO1）

硕士、博士公寓标准层
平面（CO2）

硕士公寓标准层平
面（CO3）

继续教育公寓标准层平
面（CO4）

（b）

研究生公寓

首层平面图

英国 考文垂沃里克大学学生中心

0   10m

（c）

图 4-34 校园学生生活区规划布局
（a）南京大学浦口校区学生生活区规划总平面；（b）清华大学大石桥学生公寓区规划；（c）英国考文垂沃里克大学学生公寓区总平面
1—学生中心；2—住宅；3—教学楼；4—国际楼；5—市场；6—酒吧；7—展览厅；8—咖啡厅；9—商店；10—洗衣店；11—银行；
12—电视欣赏厅；13—快餐及休息；14—贮藏

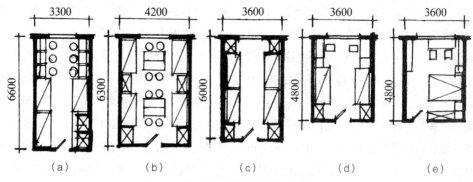

图 4-35 学生居室分类标准

（a）中学生（6人，双层床，20m²）；（b）中学生（8人，双层床，24m²）；（c）本科生（4人，高架床，20m²）；（d）硕士研究生（2人，单层床，16m²）；（e）博士研究生（单人，双人床，16m²）

便于个人学习、思考和研究的专用空间。硕士生、博士生随着不同课题研究活动的展开，对个人学习研究空间的需求也随之增加，因此研究生公寓的居室使用面积标准应得到相应提高。按国家设计规范，研究生居室使用面积可采用规范的第 1～2 类标准：硕士研究生可采用双人居室，人均使用面积为 8m²；博士研究生可采用单人居室，人均使用面积为 16m²（皆不含单元附设的卫生间和阳台面积）（图 4-35）。

2）学生的生活方式对贮物空间配置的影响

社会生活方式发生了巨大变化，学生的生活水平也在不断提高，具体表现为学生个人生活用品的不断增加。新的家用电器、电子产品和个人电脑逐渐进入学生公寓，学生生活用具更趋个性化、多样化等，因此在居室空间中，需要安排空间更大、形式更多的贮物空间，以供学生放置个人衣物、书籍、电脑及其他电子化文具等物品，特别是高年级女生居室更需为个人衣物贮存设置更多的贮柜和可以挂放较长长裙的衣橱。从总体发展趋势来看，随着国民生活水平的提高，学生居室的使用面积标准将会逐步提高，建筑设计宜留有一定的发展改造空间，可借以延长公寓居住环境的适用期限。

3）学生生活自理能力对卫生空间配置的影响

在居住单元的设计中，应考虑入住学生群体的生活自理能力和相应采取的公共卫生管理方式的差异对卫生间空间配置带来的影响。教育等次较高的学校及高年级的学生年龄较大，学生生理和心理状况渐趋成熟，生活自理能力也相应提高，对个人生活私密性的要求也逐年增加，因此其居住单元中宜采用私密性条件较好的专用卫生间或使用人数较少的合用卫生间。如博士生公寓和居住水平要求较高的留学生公寓，一般应配置独用卫生间，以提高居住环境的卫生水平。相对而言，中等学校及低年级学生年龄较小，生理与心理尚不成熟，生活自理能力也较差，因此在其相应居住单元中宜采用多个居室共用的公共卫生间，以方便楼内管理人员监督管理和进行日常清洁卫生工作。公共卫生间的布局一般应以班级划分的居室分组配置，以便组织学生自助管理，培养良好的公共卫生意识。另外，还应考虑学生性别差异对卫生间配置提出的不同要求，男生和女生分住的公寓可采用不同的配置形式，以利于充分满足女性生理卫生特点的要求。

4）学生经济支付能力对建筑标准定位的影响

现今国内学生公寓已普遍实行社会化和市场化

管理，学生必须自己支付房租。当前不断上升的子女教育费用已成为每个家庭沉重的经济负担，因此学生公寓建筑标准的定位应适应一般学生家庭的普遍经济生活水平。设计应尽可能达到适用经济，努力实现基本设施齐全、环境卫生健康和居住费用低廉的目标。尽管各地区间、各社会阶层间的家庭经济收入水平存在着明显的差异，但校内学生公寓的建筑设计标准宜趋于大众化，不宜有过大的级差，以利于形成和谐的校园生活环境。

4.5.4　公寓楼栋设计要点

1）楼栋空间组成的特点

（1）校园生活总是以教学活动的安排为主体，学生日常生活的一切需求，需要由完善的社会化服务功能来提供，因此学生公寓楼栋空间的功能组成，必须与学生公寓区内配套生活服务功能的组织方式统筹考虑。为提高公共服务设施的服务水平和效益，学生生活区内的公寓，其楼栋空间通常采用单一居住功能的组成，配套生活服务功能由集中的公共服务设施来提供。因此，校园学生生活区采取由数栋学生公寓与集中生活服务中心形成组团式的空间布局较为普遍。仅在用地条件和建筑规模受到局限时，才采取空间功能综合组成与布局的方式。

（2）学生生活区内公寓楼栋组团规模与空间布局形式，必须结合公寓区内公共生活服务设施的总体系统规划统筹考虑。楼栋组团配建集中生活服务中心时，相应各公寓楼栋空间则以单一居住功能的需要组成。楼栋空间主要由居住单元空间、班级（或分区）小型活动空间、管理服务空间和交通联系空间组成。设计通常通过居住单元的多样化选择和交通空间的多功能利用，形成楼栋空间的特色。

2）楼栋空间组成形式的选择

学生公寓楼栋空间组合形式应根据校园总体规划和学生群体特点选择适宜的类型，以利于为学生提供一个安静、舒适、安全健康的校园生活环境，促进学生素质的全面成长。

（1）适宜的楼栋空间组合形式应符合进住学生的群体特征和居住需求。学生的群体特征包括接受教育的等次、学校类型、学生的年龄与生理和心理特点等，它直接影响居住单元的设计要求，进而对楼栋空间组合产生主导性的作用，同时也影响着学生生活管理形式的选择。我国中等以下的学校校园生活实行近似军事化的集体生活管理方式，学生公寓的主要功能就成了休息睡眠的空间设施。为便于集体行动和统一管理，楼栋空间组合普遍采用长廊式布局形式，南方多用南外廊，北方多用北外廊。然而在高等学校中，学生都分成不同系科、专业和班级组织，课程安排与作息节律大有差别。如果各系、科、专业和班级同楼同层居住，采用长廊式的空间布局，势必造成严重的室内环境干扰，因此，近年高校新建的学生公寓楼栋空间组合形式逐渐被短廊式或单元式所替代，明显地改善了室内居住环境。尤其是单元式公寓的楼栋空间形式，在改善室内功能环境和提高空间利用率上具有明显优势，更适用于个体活动逐渐增多的高年级学生和研究生公寓。同时，单元式空间组合形式还有利于创造楼内多层次的公共活动空间，方便组织不同层次与不同规模的社交活动，促进校园活跃的文化生活环境的形成，从而增进大学生基本素质的全面培养。

另外，公寓楼栋的建筑高度的选定也应考虑进住学生的群体特征。通常认为，大学本科以下和中等学校的学生，由于日常集体活动频繁，一般不宜采用高层公寓，以免电梯交通过分紧张。高层楼栋较适用于日常课程活动分布均衡，较少集中交通人流的研究生公寓使用。

（2）适宜的楼栋空间组合形式应有利于更多的居室获得良好的朝向与景象。学生居室的良好朝向应能确保居室在冬季获得充足的日照，有利于居室朝向环境宁静、景色优美的室外院落活动场地或自然景观，这对于地处城市交通噪声包围中的城区

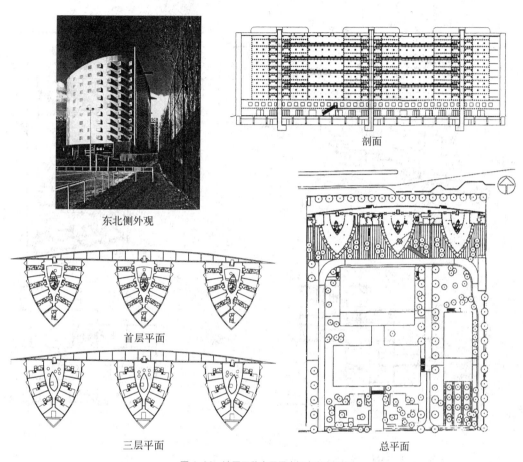

东北侧外观

剖面

首层平面

三层平面

总平面

图 4-36   法国巴黎克里昂古门大学生公寓

校园用地环境尤为重要。为了达到这一环境目标，必须结合公寓群体规划选择适宜的楼栋空间组合形式。例如，法国巴黎克里昂古门大学生公寓（图4-36），地处巴黎环城干道一侧，为将基地环境不利的限制转化为有利的设计依托，楼栋空间组合采用了长廊式与单元式相结合的设计形式。在面向环城干道的一侧布置了长廊与三部透明的玻璃电梯，长廊形成一道曲线形的防护墙，成为基地内阻挡公路噪声和尾气污染的屏障，背靠这一防护屏障，三组标准居室（附设卫生间）形成具有弧形表面的三个居住单元体，使每个学生居室都能面向充盈着宁静、阳光和绿色的校园空间环境。该公寓楼栋设计

既回应了城市文脉的要求，又结合校园总体规划保护了校园和楼内环境的宁静与优雅。

（3）适宜的楼栋空间组合形式应充分体现自然环境的地域性特点。我国幅员辽阔，地区自然环境条件的差异极大，在长期的建设过程中积累了适应自然环境与充分利用自然的丰富经验，形成了具有地域性特点的建筑空间形式，在节省建筑能耗和建设用地方面发挥了重要作用。首先是受地区气候环境的影响，我国北方地区为有利于冬季防寒保温，楼栋空间大多采用内廊式空间布局形式，而南方地区为有利于夏季通风散热，多采用外廊式楼栋空间布局形式；其次是受地区地理环境的影响，我国西

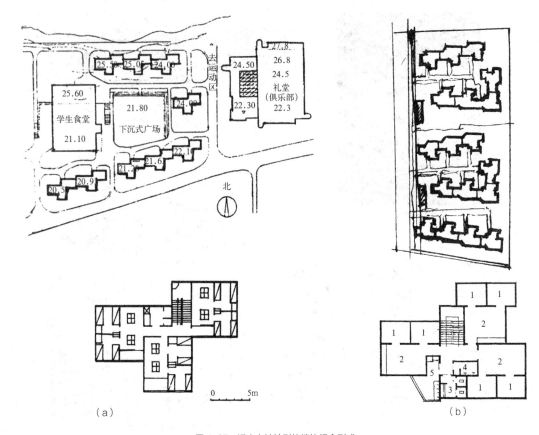

图 4-37　适应山坡地形的楼栋组合形式
（a）中国药科大学中药学院学生宿舍区；（b）重庆邮电学院学生宿舍区
1- 卧室；2- 学习室；3- 厕所；4- 淋浴；5- 盥洗

南地区为适应地形地貌复杂的丘陵山坡用地环境，创造了丰富、独特的楼栋空间形式，实践经验也表明，采用短廊式和单元式的楼栋空间组合形式，更加适用于地形复杂的山区用地环境，有利于有效利用山区地形，节约城市建设用地。在楼栋空间设计中重视建筑的地域性特点，并以环境生态的科学观念发展完善传统的设计形式，有利于国家建筑发展战略的"四节一环保"方针与目标的实现（图 4-37）。

（4）适宜的楼栋空间组合形式应符合国家相关的技术经济控制标准。我国教育设施建设的资源投入与巨大的教育发展需求相比，仍十分有限，因此，学生公寓建筑标准往往是校园建筑中相对较低的建

筑项目，其建筑标准也必须受到严格控制。公寓楼栋的空间组合形式对建筑面积的有效利用、建筑设备的定量配置皆构成直接影响，在建筑技术经济性能上，表现为建设费用的投资水平和日常使用的耗费水平。据统计研究显示，就建筑面积利用率而言，交通空间紧凑的楼栋空间形式有利于提高建筑面积利用率，一般单元式公寓高于通廊式公寓，多层公寓高于高层公寓；就建筑造价和日常耗费而言，随着建筑结构与设备投资的增加，高层公寓一般高于多层公寓。学生公寓的楼栋空间形式选择应掌握相关建设标准的控制，充分考虑学生经济能力的差异，满足不同层次的居住需求。

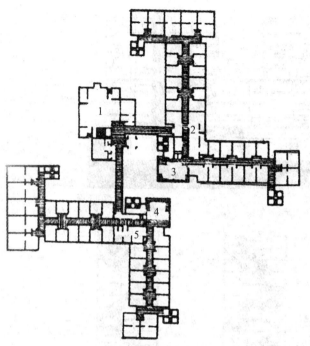

图4-38　美国特拉华大学学生公寓
1- 公共活动室、酒吧；2- 厕浴；3- 女生起居室；
4- 男生起居室；5- 厕浴

4.5.5　设计发展趋势

在社会经济和文化快速发展的条件下，对学生公寓的使用功能不断提出了新的需求，主要反映在两方面：一是新增使用空间的需求，包括个人私密空间、交友会客空间、多样化活动与服务空间；二是居住方式多样化自主选择的需求，学生可以根据自身需要和经济能力选择适宜的公寓类型入住。面对新形势下提出的新的功能需求，设计必须重视研究新问题，探索新的设计理念与方式。近年来，国外学生公寓，特别是大学生公寓设计中所体现的以人为本的设计理念和发展趋向值得借鉴与研究。

1）创造社交环境，注重交往空间的设计

大学时期是人生中思维最活跃、情感最丰富的

时期，也是最渴望与人进行思想和情感交流的时期，因此学生公寓应具有人性化的空间环境，重视多层次交往空间的设计，为学生日常生活创造更多的相互交流的机会。

美国特拉华大学学生公寓设计为学生提供了三个层次的公共交往空间，充分满足了组织不同人数和不同活动形式的交往空间的需要（图4-38）：其中最小的是可供2～6个学生活动的局部扩大的走廊空间；较大的是在每层楼转角处设置的大起居室，可用来容纳该楼层半数的学生参加活动；最大的是设在两栋公寓楼之间的公共活动室，约可容纳3个楼层的学生参加活动，在大的活动空间中还设有数个小凹室空间。形成了可满足不同交往方式需要的多层次的活动交流空间。

2）实施功能综合，提高校园生活品质

为更好地满足学生生活的多种需求，提高校园生活的品质，学生公寓内除了具有良好的居住空间外，还同时提供了洗衣房、小卖部、报刊零售、健身房、餐饮厅、网吧等多种生活服务空间，使公寓建筑成了设施齐全、环境优雅的校园生活的主要场所，展现了学生公寓空间组成向多功能综合，形成集居住、休闲、娱乐和生活服务于一体的发展的趋向。例如，2002年建成的美国麻省理工学院的西蒙斯学生公寓（图4-39），公寓大楼除提供多种学生居室外，还设有大餐厅、咖啡厅、健身房、游泳池、计算机房、复印室、影像中心等用房，甚至还设有一个125座的小型演艺场，集众多服务功能于一体。公寓楼栋空间组成近似一个小型的市镇，平面开敞流通，布局自由灵活，剖面空间变化丰富，不仅满足了学生公寓的居住功能，而且还提供了各种自由交往的空间和城市公共生活的空间。这种新的设计理念开阔了传统学生公寓对空间功能构成的理解。

3）适应市场需求，开拓公寓类型的创新

当今学生公寓都已需要进住学生自己付费租用，

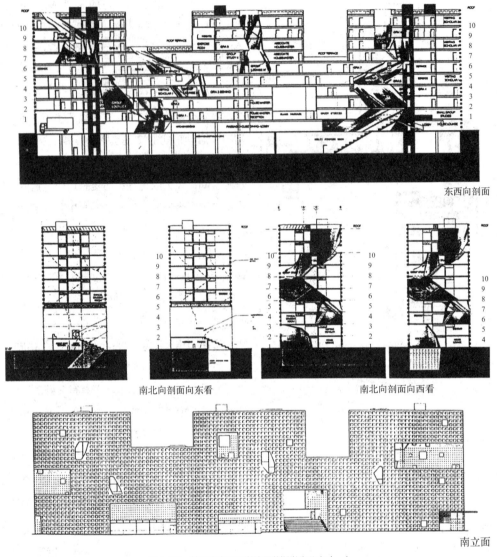

图 4-39 美国麻省理工学院西蒙斯学生公寓（一）

公寓运营基本采取市场化方式。既然学校已实行后勤社会化改革，那么就应让学生享有自主择居的可能，使学生可以根据个人情况选择适合自己的公寓空间环境。由于各高等学校在校学生个人情况在年龄、婚姻、学历、经历和经济能力等多方面存在极大的差异，如研究生中结婚成家或带眷的情况逐年增多，老年学生重返校园进修与生活的情况也已十分普遍。为满足这类学生享有家庭生活的需要，学生公寓的空间组成已不能再完全采用单身公寓单一

的居住空间模式了。国外高校学生早已存在这种个人生活背景差异性大的情况，因此国外高校学生公寓常分设单身公寓和带眷公寓多种类型。单身公寓以单元式公寓为多，居室建筑标准也可有多种选择；带眷公寓的类型更为多样，学生可据个人家庭情况选择适用的成套公寓居住，带眷公寓的空间组成与住宅基本相似，只是更加注重经济适用性和在校学习环境的基本需要。

美国高校的后勤社会化程度较高，学生公寓类

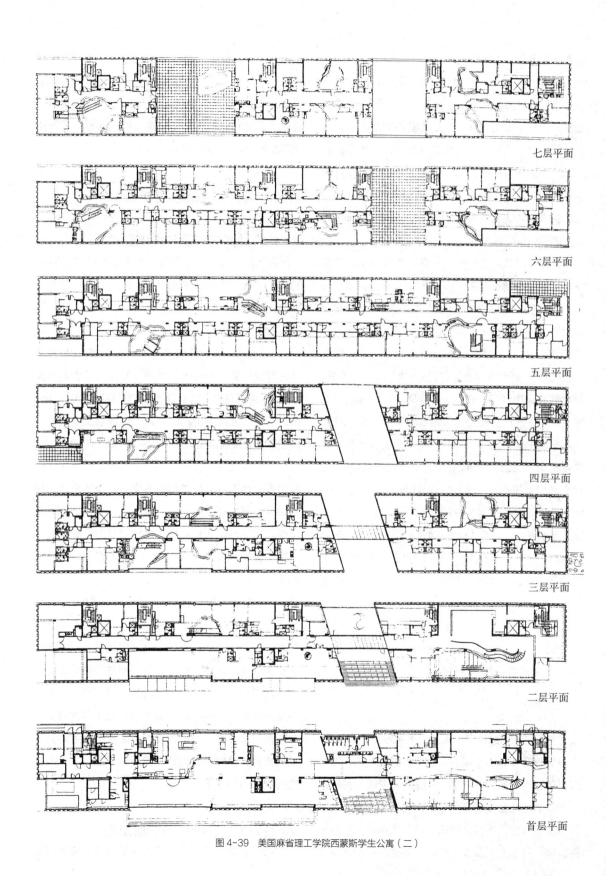

七层平面

六层平面

五层平面

四层平面

三层平面

二层平面

首层平面

图 4-39 美国麻省理工学院西蒙斯学生公寓（二）

型也丰富多样，值得研究借鉴。例如美国宾夕法尼亚大学有近 20 万 m² 的学生公寓，其中包括现代高层公寓、近代传统式多层公寓和新建的已婚学生公寓，不仅公寓类型多样，而且在室内装修标准，配套设施和使用面积等方面也均具可供选择的差别。该校本科生一般住两人间，研究生则可选择单身公寓或家庭公寓，单身公寓中还可选择单人居住单元或可供 3 ～ 4 人合住的套间居住单元。家庭公寓更有丰富的套型可供选择。

　　为提高住校学生的生活质量，国外常采取把带眷学生聚居的学生公寓组成学生村（学生城或学生街区）的方式。学生村规划与普通住宅区规划一样，应配置商店、托儿所、幼儿园和中小学校等公共建筑设施。例如，芬兰的土尔库发朗台学生村，规划分东西两区，西区为原有建筑，东区为二期续建部分。每个区都设有餐厅、商店、托儿所、小型体育场和服务中心。东区新建公寓楼为 3 ～ 4 层，呈院落式空间布局，其半封闭的院落敞向中心的大片绿地，车行道布置在公寓区外围，由步行系统连接各公寓楼与商店、托儿所、服务中心及俱乐部。东西两区的中间地带为整个学生村的公共活动中心，设有教堂、集会中心、小学校和教师住宅等。该学生村共有 2384 个单身学生居住单元和 2382 个带眷学生居住单元。带眷生大多住各楼的底层，单身生住上层（图 4-40）。

4.6　员工公寓设计

　　各行各业普遍建设的员工公寓是专为青年员工，主要是单身青年员工提供过渡性集居生活空间的城市居住建筑设施，多年来，其建设需求规模持续增长。以满足社会经济发展对扩大就业的需求。新增就业岗位遍及国民经济所有部门，包括公共行政管理机构、科教文卫事业单位、工业生产和商贸交通等各类企业与社会经济实体。庞大的就业需求同时带来庞大的新员工居住需求问题。为有效地解决新增员工，特别是大多数异地就业新员工的住宿需求，大规模开发建设各类员工公寓建筑已成为我国居住建筑发展极为重要的任务。

4.6.1　住户特点与功能要求

1）住户共同性特征与环境要求

　　员工公寓接纳的主要住户是各企事业单位新增的员工，他们大多数是刚出校门的年轻人，他们共同的特征对居住环境提出了相似的要求，主要可表现在下述几方面：

　　（1）新住户大多受过中等或高等教育，具有一定的专业技能，但在经济上属于暂时性低收入社会群体，普遍具有参与社会经济活动的强烈需求。因此，在居住环境的需求上，既靠近工作地点又经济适用的出租型公寓通常是他们首选的共同生活空间。

　　（2）新住户大多是单身未婚青年，日常生活照料主要需依靠社会公共服务来提供，公寓建筑应根据基地周邻城市公共设施的配置状况设置相应服务设施，其项目功能和规模的确定应符合不同消费水平的多样性选择需要，同时应适合年轻人精力旺盛的特点，除了提供一般的生活服务设施外，文化交流、休闲娱乐及体育健身等活动设施也必不可少。

　　（3）青年员工住户正处于人生中思维最活跃的时期，彼此都需要创造更多交往的机会，以方便思想交流和情感碰撞。自然，他们希望公寓环境从个人生活空间到社会公共空间的每个空间层次，都能为住户与相应空间层次的群体间建立不同程度的互认关系创造条件，以便借此获得必要的社会服务和信息资源。因此，公寓建筑应重视多层次社会交往空间和活动场所的构建。

2）住户差异性特征与环境影响

　　员工公寓住户间最重要的差异性是在受教育背

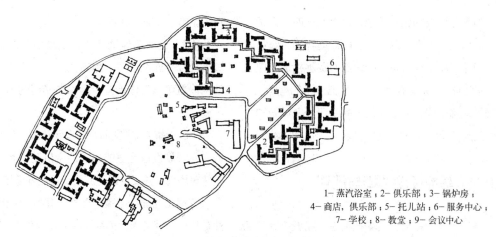

1- 蒸汽浴室；2- 俱乐部；3- 锅炉房；
4- 商店, 俱乐部；5- 托儿站；6- 服务中心；
7- 学校；8- 教堂；9- 会议中心

图 4-40　芬兰土尔库发朗台学生村总平面

景和职业分工上的差别。按员工从事职业的特性基本可分为两大类：一是以从事体力劳动为主的各类产业工人与技师，包括产品制造业和商贸交通业从业人员，通常被称为企业职工，国外俗称"蓝领"工人。他们总体上受教育程度较低，日常工作体力消耗较重，并且平均收入水平相对较低。二是以从事脑力劳动为主的各类行政、管理、科技和服务的办公人员，通常被称作机关职员，国外俗称为"白领"职员（包括政府部门、科研、教育、文化与卫生机构以及公司企业管理机构等工作人员）。他们总体上受教育程度较高，日常工作以办公室业务为主，较少体力活动，并且平均收入水平相对较高。公寓建筑设计应在建筑标准、居住单元空间模式和楼栋空间组合形式等方面充分考虑这两大类员工的差异性特征，为满足差异性要求提供多种选择的可能。有关两者差异性产生的环境影响，主要表现在下述方面。

（1）日常作息活动周期差异性的影响

"蓝领"职工的生产活动经常采用昼夜轮班工作制，整天都会有上下班人流的交替活动，并需要在公寓里睡眠休息，公寓居室区的环境安静必须得到保障。然而，机关职员的办公业务基本上是全白昼工作制。两者在作息活动周期上的差异性，在很大程度上会影响公寓个人生活空间的形式、公共活动空间的布局方式和楼栋日常的管理方式。

（2）个人业余生活方式的差异性与环境影响

一般"蓝领"职工的业余生活，除参加企业有组织的业余进修与技能培训外，最主要的需求就是要获得充足的睡眠和休息，其次则是料理其他个人生活事务和参与休闲娱乐活动，借以恢复充足的体力，因而能享有不受干扰的个人睡眠空间格外重要；然而，"白领"职员的业余生活中工作与休息的界线就不太容易划分，经常会在家中处理未完成的办公业务，或自修研读。参加体育活动是他们业余生活的共同需要和爱好，因此，公寓居住环境应重视为他们提供个人学习和体育健身活动必需的环境空间，这已成为"白领"公寓必要的环境条件。

（3）公共服务需求的差异性与环境影响

经济收入决定消费水平和方式。由于大多"白领"职员的收入水平高于一般"蓝领"职工，因此两者对公共服务设施的配置要求在功能构成和消费结构上都存在明显的差异。一般"白领"职员住户对公共服务设施的功能配置要求具有全方位性的特点，除满足物质生活服务的一般需求外，还有较多精神生活的需求，如对文化艺术、体育健身和科技信息等服务设施的强烈需求。然而，一般"蓝领"职工更为关注基本生活物质供应环境与相应服务设施的配置，需要获得与一般职工消费水平相适应的生活服务环境。两者在消费水平和方式上的差异性，对公寓楼栋空间和公寓区内公共生活服务设施的功能配置与空间组成产生重要影响。

4.6.2　基地环境选择与规划

各行各业的单身员工是社会生产和城市经济活动的最具活力的参与群体，他们日常生活的安排必须考虑以工作和生产活动的需要为中心，在选择居所环境时也离不开如何方便日常上下班的考虑，因此员工公寓在基地选址与规划上，除了需要考虑必要的城市公共服务与基础设施外，还应考虑如下要求：

1）公寓建设基地选址应尽可能接近员工工作地点

大多数分散于城市郊区的工矿企业，其单身职工公寓与家属住宅区一样，都宜邻近厂矿生产区集中规划建设，以减少上下班往返交通带来的不便和城市交通的负担。城市各部门机关职员和其他"白领"工作人员，一般需要在市区内就近居住，但是当今城市人口的快速膨胀已使城市，特别是大城市的居住用地很难满足这一需要，那么，基地区位选择在具有便捷的城市交通条件的地段就十分重要，靠近城市快捷交通站点（地铁或轻轨系统）的用地是最为理想的选择。

2）基地总体规划应结合用地区位的城市交通环境

构建可适应交通方式多元化发展的基地道路系统与交通设施，为员工日常上下班活动创造安全方便的出行交通条件。

（1）规模较大的员工公寓区，宜在用地内规划设置城市公共交通候车区或始发车场地，以便充分利用城市公共交通资源。

（2）远离工作地点的公寓基地无法就近利用城市公共交通系统时，为方便员工上下班，宜在用地内设置可供工作单位专用班车使用的道路与候车设施。

（3）适应城市交通方式多元化发展的趋向，用地内应规划设置足够的员工自用机动车和非机动车的停车场地，并妥善设置道路交通的安全措施。

苏州工业园区"青年公社"是为该园区内各企业单位统一规划建设的综合性和出租型员工公寓区，规划总住户 3234 户，总居住人口约 3 万人，该区基地规划为区内员工的上下班交通提供了极为方便的环境条件。其规划既提供了城市公共交通的始发场地，也设置了供各单位班车专用的候车区，同时还为住户提供了 468 辆自用小轿车的地上停车场地和充足的自行车存放空间（图 4-41）。

3）基地总体规划应结合用地条件，创造健康、舒适并符合单身员工身心特点的居住环境

（1）确保居住环境的适居性条件，满足居室对日照、通风、采光和隔声等环境条件的基本要求。

（2）提供员工开展体育健身必需的室外运动和休闲活动场地，促进员工的人际交往。场地设置标准可结合用地条件和业主意向酌情确定。

（3）用地条件相对宽松的城郊基地，员工公寓区规划应结合基地自然环境，创造良好的景观绿化环境，不仅可为单身员工提供优雅温馨的家园环境，而且还有利于树立文明、先进与现代化的企业形象。

深圳华为单身公寓小区，位于龙岗华为公司总部生产基地，小区用地 10 余公顷，规划建设 3600套公寓和一栋运动会所，其进住员工 95% 以上受过高等教育。为有利于增进公司员工的凝聚力，使公寓居住环境富有家的亲切感，基地规划采用了院落式的建筑布局形态，为住户提供了富有领域感的室外空间环境。丰富的室外空间层次为人际交往活动

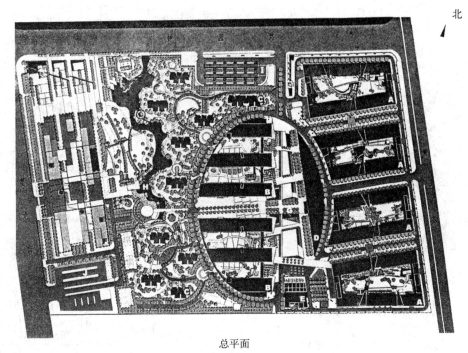

总平面

图 4-41　苏州工业园区"青年公社"总平面规划
A- 连廊式公寓；B- 套间式公寓；C- 居家式公寓；D- 商业街；E- 食堂；F- 便利中心；
G- 中心广场；H- 区域公园；I- 厂车候车区；J- 公交始发站

提供了亲切宜人的空间场所（图 4-42）。

4.6.3　居住单元设计要点

员工公寓是公寓建筑中建设规模最大的一种类型，它与住宅建筑一样在国民经济发展中占有重要地位，国家在不同建设时期都为之制定了相应的建筑标准和设计规范。员工公寓的空间组成、形式和建筑标准的演变历程，基本反映了国家与地区的经济发展水平和员工福利的基本状况。随着国家社会经济发展水平的快速增长，单身员工的居住水平也获得了迅速的提高。最新国家标准规定，员工公寓的居室使用面积标准已有从一般职工人均最低为 3m² （8 人双层床居室），到高级管理或科技人员人均 16m² 的较大范围，按照进住员工和业主的需求

酌情确定。这使新建员工公寓在设计决策上有了更大的选择空间，可以更加切合实际需求，根据不同员工群体和个体的特点，提供多样化的居住空间环境。对多样化公寓居住空间环境的需求，主要源于住户自身在下述方面的差异性。

1）机关"白领"职员与企业"蓝领"职工两类住户在生活方式上的差异性

机关"白领"职员一般年龄稍长，职务较高，个人业余生活常需安排学习研读和机动办公活动，因而对个人居住空间的私密性和方便自由支配的机动性要求较高，并且职务越重要，要求也越高。因此，机关"白领"职员的居室空间宜以两人合住的双床间为主，并宜配置独用卫生间组成公寓最基本的居住空间单元，以减少相互干扰，增加住户使用

图4-42 深圳华为单身公寓小区总体规划

标准单人间

A 型大单人间

的灵活性和舒适性。然而，企业单身"蓝领"职工，大多更为年轻，职业工作以集体活动为主，工作时间与业余时间严格区分，对个人居住空间私密性的要求大幅降低，基本限于个人生活行为的一般私密性要求。因此，企业基于经营效益的考虑和权衡，"蓝领"职工公寓的居室空间大多采用多床间（每间3或3床位以上）居室，卫生间可采用多居室共用的配置形式，组成多居室配套的居住单元。

苏州工业园区"青年公社"规划，对两类员工的居住需求作出了合理的安排。在规划的"套间式公寓"中，为"白领"职员提供了由双床间居室和独用卫生间组成的居住单元，同时在其"连廊式公寓"中为一般"蓝领"职工提供了若干由多床间居室和共用卫生间分组组成的居住单元，充分满足了两类员工因生活方式上的差异性所提出的不同居住需求（图4-43）。

2）男性员工与女性员工在居住行为上的差异性

员工性别上的差异明显地反映在居住行为的特征上，影响着各自对居住空间环境的功能要求。一般而言，男性员工业余生活更关注公共交往活动，居住单元空间内宜为之安排适当的共用起居活动空间，以方便开展多种业余休闲活动，如棋牌游艺、交谈聊天或团聚会餐等活动。共用起居活动空间宜具有足够的开放性和多用性特点，便于组织丰富多彩的业余生活与交往活动，以增进室友间的情感交流。然而，女性员工对居住空间环境的关注焦点不同于男性员工。由于生理特点不同，女性员工通常会有更多的业余时间关注个人生活事务，从事个人的卫生、美容、洗涤、晾晒以及居室的整理等家务活动，因此更加关注公寓居住环境提供的个人生活空间的质量，包括卫生化妆空间、衣物贮藏空间、

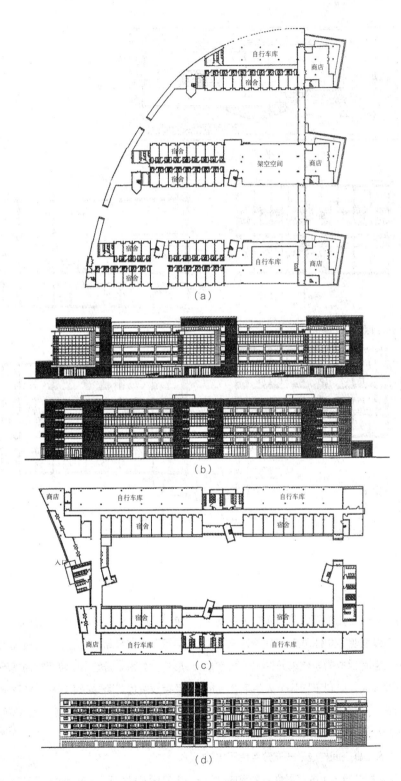

图 4-43　苏州工业园区"青年公社"公寓楼居住单元类型

（a）套间式公寓平面；（b）套间式公寓立面；

（c）连廊式公寓平面；（d）连廊式公寓立面

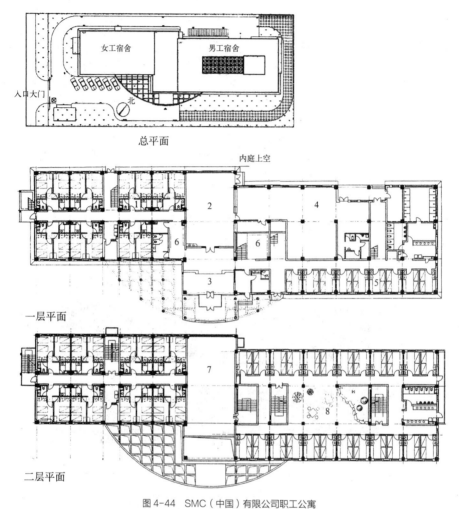

图4-44　SMC（中国）有限公司职工公寓
1- 女工宿舍；2- 食堂；3- 门厅；4- 厨房；5- 男工宿舍；6- 换鞋处；7- 娱乐室；8- 内庭

洗涤晾晒空间和可以寄托个人情趣的趣味小空间的安排。因此，实践表明，女性员工公寓更宜采用由小居室与专用卫生间组成的居住单元形式，居室规模一般不宜超过 3 人，以利于增强个人生活空间的专属性和私密性。

日本 SMC 株式会社在北京经济技术开发区为其一般职工提供的公寓空间构成形式充分考虑了男性职工和女性职工在居住行为上的差异性。公寓内通过不同的分区空间组合形式及室内装修的变化来满足男性和女性职工不同的生理和心理要求。其女职工居住单元采用了设有专用卫生间的小居室居住单元形式，男职工居住单元则采用了多居室共用大卫生间的组合形式；女职工居室内设置了方便精巧的衣物与卫生用品存放壁柜，而男职工居室区特意集中设置了开放的交往大厅空间。男女职工分区空间的特色分明（图4-44）。

3）已婚员工与未婚员工在居住模式选择上的差异性

青年员工中通常会有部分已婚新员工，由于初始步入工作岗位，尚未定居安家，而常有配偶探亲来访或作短期留住，同时也会有部分新婚青年员工仍需留驻公寓暂居。为未婚职工提供的单身公寓的居住条件自然已不能适应青年夫妇家庭生活的需要，因而员工公寓还应为部分已婚的新员工提供适宜的居住单元空间。一般认为，适应青年员工家庭临时性和过渡性居住的单元空间宜与经济适用的小套型住宅单元（使用面积约为 34m^2 的一类住宅）的空间组成相似，室内家具和一般家用电器设备也宜随房配套租用，这种可享有全方位公共服务功能的家居式公寓套房正是适应当今人才流动需要并正在迅速发展的公寓居住模式。

苏州工业园区"青年公社"公寓区规划中，不仅配置了可供"白领"职员入住使用的"套间式公寓"和可供"蓝领"职工入住使用的"连廊式公寓"，而且还配置了可供已婚青年员工使用的"居家式公寓"类型，充分考虑了已婚员工和未婚员工在居住模式选择上的差异性，满足了多样化灵活选择的需求（图 4-41）。

4.6.4　公寓楼栋设计要点

员工公寓的住户是社会各行各业的职业群体，良好的公寓居住环境对维护员工劳动权益和社会经济稳定发展具有重要意义。构成良好的公寓居住环境不仅应有适宜的个人居住空间，而且还应有完善的公寓总体空间布局形式。员工公寓，尤其是单身员工公寓是十分典型的公寓建筑类型，其楼栋空间的组成和空间组合形式的选择完全遵照公寓建筑设计的基本原理与方法。然而，员工公寓住户共同的社会群体特性也给公寓楼栋的设计提出了特别应予关注的若干问题。

1）关注楼栋空间功能组成的合理性

公寓内多半单身住户的日常生活对社会公共服务具有高度的依赖性，因此设计应对楼栋空间的功能组成给予更多的关注。影响公寓楼栋空间功能组成最主要的因素是配套公共服务空间的设置方式。设计应根据基地的城市区位环境和总体规划确定合理的配套服务功能与空间组成。合理的配套服务功能组成和规模有利于节约建设投资，降低日常运营费用和减轻住户经济负担。

公寓楼栋可能单独建设在独立的城市用地中，也可能大规模成批建设形成集中规划的公寓区。单独兴建的公寓，其楼内配套服务空间的功能应根据用地周邻地段的城市公共服务设施环境酌情确定。住户日常生活服务需求宜充分利用城市公共设施资源，楼内设施功能仅作相应补充配置。成批成区大规模兴建的公寓楼栋，其配套服务设施可依照公寓区内公共服务系统的规划布局，统筹配置。

公寓楼栋配套服务空间的布局方式可按总体规划的需要采取不同的方式，可与楼内居住空间整体组合，也可脱离楼内居住空间自成一体集中设置，形成公寓群体空间组合的独立要素（图 4-45）。

2）关注楼栋空间组合形式的多样性

公寓楼栋空间组合形式的选择应与居住单元空间设计一样，充分考虑住户群体或个体特征的差异性及其对空间环境多样化的需求，以利于楼栋空间整体协调，形成统一的环境目标。实践表明，员工公寓的楼栋空间组合形式较多采用通廊式（包括长廊式与短廊式），有利于组织集中式管理，其中南方地区以外廊式为宜，北方地区以内廊式为宜。当今，随着员工居住水平的逐年提高，许多可供"白领"职员或已婚员工居住使用的员工公寓，其楼栋空间组合形式已趋向采用室内环境条件较好、建筑标准相对较高的单元式楼栋空间组合形式或其他复合的形式。

3）关注楼栋空间安全管理的有效性

公寓内大多单身住户业余时间充裕，与外界交往活动频繁，而且住户的流动性较大，对楼栋环境的安全管理应给予更大的关注，楼栋空间的组合形

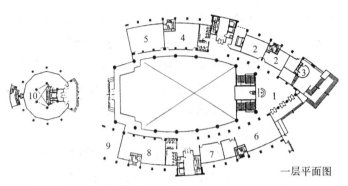

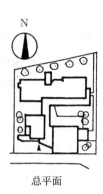

一层平面图

总平面

1-门厅；2-办公室；3-警卫室；4-撞球室；5-乒乓球室；6-冷饮部；
7-文化教室；8-健身房；9-咖啡座；10-咖啡厅

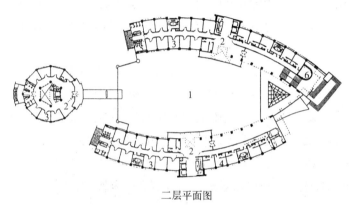

二层平面图

一层平面

1-屋顶避难平台；2-交谊厅；3-宿舍；4-VIP室；
5-淋浴室；6-管理员室

1-单人居室；
2-双人居室；
3-厕所；
4-浴室；
5-洗衣房；
6-休息厅；
7-厨房；
8-活动室；
9-会议室；
10-餐厅；
11-管理用房；
12-图书室；
13-音乐室；
14-机房；
15-工作室

宿舍及活动中心是一组活跃的形体。它所围合的船形内庭院有一个经过设计修整的水池，提供了一个运动休闲场所和网球散步道。两幢弧形建筑为男生宿舍，圆形建筑为女生宿舍，各有其私密空间，其沟通是通过一个平台连接的桥。它们隐喻一种阴阳关系，希望以男生宿舍环绕着象征"阴"的中庭，并保护着它，形成一个造型意念。

在狭窄基地上建8层职工宿舍，容纳170人。居住楼与公用楼前后分开布置，避免干扰，方便使用。

（a）　　　　　　　　　　　　　　　　　（b）

图4-45　公寓楼栋配套服务空间布局

（a）台湾杨梅厂职工公寓综合楼（服务空间综合于主体楼栋空间内）；
（b）日本东京电信电话公司宿舍（服务空间独立于主体楼栋）

式应为安全管理提供方便有效的环境条件。首先应有严格的内外空间区分，为满足接待来客的需要，宜在公寓主要出入口设置接待空间，以便来访者登记和等候使用。其次，公共服务设施实行对外服务时应合理组织内外人员分流，防止内外混杂或外部人员误入楼内空间。再次，楼内空间组织应兼顾住户间交往活动所需的开放性和安全管理所需的可控性的要求，楼内居室区与公用活动区宜有明显的空间区划和标志，以方便管理监控。

4）关注楼栋公用空间配置的适用性

楼栋公用空间包括生活辅助空间（如厨、卫、餐饮等），公共活动空间（文体、休闲等）及交通枢纽空间（楼、电梯厅间等）。公用空间配置的适用与否，极大地影响楼栋空环境的舒适度。公用空间配置的适用性包括其空间布局、形式和规格，应符合住户使用方式的特性，主要包括使用时段分布和使用密度分布的特点。然而，住户的职业工作特性决定着住户生活的作息节律和业余生活方式，是形成楼栋公用空间不同使用方式的根本原因。因此，为增进楼栋公用空间配置的适用性，避免使用中相互干扰、拥挤不便和管理困难等不合理现象的发生，设计应首先充分研究住户群体的职业构成和居住行为的特征，以利于提高楼栋公用空间配置的适用性和环境舒适度。

总结

通过上述三节分别简述了老年公寓、学生公寓和员工公寓三种目前使用最广的公寓的类型、特点与设计要点。它们是适应现代社会生产方式和生活方式的发展变化，专为特定社会群体提供的居住空间模式。然而，社会仍在持续发展变化，新的生活方式仍在不断提出新的居住需求，改变着传统的居住方式和空间模式，公寓建筑也出现了新的发展与变革。因此，除了要学习掌握上述三种传统公寓建筑类型的设计外，对近年来正在我国各大城市获得迅速发展的一种新的公寓建筑类型，也应作点必要的了解。这种公寓类型，众所周知，通常借用英语缩写简称为 SOHO 公寓，意为可供居家生活与办公兼用的公寓建筑（Small Office & Home Office）。由于它可供小型公司机构人员办公与居住两用，因而也被称作商务公寓（商住楼）；还由于它能提供全方位的生活与办公服务，因此又常被称作酒店式公寓（服务型公寓）。无论何种称谓，这类公寓具有类似的住户群体，是专门面向一批独立创业的青年"白领"阶层。由于他们普遍受过良好的教育，年轻而富有活力，对个人发展充满期望，因而普遍追求工作的自由与效益，生活的方便与舒适。他们对居住环境的特殊需求迅速成了城市房地产开发的新热点，并借用了美国纽约曼哈顿一个社区的地名 SOHO 来称呼这类公寓，用以增添高雅、时尚和新潮的含义与色彩。

如再作进一步了解可知，国内房地产开发之所以用 SOHO 命名这类公寓，是因为这种公寓的居住模式确实与曼哈顿 SOHO 社区在 20 世纪 90 年代兴起的一种时尚的生活方式和流行的居住模式相关联。这就是流传至今且与时尚生活相关的名词"劳富特"（Loft），"劳富特"提供的不仅是一种新颖的居住空间形式，更重要的是一种生活方式和生活态度。它是一种不同于传统的生活方式，追求自我释放，在日常生活中喜欢充分表现个人创造性的态度，因而要求个人生活空间能改变传统的限定功能的空间划分方式，代之以自由开放、功能灵活的空间形式。掀起"劳富特"狂潮的是 20 世纪 50 年代在美国被称作"垮掉的一代"（Beat Generation）的青年艺术家群体。当时正值大批 20 世纪初建造的钢结构工业厂房和仓库已不适用，房产主正急于寻求出路，然而钢结构厂房和仓库通敞的大空间、开放的平面、充足的采光正好符合这群尚不富裕但不拘成规的青年艺术家的需要，被用来作为他们工作、生活和作品展示的多用空间，于是出现了由老厂房或仓库改造而成的居住空间形式，这就成了最初的"劳富特"公寓。20 世纪 60 年代初，由于这批青年艺术家的大量到来，曼哈顿 SOHO 地区重新焕发了生气，更吸引了大批不同流派的艺术家，"劳富特"公寓获得了快速的发展。尽管大部分"劳富特"是由老厂房或仓库改建而成，并不符合当地有关居住建筑的法规，但因为 20 世纪 80 年代以前 SOHO 地区被规划定为轻工业和商业区，并非居住区，因此，居民尚可自己动手将旧厂房改造为工作、居住两用的生活空间。20 世纪 80 年代以后，曼哈顿 SOHO 地区的社会经济也因此快速崛起，投资的增长进一步推动了 SOHO 地区的繁荣，并最终发展成了一个艺术家、画廊云集，餐饮零售业发达的都市年轻"白领"们趋之若鹜的高级居住区。当今，"劳富特"

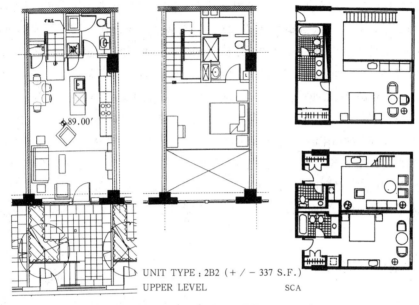

UNIT TYPE : 2B2（＋／－337 S.F.）
UPPER LEVEL　　　　　　　　　SCA

图 4-46　美国华盛顿银泉跃层式"劳富特"（Duplex Loft）公寓套型

的生活方式和居住模式也已被广泛认同为社会主流，不再是少数艺术家特有的癖好。这种将工作与居住结合为一体的生活方式，灵活自由、富有创造性的生活态度，开放流通的生活空间已成为当今许多年轻人追求的时尚目标。

发展至今，"劳富特"已不仅是由旧厂房改造而成的生活空间，而且经过规范化后成了许多新建公寓内居住单元的流行款式。现今"劳富特"模式的居住空间形式大致可归纳为下列几种：

（1）原生型"劳富特"（True Loft）

这是由旧工业厂房或仓库经简单改建而成的多用性生活空间，采取兼顾工作与居住的空间布局形式。

（2）跃层型"劳富特"（Duplex Loft）

居住单元带有设置夹层的开放空间，住户可从夹层空间俯视下层主要起居空间，一般单元上层空间用作居室，下层空间用作工作与公用起居空间（图4-46）。

（3）软置型"劳富特"（Soft Loft）

其特征是采用单层空间，平面狭长，进深较大，室内空间通敞，不同功能的空间之间仅以地面高差区划，起居厅（室）也常采取不完全封闭的空间形式。

（4）粗放型"劳富特"（Raw Loft）

其平面布局与一般单元式公寓基本相同，但同时具有层高大、管线暴露等工业厂房所显示的粗放的工业化建筑的特征。

（5）居住／工作合用空间（Live/Work Space）

"劳富特"被定义为工作与居住相结合的一个扩大的开放空间，空间规模可大可小，没有一定标准，但都具有大面积的采光玻璃窗，空间形态类似原生型"劳富特"（True Loft）。

无论如何定义"劳富特"公寓，它们的一些重要特征仍是基本相同的：兼顾工作与居住的空间布局，开放的空间形态，大面积的采光玻璃窗和工业建筑风格的外观造型等。

当前国内各大城市开发的 SOHO 公寓项目，可以认为，实质上是纽约曼哈顿 SOHO 地区 Loft"劳富特"时尚化居住模式的仿制品。不过它结合国内市场特点作了相应的变化：一是主要用户群不是时尚艺术家，而是城市中小企业和青年独立创业者。

一梯三户公寓平面

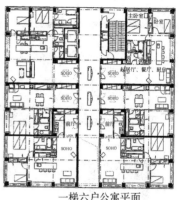

一梯六户公寓平面

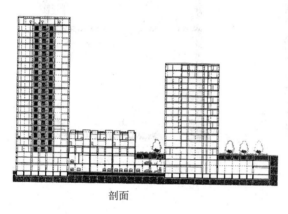

剖面

图 4-47　北京建国门外 SOHO 居住区规划

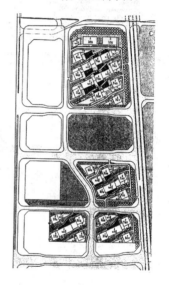

因此对居住环境的要求已不只是时尚、高雅和个性化，而是更注重日常生活的方便、舒适与效率，建筑基地多半选择在市中心或市区边缘靠近城市快速交通站点（地铁或轻轨交通）的地段。二是开发形式以市区独立地段，小规模开发为主。由于用地相对狭小，要求容积率较高，楼栋皆以高层为多，多层较为少见，住户单元空间以跃层式套型居多。三是建筑外观迎合用户商业心理，趋向市俗化和精致化，工业型粗放风格的原型外观已基本消失。

例如，北京建外 SOHO 居住区，地处北京商务中心区东城一隅，占地约 18.4hm²，全部采用高层楼栋，自南至北楼群规划分为三个高度，南部最低 12～16 层，中部 20～28 层，北部为 30～33 层，

以利于满足日照间距要求并提高用地效率。高层塔楼下部分别设有 1～4 层不同高度的裙房。裙房之间以小区道路、架空廊桥相连，并有下沉庭院和屋顶平台穿插其中，裙房既作为小区的各种商业服务设施空间，也为不同高度的交通系统所利用，用以实现区内道路的人车分流要求。高层塔楼标准层平面可灵活分隔为 4 户或 6 户，平均每户建筑面积约为 125～190m²（图 4-47）。

再如，南京地铁一号线的投入使用，相继带动了沿线的房地产开发，中心城区边缘、靠沿线站点的周边地段兴建了大量 SOHO 型高层公寓，公寓单元空间大多采用复式空间，即层高加大为 4.80～5.0m，住户可按需自建夹层楼面，形成类似跃层式

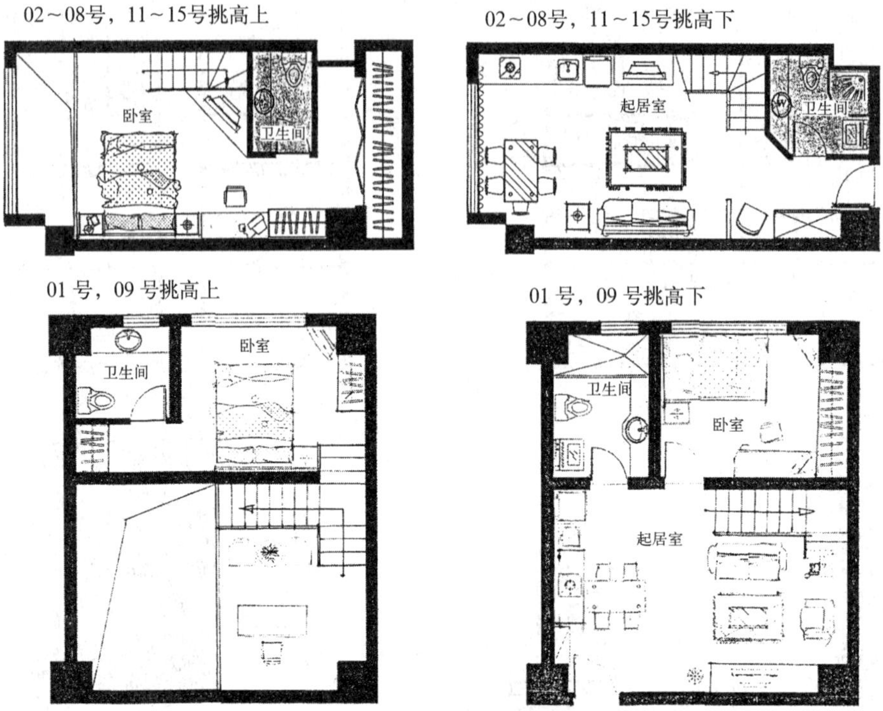
02～08号，11～15号挑高上
卧室
卫生间
02～08号，11～15号挑高下
起居室
卫生间
01号，09号挑高上
卫生间
卧室
01号，09号挑高下
卫生间
卧室
起居室

图 4-48 南京安德门外 SOHO 公寓套型

套型空间，下层作为办公起居空间使用，上层作为卧室空间使用，平均每套使用面积一般约为 45 ~ 80m² 不等，大多采用中小套型，最适合于青年“白领”独立创业者使用，因此也常被称作“青年公寓”（图 4-48）。

随着我国政治经济体制改革的深化，人们的生活方式和居住观念仍将继续发生变化，传统的定居生活方式将进一步遇到新生活与新观念的挑战。公寓建筑的概念和功能类型也必将产生新的变革，建筑设计需要不断地联系社会实际需要，研究新问题。

第5章 Residential Complex Building Design
居住综合体建筑设计

居住综合体建筑是以居住建筑为主体并与城市多种功能类型的建筑空间有机结合而形成的互为依存关系的大型综合性建筑或建筑组群。它是现代城市综合体建筑广为发展的主要形式。

面对当代世界严峻的城市环境问题，居住综合体建筑的形成、发展与完善，已成为各国城市住区探索可持续发展道路的重要建设实践。由于居住综合体高度集中的建筑形态有利于整合城市功能不断发展的新需求，有利于集约化高效利用城市综合资源，包括土地资源、基础设施、商业网络、能源供应和科技服务等，从而可以明显改善现代城市发展模式因片面强调功能分区带来的种种弊端，并有利于促进现代城市生活主要构成要素——建筑物业、就业场所、商业服务和休闲娱乐等空间设施，能在城市总体空间的开放性架构中实现最适合步行者生活的功能整合，形成以完善的公共交通体系为依托的，具有人性化和个性化特色的城市居住空间模式。

居住综合体建筑的形成与发展也显示了当今"新城市主义"的城市发展观正逐渐被实践所认同，并已构成21世纪城市住区建设的重要规划设计理念。根据"新城市主义"的城市设计理论，无论城市中心区还是城郊区，也无论新城镇建设还是旧城更新改造，规划设计都应确保城市空间有机整合，形成统一的整体，并应采取复合型的城市土地利用模式和符合步行者尺度的城市建筑空间模式。居住综合体的建筑空间形态正适应了这种新发展模式的要求，展示了当代城市居住空间发展的新趋向。

随着经济的全球化发展，城市间竞争的加剧，提高城市住区"适居性"（或"可居性"）水平，正成为我国城市增强竞争力，实现社会、经济和环境可持续发展目标的核心议题。如上海为举办2010年世博会提出了"城市，让生活更美好"（Better City, Better Life）的发展理念；北京在其《2004～2020城市总体规划修编大纲》中也将"宜居城市"的新理念作为城市发展的核心目标。探索发展新的城市居住空间构建方式是实现城市发展新目标的重要方面，因此，居住综合体提供的城市居住建筑新形态，对研究提高我国城市的"适居性"水平，促进城市住区规划结构的人性化和多样化发展具有重要的理论与实践意义。

5.1 居住综合体的建筑构成与功能定位

近年来，居住综合体建筑在我国经济发达地区的主要城市中已形成了一定的发展规模。居住综合体项目开发实施的特点，首先表现为项目用地区位多半处于城市中心地段，区位交通便利，用地周边配套基础设施完备。但是因受城市中心区位空间或原有路网结构的限制，用地规模一般较小；其次，由于城市中心区人口密度较高，土地价位也普遍较高，对实施项目的建筑密度和容积率必然具有相对较高的要求；再次，表现在内部功能组成的复杂多元性上，它可以兼容城市生活所必需的各项功能空间，往往可集住宅、公寓、旅馆、商业零售、商务办公及餐饮娱乐等多种设施于一体，成为城市多功能综合的基本空间载体。居住综合体建筑的空间构成和功能定位，与实施项目的用地区位环境密切相关。

5.1.1　居住综合体的空间构成

居住综合体是一种具有城市整体性综合功能的建筑形态，其建筑空间构成的内容与形式对城市住区环境的适居性水平具有重要的影响。决定其建筑空间构成的基本依据是它的功能组成，主要功能组成应包括居住功能、服务功能和商业功能三大组成部分。

1）多样化的居住功能

为各类城市居民提供适宜的居住空间是居住综合体建筑的核心功能。同时，为适应城市居民中不同社会群体多样化的居住需求，可酌情采用不同类型的居住建筑，包括各类住宅、多种公寓或商住混合的居住建筑类型，用以安置需要选择不同居住模式的住户。住户构成可以是永久定居的城市居民，也可以是适应长驻异地工作需要而客居当地的各类职业人员及随员家属。近年来，随着我国经济体制和城市户籍制度的改革，异地客居住户的规模呈现不断增长的势头。由于这类客居住户多半是城市经济活动的主要参与和策动者，因而择居时更愿选择可享有全方位生活和商务服务的，交通方便又便于利用各项城市资源的居住综合体建筑，作为长驻异地工作的寓所。一般而言，城市定居者需要的是各类适用的住宅建筑，而城市客居者更需要设施齐全、服务周到的高级公寓或酒店式服务公寓，临时或短期留住者则会首选入住更为便捷化的商务旅馆。不同住户群体对居住功能的多样化需求，对综合体的建筑构成、内容与形式选择具有主导性的影响。如仅以住宅建筑为主体的居住综合体，其建筑配套功能组成一般以齐全的生活服务功能为主。然而，以酒店式公寓建筑为主体的居住综合体，其建筑配套功能组成则会比较复杂，除相应配置的生活服务功能外，还会增加许多与商务活动相关的功能空间（如办公、会议和展销等设施）。

2）综合性的服务功能

居住综合体建筑需要配置的生活服务设施应能为既定的住户群体提供全方位的生活服务项目，服务内容可包括购物、餐饮、休闲娱乐、家政服务和托幼教育等。项目的选择取决于所服务的地段区位环境和住户群体的生活需求特性。

（1）购物功能

设置购物场所可采取多种形式，常可设置大型购物中心、著名品牌超市和各类精品专卖店等，应与服务的住户群的购买力水平相适应，并与建筑基地所处的城区环境相关联。地处城市中心商业区的建设项目，还可与大型特色商业建筑（如名牌百货公司、购物商城）及城市金融机构相结合，形成城市或地区性的经济活动中心。

（2）餐饮功能

在配置大型购物中心或商场时，也常配置快餐店或各类小吃店。建筑规模较大的居住综合体建筑中，餐饮设施还可相对独立设置，形成规模性和系列性的经营方式，例如设置风味小吃街、特色美食街和可提供社会集团使用的餐饮中心等，形成功能性极强的餐饮服务建筑空间系统。

（3）休闲娱乐功能

这是城市居民业余精神文化生活的重要场所。随着现代城市生活方式的发展变化，休闲活动方式不断丰富和多样化，休闲娱乐设施的形式和规模也在不断增长。大型居住综合体建筑可以设置影视中心、KTV歌舞娱乐中心、健身健美中心和美容洗浴中心等休闲娱乐场所。以住宅建筑为主体的居住综合体大多以会所建筑或社区文化中心为主要功能设施，并在空间布局上注意防止对居住环境的干扰。

（4）家政服务功能

城市生活节奏加速，对于整天忙于工作事务的人们，其家务琐事极需社会支援，提供如洗衣、清扫、家电维修、家庭教育和老人护理等生活服务，这对于长久定居的城市居民尤为重要，因为这是维护其基本生活质量的重要环境条件。因此，在以住宅建筑为主体的居住综合体建筑中，必须给予特别重视。

（5）文化教育功能

居住综合体建筑主要住户为家庭户并达到一定社区规模时，或当建筑所处的社区公建配套项目需要时，应设置相应规模的托儿所和幼儿园设施。在老龄化城市地区，还宜考虑设置服务于居家老年住户的文化教育设施，如老年文化活动中心或老年大学等设施。

3）集约化的商业功能

居住综合体建筑由于常地处城市繁华商业地段，对住户就近从事商业活动十分方便。因而无论从城市功能需要还是住户就业需求来考虑，配套设置相应完善的商业活动设施对项目的开发建设与日常经营效益都是十分有利的。商业活动设施需提供的空间功能主要可包括商务办公、商务会议、商贸展览以及相应的金融、保险和电信业务等。为提高设施运营的效益，商业活动设施的配置宜采取系统化和集约化的方式，结合城市总体规划和区域城市设计要求，统筹考虑基地与周邻地段的长远发展关系和商业功能的主要构成。建筑商业功能的配置宜具有鲜明的主业特色，或以商业零售为主，或以商务服务为主，或以金融交易为主，并宜留有足够的灵活调节的发展空间。

5.1.2 居住综合体的功能定位

居住综合体的功能定位，其意就是要研究确定该建设项目在城市总体发展规划中应具有的功能作用，以促进城市总体功能的有机整合，并可在此基础上进一步确定综合体建筑构成中居住建筑的类型与规模，以及综合配套设施的功能组成。

1）城市设计的指导作用

影响居住综合体建筑功能定位的因素极为复杂。从前述功能组成的内容分析中可以认识到，主要影响因素也就是制约着城市空间发展的众多客观条件，包括用地现状环境条件、城市总体发展规划、城市经济发展规模与特点以及项目投资的意向等。因此，为理清错综复杂的制约因素，居住综合体的功能定位需要在相应区域或地段的城市设计（概念性或方案性设计）的基础上研究确定，城市设计可为建筑设计提供原则性的指导和工作框架，然后再以建筑设计完善、实施和丰富城市设计的目标。城市设计对建筑设计的指导（或制约）作用主要可体现在如下四个方面：

（1）定位作用

主要包括确定该建筑项目在特定城市空间中的地位（用地区位、功能等级、景观意象等）、方位、主要出入口位置以及建筑形态与城市空间结构（轴线、道路、广场等）的相应关系。

（2）定量作用

主要是确定该建筑体量与环境空间容量相适合的定量关系，如确定建筑的高度控制，基地的建筑密度（覆盖率）、容积率控制以及建筑各项使用功能的空间规模等。

（3）定形作用

主要指建筑形式、空间形态、视觉形象等涉及建筑造型与审美的社会意识，价值观念和艺术风格等问题的公众倾向与参与意向。

（4）定调作用

主要是指建筑色调、空间格调、艺术情调和环境基调等，与视觉心理和城市意象相关的命题。

在尚未完成城市设计的地段，建筑设计更需要以正确的城市设计观念，主动自觉地考虑城市设计的基本要求，必须在深入研究城市设计要求的基础上确定建筑设计的具体目标与要求，这是居住综合体建筑设计与功能定位必须遵循的正确方法与途径。正因如此，居住综合体建筑设计比一般居住建筑设计不仅功能要求复杂得多，而且设计决策因素也更为复杂，设计要更多地关注城市整体机能的发展需求，使其成为城市住区环境可持续发展的积极因素。

2）城市空间层次与功能定位

现代城市住区是一个具有复杂功能网络组成的有机空间实体。城市功能网络具有一定的层次结构，其层次结构基本与城市空间层次结构相一致，一般可按城市空间的地域性概念分成市区、分市区、街区、地段或地带等层次关系。建筑设计可以根据城市总体规划和城市设计提出的指导性框架，在相应的城市功能网络中确认建筑应处的结构层次，并依照确定的城市功能结构层次，对建筑功能的组成和规模作出相应的目标性定位。

（1）城市中心层级的功能定位

建筑功能组成内容和规模应按城市中心区的总体规划要求配套设置。其居住功能目标通常是为客居住户提供适用的高级公寓或商务公寓，综合配套服务功能不仅需要配置完善的生活服务设施，而且应据城市设计要求提供集约化的商业活动设施，需要时甚至可综合城市交通设施的功能作用。

广州中信广场位于该市天河区，地处新建市中心区（图5-1），其宏伟的建筑规模、齐全的综合功能和强烈的建筑形象，使它成了华南商贸中心的崭新象征和城市瞩目的标志。其建设用地北面为港穗直通火车总站，南面与新建天河体育中心相对，毗邻城市地铁总站，周围道路宽畅，交通便捷，地域位置十分优越。其主楼高80层，是具有国际水准的甲级办公楼。主楼两侧对称布置了两座38层双塔式高级豪华公寓，形体向东北及西北两向延伸，可使办公用房及公寓住户的视野不受遮挡，同时也可

衬托出由广场与火车站、体育中心构成的新建中心的规划轴线。其裙楼部分为4层高级购物商场，网罗了中外名牌专卖店，成了市民购物、娱乐、休闲及宴请集会的理想地点。裙楼顶部设有特为公寓住户服务的住户俱乐部及屋顶平台花园。娱乐设施一应俱全，其中包括健身、游泳池和桑拿中心等。地下室为多层停车库。因此，无论从建筑规模、功能组成还是视觉形象等方面都发挥了与广州新城市中心功能定位相适应的重要作用。

（2）城市分区层级的功能定位

建筑功能组成内容和规模应参照城市分区中心的城市设计要求配套设置。其居住功能宜符合多样化选择的需求，可混合住宅、公寓和其他居住建筑类型，以供定居住户或客居住户各自选用。其综合配套公共设施不仅应具有完善的生活服务功能，而且还应提供适宜的商业活动设施，容纳城市分区中心所需要的综合商贸功能。

广州花地湾中心位于该市南郊环城公路外侧，新建城市地铁站上方，站厅设有四个出入口可与中心建筑内部空间相连通。该中心为一组建筑群体构成，它是由横跨花地大道的7层大型购物中心，68层高的主楼（写字楼），四座副楼：46层高的写字楼、41层高的酒店和两座41层高公寓楼共同组成的街区型居住综合体建筑。其用地四周由城市干道围合的地段还分别规划了设有裙楼商业空间的台座式高层住宅组群。整个街区形成了一个功能高度集中、空间高度密集的城市区域性商业发展中心。其68层高的主楼和四栋副楼的建筑群体形象，也形成了地域性的建筑标志，构成了广州市新的城市轮廓线（图5-2）。

（3）街区或居住区层级的功能定位

建筑功能组成内容和规模应与街区或居住区的空间规模相适应。其居住功能的主要目标是满足一般城市居民的住房需求，居住建筑一般以住宅建筑为主体，并可按需配建公寓类建筑。综合配套服务功能的重点应倾向当地常住居民的基本生活需求，以提供完善的生活服务为主要目标，为住户创造人

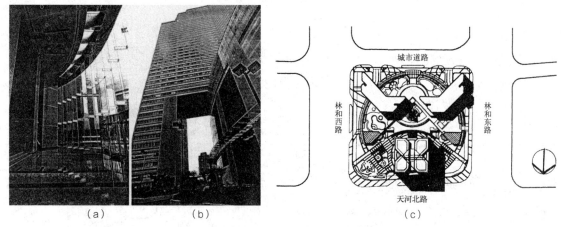

图 5-1 城市中心层级的功能定位（广州中信广场，1998）
（a）室内大厅局部；（b）外观局部；（c）总平面
(1-80 层办公楼；2-38 层豪华公寓)

性化的方便、舒适和安全的居住环境。

香港荃湾祈德尊新村是一项由三栋 40 层高的住宅塔楼，一栋低层老年公寓，一栋商场和社区中心综合楼及一座托幼设施，由长廊连接组成的综合性居住组群。高层塔式住宅，其标准层平面由 12 套住宅单元组成，每 3 层设置一个中央电梯大堂，大堂空间开敞。低层老年公寓在两栋塔楼之间，公寓居住单元围绕三个庭院空间布置，以轮椅坡道相连，形成了适合于老年人自由活动的庭院环境。新村总建筑面积达 9 万 m²，可供 1800 户居住。基地内综合配套公共设施的设置以满足街区内住户的基本生活需求为主要目标，商用空间兼有周边地段的城市服务功能（图 5-3）。

（4）地段或地带层级的功能定位

由于功能服务范围局限于建筑用地与相邻地块的住户，建筑配套功能相对简化，设施规模也相对缩小。其居住功能设施可以根据周邻社区的规划和相关城市设计要求选用适宜的住宅建筑或公寓建筑类型；其附属配套生活服务设施则以满足用地范围及相邻地块的住户需求为基本设计目标。

以深圳荔景大厦设计为例，它是一座包括商业、办公与公寓功能的综合大楼，位于市中心地块，因

面向风景秀丽的荔枝公园而得名。大厦地上 29 层，其中 1 ~ 3 层为商场，4 层为商务会议与餐厅，5 ~ 9 层为可供灵活出租的办公空间，设有大小景观办公室，10 层以上为多种公寓套房。地下层设有设备机房与地下车库。建筑综合配套功能以该楼自身的住户与企业办公客户的生活服务需求为基本依据集中设置（图 5-4）。

总而言之，处于城市空间不同结构层次的居住综合体建筑，其功能组成与规模要求通常应与其服务功能所指向的地域范围和目标用户的生活形态相适应，因此，正确的设计方法应是在项目设计前期进行必要的调研工作，收集相关的信息作为设计的基本依据，并在初步方案中留有调整的余地。

5.2 居住综合体空间组合模式与设计要点

5.2.1 综合体空间组合基本模式

在确定了综合体建筑在城市功能网络中的定位

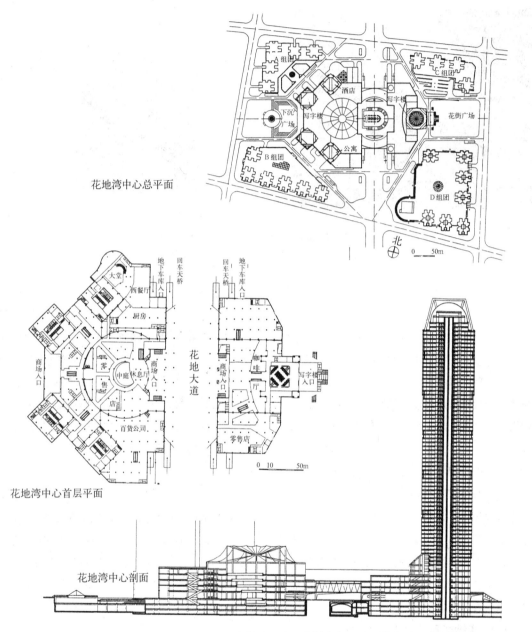

图 5-2 城市分区层级的功能定位（广州花地湾中心，1996）

及其主要功能空间构成的基础上，设计需要进一步对其内部空间的组合形式作出适当的选择。由于居住综合体内部功能组成与空间要求较为复杂，建筑规模也较大，妥善解决各功能部分之间复杂的空间组合关系显得格外重要。为正确地选择适宜的空间组合方式，首先需对可供选用的各种空间组合模式及其特点作一番审慎的分析比较。

居住综合体的建筑空间可以简单归纳为由居住建筑空间和商用建筑空间（或称公共配套设施空间）两大部分组成，前者是建筑空间的主体，后者则可认为是处于从属地位的组成空间。综合体建筑空间组合方式的选择，就是处理两大部分空间主从关系

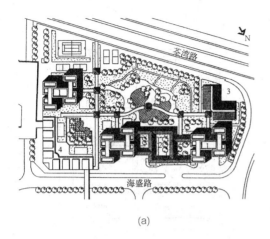

(a)

(b)

图 5-3 城市街区（住区）层级的功能定位
（香港祈德尊新屯，1991）

(a) 新村总平面（1- 高层住宅，2- 老年公寓，
3- 托幼设施，4- 商业综合楼）；(b) 高层住宅
标准层平面；(c) 庭园外景

Extensive Gardens at Ground Level 庭园外景

(c)

的设计过程。据国内外实践资料分析，居住综合体中，商用建筑空间在与居住建筑空间组合时，通常呈现为附建裙房、整体台座和栋间连接体三种基本建筑空间形态。因此，居住综合体的建筑空间组合方式也基本可依此归纳为下述三种模式。

1）独立式综合大楼模式

根据城市设计要求，在住栋底层采用附建裙房的方式配置商用建筑空间，形成居住空间和商用空间同楼分层综合使用的空间组合模式，通常也称为商住综合大楼模式。其裙房（楼）的商用建筑空间可根据建筑基地条件和商用建筑规模，采取适当的附建布局形式，以适应扩大商用建筑空间规模、增进空间使用灵活性和改善室内环境条件的多种需要。附建裙房（楼）空间与主体住栋底层的空间关系，常可采取如下几种方式（图 5-5）。

（1）商用空间在住栋底层的平面范围内（图 5-5a）。

（2）商用空间向住栋底层的前部扩建（图 5-5b）。

（3）商用空间向住栋底层的后部扩建（图 5-5c）。

（4）商用空间向住栋底层前后两侧扩建（图 5-5d）。

（5）商用空间与住栋底层平面分离扩建（图 5-5e）。

住栋底层附建裙房空间的商住综合楼，一般适用于建筑空间规模不太大、功能组成相对简单的居住综合体建筑项目，如居住小区中心地段设置的底层商店住宅，其上部可为各类多层或高层住宅建筑。为节约城市居住建筑用地，其底层商场空间可结合住栋平面形式，充分利用住栋基底用地扩大营业面积（图 5-6）。

建筑规模较大的高层商住综合大楼，比较适用于旧城区更新改造地段的建筑项目。由于项目用地多半处于城市中心区独立地段，用地规模受限，

深圳荔景大厦
Shenzhen Lijing House

深圳荔景大厦是一座包括商业、办公与公寓的综合楼，因面向风景秀丽的荔枝公园而得名。大厦1～4层为商业服务中心与商场，5～9层为灵活隔断的景观办公空间，10～29层为复式公寓，共127户，公寓采用卧室层穿堂布置，保证了各户均有良好的朝向，通风与全方位的视野。

大厦的突出标志是128m高的挺拔构架和跨越高空的门架，通过色彩的运用与细部处理使整栋建筑具有强烈的激发性。

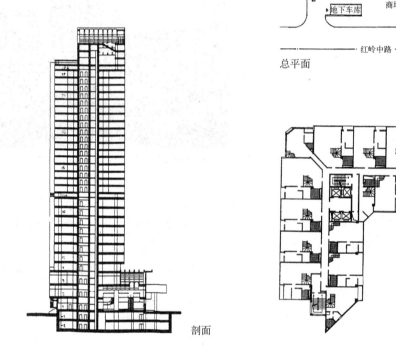

总平面

剖面

公寓层平面
（10～29层）

图5-4 城市地段层级的功能定位（深圳荔景大厦，1995）

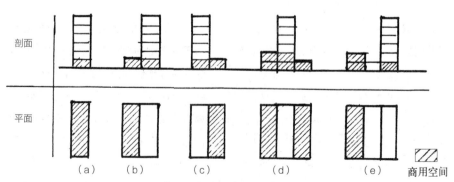

剖面

平面

（a）　（b）　（c）　（d）　（e）

商用空间

图5-5 住栋底层与附建裙房的空间关系

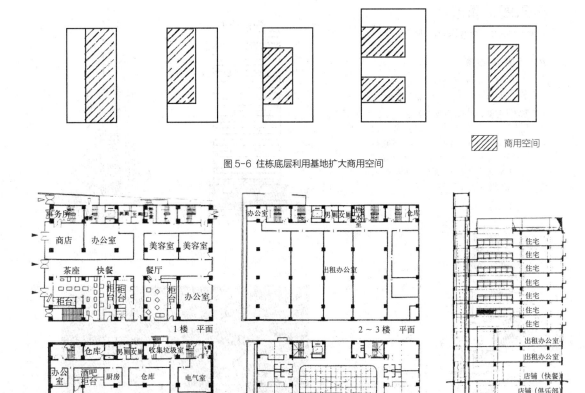

图 5-6 住栋底层利用基地扩大商用空间

图 5-7 独立式综合大楼模式之一（日本西大久保镇中心）

为达到城市更新的总目标，建筑设计只能采取向高度要空间的发展方式。因而商住综合大楼通常采取竖向划分功能区段的空间组合方式，其底层和接近地面的下部楼层一般用作商贸与公共服务设施空间，向上楼层可依次用作餐饮、娱乐、办公、公寓和住宅设施空间。随楼层高度的增加，建筑空间的开放性程度则依次递降。整个楼栋犹如一座微型城市，各种城市功能皆可在同一楼栋空间内解决。这种居住综合体建筑用于城市中心区更新改造时，有利于整合利用各项城市环境资源，也有利于提升城市现代化水平和丰富城市地域性形象的塑造（图 5-7）。例如，前述深圳荔景大厦（图 5-4）就属

于这类在市区狭小基地内，建筑空间高度集中并采取竖向功能分区的高层居住综合大楼模式。这种综合体建筑模式在我国东部经济发达的大中城市中已随处可见，极为普遍（图 5-8）。

2）台座式居住组群模式

根据城市设计的总体布局，居住建筑在适宜的基地环境中可采取组群式的规划布局方式，其底部配置的商用建筑空间也可随之采取相互连续成片的布局方式，两者结合组成的居住综合体形成了具有整体台座状裙楼的建筑形态，并且裙楼屋面通常被用作上部居住建筑组群中住户的室外绿地和户外活

丰乐阁，香港

Albron Court, Hong Kong, 1985

设计 潘祖尧顾问有限公司

Ronald Poon Consultants Ltd.

丰乐阁位于香港岛半山区，是一栋30层高的豪华住宅楼。低层部设有写字间、咖啡厅、会议和游泳池等各种公共服务设施，地下设有商店、超级市场和4层地下车库。建筑整体造型独特，结合居住单元设计成的8幢柱塔围绕红色垂直交通中核呈螺旋状节节上升，在半山区形成新颖的建筑外观。

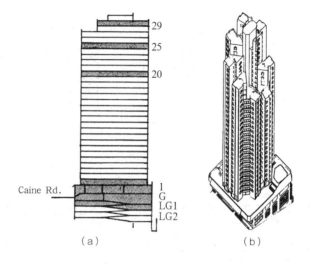

（a）   （b）

第25层平面

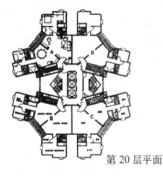

第20层平面

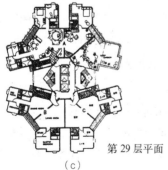

第29层平面

（c）

（d）

图 5-8 独立式综合大楼模式之二（香港丰乐阁）

（a）剖面图；（b）轴测图；（c）平面；（d）外景

动场地，这种由上部居住建筑组群与下部台座式商用建筑裙楼叠合组成的居住综合体形式，可简称为台座式居住组群模式。

台座式居住组群的雏形，最初出现于人多地少、经济发达的我国港澳城市地区，如20世纪80年代的香港太古广场、时代广场等。它们具有极其相似的空间组合方式：底层设有公交车或铁路换乘站，2～3层为商业服务设施形成的台座式裙楼，裙楼屋面设置屋顶花园与居住楼栋架空层，供上部住户进行户外活动使用。住栋架空层以上是各类高层住宅或公寓住户居住空间。20世纪90年代，这种居住综合体空间模式也开始在内地大城市出现，首先在深圳（图5-9）。

台座式居住组群的特点主要表现在城市空间的高效利用上，在其建设用地中，建筑密度高，容积率高，人口密度相应增高，城市公共服务设施高度集中。这一特点对城市居住环境的影响既具有利的因素也有不利的因素，有利的是：其一，有利于节约城市建设用地，在总体上维护与改善城市生态环境，促进城市住区可持续发展；其二，有利于集约化利用城市基础设施和其他公共环境资源，提高城市运营的综合效益；其三，高密度的居住环境有益于增进居民的日常生活交往，促进社区文化的形成和健康发展。相应产生的不利因素是：建筑工程技术要求高，日常运营管理复杂，居住环境易受干扰和建设投资相应提高。

由于台座式居住组群自身高密度的居住空间、复杂的功能组成，仅靠传统的利用地面空间的方式组织住户交往、购物、休闲娱乐和出行交通等多项活动所需的室外场地空间，实际上已难以满足正常的需求。整体台座状裙楼屋顶平台则可以用来弥补用户室外活动场地不足的缺憾，为台座上部居住的住户提供一个脱离拥挤的城市街道和地面交通干扰的户外活动场地，可以大大改善高密度居住条件下的环境空间品质。因此，台座屋顶平台的场地规划设计具有特殊的意义，对台座式居住组群创造良好

的公共空间环境、形成组群建筑景观的特色至关重要。为妥善利用台座屋顶平台提供的室外场地，营造高品质的公共空间环境，宜注重体现下述几项设计原则。

（1）空间环境的整体性原则

设计应按公共生活多样性的要求，统筹安排有限的屋顶场地，确保社区公共绿地、社区中心会所、公共休闲活动场地等各得其所并共同形成主题鲜明，中心突出，景观连续，空间和谐统一的公共活动场所。

（2）空间环境的适宜性原则

设计的适宜性应包括两方面的意义：一方面是应体现对人们居住生活的关怀，强调人性化和个性化设计方法，为人们提供环境的可参与性、可识别性和无障碍通达性，创造一个舒适宜人的户外活动空间场所。另一方面是还应体现建筑技术的可行性和经济合理性，为住户提供既经济适用又安全耐久和方便维护管理的环境设施，也为住户提供安全、可靠、适宜长久安居的城市生活环境。

（3）空间环境的生态性原则

有限的台座屋顶平台空间，应作精心分划配置，为适应不同功能的场地要求，如作为戏水广场、亲子乐园、社区中心绿地，或作为运动场地，应对场地所处部位的微观气候环境（包括风环境、日照环境和声环境）作出科学的分析，并按活动功能需要采取相应的技术措施或适宜的场地配置方案，以满足居民享受户外活动、亲近自然环境的生态性要求（图5-10）。

3）混合式居住街区模式

多功能混合开发的城市街区，原本是城市经济发展过程中自然形成的城市住区空间形式，其街区用地皆由城市路网围合而成，形成相对独立的城市住区基本空间组成单元。区内商用建筑空间沿街布置，形成围合性的居住街区空间形态。街区外围建筑空间与城市功能空间融合，多半用于商贸营销、商务办公、文化娱乐和工商企业等公共性建筑设施。

深圳南洋商业住宅大厦

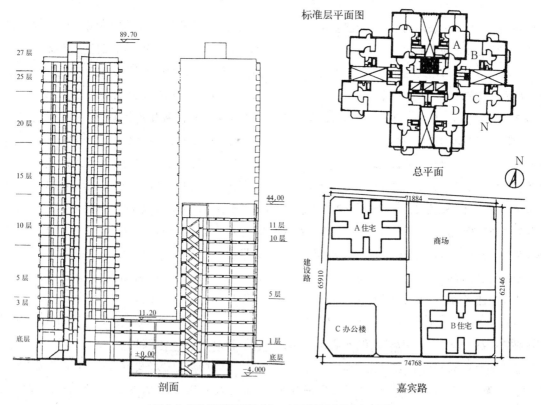

标准层平面图

总平面

剖面

图 5-9 台座式居住组群模式之一（深圳南洋商业住宅大厦）

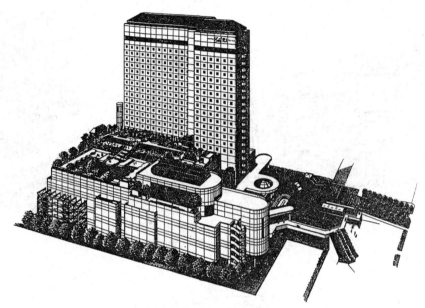

图 5-10 台座式居住组群模式之二（某公寓楼群台座式屋顶花园）

街区内部建筑空间则多半用于需要相对安静、私密环境的住宅、公寓、旅馆等居住性建筑设施。混合式居住街区在与城市空间的融合中通常呈现为两种空间形态。一种是其商业建筑空间采取以住栋间连接体的空间形态参与街区整体空间组合，形成富有城市步行商业街特色的居住综合体建筑空间形态（图5-11、图 5-12）；另一种是商用建筑空间自成一体，独立参与街区空间组合，形成多种类型的建筑混合布局，具有坊巷空间结构特点的居住街区（图5-13）。

其实，多功能混合开发的城市居住街区是近现代东西方城市中早已广泛存在的住区空间形式，只是在现代主义城市理论兴起后，在相当长的历史时期中受到了质疑、排斥和抑制。但是，近年来城市郊区化无节制蔓延的发展倾向，带来了严重的城市交通问题，也引起了人们对现代主义城市规划理论的反思，使原本自然形成的多功能混合开发的城市街区形式重新获得了发展的意义和机遇，尤其在经济快速发展的城市中心区更新改造建设中得到了广泛应用，也成为居住综合体建筑中较为普遍采用的空间组合模式。得到广泛应用的原因不仅是因为城市中心区用地环境的特点：细密的城区路网结构，由道路分划而成的小块用地，正适合于居住街区模式的居住综合体建筑的整体开发。同时，还因为混合式居住街区具备如下固有的环境特点：

（1）具有可营造城市功能的用地界面

居住街区周边建筑一般顺应城市路网走向布置，易于形成连续统一的沿街立面，同时也就形成了完整的城市道路空间界面。沿街建筑底层空间常被用作城市公共空间使用，并面向道路开放。同时，由于用地周边道路又多半为城市支路或街区分道，路网较密、路宽适中，有利于使道路空间形成能容纳多种城市生活内容的积极性开放空间。因此，居住街区在自身营造的同时，也成全了城市空间的营造与培育。

（2）具有可适应城市生活方式的功能布局

居住街区外围及底层空间多半用于配置各类商业服务建筑，街区内侧空间多用于配置住宅、公寓

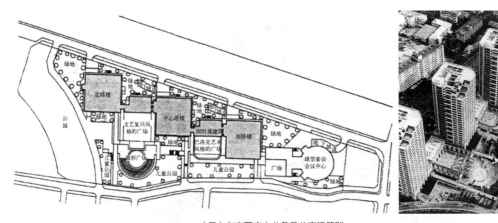

（日）东京西户山公务员公寓建筑群

图 5-11 混合式居住街区——商业街模式之一

宜兴高塍镇居住区规划沿街商店住宅楼

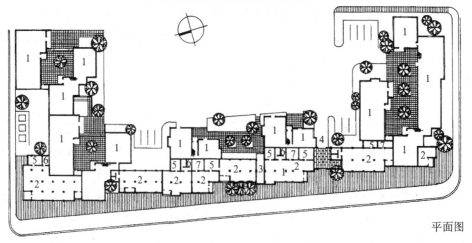

平面图

图 5-12 混合式居住街区——商业街模式之二

1-住宅；2-底层商店；3-行人通道；4-消防车通道；5-办公；6-厕所；7-仓库

或商务办公等建筑类型。在这样的居住环境中，居民的日常生活行为（包括购物、消费及休闲娱乐等）皆可在街区自身或周边相邻地段中完成，甚至可使许多居民实现就近供职或就业活动。这样可使人们的居住空间、消费空间、休闲娱乐空间与职业工作空间紧密联系，便捷通达，促进城市空间的各项功能实现有机整合，从而极大地减轻城市住区与中心区之间通勤交通的压力，为维护城市生活的多样性提供了有利的时空基础条件。

（3）具有可增进城市资源集约化利用的空间形态

由于城市中心地区的基础设施和各项配套服务设施较为完善，居住街区在开发建设中既可方便利用现有城市资源，同时又可根据周边环境条件补充完善新的城市服务功能，有利于居住街区与城市空间的功能互补共荣。由于居住街区的生活服务功能主要是依靠街区间共享的城市公共设施来实现的，因而不必在每个居住街区内部独立完善。街区功能的提升也可同时带动城市功能的提升，实现街区与街区间，或街区与城市间有机整体的融合。有机统一的空间形态不仅有利于增进城市资源的集约化利用，提高城市经济运营效益，而且也有利于提高城市服务水平和降低居民日常生活成本。

（4）具有可支持交通方式多元化发展的街道空间

居住街区形成细密的城市路网，既与城市空间肌理相融，又为城市提供了适合于展开多种城市活动的街道空间。同时，街区高密度的居住人口、多元混合的功能组成、宜人的街道空间尺度和各具特色的沿街景观，不仅可为公共交通设施提供充足稳定的客源，而且也可为发展步行、自行车等其他交通方式提供适宜的道路环境。有利于避免建设非人尺度的城市道路、大型道路交叉口及立交路桥，有利于实现多种交通方式的均衡发展，改善城市交通环境。

总之，混合式居住街区是由居住建筑为主体兼有商业、文化、服务及产业类建筑混合布局，并在

街区用地范围内整体规划开发的居住综合体空间组合模式，它是一种小尺度的城市住区模式，空间形态兼有开放与封闭的特点，有利于协调住区与城市、居住与生产、休闲与工作等的时空关系，尤其适用于高密度城市建成区的更新改造和新城开发。

5.2.2 综合体空间组合设计要点

1）基本设计原则

由于居住综合体的功能组成复杂，各组成部分对空间环境的要求又各不相同，相互间极易形成空间使用上的各种矛盾，为避免正常使用中的矛盾，充分发挥其多功能综合的空间优势，综合体空间组合设计应全面体现下述基本设计原则：

（1）各得其所，满足多样化的空间环境需求

各功能组成部分对空间环境提出的多样性的需求，包括空间规模、环境条件和使用方式等方面不同需求，如居住建筑需要相对安静、私密与安全的环境条件，而商用建筑则需要相对热闹、开放和通达的环境条件。因此，在总体空间布局中，不仅应避免居住建筑临街带来的城市交通噪声干扰，而且应优先为商用建筑提供交通组织方便的临街用地，以利于聚集人气，增加营业。同时，还应为商用建筑功能复杂多变的特点在空间布局上创造更多灵活使用的环境适应性，以实现互补共生、各得其所的功能目标。

（2）相互协调，避免多功能使用的环境干扰

综合体中多种使用功能集聚相邻的空间环境，在使用中极易产生种种不利的环境干扰因素，为避免产生不利的环境干扰因素，设计应在场地规划和建筑总体空间布局中采取相互协调的方式，统筹考虑，精心安排，创造避免相互干扰的空间环境条件。例如，为避免或减轻商用建筑的人流、车流和货流对居住建筑环境可能产生的噪声、烟气和视线干扰等不良环境影响，在场地规划中可采取适当的功能分区、组织合理的交通流线来协调各自不同的环境

南向外观

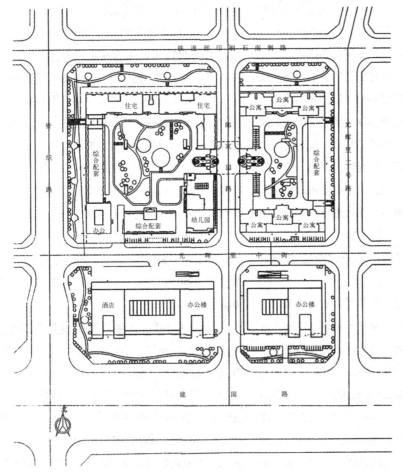

总平面　北京万达广场

图 5-13 混合式街区——坊巷空间模式（北京万达广场，2005）

要求。在建筑总体空间布局中，首先应选择适宜的总体空间组合模式以协调居住建筑和商用建筑的总体环境区位关系，然后进一步采取合理有效的建筑空间形式协调相互的空间关系，并重点确保居住建筑对空间环境安静、私密和安全的基本要求。

2）方案设计要点
（1）基地交通组织与内外交通衔接

由于综合体多功能使用的特点，产生了众多独立运营的功能流线和相对独立的建筑出入口，给基地交通组织增添了复杂性。基地内交通流线的组织，不仅应解决与城市交通的安全通畅地衔接的问题，而且还应解决各功能分区的独立出入口交通间的协调与联系问题；不仅应解决基地内人流、车流和货流交通的合理分流问题，而且还应解决各分区建筑出入口交通之间的合理分流与联系问题。因此，基地交通组织首先需要考虑城市交通规划对基地交通总出入口设置的限定条件，以利于基地内交通与城市交通顺畅连接，其次应顺应基地对外交通的环境条件，合理设置建筑分区出入口，以利于基地内集中布置人行广场，集中利用内部通道和临时停车场地，统筹组织各功能分区的人流、物流和车流交通流线。同时，也通过各分区出入口，与建筑内部各区的功能流线相衔接，形成从城市进入基地，再从基地连接建筑内部空间的完整交通流线，使城市交通、场地交通与建筑室内交通形成有机的整体（图5-14、图5-15）。

（2）建筑安全疏散组织

由于综合体建筑空间组成多样性和功能分区相对独立的空间特点，使其在建筑安全疏散组织上变得较为复杂，要求既能防止相互干扰，又能确保便捷通畅。为简化建筑安全疏散的组织，满足建筑防火规范的要求，设计应尽可能协调功能分区和安全疏散分区的空间划分方式，合理配置安全疏散楼梯，为安全疏散的组织提供有利的空间条件，使安全疏散组织满足分区明确、安全疏散楼梯配置均衡合理、

疏散流线便捷通畅的基本要求。

综合体安全疏散最重要的任务是协调居住建筑与商用建筑间不同的安全疏散要求。由于这两大类建筑基于不同的空间环境要求，通常在空间组织中采取上下叠合的方式，居住建筑一般处于上部空间，商业建筑处于下部接近地面的空间，为简化安全疏散流线的组织，发挥疏散空间设施的有效利用率，其疏散楼梯间的配置可依据设施规模的使用要求，采取上下建筑既分又合、统一配置的方式（图5-16）。

（3）居住建筑环境质量维护

居住建筑空间是综合体建筑空间的主体，因此维护居住空间应有的环境质量，是评价设计是否合理可行的重要依据，因此在总体空间组合中应认真考虑下列环境因素的影响：

● 应综合考虑基地城市公共交通环境条件（上下班距离、使用时段）和相邻居住区对交通环境的影响，以利于确定居住建筑合理的建设规模，缓和居民出行交通压力。

● 应考虑与基地相邻的建筑物对综合体中居住建筑日照条件的影响，以利于正确选定居住建筑的朝向方位及其与相邻建筑物的空间关系，确保住户室内的日照条件。

● 应考虑基地周边交通噪声对居住环境的影响，以利于正确选定居住建筑的总平面位置和建筑自身的空间形态，减轻交通噪声的干扰。

● 应正确评估周边建筑设施和自身商用建筑空间产生的有害烟气、异味、臭气和噪声对居住环境的影响，并应采取有效的空间隔断或技术措施，避免或减轻环境污染。

● 应考虑高密度居住环境中，住户间或住栋建筑间视线干扰的影响。正确选定居住建筑的空间形态和布局形式，维护居住空间环境的私密性要求。

（4）结构体系与平面柱网协调

综合体复杂的空间构成，必然产生复杂的结构配置问题。为有效地利用建筑空间，简化结构体系和方便施工建造，其建筑设计中应慎重选择适宜的

深圳东华大厦
Shenzhen Donghua House

深圳东华大厦是由山东省东华轻工有限公司投资兴建的一栋现代化综合性大厦，由宾馆、写字楼、公寓式住宅和商场酒楼等组成，其布局与分区合理，交通组织有序。主楼造型独特，形象高耸挺拔，临街面丰满的弓弧形隐蓄着张力，顶部"山"字形构图及整个塔身形象以含蓄的建筑语言反映出"山东"的寓意。整组建筑气势宏伟，色彩和谐，极具特色和标志性。

基地面积：9141m²
总建筑面积：68277m²
层数（总高）：32层

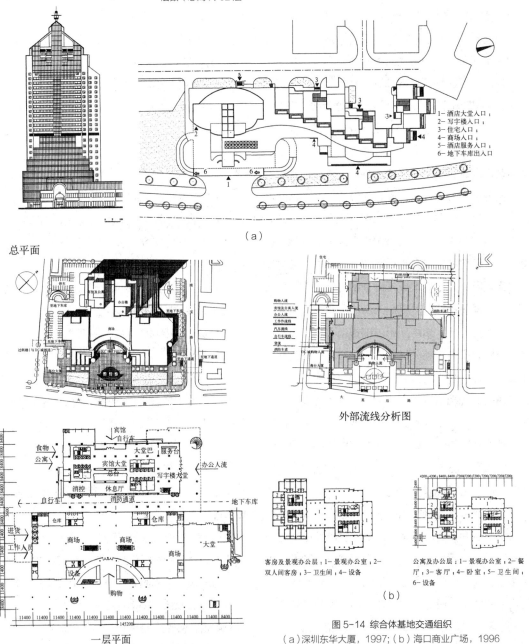

1-酒店大堂入口；2-写字楼入口；3-住宅入口；4-商场入口；5-酒店服务入口；6-地下车库出入口

（a）

总平面

一层平面

外部流线分析图

客房及景观办公层：1-景观办公室；2-双人间客房；3-卫生间；4-设备

公寓及办公层：1-景观办公室；2-餐厅；3-客厅；4-卧室；5-卫生间；6-设备

（b）

图5-14 综合体基地交通组织
（a）深圳东华大厦，1997；（b）海口商业广场，1996

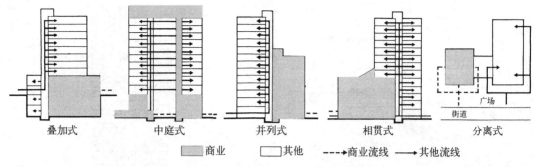

叠加式　　　　中庭式　　　　并列式　　　　相贯式　　　　分离式

▨ 商业　　□ 其他　　----→商业流线　　——→其他流线

图 5-15 综合体室内外交通流线连接方式

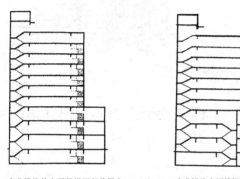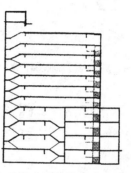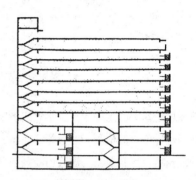

商业设施的主要楼梯可以兼用上楼住宅的避难楼梯，住宅主要楼梯系最小限度由兼用设施的避难楼梯 2 座构成。使用于小规模建筑物之情形。

商业设施主要楼梯须作为设施专用，住宅主要楼梯须作为住宅专用，避难楼梯系设施与住宅共用。使用最多之例是由 3 座楼梯构成。

商业设施主要楼梯有 2 座以上，按楼层用于不同的用途，住宅主要楼梯须专用，独立避难楼梯系设施与住宅共用而由 4 座楼梯以上构成。大规模建筑物之情形。

图 5-16 综合体安全疏散楼梯布置方式
（应根据商业设施业种的内容而决定安全疏散设施须各自作为专用还是共用，以各自作为专用较佳）

结构体系，尽力协调统一或简化平面柱网的布置。

　　我国多层居住建筑大多采用墙体承重结构，当其底层空间用作商业设施时，为满足商业空间需要开敞和便于灵活布置或分隔的使用要求，通常采用底层框架结构，以承托上部墙体的荷载。当有抗震需要时，还可局部增设剪力墙。底层框架的柱网布置应与上部居室空间的分隔相协调，其柱网开间尺寸一般可采用 6.6 ~ 8.4m，即相当于上部居室两个开间的尺寸，此时相邻居室分隔可采用轻质隔断。

　　同样，当综合体上部空间采用高层建筑时，其高层建筑结构宜采用框架、框架剪力墙或框架核心筒等占有建筑空间较少的结构体系，不宜采用有碍下部商用建筑空间使用的剪力墙结构体系或过多设置剪力墙的框架剪力墙体系。高层建筑的地下室多半设置为地下车库，因此上部框架结构的平面柱网尺寸还应兼顾地下车库的车位合理布置和结构设计的经济合理性加以确定。通常认为，高层建筑柱网平面尺寸一般宜以柱间能并列停放 3 辆小轿车的需要来确定，因此，考虑到建筑高度对柱身结构尺寸的影响，柱网平面尺寸以 8.4 ~ 9.0m 最为适宜。

（5）设备管网空间系统配置

　　居住综合体建筑空间组合普遍采取"上住下商"的方式，使建筑设备管网系统的组织产生了复杂的空间配置问题。因为居住建筑中每套住房皆设有厨房、卫生间、盥洗室等使用水、电、燃气等多种设备管线的房间，其楼层满布设备管线，为避免对下

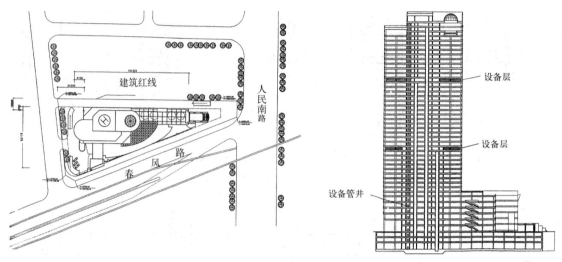

图 5-17 综合体设备管线空间系统布置（深圳东辉大厦，1996）

部商用建筑空间的使用产生不利的影响，一般宜在使用功能变换的楼层间设置管线布置转换空间，或称设备层。也就是说，建筑功能竖向分划的区段分界处，宜设置设备层，供管线改变空间位置时使用。设备层也可利用层高较大楼层的吊顶空间。由横向设备层与竖向管道井结合，可以构成完整的设备管线空间系统，既能方便各类管线自由铺设和维修，也方便建筑空间使用方式的灵活改变（图5-17）。

5.3 居住综合体建筑空间形态与城市景观

居住综合体的建筑用地多半处于城市中心商务区，城市更新重建地段或其他城市功能集聚的重要地段，对城市空间景观的构成具有重要影响。因此，不管设计程序如何安排，居住综合体建筑的设计任务皆应涵盖城市设计和建筑设计两部分内容，因为建筑设计对建筑空间形态的正确选择，离不开对城市总体环境和城市设计内涵与要求的深入研究和思考。因此，要达到理想的设计目标，其关键首先是设计者应确立正确的城市环境观。

5.3.1 建筑空间形态与城市环境的关联性

1）城市环境作用的层次性

建筑空间形态的确定是其内部功能与外部环境共同作用并经设计者艺术创造而生成的产物。居住综合体所处的外部城市环境对其建筑空间形态产生的作用可分为三个层次：城市层次、地段层次和场地层次。

（1）城市层次的环境作用及构成要素

● 城市层次的环境作用。城市层次特指能体现城市整体特征的环境影响，城市整体性的环境特征可包括：

①意义性特征。指城市空间所表现的可识别性、归属性、安全性等。

②整体性特征。指城市环境经历史积淀逐步形成并表现出来的空间整体的秩序性。

③发展性特征。指随着城市社会经济的发展，人们的生活方式与社会结构不断演变而导致的城市环境不断变化的趋势和新旧更替发展的方式。

④多样性特征。指城市社会生活的丰富与变化，而对建筑空间环境产生的多样化要求。

● 城市层次环境的构成要素。城市层次中能影响与制约建筑空间形态构思的要素，包括自然要素、人工要素和人文要素。

①自然要素。包括自然形成的绿地水域、地质、地貌、水文、气象等城市生态因素和日照、风向、降水量、温湿度等城市气候因素。城市自然要素主要影响城市发展的空间规划和建筑总体布局。建筑设计应充分利用自然环境和保护自然环境，充分体现城市的自然特征和地区特征。

②人工要素。指城市中人工建造形成的景观体系、城市开放空间形态等因素。在建筑空间形态设计中应着重考虑城市空间结构的整体协调与重整、城市轮廓线的塑造与修整、城市空间序列的构建和功能布局合理性的调整等整体性要素。

③人文要素。指由城市历史形成的文化观念形态、社会生活形态和城市发展的价值取向和政策法规等。在建筑形态设计中应关注城市空间环境意义性的表达、空间意象的塑造、历史文化内涵的表述、社会环境的创造和城市发展政策法规要素的影响等。

（2）地段层次的环境作用及构成要素

● 地段层次的环境作用。主要是指能体现地段整体特征的环境影响，其环境整体性特征包括地段环境的整体框架、形态特征、空间肌理等城市总体环境的有机组成部分。地段层次的环境作用应是建筑空间形态构成的基本依据。地段环境特征必须反映在建筑构成中，建筑空间形态的构成又自然作用于地段环境整体特征的表现，地段环境与建筑设计具有互为因果的动态关系，并最终表现为具体建筑空间形态的环境特征。因此，从城市整体环境角度来衡量，地段层次的环境作用应是城市设计与建筑设计，城市空间与建筑空间的连接点，是城市总体结构的有机组成部分。

● 地段层次的环境构成要素。地段层次的环境构成要素同样包括自然要素、人工要素和人文要素三方面，只是在不同环境层次上以不同的意义和特征影响着建筑空间形态的设计构思。其中，地段层的

自然要素主要应指自然景观的形态因素，包括地段的地形、地貌、绿化和水域等的特征；人工要素主要应指人工建造的城市景观空间和设施形态等的特点，建筑空间形态设计应与地段内的实体空间要素相协调，建立或重整建筑与地段环境之间的秩序性架构，通常可表现为建筑与城市轴线、街道网格、基地形态轮廓、建筑现状的几何形态以及地段交通要素等的组织关系与形式；人文要素主要包括地段环境中的历史文化因素和居民的行为方式等内容的特殊表现形式和人性化的行为空间形态。

（3）场地层次的环境作用及构成因素

● 场地层次的环境作用。主要是指能体现场地整体性特征的环境影响，其环境整体性特征，包括场地内和场地周边的建筑实体、空间、道路与绿化等要素以及由各要素共同形成的整体作用。场地环境是地段环境的片断，它的特征直接影响着建筑空间形态的基本布局，促使建筑空间形态能达到与场地中各要素共同形成一个有机的、整体的设计目标。

● 场地层次的环境构成要素。场地层次的环境构成要素更侧重于建筑基地中的实体环境的现状。如自然要素主要指场地的地表形态；人工要素主要是指场地内以及场地周邻用地的建设现状条件、市政基础设施现状及场地景观特征等；人文要素主要是指场地周邻的历史文化特征与实体遗存以及居民的心理和行为特征等。

上述城市环境作用的层次性并不会影响其作用的整体性。三个环境层次是同一城市环境中的不同方面，三者既相互关联又相对独立地作用于建筑空间形态的设计构思。不同功能类型的建筑空间形态所侧重考虑的环境层次性作用的重点也有所不同。

2）城市环境作用下建筑空间形态设计的基本原则

为达到建筑空间形态与城市环境的和谐统一，在建筑设计中必须根据建筑功能组成与空间规模，综合城市环境在不同层次上对建筑空间形态的作用，

才能合理构筑建筑与城市整体环境理想的新秩序。新环境秩序的构成基本应遵循如下设计原则：

（1）整体性原则

即指建筑空间形态与城市环境空间在秩序组织结构和视觉空间形态上的和谐统一性。

● 秩序结构的整体性。结构是指由组成要素联结成整体系统的一种组织脉络或依存关系。城市环境也具有一定的组成结构，不仅是总体组成具有层次结构，而且是每个环境层次中也存在自身特有的结构形式。建筑空间的设计构思应植根于所处的城市环境结构体系中，尊重原有城市环境空间的整体性特征。

建筑空间形态与城市环境空间的整体性关系可以两种方式来表达：其一是建筑与城市环境空间秩序的协调关系。由于城市环境空间是由不同历史时期的物质形态叠加而成的，在漫长的历史发展过程中往往形成一种具有稳定性的秩序倾向，从而对要新建的建筑空间形态的设计形成一种制约，致使设计采取维持原有秩序结构的方式。其二是建筑与城市环境空间秩序的重整关系。由于社会经济的快速发展，原有城市环境空间的秩序已很难适应新的发展变化的要求，导致发生城市功能的结构性衰退，从而促使建筑空间形态按新的发展需求重新调整与原有城市环境空间的组织秩序，并由设计建立起新的整体平衡的结构的方式。

● 形态结构的整体性。城市环境空间的审美特性在于整体的统一与变化，因此，城市环境在任何一个层次的空间形态上都具有相对完整的要求，要求建筑空间形态设计与城市环境空间形态相互关联，形成连续统一的整体，使新建建筑能圆满地融入既存城市环境空间中，表现出整体形态的美感。同时还应指出，由于建筑内部功能是其外观空间形态生成的基本依据，因此建筑与城市空间形态的整体性关系也与城市环境功能的整合密切相关。

北京富景花园（图 5-18），基地位于朝阳区建国门外大街，其北侧与赛特大厦和赛特饭店隔路相望，南侧和东侧是已建成的多层住宅区，西侧与富

瑞写字楼毗邻。它是集商业与居住区会所于一身的高档公寓综合体。由于地处旧城区，设计面临众多限制因素和挑战。首先是要在有限的用地范围内创造最大化的使用空间。其次是如何使新建筑不给周边建筑造成不良影响（日照、景观等），并保持自身的完美的形体和丰富的空间。再次是妥善处理与原有周边环境之间的关系，达到整体协调、融合共生的要求。

通过日照分析，该综合体建筑采用最适合用地形状的"一"字形平面，立面采用"凸"字形的体形，大楼从东到西分成 12 层、18 层和 10 层三段。大楼东侧部分和首层的中间部分为商业用房，两端分设餐饮设施，二层主要为会所与办公，三层及以上为高档公寓。由于建筑周边环境较朴素平淡，隔路相望的 23 层赛特大厦和 15 层的赛特饭店皆为简单形体和少有修饰的外立面，为丰富整体环境景观，该建筑在立面设计上运用了大量的竖线条，使大厦造型在与周围环境整体协调的基础上，又发挥了避免过于单调类同的景观调节作用。

（2）连续性原则

连续性原则是指建筑空间形态与城市环境空间构成要素在时间特性和形态特性上保持相互关联的要求。它体现着城市历史演进过程中，环境空间遵循的一般性规律，具体还表现为：

● 时间的延续性。即可以体现城市环境空间的过去、现在及未来演进过程的时间概念。因为在演进过程中新的环境内容会不断地叠加到原有的城市环境中，城市环境必然会通过内容的增补与更新，不断调整结构以适应新时代发展的需求。通常把重视建筑空间形态融入城市历史演化进程的设计观念称作具有历时性意义的城市文脉观。建筑设计应在把握城市环境文脉的基础上大胆创新。

● 形态的连续性。即指建筑空间形态构成应与现存的城市环境形态要素形成积极的对话关系，包括形式构成要素（体量、形状、色彩、质感、比例、尺度及构图等），建筑意象，建筑风格等形态特征

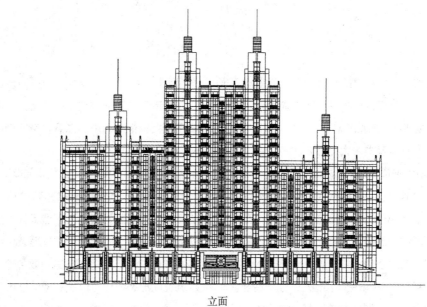

立面

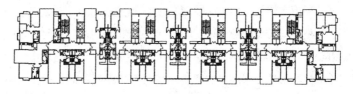

标准层平面

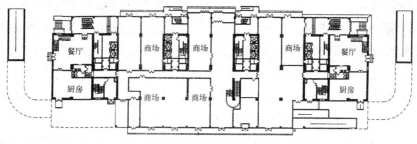

首层平面

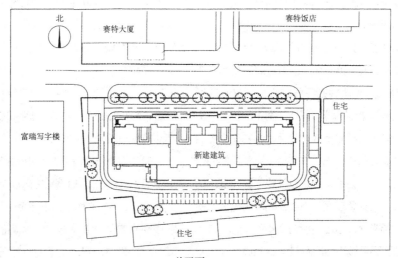

总平面

图 5-18 北京富景花园（建筑空间形态的整体性）

上的关联与对话，使拟建的建筑空间形态能融入现存的城市整体视觉空间环境中，形成能表现延续、传承和动态发展意义的新形态。

德国慕尼黑盘茨根德大街办公居住综合楼（图5-19），其用地环境复杂，对面是著名的英格兰公园，后靠市中心老城区，并有一条河的支流横穿地块。规划设计把办公部分布置在靠主干道一边，面向英格兰公园，通过院落围合把居住建筑部分布置在朝南和十分安静的庭院内。整个建筑横跨于支流小河上，不仅符合了城市街道空间和景观的连续性要求，解决了在复杂困难的地形上满足办公和居住不同功能要求的问题，而且充分利用支流小河为街区庭院增添了有特色的景观。两种不同功能的建筑在空间形式上协调统一，过渡自然。为提高办公环境质量，设计还在办公楼靠主干道立面形式上采用了生态节能和防噪声的双层立面，此项目获得1998年度德国建筑与城市规划奖。

（3）宜人性原则

城市环境建设的根本目标就是要创造舒适宜人的城市人居环境，把关怀人、尊重人的"以人为本"理念全面体现于城市环境空间创造中。因此，作为城市整体环境的重要组成，建筑空间形态的规划设计应重视人在城市空间中活动的心理感受和行为方式，从而可创造出能满足人们多样化需求的理想环境空间，这就是宜人性原则的意义。建筑空间形态设计的宜人性原则，应具体表现为如下精神属性的设计表达。

● 表意性。建筑可见的空间形态可以表达其内在的、隐藏于建筑形象背后的深层的文化含义，这种文化含义是由建筑外部的城市环境空间中的历史、文化、生活方式等人文要素组成，包括社会礼仪、生活习俗、文化背景、历史传统、技艺特长以及民族的思想、情感和意识等，也就是要求设计能把握对建筑精神本质的感受，在建筑空间形态上正确反映出人们的思想、意志和情感，表达出环境的全部意义。

● 开放性。利用城市功能及其伴生的城市环境空间渗透或引入建筑内部，使建筑空间与城市环境空间相互融合为统一的整体，可以表现出开放性的特征，使建筑设计突破自身的范畴，与城市各层次环境作用相辅相成，协调发展，空间相互穿插交融，成为城市环境空间的有机组成部分，满足人们创建丰富多彩的城市环境空间的需求和期望。

● 多样性。人们需要丰富多彩的生活环境，特定的环境制约因素是形成与创造多样性生活环境的客观条件。同样，特定的城市环境条件也是形成与创造多样性的建筑空间形态的必要条件。新颖合理的建筑空间形态设计可以使既成的城市环境旧秩序得到发展，并随之形成新的环境秩序。设计者应以敏锐的环境感知力，从原有的城市环境意象中发现创新的契机与可能，满足人们多样化的行为与心理活动对建筑空间形态与城市环境空间的不同要求，使城市环境空间真正成为丰富多彩的城市生活场所。

● 领域性。人们对自己生活的环境空间都具有归属感的需求。领域性就是人们对城市环境空间归属感的一种空间体验。这种空间体验通常是在公共领域——开放的公共交往场所中产生的，也正是公共交往场所的存在为其他城市功能和活动意义的产生创造了条件。设计应使公共交往场所的环境空间形成一定的层次感、归属感、私密安全感和可识别的领域感，强化城市环境空间的层次性结构，形成从公共空间—半公共空间—半私有空间—私有空间逐层过渡的良好的空间层次结构。单体建筑空间形态应积极参与城市环境空间层次的构成，形成多种多样性质与形态各异的活动场所，使拟建的建筑空间形态能与其他建筑、街道、广场空间等环境要素相结合，形成良好完整的领域空间秩序，充分表现城市环境空间的整体性特征。

荷兰鹿特丹老港的开发中，预期兴建200户"树形住宅"，第一阶段已建成60户用作青年公寓使用（图5-20），这种"树形住宅"是一个有3层楼面的倾斜立方体，依靠一个5m高的六角形中心平台支撑。立方体内第一层包括一个三角形的起居室兼餐厅，一个开敞的厨房和螺旋楼梯后的厕所，窗户

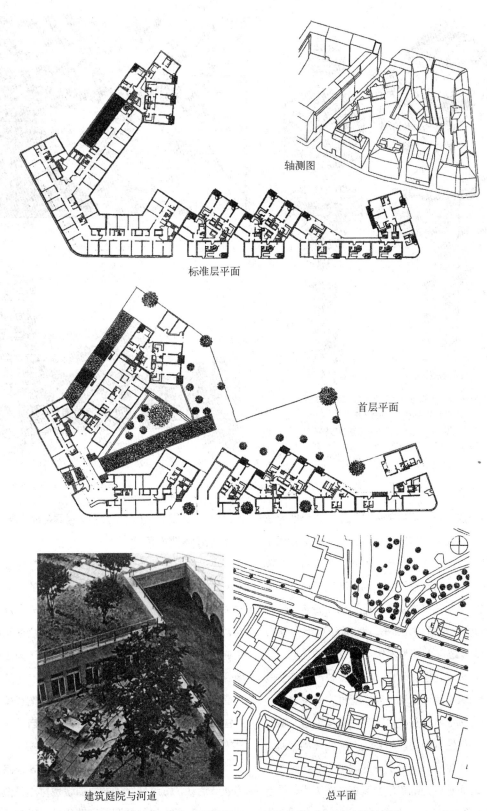

轴测图

标准层平面

首层平面

建筑庭院与河道

总平面

图 5-19 德国慕尼黑盘茨根德办公居住综合楼（建筑空间形态的连续性）

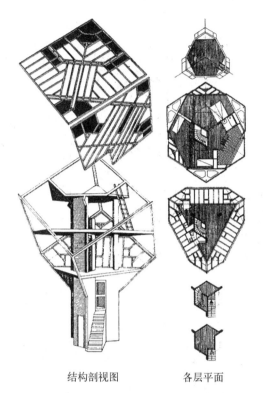

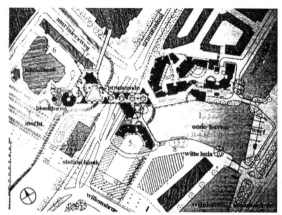

总平面图

结构剖视图　　　各层平面

图 5-20　荷兰鹿特丹布莱克老港青年公寓综合楼
（建筑空间形态的宜人性）
1- 老港；2- 斯柏恩·长迪大楼；3- 布莱克桥和树形住宅；
4- 布莱克塔楼；5- 格尔德斯·长迪区；6- 新图书馆；
7- 市场；8- 怀特大楼

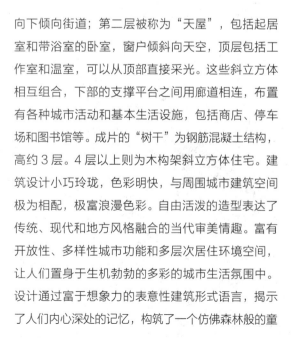

向下倾向街道；第二层被称为"天屋"，包括起居室和带浴室的卧室，窗户倾斜向天空，顶层包括工作室和温室，可以从顶部直接采光。这些斜立方体相互组合，下部的支撑平台之间用廊道相连，布置有各种城市活动和基本生活设施，包括商店、停车场和图书馆等。成片的"树干"为钢筋混凝土结构，高约 3 层。4 层以上则为木构架斜立方体住宅。建筑设计小巧玲珑，色彩明快，与周围城市建筑空间极为相配，极富浪漫色彩。自由活泼的造型表达了传统、现代和地方风格融合的当代审美情趣。富有开放性、多样性城市功能和多层次居住环境空间，让人们置身于生机勃勃的多彩的城市生活氛围中。设计通过富于想象力的表意性建筑形式语言，揭示了人们内心深处的记忆，构筑了一个仿佛森林般的童

话世界。宜人的居住环境，吸引了世界各地的观光者。

（4）可持续性原则

可持续发展的原则已成为当今人类社会发展的共识。这是从全球环境和自然资源保护的角度提出的关于人类长期发展的战略和模式，是一个涉及社会、经济、文化、技术及自然环境的综合性和动态性的概念。可持续发展观强调社会、经济与生态环境保护的均衡协调，强调以生态型的生产和消费方式替代高能耗、高投入和高消费的发展增长模式，并主张人类应珍重自然，爱护自然，把自己当作自然的一个成员与自然界平等交往、和谐共处。

有关资料显示，当代环境污染的 1/3 来自人类的建造活动，城镇住区的发展建设也付出了资源、能源消耗和污染排放的沉重环境代价，同时仍面临

着一系列严重的城市环境问题。改善城市环境、促进城市生态可持续发展已成为当今城市住区建设急需解决的紧迫问题和必须坚持的基本原则。基于这一原则，建筑空间形态的设计构思应充分体现城市环境效益与生态保护的综合考虑。

● 综合效益。居住综合体建筑多功能、高密度的空间形态，对城市环境具有多重性的影响。设计应充分发挥其高密度空间高效率利用的积极影响，提高城市建设的综合效益；同时还应有效避免功能复杂、空间密集带来的消极影响，使建筑空间形态设计既能满足人们生活发展的需要，又符合城市环境可持续发展的要求，力求实现社会效益、经济效益和环境效益的统一。

● 生态环境。在协调建筑空间形态与城市环境的过程中，应遵循生态规划要求，积极发展生态建筑，尽可能减少不可再生矿物资源和能源的消耗，减少污染排放对环境造成的不利影响，努力创造方便、舒适、安全、健康、和谐、协调并具有可持续发展特点的城市居住环境。

澳大利亚悉尼市渥石湾地区更新开发项目（图5-21），在城市的规模与尺度上应用了更新再利用和可持续发展的原则，规划设计采取了对历史肌理的保护与策略性拆除重建相结合的大胆举措。其中利用原有码头重建的水岸公寓，作为新的元素被插入原有的以手指形码头为标志的历史序列空间中，并按原有货物仓库的木框架结构的韵律和比例进行了设计与调整。水岸公寓包括 140 个居住单元（有单层与跃层两种形式），游泳池和健身房。位于码头甲板下潮间带区域的地下室作为停车场地，涨潮时停车场则位于水下 2.5m 处。公寓底层为零售、商业出租空间，上部为 6 层公寓居住单元。人们可以从滨水步行道与城市道路进入建筑。沿滨水步道的廊架柱梁取材于原有码头结构拆除后循环利用的木材，设计以层次化地利用原有建筑元素，表达了新与旧的交替与联系，体现了城市与建筑更新发展中可持续性的原则和社会、经济与环境的综合价值。

5.3.2 建筑空间形态与城市空间结构的整合关系

1）城市空间结构的概念与类型

城市空间结构是指城市环境中各类人工要素的相对空间区位关系及其组合规律。它是人类社会、经济和文化活动在历史发展过程中相互交织作用的综合产物，是人们生活理念、技术能力和功能要求在城市空间上的具象体现。通常城市空间结构可呈现为三种类型（图 5-22）：

（1）向心型结构

城市建筑群围绕一个中心空间布局，道路系统由中心向外呈辐射状布置，此类城市有较强的整体统一性，体现并表达了一种富有向心意义的社会秩序观念。欧洲大部分历史性城市都具有此类城市空间结构的发展痕迹。

（2）网格型结构

城市道路系统布置呈网格状，建筑群在道路网格限定的空间中布置，城市建筑可采取无中心、无边界的均衡开放的格子式空间布局形式，也可采取具有中心网格和边界的棋盘式空间布局形式。

（3）条带型结构

城市道路系统沿自然地形（河流或山脉）呈方向性不均匀布局，城市建筑群沿街巷或空间轴线关系纵向延伸布置，城市空间结构显示由多个主要城区和分区空间节点相互串联组成。

2）建筑空间形态与城市空间结构的整合关系

在不同的城市空间结构中，建筑空间形态应根据自身的功能组成、建筑规模和城市功能布局的需要，采取不同的方式实现与城市空间的整合关系，使城市新旧建筑空间环境形成有机的整体。

（1）协调关系

建筑空间形态与城市空间结构相协调，是居住综合体建筑设计最为普遍采取的与城市空间整合的

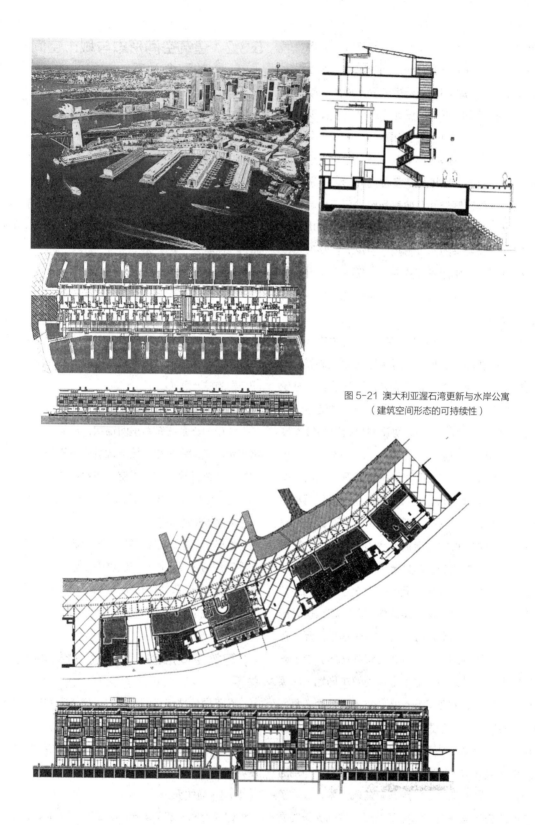

图 5-21 澳大利亚渥石湾更新与水岸公寓
（建筑空间形态的可持续性）

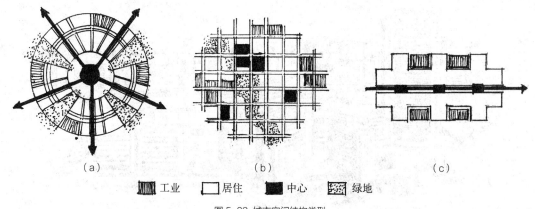

（a）　　　　　　　　　　　　（b）　　　　　　　　　　　　（c）

▨工业　□居住　■中心　▩绿地

图5-22 城市空间结构类型
（a）向心形；（b）网格形；（c）条带形

方式。因为居住综合体建筑用地大多处于城市或地区中心地段，受原有城市空间结构秩序的制约较为突出，采取统一协调的方式更有利于新旧城市空间结构的整合并形成城市环境的个性特色，增进城市发展的综合效益。城市空间结构的整体性特色不仅具有时间的延续性、空间的连续性，而且具有形态的相对稳定性，从而表现为特定的城市文脉，因此单项建筑空间形态的设计构思应尊重城市的历史文脉，重视城市文脉的延续与保护（图5-23）。

（2）重整关系

在特定情况下，城市空间结构形态的稳定性会造成城市环境难以适应社会经济发展变化的新要求，从而会导致城市功能活动能力的衰退，在这种情况下，新的建筑空间形态设计有必要考虑对原有城市空间结构形态进行重组与调整，使城市环境的各项组成要素得以重新组合，建立新的平衡关系，这就是建筑空间形态与城市空间结构之间的重整关系。

同理，当城市社会经济快速发展导致城市空间结构混乱、功能失衡、丧失特色的情况下，新的建筑空间形态设计也需要结合城市总体规划，对现有城市空间结构实施重组与调整的整合方式，使城市整体运营恢复正常的动态平衡状态（图5-24）。

（3）对比关系

在原有的城市空间结构形态过于平淡、缺乏特色的情况下，新的建筑空间形态设计可以与原有城市空间结构形成鲜明对比的关系，用以丰富城市空间层次、创造城市新的特色、提升城市形象。因为以新的建筑空间形态充实陈旧平淡的城市空间秩序，可以促进旧秩序的调整与完善，建立新的城市空间秩序，以适应新的城市生活需求。同时还应指出，城市环境中的建筑空间形态不仅是实现物质功能的手段，而且也是实现精神功能的物质依托（图5-25）。

（4）相似关系

这是利用建筑空间形态与城市空间结构的相似性，直接将城市空间语言引入建筑空间的设计方法，借以创造宜人的城市空间尺度和步行空间景观，促进建筑空间和城市空间的联系、对话和融合（图5-26）。

5.3.3 建筑空间形态与城市景观特征的整体调控

1）城市景观的概念

城市景观是城市空间视觉形式的整体性表达，是城市环境空间中各种视觉事物及事件构成的视觉总体，包括周围空间组织所显现的艺术形式。由于城市环境空间中视觉事物与事件的多样性，决定了城市景观构成的复杂性及内涵意义的多义性。建筑

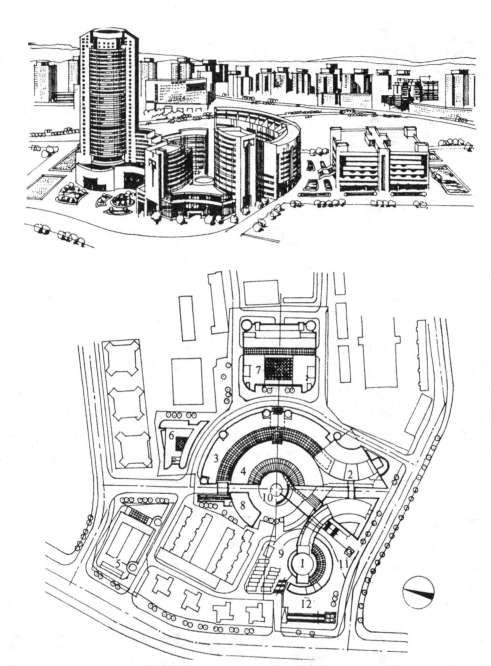

图 5-23 重庆江北商城（建筑空间形态与城市空间的协调关系——以圆形中心广场为核心，
协调建筑形态与城市空间的关系）

1- 商城中心商场及主楼；2- 二号楼商场及旅馆；3- 三号楼商业街及公寓；4- 中心小商品商场；
5- 文体活动中心；6- 美食楼；7- 批发商场；8- 商城管理楼及公共设施；9- 地下车库入口及停车场；
10- 中心广场；11- 商城主入口；12- 商城前广场

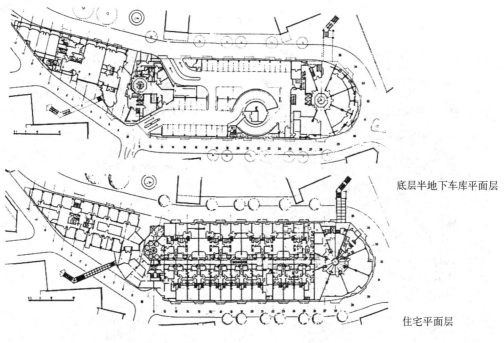

底层半地下车库平面层

住宅平面层

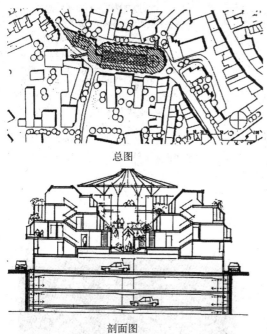

总图

剖面图

（德）奥斯纳布昌克市尼古莱中心

透视图

　　占满基地并形成有生气的小社区，是奥斯纳布昌克市尼古莱中心的高密度创作，基地顶端为公共建筑，它不仅是小社区的活动中心，也成了街坊外的居住群的中心，对原有城市空间形成了重新调整。

图 5-24（德）奥斯纳布昌克市尼古莱中心综合楼（建筑空间形态与城市空间的重整关系）

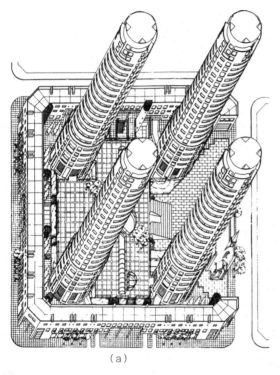

（a）

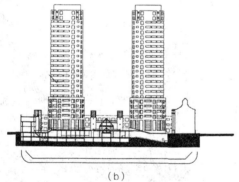

（b）

布宜诺斯艾利斯住宅群及城市设施，阿根廷

Housing Complex and
Urban Equipment, Buenos Aires,
Argentina. 1982

设计 包迪索内建筑师事务所
（Baudizzone Erbin Lestard
Varas/Architects）

　　地段原来是一个教会组织的地产，上面只剩下一座教堂。这项工程拟定的任务是建造近 400 套住宅，外加商店、停 400 辆汽车的车库以及游泳池、文体设施、幼儿园和绿地、儿童游戏场等。总用地面积约 1hm，建筑面积 45371m^2。

　　设计意图是不同类型和形式的住宅共生，在街区上形成多样化的市景，丰富建筑环境。群体四周是低层建筑，设一楼一底的住宅和商店，旁边有道路，给人以宜人的尺度。地段的中心则是四栋高耸的塔式住宅，这在布宜诺斯艾利斯的周边并不十分普遍，因此易于识别，并丰富了城市轮廓。这样，住宅群就起到了双重作用，既满足居住需要，又为城市增色。地段中央庭院的大部分，是个高起的平台，下面设置了各种城市设施。

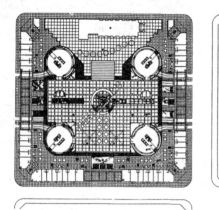

（c）

（d）

图 5-25 阿根廷布谊诺斯艾利斯居住综合体（建筑空间形态与城市空间的对比关系）
（a）轴测图；（b）剖面；（c）平面；（d）模型

东部商业码头，阿姆
斯特丹
O O S T E L I J K E
HANDELSKADE,
AMSTERDAM

建筑设计：KCAP 建
筑与规划事务所
ARCHITECTS:KCAP
architects & planners

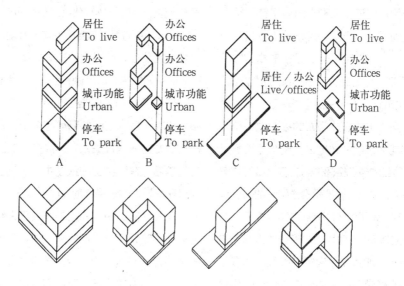

图 5-26 荷兰·阿姆斯特丹，东部商业码头改建（建筑空间形态与城市空间的相似关系——重
建与改建建筑空间形态与原仓库区的建筑空间组合形式相类似）

空间形态必须从城市景观的整体性特征出发，进行必要的控制和引导，借以保持城市环境空间的连续性和宜人性特征，全面体现城市景观的审美价值。对建筑空间形态设计可实施的引导与控制，主要应包括建筑高度控制、城市轮廓线保护、空间序列的组织与引导等整体关联性特征的调控。

2）建筑空间形态与城市景观特征的整体调控

建筑空间的实体形态是城市景观构成的主要人工要素，也是构成城市各种活动场所环境的主要空间界面，其自身空间形态的选择与变化，对城市景观特征的艺术表现具有关键性的影响。因此，对建筑空间形态作必要的控制与引导，也就成了城市景观设计艺术创造的重要组成内容。

（1）城市建筑高度的控制

控制建筑空间形态高度的目的是组织和保护城市景观特色、构筑和谐的城市环境空间。因为保持建筑实体与城市空间恰当的比例关系是调节城市空间意象的有力手段，所以，通过建筑高度的控制有助于保护原有城市空间的整体性特征，使城市整体机能得以延续生长和发展。同时通过控制建筑高度也可有效地控制城市建筑密度，引导城市空间的有效利用，避免过于庞大的建筑形体阻断城市空间景观的连续性，损害现有城市景观的完整性（图5-27）。

（2）城市轮廓线的保护

城市轮廓线是人们感知城市空间形态的最直观的视觉形式，丰富多变的城市轮廓线是由建筑空间形态和城市特定的地形地貌、植被分布及水系形态等共同组成的。城市轮廓对城市空间特征的表现具有极为重要的作用。建筑空间形态对城市空间轮廓线的构成具有最为重要的影响，可以给人以强烈的视觉印象。因此，为了控制与保护原已形成的城市轮廓线，建筑空间形态的处理，应关注如下几个方面：

● 分析确定城市轮廓线的主要构成因素，分清主次，区别对待，强化主要构成因素的控制性地位，妥善处置次要构成因素的从属地位，使整体轮廓更加清晰化。新建项目的建筑空间形态应符合城市轮廓线协调或组织重整的要求。城市轮廓线组织的关键是合理控制建筑高度、体量和体形等形态构成要素。

● 高层建筑的空间形态对城市轮廓线的构成与变化影响极大，因此对新建高层建筑的高度、体量、体形和造型等都应予特别的关注。应认真研究高层建筑在城市空间中的分布规律，充分发挥其在城市空间轮廓线和城市形象构成中的重要作用，并成为城市总体布局中清晰的空间标志。

● 主体建筑的选址及体量确定要有利于最佳观赏点的方便提供和保护，以便于人们能获得最佳的视觉形象，清晰地认知建筑空间形态与城市空间的整体组成关系和完整的城市轮廓线形象。应该指出，人们对城市轮廓线的感知与所处观赏点的空间场所直接相关。观赏场所的距离与空间尺度往往也是设计时应予考虑的因素（图5-28）。

（3）城市空间序列的组织

空间序列是人们在完成特定活动时形成的空间秩序。适应人们的活动目的和方式，城市环境中形成

了不同的空间序列，不仅不同城市具有不同的空间序列，而且同一城市的不同地段也可有不同的空间序列。建筑空间形态设计应结合自身的功能、所处的城市环境以及使用人流的活动特征，参与相应城市空间序列的组织，以增进城市景观特征的表现。城市空间序列按其组成空间单元的相互关系一般可分为三种类型：

● 单向递进型。其空间组成单元之间显示了一种循序渐进的空间秩序，具有强烈的空间指向性。各空间单元相对完整，但无法独立存在，必须依靠相邻空间单元的配合构成整体秩序的一个环节，其空间方向性所指可形成序列终点和空间节奏的高潮。

● 均布并列型。其各空间单元在功能组成上具有较强的完整性，可以相对独立并存，共同构成均衡布局的空间秩序，无明确的空间指向性和序列终点。

● 多向网络型。其各空间单元具有相对的完整性和独立性，每个空间单元可与多个相邻的空间单元建立多方向的连接关系，形成多向交织的网络状的空间秩序。在这种空间秩序中，建筑空间形态的设计可获得更大的选择余地（图5-29）。

在设计实践中，利用轴线关系来组织城市空间序列，是较为普遍采用的有效设计手段，因为轴线关系能使空间总体的各组成要素展现强烈的视觉联系，人们沿着轴线行进可以直观体验空间的纵深感和方向感。因此，利用轴线组织可以强化城市空间的秩序，组成有节奏的空间序列，增进人们对城市空间特征的感知力度。

城市空间轴线的设置可依照其城市功能的空间布局定义为道路交通轴、绿化景观轴、商贸服务轴，文化娱乐轴等城市功能组织轴线；也可依照其城市空间的形态构成定义为中心轴、对称轴、实轴线、虚轴线等形式空间组织轴线。利用城市空间轴线关系参与城市空间序列组织时，建筑的功能与空间形态设计应与其参照的城市空间轴线的功能定位和空间作用定位相适应。因此，利用城市空间序列的轴线组织关系，可以为新建的建筑空间形态的设计建构提供清晰而明确的城市空间定位（图5-30）。

伦敦布卢姆斯伯里区中心住宅，英国

Brunswick Centre, Bloomsbury, London, Britain.

设计 霍普金森（P.Hodpkinson）

　　这里，两幢住宅之间形成一个内院，地下部分是一个公共活动中心。它的规划设计在旧区改造、充分利用土地、提高密度和保证良好居住环境等方面，都颇具特色。

　　设计特点：

　　1. 因为是在旧区中心进行改建，考虑与周围环境应有良好的联系，所以没有采用超尺度的高层住宅。新住宅与邻近旧建筑物的屋顶同高，尺度不大。

　　2. 市政服务设施齐全，具有邻里单位的特点。为充分利用土地，商店、电影院、饭馆、咖啡馆等设在底层的中央大厅中。

　　3. 采用双面台阶式住宅，加大了住宅楼的进深，节约用地。户型多样，住户（除部分一室户外）都有宽大的阳台。

　　4. 两幢住宅安排在用地的外侧，形成中央宽阔的平台（内院），平台全部铺装、布置绿化及小建筑，并有阶梯与地下公共建筑相联系。

　　总用地 3.25hm²，有 560 套住宅，可住 1644 人，密度为 570 人 /hm²。户室以两室户及三室户为主，一室户只占 10%，还有极少数的多室户。

　　办公及商业用房面积 23300m²。一个 500 座位的电影院 1300m²。地下室中还设有 910 个车位的车库，供居民、店员和来客使用。

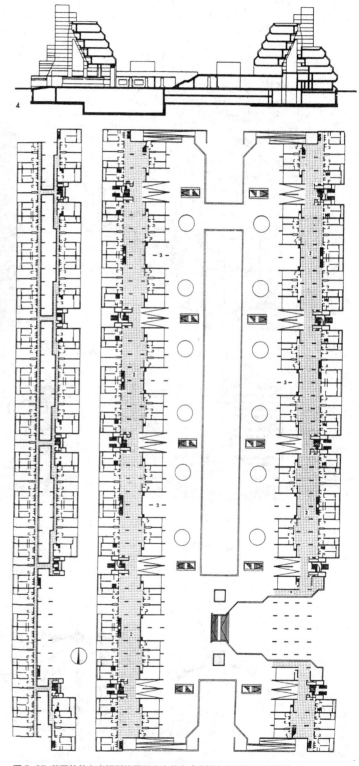

图 5-27 英国伦敦布卢姆斯伯里区中心住宅（建筑高度与体量的控制）

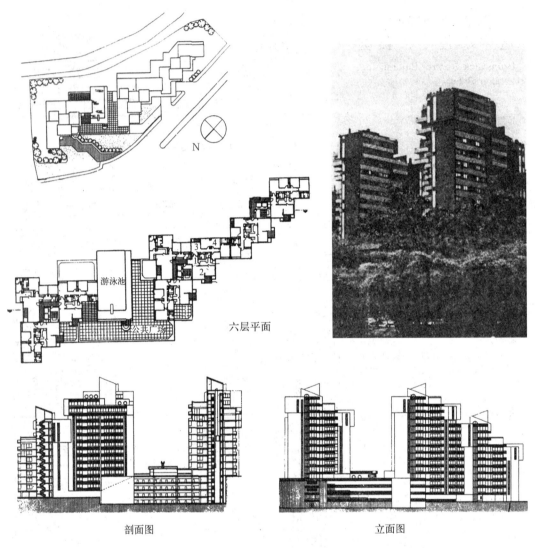

六层平面

剖面图　　　　　　　　　　　　　　　　　立面图

图 5-28 委内瑞拉加拉加斯，奥利茨科居住综合体（城市轮廓线的保护——综合体在不同方向有不同的层数，组成高低错落的主体轮廓，并以深色山体为背景）

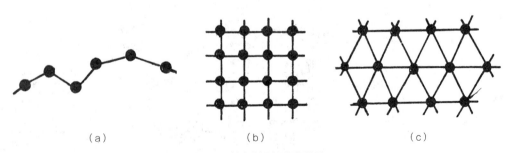

（a）　　　　　　　　　　　（b）　　　　　　　　　　　（c）

图 5-29 城市空间序列组织类型

（a）单向递进型；（b）均布并列型；（c）多向网络型

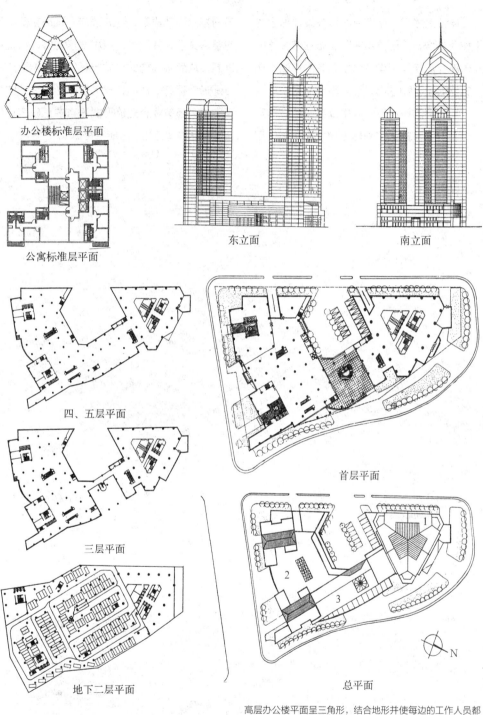

办公楼标准层平面

公寓标准层平面

东立面

南立面

四、五层平面

三层平面

首层平面

地下二层平面

总平面

高层办公楼平面呈三角形，结合地形并使每边的工作人员都有良好的视野，立面造型以现代感为主，上部选择蓝绿色玻璃和深蓝色玻璃，微妙、调和的色彩搭配，使建筑高雅脱俗。公寓以基地轴线为基准，对称布置，充当背景的角色。

1- 高层办公楼；2- 高层公寓；3- 商业服务

图 5-30 欧加华城市广场，1996，天津

　　总之，通过上述相关城市空间景观设计理念的综合运用和理性分析，已基本阐明了居住综合体的建筑空间形态在城市景观构成中所具有的重要作用及其所具的建筑设计和城市设计双重意义的设计目标。因而，其正确的设计方法应是以科学的城市环境观为指导，遵照其建筑空间形态在城市环境作用下的基本设计原则，合理选定与城市空间结构相宜的整合关系，并适当运用城市景观整体特征的调控机制，从而协同构成与城市环境空间相适应的基本空间形态框架。然而，建筑空间形态设计的最终圆满完成，还需要有建筑形式语言的正确表述和建筑造型技艺的润色加工才能完美。

第6章 Residential Building's Modelling Design
居住建筑造型设计

6.1 居住建筑造型设计的美学观

什么是美？从审美对象的角度来说，是指能使人产生审美愉悦的事物。美的事物，应具有一定的客观属性，如和谐、比例、匀称等；另一方面"美"是人的理性判断的结果，——"美是道德的象征（康德）""美是真与善的统一"，即被认为是"合规律性和合目的性的统一"的事物才能使人产生审美愉悦。这种审美愉悦的产生，按格式塔心理学的解释是外在世界与内在世界发生了同构的结果，而这种心理反应归根结底又来自于人类长期的生产劳动和生活实践（李泽厚）。

建筑是一种特殊的审美对象。建筑难以达到在诸如绘画、雕塑等艺术形式中可找到的纯粹的境界，没有什么艺术像它一样受到诸如人工、任务、条件等非审美因素的影响。建筑造型受到建筑功能、技术水平、施工条件等等的限制，更多地表现出特定的时空特征和社会特征。建筑师从而具有社会学者、工程师、艺术家等多重身份。

居住建筑作为特定类型的建筑，是人的"家园"，其主要功能是提供人休憩调整身心的场所。随着时代的发展，也渐有工作、学习等功能的融入，对于特定人群甚至"旅馆"型的居住建筑也有出现。依存于居住建筑的造型美的创作应抓住居住建筑的本质特征和发展趋势。

还有一点需要阐明，美不同于艺术。艺术是对某种理念的"表现"，可以表现为"美"，也可以表现为"不美"，如"丑""阴暗""恶""疯狂""恐惧"等。城市居住建筑具有服务于大众的功能，是城市面貌的重要组成部分，从艺术的角度看，应以"美"的表现为目标。美的表现有以下两种形式，一为纯粹美，二为理性美。

纯粹美的概念来自康德，指纯粹的形式美，"非功利、无概念、没有目的"。这里引用这个词，意指居住建筑造型美的客观性质，即组成居住建筑外部造型的各要素——门、窗、入口、楼梯间、阳台、屋顶、台阶等排列组合、色彩搭配、光影处理等所应具有的某些"美"的特质，如和谐、比例、对比、流畅、饱满、主从、匀称等。

理性美，指美所具有的人文性质，"所有审美客体都是被提取出来的、并被固定下来，这其中具有某种意义"（卡斯腾·哈里斯）。美的事物，应符合人在实践过程中探索世界的知性需求以及人与自然共存的感性需求，这其中包含十分丰富的内容，如人与自然的和谐、人与人的和睦共处、人与历史的不可割断的联系、审慎而一往无前的探索精神等。居住建筑造型的理性美，应在这种理性美的认知基础上，从居住建筑的本质特征、发展方向、特定类型和自然人文环境中挖掘恰当的表现方式。

意义提取的来源，可以是乡土环境、人文环境、自然环境、外来文化、科学技术，甚至是某种理想理念。当代居住建筑造型理性美的代表性话语如下：

传承——对城市文脉的传承，对居住传统的传承。

共生——与地域生态环境的共生、与社区人文环境的共生。

创新——应用新材料、新技术的创新，适应居住新理念的创新。

上述三种理性美不是孤立不相容的。一个成功的居住建筑造型，可以是"传承"的，也可以是"创新"的。根据具体情况，居住建筑的造型可以兼具多种美的理念。

居住建筑的纯粹美与理性美是不可分割的两个方面。没有理性思考的造型，势必是无根的、轻浮的；而忽视纯粹美，则会使理性美缺乏支撑而失去表现力。

6.2　居住建筑造型设计原则

居住建筑造型是促进住区整体完善的非常重要的一环，它决不仅仅是对居住建筑的外表进行装饰性的美化——如同穿上一件外衣，也绝不仅仅是单一视点的形象塑造——如同在纸上作画，居住建筑的造型应综合居民的体验以及在城市中的景观要求，表达出居住环境的建筑之美。

因此居住建筑造型是一个涉及多方面考量因素的整体营造过程。首先，居住建筑是一种实用产品，满足人们的居住需求，居住建筑造型是居住建筑产品制造中的一个环节，因而也必须具有实用性、功能性和经济性；其次，居住建筑是建筑的一种类型，是建筑师服务大众并发挥创造性才能的对象之一，因而居住建筑造型应展现出建筑师对居住者行为与心理体验的关注，赋予居住建筑恰当的意义，合理利用各项工程技术，表现出特定的风格与个性；第三，居住建筑面广量大，相对于公共建筑来说，是与居

民关系更为密切的城市背景，是构成城市风貌的重要组成部分，因而还应从城市景观组织的角度去组织住区内居住建筑的造型。第四，当前生态理念已成为全球发展共识，住宅建设中如何体现设计者的智慧，应用合适的生态技术达到节能减排、降低环境压力的目标，已成为各国住宅研究热点，住宅造型由于涉及材料的使用、内外界面的转换等因素，成为体现生态理念的重要方面。

在这里，具体拟定以下几条设计原则。

6.2.1　造型应考虑实用性、经济性和功能性

我国人口众多，土地是紧缺的不可再生资源，土地使用在今后 20 ~ 50 年还将面临快速城市化的压力，虽然目前居住建筑的类型众多，也出现了不少大面积、奢华的别墅类或超大型居住建筑公寓，但是对大多数居住建筑来说，适用、经济仍然是居住建筑设计的出发点。实用性、功能性、经济性在居住建筑设计时必须首先加以关注，对于居住建筑造型同样如此。

实用性要求——不能破坏居住建筑内部空间适用的舒适性要求、安全性要求，要尊重内部空间对外部造型的约束，如进深、开间、层高等。

功能性要求——外部造型设计涉及的住栋构成元素，如窗、阳台、楼梯间等应符合人们使用的功能；

经济性要求——选用的结构类型、建筑材料、施工方法应考虑居住建筑总体造价。

总体来说，以上三类要求是居住建筑造型所必须面对和正视的限制性因素，这就要求造型设计要在有效应对这些限制性因素的基础上去创新。

6.2.2　造型应与工程技术密切配合

居住建筑的产生和发展与建造的工程技术具有天然的紧密联系。不同时代、不同地域的居住建筑

之所以表现出不同的特点，与当时当地所运用的工程技术是密不可分的。可以说，中华人民共和国的成立工程技术也是建筑文化的重要促发因素和组成部分。中国传统的院落居住建筑，与木材的大量使用和成熟的木构技术密切相关；20世纪后大多数低层和多层居住建筑采用砖混结构，使造型受到诸如开间、梁架体系等的限制；20世纪90年代以来，钢筋混凝土框架结构以及其他的新型结构处理方法、建筑材料的运用日益增多，造型受到的结构束缚相对减少，使得居住建筑造型呈现多样化的趋势。

一方面，居住建筑造型应充分尊重建筑材料、结构技术本身固有的逻辑性。比如钢筋混凝土框架结构居住建筑的造型可以表现出稳重、富有韵律美的气质；而钢结构居住建筑造型就可以做得较轻盈。国外还有一些特异体形的居住建筑，由于采用特别的结构形式，表现出了极富个性的美。

另一方面，工程技术应与造型处理的要求密切配合、协调统一，尤其是建筑构造、节点大样的技术设计应详加斟酌。比如坡屋顶的檐口与墙体衔接处的设计就有多种方式，有的适合不同的结构类型，也有表现不同风格的，如中式、西式等。

只有依赖工程技术，居住建筑造型才最终得以实现，二者是相辅相成的，造型必须尊重工程技术的固有特性，而造型对工程技术提出的要求也会促进其进一步发展（阅读图6-1~图6-5）。

6.2.3 从建构内、外空间界面的角度去造型

居住用地在城市各类用地中占有约1/3的比重。城市居住建筑的景观意象对形成城市整体面貌的作用十分巨大。"城市景观，在城市的众多角色中，同样是人们可见、可忆、可喜的源泉"。而居住建筑作为人们心灵停泊的家园所在，其应被赋予什么样的视觉形态是值得深思的。相对于其他艺术，空间是建筑所拥有的独特的造型语言，也是其独特的

造型对象。居住者的生活行为和心理需求决定了其经常在居住建筑的内外空间之间切换，从建构居住建筑内、外空间界面的角度进行居住建筑造型设计表现了建筑师对生活空间的关注和对居住需求的更加全面的应对。

居住建筑楼栋的内部空间与造型相关的部分是居住建筑开洞以及交通通道的对外部分。居住建筑的开洞包括窗、阳台、露台等，是居住建筑室内向室外的延伸和过渡空间，居住建筑的造型不能妨碍室内对这些空间的长度、宽度或深度要求；居住建筑楼栋的交通通道是半私密性质的空间，居住建筑的造型不能妨碍其采光要求，如有交往空间，则不能妨碍交往空间的设置要求。图6-6所示为某跃层式住宅的剖面。

居住建筑楼栋的外部空间则参与了环境意象的营造。凯文·林奇认为，环境意象由三部分组成——个性、结构和意蕴。住区的景观构成要素是多样的，除了居住建筑，还有由植物配置、室外家具、构筑物、铺地等构成的室外环境。住区的环境意象可以说是居住建筑与室外环境构成的综合的环境意象，而这些要素中，居住建筑由于其较大的体量，自然也成为室外环境的围合界面，因此居住建筑景观的个性和结构是形成住区环境意象的最重要方面。

如果物质环境仅作为独立的存在，是无所谓"意象"的。"环境意象"之所以会产生，恰恰在于人的存在，人作为观察者，与物质环境之间的碰撞与交流可形成"意蕴"，乃至整体的意象认识。

那么，首先要了解作为观察者的人，是从住区的哪些方面来形成意象认知的，才能有助于居住建筑视觉形态的设计，最终形成有个性、结构清晰、意蕴悠长的环境整体意象。

（1）对于住区外围的观察者，住区沿城市道路、自然界线、用地红线的景观是重要的；

（2）对于居住者，住区的入口、住区沿内部道路的景观序列、居住建筑周边的游玩休憩场所的景观是重要的；

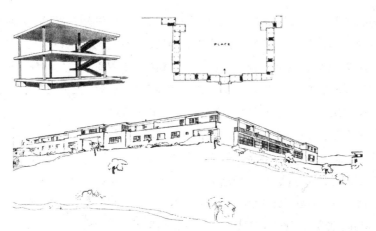

图6-1　勒·柯布西耶（Le Corbusier）1915年设计的多米诺住宅单元结构与可能组合的透视及平面。钢筋混凝土板柱体系使得住宅可以按标准化模式快速批量生产，其造型突破砖石结构住宅的束缚，可以获得更大的开窗面积从而取得更好的通风采光条件，为普通大众提供健康的居住环境

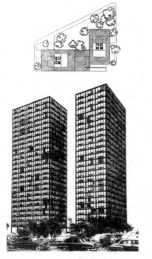

图6-2　密斯·凡·德·罗（Mies Van der Rohe）设计的芝加哥湖滨公寓。该高层长方棱柱体采用的是设计缜密的钢结构，无论是整体结构体系还是外表面的钢结构节点都经过细致的计算与设计，表现出与钢筋混凝土结构高层建筑不同的轻盈空灵的建筑造型

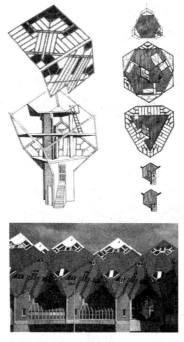

图6-3　荷兰鹿特丹树形住宅。由一系列有三个室内水平层的倾斜立方体住宅构成，其支撑结构为钢筋混凝土结构的立柱及六角形的中心平台。造型独特，宛如森林般的童话世界，为鹿特丹营造了一处旅游景点

（3）对于来访者，住区的外部形象甚至远景形象、住区入口和居住建筑片区的可识别性是重要的。居住建筑的景观意象设计落实下来，实际上，一方面是居住建筑楼栋的造型设计，另一方面是人作为观察者历经的各类空间界面的处理。空间界面处理从视觉形态的角度可分以下几类：

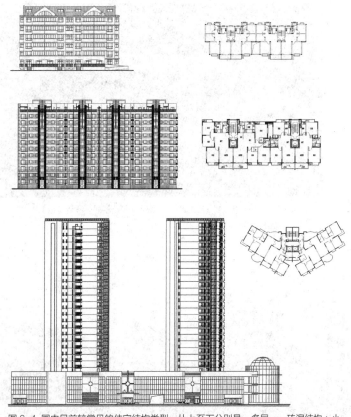

图 6-4　国内目前较常见的住宅结构类型，从上至下分别是：多层——砖混结构；小高层——短肢剪力墙结构；高层——剪力墙结构

图 6-5　新型结构体系——框架式现浇中空楼板以及新材料——
双层中空钢化镀膜玻璃的应用使住宅建筑比一般砖混结构或框架结构内部空间更为开敞，外部造型更为通透

（1）住区外围或面向城市的公共空间界面——沿街、沿河、天际线等（图6-7~图6-9）；

（2）住区内部的各类公共空间界面——公共活动空间、半公共活动空间的界面（图6-10、图6-11）；

（3）住区内部的灰色空间界面——门厅、底层架空、公共交往层、走廊等（图6-12、图6-13）。

除了视觉界面外，基于生态理念，从能量交换的角度处理空间界面是一种新的尝试，如面向城市

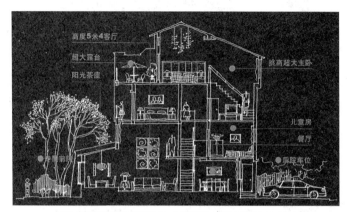

图 6-6 某跃层式住宅的剖面，反映了其内部空间的设计与组织

图 6-7 新加坡某街区住宅。沿城市街道的外部界面处理简洁，追求大的虚实对比；街区内界面的处理则较为细腻

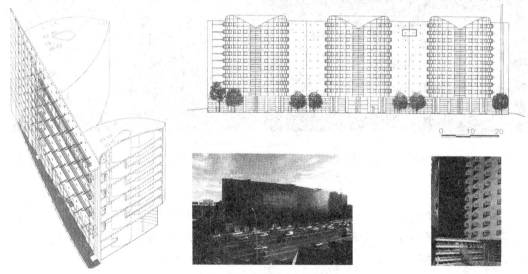

图 6-8 巴黎库瓦赛大学公寓
建筑北面造型是一片 30m 高，100m 长的盾形屏障式幕墙，
隔绝其北边城市快速干道的污染和噪声；校园内的三栋公寓则表现出宁静、舒适的居住气氛

图 6-9 杭州某滨水住区临水群体界面
城市水体通常是重要的绿化廊道及公共活动场所，
临水住宅应考虑这一城市宏观的景观要求，营造出疏密有致、层次丰富，既便于其自身观景又可被欣赏之景观

图 6-10 日本某街区的半公共活动空间界面及街区之间的商业街道界面

图 6-11 成都某小区中心公共活动绿地的空间界面

的界面防噪处理、外墙的节能处理、遮阳设施等，这些从技术出发的能量交换界面的处理经建筑师精心设计，呈现出独特的造型美。

6.2.4 造型应从审美距离的角度营造适宜的尺度

尺度是"一个独特的似乎是建筑物本能上所要求的特性"[1]。这是因为人观赏建筑、使用建筑，总会不知不觉以自身的尺度去衡量，这种衡量包括人体工学意义上的，也包括心理感受意义上的。一般来说，体量较大的建筑首先会给人以宏伟的尺度感，但经过恰当的设计，也可以让人从另外的角度体会到亲切感。

对于审美对象的判断，人与审美对象的审美距离是重要影响因素。一个人在山脚、山腰、山顶不

① 托伯特·哈姆林.建筑形式美的原则.邹德侬译.中国建筑工业出版社.

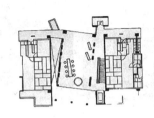

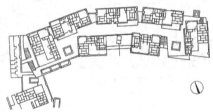

图 6-12 日本某住区的内部灰色空间界面，分别为
住栋内部的公共交往空间界面与屋顶街道界面

同的位置所产生的对山的美感是不同的。对于居住
建筑造型的审美，我们在这里提及的"审美距离"
包括"角度""距离""心理"等多种内涵。

1）道路性质与宽度

城市街道：注重居住建筑整体造型以及沿街居
住建筑底层建筑与街道共同构成的街道氛围。

小区内部街道：注重建筑低层处理与环境要素
的融合。

图 6-14 所示为沿城市街道的住宅造型处理，
应符合城市街道的道路性质及其环境特点；图 6-15
所示为小区内部街道的住宅造型处理。

2）不同大小和性质的空间界面

小邻里围合界面：注重入口、底层的细部处理，
营造亲切的居住环境（图 6-16）；

开放空间围合界面：注重多栋居住建筑造型的

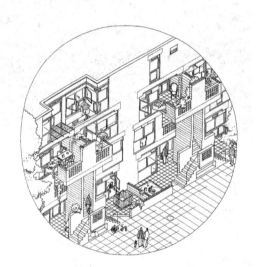

图 6-13 H·赫茨博格（Herman Hertzberger）设计
的某住宅立面。设计意图在于通过晒台、楼梯、住宅入
口的巧妙组织，构筑可促发交往的半公共空间界面，营
造和谐的生活气息

整体性，对具有活动中心场所性质的公共空间加以
烘托（图 6-11）；

（a）   （b）   （c）

图 6-14 沿城市街道的住宅造型处理

（a）为绿化良好的城市干道，两侧住宅错落有致地掩映在山体和绿化当中；

（b）为商业街性质的城市干道，其住宅群体设计留出具有标识性的小区入口，

而沿街住宅本身也是有底层商业的混合功能建筑；（c）为静谧的城市支路，其住宅设计着重考虑与周边街区环境的和谐统一

（a）   （b）

图 6-15 小区内部街道的住宅造型处理

（a）住宅入口直接从街道引入，造型质朴宁静；

（b）小区内部商业街的住宅造型，表现出活跃但又不过分喧闹的居住气氛

吸引点的空间界面：对于小区入口、重要的对景居住建筑等，可采取特别的处理方式进行强调（图 6-17）。

3）低层、多层与高层

独立居住建筑、少户低层居住建筑：注重单体本身的造型个性（图 6-18）。

低、多层集合居住建筑：注重适当规模群体的整体造型（图 6-19）。

高层居住建筑：根据其在城市空间中的标志作用，注重群体组织形式、轮廓线处理（图 6-20）。

居住建筑，正是由于在住区和城市中人们的体验存在多种审美距离，决定了其尺度的营造是复合的。比如，在一个住区的主入口空间，如想突出宏

大的公共活动空间的气氛，可以把围合该空间的建筑作整体性处理，在立面划分、色彩搭配等方面追求较大尺度的对比协调的效果，但在这些建筑入口部位而言却仍然要考虑接近人的尺度的处理。

6.2.5 造型应与环境相结合

建筑艺术的创作离不开对周围环境的考量，只有真正与周围环境完美结合的建筑才是真正成功的

环境包括两方面的含义：自然环境、人文环境。

水边的居住建筑、山地上的居住建筑、平地上的居住建筑——这些是拥有不同地质条件的居住建筑，北方居住建筑、南方居住建筑、西部居住建筑——这些是面对不同气候条件的居住建筑。诸如此

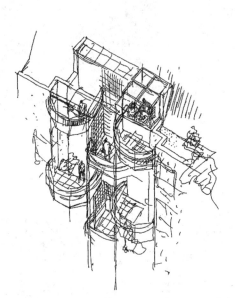
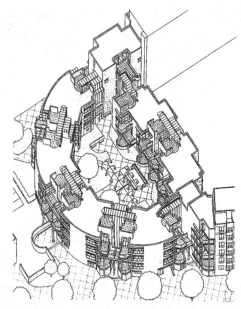

图6-16 H·赫茨博格设计的柏林林德恩住宅。对庭院住宅建筑间距、高度以及交往空间的人性化处理打破了传统柏林庭院常有的压抑感，阳台、晒台与交通流线的一体化设计则是基于自然的促发人际交往的设计构想，从而使该住宅充满了人情味和温馨感

图6-17 美国某可负担住宅的入口处理，同时作为重要的对景建筑，通过墙体的变化与开窗的组织强调出入口，具有极强的识别性

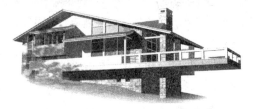

类，面对不同的自然环境，居住建筑造型应充分考虑其使用的建筑材料、结构形式、立面要素，并结合周边的自然景观，体现出造型特色。

传统街区更新居住建筑、新区居住建筑、农村居住建筑——这些是位于不同城乡区位的居住建筑，江南水乡居住建筑、里弄居住建筑、窑洞居住建筑——这些是拥有不同文化氛围的居住建筑。诸

图6-18 各种独立式住宅，体形处理十分自由

如此类，面对不同的人文环境，居住建筑造型应充分考虑其环境文脉，成为其环境的有机组成部分。

当然，对于这些位于特定的自然环境和人文环

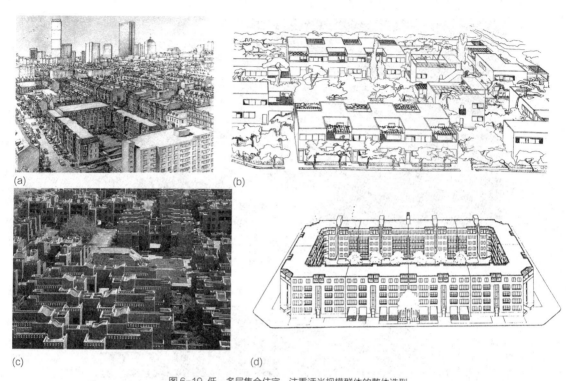

图 6-19 低、多层集合住宅，注重适当规模群体的整体造型
（a）美国某可支付住宅设计考虑与周边环境（道路、建筑布局等）相协调的群体处理；（b）勒·柯布西耶 1924
年设计的 Pessac 住宅群；（c）（印）拉吉夫·瑞沃尔（Raj Rewal）设计的新德里亚运村；（d）街区式住宅

图 6-20 高层住宅，注重群体组织形式、轮廓线处理
新加坡某高层住宅群体设计，高低错落的群体组织丰富了城市的轮廓线

境的居住建筑，首先应从居住建筑的平面、空间设计方面来应对，造型是以此为基础所作的视觉表现（图 6-21~图 6-24）。

6.2.6　造型宜考虑恰当的含义表现

虽然居住建筑是一种典型的实用型产品，但由于其渗入了社会影响因素、建筑师的个人因素，它总以一种有意或无意的方式反映出时代生活内容和精神观念。这种表现性在一些建筑大师的独立住宅的设计中是很强烈的。在集合居住建筑中，这种表现性虽然不如某些公共建筑那么显著，但是居住建筑通过其空间、尺度、比例、光影、材质、色彩的组合和配置而建构的造型同样反映出居住观、生活

图 6-21 安藤忠雄（Ando Tadao）设计的六甲集合住宅。以方盒子为单元，沿着陡峭的 60° 山坡斜壁逐
级叠加而成，极具现代建筑的理性，又宛如从山地中生长出来一般

图 6-22 伦敦布杰尔码头住宅。这是一组在城市更新中新与旧协调统一的优秀设计，新建住宅、
改建住宅与保留建筑完美地统一在一起

图 6-23 中国的两例旧城改造住宅设计
（a）苏州桐芳巷住宅小区；（b）北京菊儿胡同

图 6-24 具有江南传统村落意象的现代多层住宅设计，运用了马头墙、
传统民居色系以及廊、亭等传统建筑要素

观等涉及精神内涵的内容。

一度风靡全国的欧陆风实际上反映了对西方生活的追崇和向往。欧陆古典建筑由于源自追随完美人体比例的传统，加之以石材为主，在现代居住建筑设计中借鉴其手法无可非议，但是全盘模仿乃至不负责地扭曲和编造就表达出了消极的精神内容——空洞和盲从，居住空间是人们极其重要的生存空间之一，居住建筑传递出的这一精神信息无疑会对人们起到潜在的消极影响。因此，在居住建筑造型中进行恰当的含义表现是建筑师必须认真加以考虑的。

前文与环境结合部分其实就是含义的提取来源，除此以外，诸如表现人与人和谐平等的居住观，或者表现人类探索精神的未来生活方式观等也都是可以提取的含义来源。

6.2.7　住宅造型应体现生态理念

生态住宅设计所涉及的面十分广泛，包括：以气候为导向的建筑形体和剖面设计、以减少碳足迹和节能为导向的绿色建材运用、与绿色住区和绿色景观相衔接的住宅要素设计、以清洁能源为导向的材料选用和构造设计、以增强热调控能力为导向的建筑表皮技术创新。

由于住宅造型必然涉及材料选择和室内外界面转换，从而成为体现生态理念的重要载体。兼顾建筑美学和生态系统的良性循环，以绿色经济为基础、绿色社会为内涵、绿色技术为支撑、绿色环境为标志而进行的住宅造型，甚至能够成为充满思想活力和当代技术特色的新城市景观。目前，在一些国家涌现出了一批极具创新精神和设计智慧的生态住宅，已成为住宅设计新典范和城市的新标志。

1）以气候为导向的建筑形体和剖面设计

在不同温度和湿度以及季节特征的气候区，住宅首先应在群体组织、形体设计以及剖面设计上有所应对，尽可能获得适宜的自然日照和通风条件，

从而降低机械空气调节的费用和能耗。如英国的贝丁顿社区，建筑做成退台的方式，减少了建筑之间对阳光的相互遮挡；南面设置有玻璃温室，冬天可以吸收大量的热量提高室温，夏天则可以打开作为开敞的阳台，进行散热（图 6-25）。

2）以减少碳足迹和节能为导向的绿色建材运用

利用废旧材料、可再生材料或者可以在工厂预制、现场拼装的建筑材料，是绿色建材的发展方向。在一些生态住宅案例中，大量采用可回收利用的钢、木材和玻璃等建材，如德国瓦邦社区住宅（图 6-26）。英国贝丁顿社区住宅建筑的 95% 结构用钢材是从 35 英里内的拆毁建筑场地回收的，其中部分来自一个废弃的火车站，为减少运费和污染，建筑所需的新材料都购自最近的建材市场。

3）与绿色住区和绿色景观相衔接的住宅要素设计

从更大范围来看，住宅建筑是住区和环境的一环，其设计应与住区整体的生态理念相衔接，成为绿色住区和绿色景观中的和谐角色。如当前住区设计中，强调雨水收集和中水利用，那么，落水管的位置应和雨水收集的导向一致；再如，当前高密度的住区开发，对垂直绿化也提出要求，如何通过构造处理使垂直绿化真正绿起来，也是住宅设计的一个挑战。日本 NEXT21 实验住宅的设计利用了屋面、中庭及各层露台的空间，确保了 1000m² 的绿地。立体绿化与屋顶花园明显改变了热环境。当周围建筑的墙壁温度达到 40°C 以上时，该建筑物的绿化部分和立体街道与外部气温大体相同，被控制在 34~35°C 左右。当晚上 8 时，周围建筑的墙壁仍为 32°C，而该建筑物墙壁则与外部气温会降到 28°C 左右（图 6-27）。

4）以清洁能源为导向的材料选用和构造设计

住宅太阳能收集主要利用建筑屋顶和立面。德

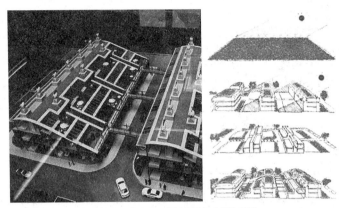

图 6-25 英国贝丁顿社区的住宅形体处理

图 6-26 德国瓦邦住区的建材使用

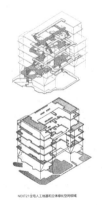  

图 6-27 日本 NEXT21 实验住宅

国弗赖堡 Sonnenschiff 太阳能城是混合使用的住宅和商业建筑,采用被动式太阳能采暖,屋顶整片太阳能板,配之以颜色鲜艳住宅外墙,使外部造型显得生动活泼(图 6-28 和图 6-26)。

5)以增强热调控能力为导向的建筑表皮技术创新

通过表皮设计,选用适当的墙体材料、采用可调节式处理手段以及设置表皮外部活动构件,对光线、热量和通风加以控制,从而使得住宅获得良好的热调控能力,减少对空调的依赖。如位于加拿大多伦多约克大学(York University)的庞德路学生公寓(Pond Road Student Residence)是通过 LEED 认证的绿色建筑,在阳光强烈的南立面,建筑师联盟利用巧妙的遮阳构件有效地控制并调节了阳光的入射量和入射方式;水平穿孔金属遮阳板的外部又附上许多垂直方向的玻璃遮阳页,为公寓提供了一道额外阻挡强光的屏障,并且在结构上稳固

图 6-28 德国弗赖堡 Sonnenschiff 太阳能城

水平出挑的穿孔遮阳板。这些遮阳采光构件不仅有助于公寓节能，使居住环境更舒适健康，还在立面上创造出层次感和丰富的光影效果（图 6-29）。

6.3 居住建筑造型设计方法

6.3.1 体量与体型组织

体量指的是居住建筑的体积感，它的意义来自于通过目测与行动丈量而获得的人的尺度的相对性。一般来说，低层居住建筑的体量小巧，多层居住建筑较为适中，而高层居住建筑相比之下就比较宏大了。

体型指的是居住建筑的形体组织与构成，它与体量一起是形成居住建筑整体形象的最重要的两个方面，它们之间的关系也是密不可分的形。通常，小体量的低层居住建筑，尤其是别墅的体形处理可以自由、丰富、多样，这与小体量居住建筑需要重复的元素较少有关。随着体量的增加，体形处理渐趋规则。对于多层居住建筑，体形一般通过局部的变化来实现，通常表现为强调整体的韵律为主，辅以跳跃性的体形变化。对于高层居住建筑，体形则主要是由其平面和结构形式决定，局部的建筑处理造成的变

化对于整体体形基本起不了什么太大的作用。

对于建筑平面以累加及规律性变化为主的多层和高层居住建筑，体形处理一般有以下几种方法：

（1）以规则为主的体形——形成稳重大气的空间效果，只在局部略加变化（图 6-30、图 6-31）。

（2）加法处理——通过将体形分段或分块处理产生多体形组合的丰富效果（图 6-32）。

（3）减法处理——通过对规则体形挖空、切削等方式，在保证整体感的同时产生变化（图 6-33）。

（4）规则式变化——有强调韵律式变化、渐变等两种方式（图 6-34）。

（5）屋顶处理——是为规则体形增加活跃气氛的重要方法，目前有各类坡屋顶、悬飘式屋顶等多种处理方法（图 6-35）。

要想获得更为出人意料的、强烈的体形效果，则需要将建筑结构、平面、空间等设计与造型相结合，如荷兰的老年人居住建筑、树形居住建筑，西班牙建筑师高迪设计的公寓等。

6.3.2 立面元素组织

对于小体量的别墅式居住建筑，其立面元素处理与其体形的建构应是紧密联系的，如入口的设计、开窗的位置和大小、附加装饰的安排等都应根据体形的变化和转换统一设计，方能形成一个审美整体。

对于集合式居住建筑，其立面存在着大量的同一元素的重复，如窗、阳台、遮阳板、楼梯间等。其立面元素的组织与体量和体形一起对形成居住建筑的整体形象起着重要的作用。当然，立面元素组织首先要处理好与体量和体形的关系，即整体与部分的关系，才能形成和谐而统一的美感。

立面元素处理实际上就是对必需性的建筑外部元素——窗、阳台、遮阳板、空调遮板、走廊、楼梯间等和装饰性的建筑外部元素加以排列、组合，综合考虑光影、色彩、比例等效果进行推敲的过程。

具体说，根据建筑内部空间的要求以及试图达

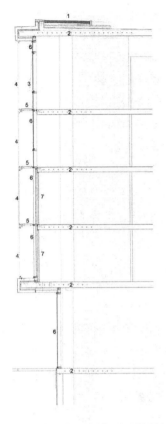

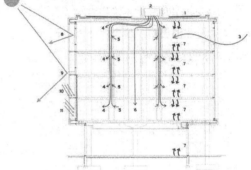

玻璃幕墙在每一层楼面的连接处外部向外水平挑出穿孔金属遮阳板

1 保温和棚被屋面
2 辐射型制热和制冷系统
3 可可开启窗户（所有房间）
4 玻璃遮阳叶面
5 穿孔金属遮阳板
6 热镜玻璃
7 所有上下层窗间墙玻璃的保温

垂直整合通风系统 / 制热+制冷

1 棚被屋面
2 屋顶新风与热交换器
3 新鲜空气通过可开启窗户进入室内
4 新风导入卧室
5 卫生间的废气在排出之前，通过热交换器留住热量
6 新风进入走廊并渗透入房间；夏天凉爽，冬天温暖，新风补偿了持续低水平运转的排气系统

7 辐射型制热和制冷系统减少太阳带来的热量同时允许光线进入
8 隔热玻璃减少强光
9 玻璃遮阳页
10 穿孔金属遮阳板，在夏季太阳位置很高的时候，减少太阳辐射同时允许光线进入
11 在冬季，太阳位置较低的时候，允许阳光直接进入形成被动式供热

图 6-29 加拿大约克大学庞德路学生公寓立面处理

图 6-30 规则体形以矩形的长方体居多，不追求形体变化造成的视觉冲击力，而是以稳定的体形营造稳重安宁的居住氛围，通常会在立面设计和细部刻画时加以变化，增加一些活跃的元素，不致于使造型过于单调，使得建筑造型大气稳重又颇为耐看

到的美学效果，有以下几种处理手法：

（1）水平构图（图 6-36）——给人以舒展、宁静、安定的感觉。

（2）垂直构图（图 6-37）——给人以挺拔、积极的感觉。

（3）成组构图（图 6-38）——富有装饰性，

图6-31 规则的体形还有一些非长方体，如梯形的棱柱体等，通常位于较特别的地形，
如临水靠海，以求得与景观更好地契合与协调

(a)

(b)

图6-32 加法处理的体形

（a）查尔斯·穆尔设计的柏林国际建筑展提加尔港住宅是典型的应用加法处理的造
型，第一期是由一个"C"字形和一个八角形院落组合而成的单元式住宅，由于单元
式住宅本身平面就较复杂，组合的形式又随着角度不断变化，故造型采用了不同高度、
不同屋顶的体形加以组合处理，获得了高低错落、变化丰富、主次有序的空间效果；

（b）南京某跌落式造型的住宅，这种体形是国内较常见的，通常向着公共绿地或街
道跌落，比较适合单元式住宅的组合处理，可以获得较丰富的空间效果

有助于形成丰富的空间效果。

（4）散点构图或不规则构图（图6-39）——
富有装饰性，除了有意识设计外，可给住户一定的
自由装饰权，形成随意散点的效果，极具生活气息。

（5）网格构图（图6-40）——多用于高层建筑，
给人以现代、时尚、工业化的感觉。

（6）综合构图（图6-41）——大多数住宅采
用的构图形式。

6.3.3 色彩与材质设计

色彩通过其不同的波长和光强度作用于人的视
觉系统，可以使人产生相应的情绪、情感等方面的
心理反应。居住区是人们重要的生存空间，尤其还
是少年儿童的主要成长空间，合理进行居住建筑楼
栋的色彩设计，使人产生愉悦健康的审美感，是居
住建筑色彩设计的目标。

图 6-33 减法处理的造型

图 6-34 规则式变化的体形
（a）为了适应道路线型或用地边界，有时需要将单元式住宅在拼合时进行错接，形成有韵律的逐级退后的体形；（b）立面上的阳台、露台等要素有时也会对体形构成产生重要影响，其规则的变化通常成为主形体非常重要的附加体形

图 6-35 屋顶在构筑住宅建筑轮廓线、增加顶层活动空间、
开辟更具个性的顶层住宅空间方面越来越受到重视，作为第五立面，大量住宅的屋顶处理也是构筑城市风貌所必须加以关注的，20 世纪 90 年代以前大量仅施以简单防水涂层的灰蒙蒙的平屋顶已不适应现代城市建设的需要
（a）作为单元活动空间的屋顶花园；（b）弧线形悬飘屋顶；（c）、（d）、（e）可提供跃层式顶层住宅的坡屋顶、拱形屋顶

色彩的美在于和谐，而和谐来自于对比和调和。色彩对比是一种通过加强视觉效应和冲击力而产生的简洁直接的色彩美感形式。而调和则要求色彩的搭配既使人感到愉快的同时又不过分刺激。

居住建筑楼栋的色彩设计可以借鉴色彩构成学的理性框架，如明度、色相、纯度、冷暖、面积、形状、肌理的组合原理，使色彩与造型各要素完美结合，促发居住者产生所需要的审美感觉。

比如，若想产生亲切温馨的感觉，可以使色彩的纯度对比、明度对比适中，色调保持柔和明快，色相的冷暖倾向不宜太明确鲜明，明度稍高、纯度稍低，多采取同类，或类似的调和色；若想产生活泼清新的感觉，可以使色相对比较鲜明，使用纯度较饱和的多种色彩搭配，明度可以偏高；若想产生安静质朴的感觉，可以使用较低纯度、冷暖对比弱，色相单一的色彩搭配。

不同质感的建筑外表面可以对人的视觉和触觉造成不同的刺激，给人以不同的心理感受。传统中国院落居住建筑以木和砖为主要材质，庄重质朴，非常自然舒适。由于木料的匮乏和对黏土砖使用的限制，目前在新建居住建筑中已不使用大面积的木料和清水砖墙，而代之以各种面砖和涂料，当今的材料制作和施工工艺已可以获得从光滑到粗糙的各种质感，还可以仿各类石、砖等天然材料，可达到贴近自然的或现代风格的各种效果。

一般来说，色彩和材质设计是不可分的，只有通过对色彩的面积、附形、附着材料的质地等整体调控才可以达到各种预想的色调和质地效果。

6.3.4　重点设计或特别设计

对于有景观特殊要求的居住建筑、需加强识别性的建筑部位，或在建筑布局中有特殊要求的居住建筑，需要加以重点设计或特别的造型处理。

居住建筑楼栋与绿化、小品等景观元素共同形成住区的景观体系，某些居住建筑楼栋位于景观体系较为敏感或重要的地段，需要根据实际要求加以

进一步的处理，如重要的对景建筑（图 6-42）、居住建筑群体组合需要构成某种景观（图 6-43、图 6-44），或建筑本身需要与自然景观元素结合等（图 6-45）。

在住区中，出于建筑布局的需要，有的居住建筑的功能并不单一，如带底层商业的混合类居住建筑、与小型公共建筑结合的综合性居住建筑等。对于这些建筑，需要在保持与住区内其他居住建筑形象整体统一的同时，根据具体情况加以进一步的设计，避免出现不协调的建筑形象。

需加强识别性的居住建筑的某些部位需要特别处理，如建筑入口、组合在建筑中的公共活动空间的界面等（图 6-46）。

6.3.5　细部处理

如同一首钢琴曲最终要通过演奏者指尖的弹奏流淌出来一样，居住建筑造型最终也要通过每一个细部表达出来。细部设计，绝不是说要将建筑设计得琐碎凌乱，而是指要通过细节的完善对整体加以影响，从而进一步烘托出建筑整体的造型之美。诸如面砖的拼接、转角的处理、窗格的划分等都属于细部设计的范畴（图 6-47）。

细部设计要求同时达到功能性目标和装饰性目标（图 6-48）。

（1）功能性目标，指细部的建筑构造、结构处理能满足建筑的功能要求，如防水、牢固等，外部构件与内部构件的组合搭接清晰、合理，从而使得细部具有一种合目的的美感。

（2）装饰性目标，指出于一定的造型意图，将外部造型元素本身的细分元素加以精心组织，或附加一些装饰性构件，使得建筑造型获得装饰性的美感。

6.3.6　造型可兼容其他的艺术表现形式

居住建筑造型可以根据具体情况有目的、有选

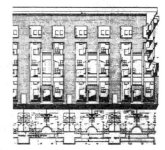

图 6-36 水平构图、强调水平线条

图 6-37 垂直构图，强调垂直线条

图 6-38 成组构图，通过对若干窗、窗台、阳台等的成组处理，创造了构图的多种可能性

图 6-39 散点构图或不规则构图，赋予立面以童趣、出人意料等更为有趣的立面表情

图 6-40 网格构图，通过开窗的规则化处理，或附加构架等手法形成比例各异的网格构图

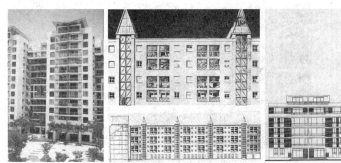

图 6-41 大多数住宅采用的综合构图，即同时有两种或多种构图方法，形成丰富的立面表情

图 6-42 某小区主轴线上的对景住宅建筑。该住宅体量相对较大，通过对称的形体处理强调出其前面的主要公共活动广场

图 6-43 某小区滨河住宅。临水侧建筑底层架空，为滨水步行活动提供可遮阳避雨的场所

图 6-44 合肥琥珀山庄的住宅山墙与街道旁的风雨走廊、休息亭台等的整体处理

图 6-45 绿化、观赏水体与住宅建筑的整体设计

图 6-46 住宅楼的入口一般是需要重点设计的部位，增强识别性，并给居民带来归属感

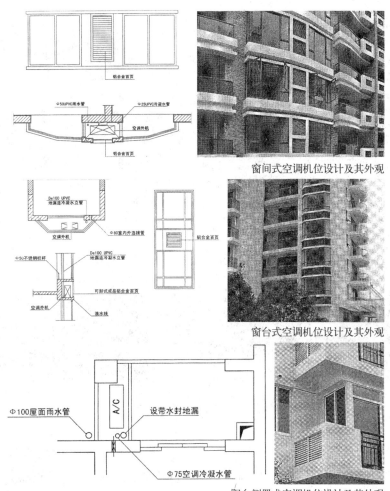

窗间式空调机位设计及其外观

窗台式空调机位设计及其外观

阳台侧置式空调机位设计及其外观

图6-48 外墙空调机位的几种处理方式，同时满足功能性目标和装饰性目标

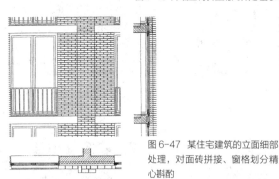

图6-47 某住宅建筑的立面细部处理，对面砖拼接、窗格划分精心斟酌

图6-49（美）史蒂文·霍尔（Steven Holl）设计的住宅极具雕塑感

择地结合其他艺术形式，如雕塑、工艺美术、绘画等。这种结合可以体现在两个方面。一方面，在居住建筑造型的整体处理方面，如使居住建筑具有雕塑感，或者立面设计借鉴某类绘画作品等；另一方面，在居住建筑具体的装饰层面或细部处理层面直接结合，如门厅采用壁画装饰，或者将信息牌、信箱等设计成雕塑形式等。

这种兼容可以有效地扩大设计师的视野，充实其设计手法，有助于设计出多样丰富的居住建筑来更好地美化我们的生活空间（图6-46~图6-49）。

第7章 Residential Building's Environments Design
居住建筑外部空间环境设计

7.1 居住建筑外部空间概念与特征

7.1.1 居住建筑外部空间概念

"外部环境"广义上是指围绕着空间主体的周边事物，尤其是人或生物的生存环境，即具有相互影响作用的外部世界。它既是作用于生物的外界影响力的总和，也是人们通过各种方式去认识、体验和感知的外界的总体。居住建筑外部空间作为城市空间的有机组成部分，泛指住宅（家庭生活）之外的全部空间领域以及与生活行为相关的周边事物；既包括自然环境，也包括人工环境，以及影响人类生活的社会环境。从规划设计对象而言，居住建筑外部空间则狭义地界定为特定住区的外部场所与环境，包括道路与交通设施、绿化游憩场所以及公共设施和用于公共活动的开放空间等等。

7.1.2 居住建筑外部空间环境的属性

（1）**自然属性**：居住建筑外部空间建构在特定城市的地理环境、气候条件和地形地貌等生态与自然环境之中，是为了生活目的而被人为限定的户外空间与环境。这些户外空间被赋予或保留一定的自然属性

而成为城市整体生态与自然环境的有机组成部分。

（2）**社会属性**：居住建筑外部环境是特定地区所有居民共享的外部空间环境，是居民日常生活的社会性场所；居住建筑外部环境因其不同的历史发展背景、居民构成的差异性以及生活需求与生活方式的演化，呈现出相应的人文特色与社会属性。

（3）**空间属性**：居住建筑外部空间是人为组织与构造的物质空间，是社区生活的空间载体与行为场所；作为空间属性的居住建筑外部环境，有其空间构成的特定目的与多维时空形态，并响应自然环境的约束和社会需求的满足，是建筑师和规划师创新设计的重要对象和空间领域。

7.1.3 居住建筑外部空间环境的基本特征

居住建筑外部空间环境与城市其他空间相比有其共性与个性特征，具体可概括为生活性、领域性、艺术性和技术性等。

（1）**生活性**：与工业区、商业区等城市空间相比，居住建筑外部空间环境是城市居民（或家庭）户内生活延伸的外部空间，是城市居民日常生活与社会交往的环境载体，具有显著的生活性特征。居民构成与日常活动在时间上和空间上的多样性、规律性及随机性，使居住建筑外部空间在人们的参与

中和需求变化中呈现出动态特征，表征为不同人群活动的复合和动态多样的生活场景。

（2）**领域性**：城市居住空间与城市其他空间之间，客观上由于功能的差异性形成空间分隔；而在主观上也常以保障生活安宁与安全为由，多采用封闭街区式的物业管理，以避免外界和城市外部活动的介入。在居住区内部，居住建筑外部空间也有不同的领域性划分，如住宅紧邻的邻里空间，住宅组群中的组团空间，以及整个住区居民共享的社区中心、公园等公共空间，具有活动内容与活动服务对象的层次性和差异性。

（3）**艺术性**：居住建筑外部空间环境除了满足人们的物质生活的各种需求以外，还要满足人们精神生活和环境视觉审美的要求，艺术性成为居住建筑外部空间环境的重要特征和设计的基本原则。如建筑空间肌理、公共场所形态与环境视觉景观等，体现城市和社区特有的民俗和人文特点，是工程技术与环境艺术的相互融合。

（4）**技术性**：居住建筑外部空间环境在物质上是由自然环境和各种人工环境要素构成，在技术上，涉及地上与地下、建筑与绿化、道路交通与工程管线等等，是各种要素综合作用下形成的外部空间特征的整合和多工种技术设计人员共同协作的系统集成。

7.2 居住建筑外部空间环境功能与构成

7.2.1 居住建筑外部空间环境功能

1）融合功能

随着社会经济发展、城市化进程以及人口的老年化，城市社会分层和居住空间分异日趋显现，使得居住区社会属性发生演化。通过外部空间环境系统的有序塑造和服务设施的科学配置，引导不同社会阶层、文化教育与职业背景的居民共享社区生活，激发居民社区归属感，促进社会融合与和谐，是居住建筑外部空间规划设计的目的之一。

2）表征功能

居住建筑外部环境是城市居住文明的载体和表征。人们以自身生活需求与愿景，不断创造着理想的居住环境，而特定的居住环境又会支撑和规范着生活在其中人们的社会认知与行为。居住建筑外部空间环境的延续与发展，承载和表征着特定社区的居住文化的演进，体现着社区生活空间和地域人文的契合。

3）场所功能

住区环境在满足居民生活的空间使用功能基础上，同时还要支撑和承载居民各种社会交往行为与活动的发生。生活在现代城市中的人们，向往开放的、可自由介入的、置身其中可全身心放松的居住空间。为此，居住建筑外部空间应该成为这样的场所：人们可在自由的活动中释放个性；在相互交往中获得情感的交流；在优美的环境中忘却厌烦和疲倦；在社区中体会关爱和温馨。

7.2.2 日常生活行为与居住区外部空间需求

1）居住区日常生活行为。可以分为三大类：①必要性活动与规律性行为，即不受外部环境和主观意愿影响，而必须或必然会产生的活动行为，如上学、上班、出行、买菜等，具有较强的目的性和时空规律；②自发性活动与随机性行为，它由人们的参与意愿所决定，并可以随机发生的活动行为，如散步、遛狗、晨练等，无固定的目标、线路或时间的约束；③社会性活动与交往行为，即公共设施和公共空间中有赖他人或公众参与所产生的各种活动与行为，如交谈、游戏、聚会、下棋等具有广泛接触特点的社会活动与交往行为。三类活动与行为反映了人们的固有行为、人与环境的互动、人与人的互动。

2）居民对居住区外部空间的需求可以归

纳为五个方面，即：①生理或物理需求：如空气清新，阳光充足，噪声小，通风好等等；②安全和便利：表现在出行便捷，购物、医疗方便，保障生活的私密性和人身安全；③社会交往需求：有足够的活动和交往空间，邻里互助友爱，社区和谐；④消费需求，需要形式多样的文化娱乐与休闲场所，日常的商业性服务等；⑤心理或环境愉悦需求：绿化环境良好，环境景观优美，场所设计有特色，具有可识别性和归属感，可获得视觉与心理的愉悦。

7.2.3　环境及要素构成

居住建筑外部空间环境可分为物质空间环境与非物质空间环境；物质空间环境与非物质空间环境是形式与内涵、载体与行为之间的关系，内涵与行为是特定的居民生活需求和社会属性的集体反映，而物质空间环境是这些需求的载体和物化形式。

1）物质空间环境（硬环境）

居住建筑外部物质空间环境是自然要素、人工要素和空间要素的复合体。自然要素（地形地貌、水系、树木、绿地等）是居住建筑外部空间环境形成的基质性要素，构成并赋予其居住建筑外部空间最基本的环境特征。人工要素是居住建筑外部空间环境的主要物质构成要素，各类建筑物、构筑物（小品、水塔、雕塑等）、道路、桥梁、街道、广场以及依附于其中的环境设施如座椅、花坛、喷泉、雕塑、标识等；空间要素则是人工要素与自然要素的"衍生"要素，更是自然要素与人工要素的"组织者"，具有相应的功能和形态，表征为外部空间的基面与界面、容量与尺度、秩序与逻辑等，是居住建筑的外部空间活动载体，与自然要素和人工要素一并构成居住环境中的硬环境。

2）非物质空间环境（软环境）

居住建筑外部空间的非物质环境（或软环境）表征为生活舒适度、社会秩序、安全和归属感等；

常常泛指人居社会环境，包括社区的生活情趣、邻里关系、精神风貌、风俗习惯等等，由社会要素和居住行为要素构成。意指居住环境中的人文特性，即物质环境中蕴含的人文内涵或历史记忆；居住建筑外部空间是人们生活的活动舞台，表现出特有的生活方式、生活场景与风貌习俗。

居住建筑外部空间环境是社区生活的物质空间载体，需要安宁、愉悦，富有文化内涵和艺术性，给人以轻松、安全的感觉和美好的视觉感受。提供人与人"面对面"社会交往的"现实"空间，也可以通过通信、网络为住区提供信息交往的"虚拟"空间（图7-1）。

7.3　规划设计基本程序与规划结构

7.3.1　树立规划设计新理念

1）公平性

居住区及其外部空间环境无论是空间上或是设施分布上都是不均质的，但从社会学的角度，居住建筑外部空间环境设计必须兼顾和体现公平性原则。居住区的全体居民，包括不同阶层、不同性别、不同年龄的人；既包括正常人，也包括残疾人，他们对环境的共同或不同的需求均应该得到尊重，并充分考虑老年人的心理需求和审美情趣。外部空间环境的公平性有利于建立社区归属感，促进社会稳定，保障所有居民享有相近或均等的社区服务与外部空间环境的权利。

2）开放性

居住区具有一定的地域边界，主要为住区内部居民提供服务，满足住区内部居民不同层次、内容的公共活动需求，在保障安全的需求下，形成了当下许多封闭式管理的"门禁小区"，呈现内部共享而与外部隔绝的状态，影响着居住建筑外部空间环境资源的利用效率，因此，新型居住空间要探讨外部

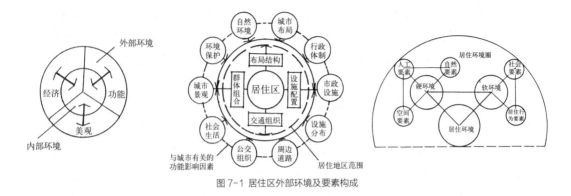

图 7-1 居住区外部环境及要素构成

环境开放的设计思路和方法，既保持小范围居住建筑外部空间使用的独立性，避免不相容活动与人员的干扰，又要开放居住区内的主要道路和公共设施，以发挥其应有的社会效益。

3）生态性

居住区规划设计要求保护和利用自然基质条件，以及最大限度地利用基地上的自然景观要素作为居住建筑外部空间环境的设计元素；在环境营造过程中贯彻自然和人文融合的生态理念；在外部空间设计中，更多地关注和保障良好的物理环境质量，倡导和践行"海绵城市"理念；力求将居住区的外部空间环境融入整个地区和城市生态系统之中，并为之作出贡献。

4）个性化

居住区外部环境应是为本社区居民"定制化"设计的"空间产品"。必须通过居住区结构规划和外部空间环境的个性化设计，使其具有亲切宜人的尺度和氛围，符合居民的活动规律和生理与心理需求，充分体现和坚持场所设计的功能性与经济性的统一，既体现空间情境的独特性，又避免华而不实，满足现代城市生活方式的变化以及城市居民对生活空间品质的追求。

7.3.2　区别两类设计程序

从宏观上看，居住建筑外部空间环境设计是城市甚至区域环境设计中的一部分，因此它与城市的发展、城市整体社会经济以及生活的变化息息相关；从微观上看，居住建筑外部空间环境设计又是为居住者服务的，与居民生活的行为活动，心理需求等密切相关。在现实中，有两类外部空间设计程序，一是在拟定的居住区建筑规划布局基础上，进行后续性的环境设计；二是在居住区规划中同步进行外部空间环境设计。前者，需要解读规划意图进行环境"配置型"深化设计，后者需要"并行参与"到规划之中。两类设计程序，都需要将居住建筑外部空间环境设计视为"自上而下"与"自下而上"两个过程的结合，只是各有侧重而已，都是基于功能需求和美学原则的空间组织与系统建构。其内容一般都包括场地分析、功能定位、外部空间结构组织、住宅布局下的环境设计等，需要遵循场地设计规范，与规划行政管理部门（规划局）、开发商互动，并尽量采用可能的方式方法鼓励公众参与。

7.3.3　全面解析场地条件与规划要求

居住建筑外部空间环境设计首先需要分析场地背景环境，即在城市中所处的区位、外部环境条件和制约因素；在场地内部，需要分析包括地质、地形、水系等各种影响因素。

1）场地背景环境

（1）城市背景环境：解读基地与城市总体空间布局间的关系，如居住区与城市眺望系统和绿地广场系统的关系（图 7-1）周边用地性质、公共设施的分布、道路交通与基础设施外部条件等，是对场地设计"背景环境"认知的必要过程。

(2) 自然背景环境：如所在地区的日照、通风、降雨、气温等，直接影响到住宅及其外部空间的布局与设计，影响到建筑的单体设计、朝向、日照间距大小、环境生态的养护等；影响到居民的生活方式和外部空间活动行为以及与之相对应的场所设计要求；还影响到居住区基础设施（如供热与否）的设置。

2）场地内部条件

(1) 地质与地貌

地质与地形地貌包括地耐力、地面高程、坡度、坡向等要素，决定了场地空间的基本特征，对环境设计起提示作用。通过对用地现状的高程分析，可以判断地形的排水方向以及与周边环境的地形关系。坡度是影响建筑布局适宜性与建设条件的重要因素，坡度越大，地质稳定性越差，水土流失的可能性也越大，建筑布局和环境建设制约度也越大（图 7-2）。

(2) 水体与植被

水体和植被往往成为居住环境中最为活跃的自然要素，也是生态系统的多样性平衡的必要条件。充分保护和合理利用规划设计基地内的水体进行环境设计可以获得生动宜人的居住环境

3）明晰功能定位等规划要求

在解读场地内外条件和研究其城市背景环境的基础上，根据"城市规划"把握居住人口构成和规模，研究住宅建筑类型与布局方式、社区组织结构和公共服务设施配置等规划要求，确定相应的公共设施与活动场所的布局，从而明晰外部空间的系统与要素构成、功能定位和环境设计应对策略。

7.3.4 居住区规划结构新态势

居住建筑外部空间组织是居住区空间环境设计的核心内容之一，它与"居住区规划结构"高度契合，

为居住建筑外部空间环境设计提供基本框架。

1）居住区规划结构的演化概述

城市居住区规划理论与实践，在不同的时期具有不同的规划模式和组织结构形态。北京的"街道—胡同—四合院"和上海、武汉等地的"街道—里弄"（图 7-4）是我国有代表性的传统居住形态。中华人民共和国成立初期学习苏联，采用居住街坊的布置方式。我国当代城市的居住区规划结构仍基本延续着居住小区—住宅组团和居住区—居住小区—住宅组团的组织形式（图 7-5）。

2）规划结构新态势

近些年来，住房供给市场化，促使居住区规划内容与形式上出现了许多变革，如"新城市主义"（图 7-6）等各种概念住区层出不穷。在法定和非法定的各类居住空间规划结构中，大多将基层社区和居住社区作为居住区的两级空间单元进行组织，在公共设施配置上，形成相应的"基层社区中心"和"居住社区中心"，在空间组织和环境设计上倡导小街区和开放性布局，在道路交通规划上更注重慢行交通的组织——构建"慢行生活圈"；在外部空间环境设计上，从过去简单的绿化配置到追求生态性、人性化以及环境特色的创造等等，呈现出多样化的发展态势。

3）层级式的空间模式

居住建筑外部空间环境统属开敞空间范畴，由承载交通功能的道路（含停车）系统、以生态功能为主的绿地系统（含水体）、以社区公共活动为主的开敞空间场所系统三大部分构成，绿地系统是外部环境的"生态型本底"，道路网络尤其是慢行路径是外部环境展示、体验和活动场所链接的动线与流程安排，通过与居住建筑和公共建筑布局的一体化，构建由公共—半公共和半私密等外部空间组成的多层次复合空间系统（图 7-7），为外部空间环境的深化设计提供结构性—框架依据。

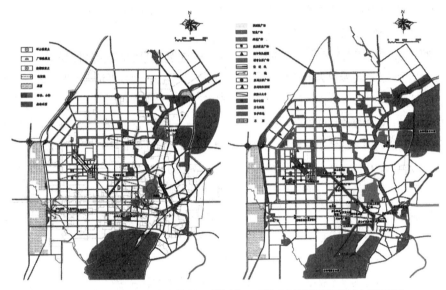

图 7-2 某城市眺望系统与绿地广场系统规划——居住区空间设计重要的城市背景环境

7.4　居住建筑布局的基本原则与方式

7.4.1　基本原则

1）舒适性原则

（1）日照：居住建筑布局规划应满足房屋日照间距的要求，并具有良好的朝向，在尽量保证每户主要居室获得国家规定的日照时间、日照质量的同时，还应使室外活动场地有良好的日照条件。

（2）通风：不同的地区在不同的季节，其主导风向都会发生变化，居住建筑布局规划应使住户内部以及住户之间形成良好的自然通风条件。

（3）安静：安静、不受外部噪声的影响是居住环境的基本要求，国家也有相应的控制标准。居住建筑空间布局规划应避免大量过境人流、车流穿越居住区内部。必须结合植物配置，或设置隔音墙以防止外部噪声的不良影响。

（4）便捷：居住建筑布局应与道路交通组织相结合，结构区划清晰，便于组织交通，出行便捷，

具有较好的可识别性。

（5）安全：居住建筑空间布局规划应给居民以安全感，便于防盗、防止交通事故，并满足防火、防震、防洪等要求。

（6）宜居：居住建筑空间布局在注意对空间领域与层次进行必要划分的同时，应使居民与各种公共活动场地有适宜的联系，室外环境设施的数量与质量应保证居民的舒适程度要求。

（7）交往：居住环境对居民的活动产生很大的影响，居住建筑的空间布局应注意为居民提供适宜的交往场所，增进生活气息，使居民产生对邻里环境的归属感和认同感。

2）经济性原则

土地资源和空间环境科学合理的利用，适宜的容积率和建筑密度是衡量居住建筑布局规划经济性的最主要指标。其中，容积率是指用地上总建筑面积与用地面积之比值，是反映土地开发强度的重要指标；建筑密度是指用地上建筑基地面积之和与用地面积之百分比，是反映建筑布局空间环境质量的主要指标之一。在空间尺度上应亲切宜人，居民活动密度适宜。在满

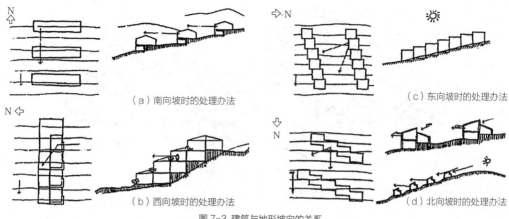

（a）南向坡时的处理办法　　　　　　　　　　　　（c）东向坡时的处理办法

（b）西向坡时的处理办法　　　　　　　　　　　　（d）北向坡时的处理办法

图 7-3 建筑与地形坡向的关系

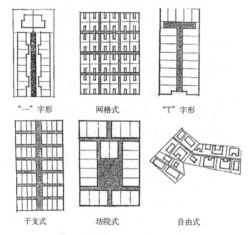

"一"字形　　　网格式　　　"T"字形

干支式　　　坊院式　　　自由式

图 7-4 传统里弄式住区布局方式

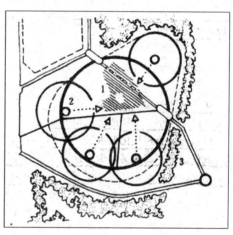

图 7-5 延续至今的居住区 – 小区规划结构示意

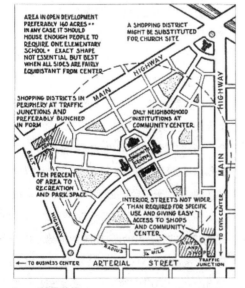

Perry邻里单位

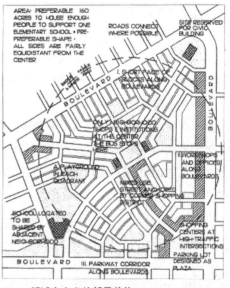

Duany新城市主义的邻里单位

图 7-6 两种邻里单位规划结构比较

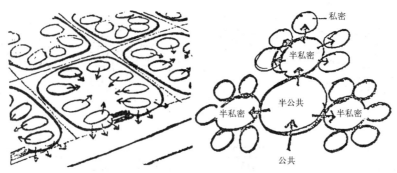

图 7-7 外部空间层次与领域性示意

足活动容量需求的条件下，建筑物高度和外部环境空间宽度之间应具有适宜的比例，以便形成良好的空间尺度感。带形空间的高宽比一般以 1:1 ~ 1:2.5 为宜，而庭院和中心空间的高宽比最大不宜超过 1:4。此外，还应考虑道路、铺地、环境工程、绿化、小品等的工程量和造价是否符合投资要求。

3) 美观原则

居住建筑是城市重要的物质景观要素之一，居住区的景观质量不仅仅取决于建筑单体的造型、色彩和尺度，更重要的是居住建筑空间布局与绿化、小品、外部空间环境的整合设计。因此，居住建筑布局规划力求避免千篇一律、单调呆板，应创造出富有地方特色，舒适宜人的居住环境。建筑外部空间环境形态与使用功能要相适应，在设施的配置与布置上要满足居民的使用要求。避免无谓的大广场、大草坪、机械的几何构图等不相适宜的设计，局部设计应融入外部空间的整体系统之中。展现建筑群体清晰、优美和富于变化的空间景观，加强空间对比、注重空间的节奏与韵律以及创造鲜明的空间主题等，实现经济、美观、实用的高度统一。

7.4.2　居住建筑的一般布局方式

1) **行列式**：条式单元住宅或联排式住宅楼按一定朝向和间距成排拼接布置（图 7-8），每户都能

获得良好的日照和通风条件，应处理好与当地主导风向的关系（图 7-9），便于规划道路和市政管网，方便施工。其特点是：构图感强、规律性强，但空间容易呆板、单调。

2) **周边式**：住宅沿街坊道路的周边布置，有单周边和双周边两种布置形式（图 7-10）。其特点是容易形成较好的街景，且内部较安静，又能节约用地，但部分住宅朝向较差，且日照通风受影响，并应注意避免转角处的视线干扰。

3) **点群式**：低层独立式住宅、多层点式住宅以及小高层或高层塔式住宅的布局均可称为点群式住宅布置（图 7-11）。点式住宅成点群式围绕组团中心、公共绿地或水面有规律或自由地布置，可形成丰富的群体空间。其特点是：便于结合地形灵活布置，但住宅外墙较多，不利于集约用地，在寒冷地区不利于节能。

4) **院落式**：采用不同朝向的住宅单元相围合或单元错接相围合，也可以用平直单元与转角单元相围合，形成封闭的或半封闭的院落空间（图 7-12），其特点是在院落内便于邻里交往和布置老年与儿童活动场地，有利于安全防卫和物业管理，并能提高容积率。

5) **混合式**：混合式是指行列式、周边式、点群式或院落式，其中两种或数种相结合或变形的组合形式（图 7-13）。其特点是：空间丰富，适应性广。除此之外，还可以将低层、多层与高层等不同层数与类型的建筑相组合，组成空间多变的住宅组群。

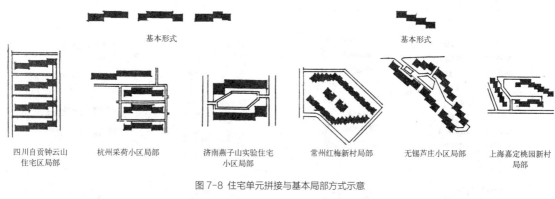

基本形式   基本形式

四川自贡钟云山   杭州采荷小区局部   济南燕子山实验住宅   常州红梅新村局部   无锡芦庄小区局部   上海嘉定桃园新村
住宅区局部   小区局部   局部

图 7-8 住宅单元拼接与基本局部方式示意

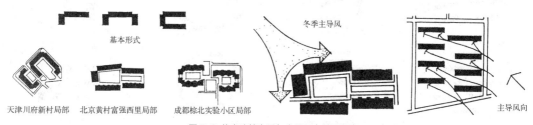

基本形式   冬季主导风

天津川府新村局部   北京黄村富强西里局部   成都棕北实验小区局部   主导风向

图 7-9 住宅建筑布局与主导风向关系示意

图 7-10 住宅周边式布局示意   图 7-11 点群式住宅建筑布局示意

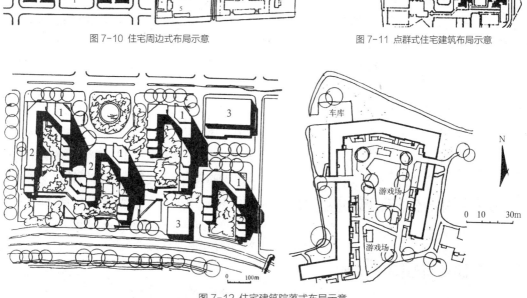

图 7-12 住宅建筑院落式布局示意

行列式	混合式	周边式	混合式

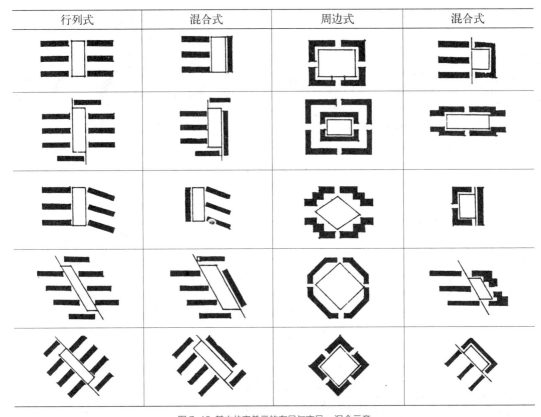

图 7-13 基本住宅单元的布局与变异 – 混合示意

总之，居住建筑的布局方式必须与居住建筑单体设计相结合（图7-13），符合日照间距、消防距离、建筑退界等相关技术规范要求，因地制宜地进行邻里空间、组群空间布局，建筑群体的组合充分满足空间环境领域性与多样性要求，还必须同时综合考虑居住区内外空间的整体性和环境景观的有序性，为外部空间场所的设计和安排创造良好的条件（图7-14）。

7.5 道路网络构成和交通组织

7.5.1 道路类型与等级

1）道路类型

居住区内一般有车行道路和慢行道路两类。车行道路担负着居住区与外界及居住区内部机动车与非机动车的交通联系，是居住区道路系统的主体和各种人流、物流的载体。慢行道路往往与居住区各级公共设施、场所和绿地系统相结合，起着联系各类绿地、户外活动场地和公共建筑的作用。

在人、车分行的交通组织体系中，车行交通与步行交通互不干扰，车行道与步行道各自形成独立、完整的系统，步行系统往往兼有交通联系和休闲活动双重功能。在人、车混行的交通组织体系中，车行道承担了居住小区内外联系的所有交通功能，而步行道作为道路组成部分，更多地体现了与车行"并行"联系场所活动的特点。

2）居住区道路分级

如果按"居住区 – 居住小区 – 住宅组团"三级规划结构来划分的话，居住区的道路通常可分为四级：居住区级道路、居住小区级道路、住宅组团级道路和宅前宅后小路。规划中各级道路宜基本上分级衔接，均匀分布，以形成良好的交通组织系统，并有利于构成层次分明的空间领域感。

（1）居住区级道路：居住区内、外联系的主要道路，红线宽度一般为20~30m，山地城市不小于15m，车行道9~14m，道路断面一般采用机动车与自行车混行形式，居住区规模较大的可采用三块板或特殊道路断面形式，人行道宽2.5~5m。

（2）居住小区级道路：是居住小区内外交通联系的主要道路，建筑控制线之间的宽度一般不小于14m(采暖区)或10m(非采暖区)，车行道宽6~9m。多采用一块板道路形式，人行道宽1.5~2.5m。

（3）组团级道路：居住小区内住宅组团内的主要道路，建筑控制线之间的宽度不小于10m(采暖区)或8m(非采暖区)，路面宽度为4~7m。一般采用人、车混行的方式。

（4）宅间小路：通向各户和住宅单元入口的道路，宽度一般不小于2.5m。

7.5.2　道路交通组织方式

居住建筑外部交通组织通常是在城市道路系统和居住区总体规划下进行的，住宅外部交通组织方式可以分为"人车分行"和"人车混行"两大类。在道路网络形态与联系方式上，应根据住区规模、地形特征、住宅外部空间结构等多因素综合考虑，一般可分为环网状、互通式、尽端式和综合式等多种形式。

1）人、车分流的交通组织方式

人、车分流组织的目的是力图体现以人为本、保持居住区内的安全与宁静，保证社区内各项生活与交往活动在不受机动车交通的影响下正常、舒适地进行。区内汽车和行人分开，车行道分级明确，常常在住区的外围设置环道，以枝状或环状尽端式道路伸入住宅

组群内。步行道则常常穿插住区内部，将绿地、户外活动场地、公共建筑和住宅紧密联系起来，形成人行、车行相对独立的外部空间环境（图7-15）。

2）人、车混行的交通组织方式

"人车混行"是一种最常见的居住区交通组织方式，与"人车分行"的交通组织方式相比，在私人汽车不多的地区和城市，采用这种交通组织方式既经济又方便。居住区内车行道分级明确，均匀分布于小区内部，道路系统多采用互通式环状路、尽端路或两者结合使用。我国早期的居住区多采用这种交通组织方式，但近年来，随着私家车的日益增多，人车分流已逐渐盛行，成为一般居住区交通组织的原则之一（图7-16）。

7.5.3　停车设施与布局

1）机动车停车

随着居民私人小汽车逐渐增长，机动车停放及交通组织日渐突出。居住区机动车停车主要有私家车驻地停放和公共活动临时停放两种。其中居住区私家车驻地停车以地下车库方式为主，以方便、经济、安全为原则，根据住区整体道路交通规划，适度集中与分散相结合地进行布置，满足停车容量总量和地面停车与地下停车比例要求；停车场库出入口安排必须满足道路交通规范要求。住区公共设施和公共场所的公共停车应根据其停车需求、停车时间频度合理安排，如幼儿园、小学附近宜安排少量临时停车位，商业服务设施根据活动特点和规模配置足够的停车位，在可能的条件下应以地下停车方式为主，地面停车方式为辅。

2）自行车停车

居住区的自行车停车设施以分散停放为主，以就近就便为原则，常与住宅楼紧密结合，在住宅设计中一并综合安排，如居住建筑地下或半地下停车房以及底层架空停车等常见方式。

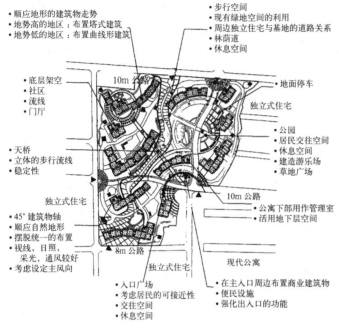

- 顺应地形的建筑物走势
- 地势高的地区：布置塔式建筑
- 地势低的地区：布置曲线形建筑

- 步行空间
- 现有绿地空间的利用
- 周边独立住宅与基地的道路关系
- 林荫道
- 休息空间

- 底层架空
- 社区
- 流线
- 门厅

10m 公路

- 地面停车

独立式住宅

- 公园
- 居民交往空间
- 休息空间
- 建造游乐场
- 草地广场

- 天桥
- 立体的步行流线
- 稳定性

独立式住宅

- 45° 建筑物轴
- 顺应自然地形
- 摆脱统一的布置
- 视线，日照，采光，通风较好
- 考虑设定主风向

10m 公路

- 公寓下部用作管理室
- 活用地下层空间

8m 公路

独立式住宅

现代公寓

- 入口广场
- 考虑居民的可接近性
- 交往空间
- 休息空间

- 在主入口周边布置商业建筑物
- 便民设施
- 强化出入口的功能

图 7-14 引自《韩国居住小区》

7.6 居住建筑外部空间场地设计

居住建筑外部空间从使用功能与场所设计要求上可以分为三大类：一是以道路为主的线性（或带状）空间，一般有道路形态、断面和路权分配以及路边绿带绿化等要素综合确定。二是以绿地和住宅之间为主的邻里空间，在居住区中广为分布，具有均质化、均好性的特征。三是以住宅组团或小区共享的集中块状的公共性活动空间，其中又包含有儿童，老人等活动对象的对应设定、配置与场所设计要求，是居住建筑外部空间设计的重点对象（表 7-1）。

表 7-1

分类	年龄（岁）	位置	场地规模（m²）	场地内容	服务户数	距离住宅入口（m）
幼儿游戏场地	3 ~ 6	住户能看到的范围，住宅入口附近	100 ~ 150	硬地、坐凳、沙坑、沙地等	60 ~ 120	50
学龄儿童游戏场地	6 ~ 12	结合小块公共绿地设置	300 ~ 500	多功能游器械、戏水池、沙坑等	400 ~ 600	200 ~ 250
青少年活动场地	12 ~ 18	结合小区公园设置	600 ~ 1000	运动器械，多功能球场等	800 ~ 1000	400 ~ 500
成年，老人休息活动场地	>18	可单独设置或结合各级绿地	不确定	桌、椅、凳、运动器械活动场地等	—	200 ~ 500

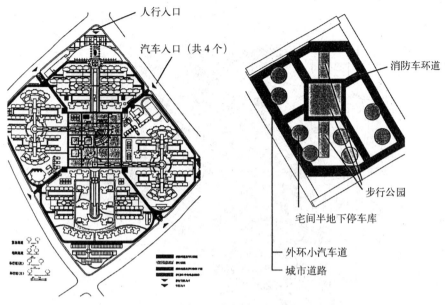

图 7-15 人车分流的交通组织示意

7.6.1 场地设计的一般要求

1）明晰场地功能与要求

居住环境中的场地设计首先应体现和满足不同活动群体与对象的功能性要求（图 7-17）。场地设计的任务是将各种环境要素进行有机的布局与组织，使环境要素关系网络化，"点，线、面"是网络化的环境要素的相互关系及基本形态特征之抽象。

2）因地制宜，尺度和谐

场地设计不仅在功能和要素组织上自成一体，还要因地制宜地利用场地的自然与人文要素，并与场地周边的建筑等边界要素和场地内部的功能布局相整合，在人的尺度、活动容量和空间尺度之间取得和谐与统一。

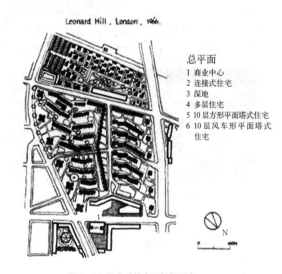

图 7-16 混合式的交通组织示意

3）注重细节与小品设计

居住区外部环境不宜采用粗放"高大上"的空间设计，应以人为本，注重环境舒适性和细节性设计；如各种功能性和观赏性实体与小品的设计，包括凉亭、座椅、花坛、雕塑、叠石、小桥、喷泉，水池、

花架、玻璃廊、游戏器械等，以及书报亭、废物箱、消火栓、灯柱、垃圾收集桶、步行护柱和车行止路障碍等，要同时具有实用性、标识性和安全性，使其成为居住建筑外部空间中最活跃的实体构成要素，对调和居住区建筑尺度和丰富视觉景观具有重要的作用（图 7-18~ 图 7-20）。

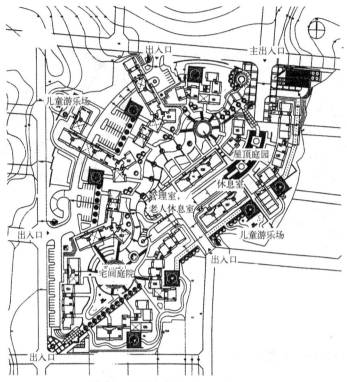

图 7-17 有序组织停车与邻里活动示意

图 7-18 饮水器与电话亭

7.6.2 利用自然要素的场地设计

　　自然环境本身的形态特征就是场所设计的基本形式和特色创意之源。自然要素如地形、水体与植物对于居住区外部空间环境设计尤为重要，应直接或加以适度的改造，将其作为设计构思的出发点而组织到环境设计中来，从而塑造具有地域特色的空间场所（图 7-21~图 7-23）。

　　气候则是关系到环境设计的另一个重要因素。一些需要阳光的场地常常将其呈南北向布置，公共绿地和活动场所应避免将活动空间遮蔽在大片建筑阴影中。而在气候炎热的地区，则恰恰相反，应避免设计大面积暴露在阳光下的硬质场地，仔细考虑场地的蔽日、通风状况，为居民创造良好的户外活动条件。

　　地形起伏的场地可以产生层次丰富而有特征的环境，但也给各类室外活动带来一定的影响。一般而言坡度小于 4% 的场地可以近似看作平地，只是对管线敷设稍有影响。坡度在 10% 之内对步行不妨碍。坡度大于 10%，需要改造并设置步行台阶。超过 15% 的坡地不合适行车，可以设计成供儿童游戏的场地或成为供观赏的绿地。

与树木护柱结合的木椅　　　　　　　　木质座椅　　　　　　木、钢、混凝土组合的小区座椅

图 7-19 居住区休憩设施—庭院桌椅

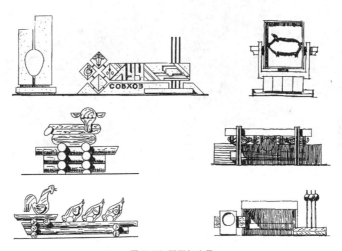

图 7-20 雕塑与小品

7.6.3 住宅邻里与公共交往空间的场地设计

相邻住宅楼栋的宅间院落即邻里空间是居住建筑最基本的外部空间，常利用相邻居住建筑入口的相向布局和不同的拼接方式，形成具有变化与围合感的空间领域。住宅群落和小区中心公共交往空间的场地设计可与住宅底层架、住宅活动平台空相结合，形成内外空间相交融的环境效果，在外部空间设置坐凳、花坛花架、游戏设施、庭院与路灯等，以小型安静的环境特点为主，体现舒适感、安全感和领域感，满足老人聊天、儿童游戏、下棋打牌和成人交往等功能需求，能够促进住区社会关系网络的生成，参见（图 7-24~图 7-28）。

在居住建筑外部人工场地设计与建造中，应运用海绵城市原理（图 7-29），尽量采用透水铺装技

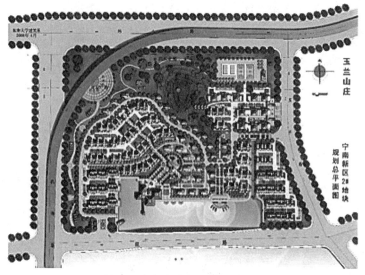

图 7-21 充分利用自然的外部空间规划

图 7-22 小桥流水

图 7-23 滨水木质步行栈道

术与材料；在绿地和水岸采用生态地面水过滤性设计等，为城市自然生态的良性循环做出贡献。

7.6.4 场地设计中的绿化配置

1）居住区绿地构成

绿地是生态系统的重要组成部分，对居住环境质量的改善起重要作用，可以起到遮阳、防尘、降温、防风、防灾、防止噪声以及调节空气、美化环境等功能。

居住区的绿地构成通常指居住区公园、小区绿地游园、组团绿地、宅旁绿地、公共服务设施所属绿地及街道绿地等。它们与各类居住建筑及其外部环境相融合，构成丰富多样的绿色环境景观。

2）绿地配置规划要求

居住区内公共绿地一般是根据居民生活的需要以及居住区规划结构分类、分级进行规划。通常包括居住区公园（居住区级）、儿童公园（居住区级或小区级）、小游园（小区级）、儿童游戏和休息场所（组团级）等，各类公共绿地的分级、服务对象、设施内容、场所设计等需要与住区外部空间系统相匹配，

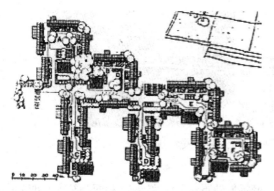

图 7-24 相互链接的邻里型空间的组织与场所设计示意

图 7-25 宅间空间设计示意

图 7-26 公共交往空间场所情境

图 7-27 儿童活动设施设计示意

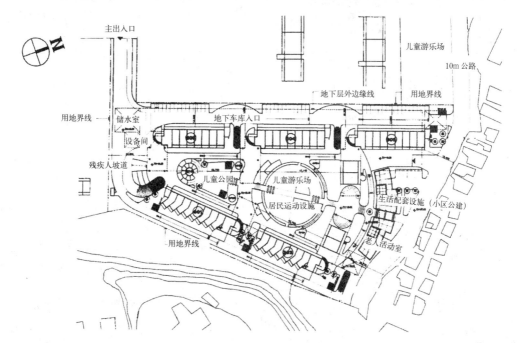

图 7-28 住宅组团活动场所设计示意

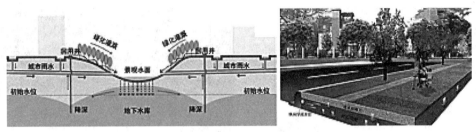

图 7-29 海绵城市原理在场地设计中的运用示意

并符合当地城市关于公共绿地配置的相关规范和指标要求。在住区绿地规划中要体现环境均好性，使其更好地服务于每一个居民。新建居住用地绿地率应不小于 30%。

3）绿地植物配置

植物在绿地景观中富有生命，会随着季节生长、开花、结果。它们既是造景的素材，又是观赏的要素，与场地硬质景观相互补充、衬托，形成生动的景观环境。在场地的绿化配置中，应注意与当地的土壤、气候条件相适宜，并将其一并纳入场所环境设计之中。因此，植物配置首先应符合当地的自然气候与水土环境，选用地方植物品种，根据生态原理和美学观赏要求，运用传统园林与现代景园手法进行布局，并考虑四季景象的变化以及与空间场所主题的和谐。

第8章 Residential Building's structure Design
居住建筑结构设计

8.1 居住建筑结构设计的目标、内容和特点

8.1.1 居住建筑结构设计的目标

建筑师在居住建筑设计中要准确了解其结构设计的目标，即选择合理的结构形式，选用适当的结构材料，保证结构的承载力、刚度和稳定性并在一定的使用年限内有足够的耐久性，同时要考虑到结构施工的合理和方便，考虑建筑的经济性，具体包括以下四方面。

1）保证建筑安全

保证建筑安全是住宅结构设计的最基本的要求，在结构设计过程中必须执行《建筑结构可靠度设计统一标准》GB 50068-2001 等国家标准以满足结构安全性的需要，同时，在结构体系的选择、材料的选用等方面，必须考虑到建筑抗风抗震等综合防灾的要求。

在结构设计中必须特别强调的是住宅建筑中的裂缝问题，我国相关规范将混凝土构件的裂缝控制划分为三个等级，一级为严格要求不出现裂缝的构件，二级为一般要求不出现裂缝的构件，三级为允许出现裂缝的构件，但最大裂缝宽度不超过

0.3mm。尽管普通钢筋混凝土构件出现裂缝后通常仍能照常工作，通常不需要保证无裂缝，即一般可不进行抗裂计算，只需控制裂缝宽度在允许范围内即可，但对于住宅结构在裂缝问题上宜尽可能严格要求。虽然在大多数情况下住宅中裂缝的产生并不会危害结构的安全，但通常会对使用者的心理造成不安全的影响，因此必须尽量避免在墙体、梁、板等构件中出现裂缝，要求在住宅设计中严格按相关规范中的条款规定执行结构伸缩缝的处理以及构件抗裂验算。

2）保证结构耐久

根据《建筑结构可靠度设计统一标准》GB50068-2001 规定，一般房屋建筑包括住宅建筑，其设计使用年限为 50 年。住宅的合理使用年限直接关系到使用者的切身利益，必须保证住宅建筑在正常维护下，可按设计的预定目的完成正常使用的时间年限而无需大修。同时，在住宅结构方案选择上，可以预先考虑允许有适当的可改造性，应考虑住户日后改变分隔空间的可能性，例如采用剪力墙结构时，应当采用大开间布置，从而从方案上避免若干年后推倒重建的模式，这应该是更基本的保证结构耐久的条件之一。

3）保证居住舒适

住宅建筑结构应为满足广大使用者的舒适性要

求创造良好的硬件条件，例如多种户型设计、灵活分隔室内空间以及良好的人居的热、光、声的环境等，为此，结构设计应较好地配合建筑和机电专业，尽可能在居住空间中避免露柱露梁的压抑感和采用隔声较差的分隔墙材料，使室内简洁明快，隔声较好，给居住者创造一个幽静舒适的环境。结构设计为避免凸位梁柱而经常采用的技术手段就是"隐梁隐柱"：所谓"隐梁"就是仅在有间墙的地方设梁，而客厅、主房等面积较大的板中间不再加梁，同时，梁宽设计成与墙体同宽; 所谓"隐柱"，则通过两种方法实现，一种是根据建筑平面把柱设计成 L、T、十字等形状，柱宽与墙同宽，把柱"镶嵌"入墙内而不露痕迹，另一种是把柱凸向外墙、阳台或厨厕等次要房间，保证厅等主要房间的完整性。

4）保证住宅经济

结构设计应根据房屋的建造地点、平立面、体形、住宅层数，在满足安全性、耐久性和舒适性要求的前提下采用经济合理的结构体系，比如砖混结构远比钢筋混凝土结构成本低，而框剪结构的经济性也优于框筒结构。同时，在构件设计中应精打细算，严格执行相关规范构造要求，注意避免不必要的浪费，尤其在地基基础设计中更应该注意方案的经济比较，因为地基基础设计方案合理与否对房屋造价至关重要。在住宅结构设计中应有意识地推进住宅结构体系的标准化，提高住宅工业化水平，这也是确保住宅经济性的途径之一。

8.1.2　居住建筑结构设计的内容

建筑物的设计包括建筑设计、结构设计、给水排水设计、采暖通风设计和电气设计等。由于建筑结构是一个建筑物发挥其使用功能的基础，因此，结构设计是建筑物设计的一个极其重要的组成部分，它可以分为方案设计、结构分析、构件设计、绘施

工图四个过程。

（1）方案设计又称为初步设计，合理的结构方案是安全可靠的优秀设计的基本保证。结构方案设计包括结构选型、结构布置和主要构件的截面尺寸估算。其中结构选型包括上部结构选型和基础选型，主要依据建筑物的功能要求、场地的工程地质条件、现场施工条件、工期要求和当地的坏境要求，经过方案比较和技术经济分析，加以确定；而结构布置包括定位轴线、构件布置和设置变形缝；结构布置完成后，需要估算构件的截面尺寸，以便进行下一步的结构分析。

（2）结构分析是要计算结构在各种外力作用下的效应，它是结构设计的重要内容。结构分析的核心问题是计算模型的确定，包括计算简图和采用的计算理论。结构分析的正确与否直接关系到所设计的结构能否满足安全性、适用性和耐久性等结构功能要求。

（3）构件设计包括截面设计和节点设计两个部分。对于混凝土结构，截面设计有时也称为配筋计算，因为截面尺寸在方案设计阶段已初步确定，构件设计阶段所做的工作是确定钢筋类型、放置位置和数量。节点设计也称为连接设计，对于钢结构，节点设计比截面设计更为重要。

（4）绘制施工图是设计的最后一个阶段，工程师通过图纸表达自己的设计意图，图面应该做到正确、规范、简明和美观。

结构设计与规划、建筑、设备、电气等专业密切相关。要做好结构设计，不仅要解决好上述结构专业本身的技术问题，还必须从设计方案开始，就对规划要求、建筑特点、设备管道系统、电气设备等有基本的了解。其中，规划专业通过对住宅建筑高度的限制、对住宅平面和竖向布置的要求、场地所在地区的抗震设防标准以及街景规划对建筑物立面的要求等影响结构设计方案的确定；与水、暖、电专业的配合需要结构设计人员充分了解水箱、水池等大型设备的所在位置及重量，掌握电梯机房等

的荷载、基坑做法、楼板留洞等资料，必须清楚设备管道穿过梁、柱以及设备管井穿过楼板时采取的结构加强措施，了解电气管子穿过楼板时对楼板厚度的要求以及管子在梁下穿行时对框架梁、剪力墙连梁截面高度的要求等。相较以上专业，建筑专业与结构设计的关系最为密切，通常建筑师根据规划、业主的意图，根据使用要求确定了住宅的平面、立面、剖面后，结构专业才插入进行设计。这显示了建筑学专业作为龙头专业的地位，但是如果建筑设计人员缺乏结构设计的基本概念，对结构选型知识了解太不深入，对方案的结构可行性考虑太少，这样形成的建筑方案将制约结构方案的优选，即使结构工程师做出很大努力也难以满足建筑设计的要求，往往使结构设计陷入被动。因此，在设计过程中，建筑与结构专业要加强协作、相互理解、主动配合，共同努力解决专业间的矛盾，结构设计人员应尽早介入方案设计，以期获得理想的住宅设计结果，同时建筑设计人员也应尽可能深入地掌握结构设计有关的基本概念，以便与结构设计人员交流时有共同语言。

结构概念设计指的是设计人员运用所掌握的知识和经验，从宏观上来决定结构设计中的基本问题，建筑师尤其应掌握好结构的概念设计。要做好住宅的概念设计应掌握以下诸多方面：结构方案要根据建筑使用功能、房屋高度、地理环境、施工技术条件、材料供应情况和有无抗震设防选择合理的结构类型；竖向荷载、风荷载及地震作用对不同结构体系的受力特点；风荷载、地震作用及竖向荷载的传递途径；结构破坏的机制和过程，以加强结构的关键部位和薄弱环节；建筑结构的整体性，承载力和刚度在平面内沿高度均匀分布，避免突变和应力集中；预估和控制各类结构及构件塑性铰区可能出现的部位和范围；抗震房屋应设计成具有高延性的耗能结构，并具有多道防线；地基变形对上部结构的影响，地基基础与上部结构协同工作的可能性；各类结构材料的特性及其受温度变化的影响；非结构性部件对主体结构抗震产生的有利和不利影响，要协调布置，并保证与主体结构连接构造的可靠性等。

例如概念设计表现在抗震设计上，可以清晰地总结为：

1）结构的简单性

结构简单是指结构在地震作用下具有直接和明确的传力途径，结构的计算模型、内力和位移分析以及限制薄弱部位出现都易于把握，对结构抗震性能的估计也比较可靠。

2）结构的规则和均匀性

沿建筑物竖向，建筑造型和结构布置比较均匀，避免刚度、承载能力和传力途径的突变，以限制结构在竖向某一楼层或极少数几个楼层出现敏感的薄弱部位；建筑平面比较规则，平面内结构布置比较均匀，使建筑物分布质量产生的地震惯性力能以比较短和直接的途径传递，并使质量分布与结构刚度分布协调，限制质量与刚度之间的偏心。

3）结构的刚度适中

结构刚度选择时，虽可考虑场地特征，选择结构刚度，以减少地震作用效应，但也要注意控制结构变形的增大，过大的变形将会导致结构破坏。结构除需要满足水平方向的刚度和抗震能力外，还应具有足够的抗扭刚度和抵抗扭转振动的能力。现有抗震设计计算中不考虑地震地面运动的扭转分量，在概念设计中特别是在高层楼栋中应注意提高结构的抗扭刚度和抵抗扭转振动的能力。

4）结构的整体性

高层建筑结构中，楼盖对于结构的整体性起到非常重要的作用，必须保证它能提供足够的面内刚度和抗力，并与竖向各子结构有效连接；同时，设计中也要保证高层建筑基础的整体性以及基础与上部结构的可靠连接。

8.1.3　居住建筑结构的设计特点

居住建筑结构基本受力单元或构件的形式一般为砌体承重墙或框架梁柱、剪力墙、楼盖以及基础等，这些基本受力单元或构件可以组合成住宅建筑的多种结构体系，从要求上讲，所有组成居住建筑的这些单元和构件遵循建筑结构设计的普遍原则，但是基于居住建筑和其他工业与民用建筑相比有其室内空间利用的特殊性，因此在住宅结构的设计中应当具有符合其特定建筑功能要求的特点。

1）砌体承重墙

砌体承重墙一般用于低层或多层的混合结构，即由钢筋混凝土楼（屋）盖和砌体承重的结构体系（砌体为砖墙时也称砖混结构）。用砌体作为承重墙具有很好的经济指标和优点，各种类型的楼房，如住宅、宿舍、办公室、学校、医院等民用建筑以及中小型工业建筑都适宜采用；缺点是砌体的强度比较低，故利用砌体承重时，房屋层数受到限制，同时，由于抗震性能差，在地震区使用也受到一定限制。

砌体承重体系，其布置大体可分为横墙承重、纵墙承重和纵横墙联合承重、内框架承重等几种方案（图8-1），其中适合居住建筑的通常为横墙承重和纵横墙承重方案。

（1）横墙承重方案

横墙承重方案的受力特点是：主要靠砌体支承楼板，横墙是主要承重墙，纵墙主要起围护、隔断和维持横墙的整体作用，故纵墙是自承重墙（内纵墙可能支承走廊板重量，但必须荷载较小）。这种方案的优点是横墙较密，房屋的横向刚度大，故整体刚度好。由于外纵墙不是承重墙，故外纵墙立面处理比较方便，可以开设较大的门窗洞。其缺点是横墙间距很密，房间布置灵活性差，不能获得较大的室内空间，但因其有较好的抗震性能而成为住宅类优先选择的结构体系。

（2）纵横墙联合承重方案

根据房间的开间和进深要求，有时需要纵横墙同时承重，即为纵横墙承重方案。这种方案的横墙布置随房间的开间需要而定，横墙间距比横墙承重方案的大，所以房屋的横向刚度比横墙承重方案有所减小，但布置相对灵活。由于房屋在两个相互垂直方向上刚度都较大，有较强的抗风能力，适合建造较高的多层住宅。

2）框架梁柱

住宅结构采用框架形式时，其基本受力单元为梁柱构件，目前大多数框架结构的住宅梁柱构件材料选择钢筋混凝土。按框架结构的住宅布置方案和传力线路的不同，框架的布置方案有横向框架承重、纵向框架承重和纵横向框架双向承重等几种方案（图8-2），其中纵向框架承重方案一般不在地震区采用，因此居住建筑常选用的框架结构体系通常为横向框架承重和纵横向框架承重方案。

（1）横向框架承重方案

横向框架承重方案是在横向布置框架主梁，而在纵向布置连系梁。框架在横向跨数少，主梁沿横向布置有利于提高横向抗侧刚度；而框架在纵向则往往跨数较多，所以只需按构造要求布置连系梁，这有利于房屋室内的采光与通风。

（2）纵横向框架双向承重方案

这种方案比较适合于建筑平面呈正方形或平面边长比小于1.5的情况，结构在两个方向上均需布置框架主梁以承受楼面荷载。当楼面上作用有较大荷载，或当柱网布置为正方形或接近正方形时，也会考虑该种承重方案，此时楼面常采用现浇双向楼板或井式梁楼面。纵横向框架双向承重方案具有较好的整体工作性能，框架柱均为双向偏心受压构件，为空间受力体系。

3）剪力墙

剪力墙是一种宽度和高度比其厚度大得多，且

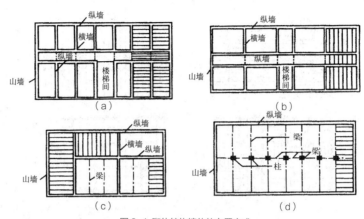

图8-1 砌体结构墙体的布置方式
（a）横墙承重；（b）纵墙承重；（c）纵横墙联合承重；（d）内框架承重

以承受水平荷载为主的竖向结构，宽可达几十米，相对而言，它的厚度则很薄，因此剪力墙平面内的刚度很大，而平面外的刚度很小。墙的下部一般固结于基础顶面，构成竖向悬臂构件，为了保证剪力墙的侧向稳定，各层楼盖对它的支撑作用相当重要。在抗震设防区，剪力墙有时也称为抗震墙。目前住宅结构中剪力墙的材料形式基本只有钢筋混凝土一种，由钢筋混凝土组成的墙体不仅承受水平荷载，也可以承受竖向荷载，但承受沿墙体平面的水平荷载是其主要特点，与一般仅承受竖向荷载的砌体墙体有区别。

在剪力墙结构中，由于竖向荷载直接由楼盖传递至剪力墙，剪力墙的间距决定了楼板的跨度，因而剪力墙结构体系的平面布置受到很大限制，适用于隔墙位置固定，平面布置比较规则的住宅建筑。可以说，由剪力墙组成的结构是高层住宅最常选用的结构形式，目前我国90%的10～30层高层住宅采用剪力墙结构体系。由于它的侧向刚度较大，比框架结构更容易满足结构规范对侧向位移限制的要求，同时全现浇剪力墙住宅结构也是所有结构形式中耐久性最理想的建筑。

根据墙上开洞大小，剪力墙可分为整截面剪力墙、整体小开口剪力墙、联肢剪力墙和壁式框架四类（图8-3），不同类别剪力墙对建筑师的住宅立面设计影响很大，同时受力性能也有很大区别，需要采用不同的计算方式。

另外，为了满足某些住宅的特定功能以及符合不断变化的住宅设计风格，住宅剪力墙结构体系常常会有底部大空间剪力墙、框架—剪力墙和短肢剪力墙三种结构变体以适应住宅建筑的不同要求。

4）楼板

住宅建筑中的楼板通常为混凝土梁板结构，一般支撑于承重墙上，或支撑在与板整浇的梁上，或直接支撑在柱上形成无梁楼盖。

混凝土楼板的建造方式有预制楼板、现浇楼板和装配整体式楼板。预制楼板由于整体性、抗震性、防水性较差，目前住宅建筑中采用渐少；而装配整体式混凝土楼盖由预制板（梁）上现浇一叠合层构成，整体性比较好，但由于需要进行混凝土二次浇灌，并需增加焊接工作量，对施工进度和造价都带来一些不利影响，故也不特别适合住宅建筑。因此，整体刚度好、抗震性强、灵活性大又防水防漏的现浇楼板成了当前住宅楼板建造的主要方式。

预应力混凝土楼板是近年来为了适应住宅大开间要求而开发的新型混凝土楼板，住宅工程中的预应力楼板形式一般为无粘结预应力混凝土板。无粘结预应力混凝土板比普通现浇混凝土板具有更好的

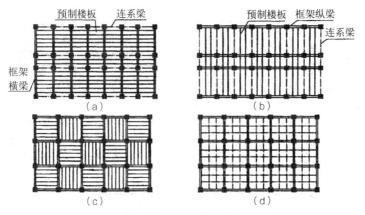

图 8-2 承重框架的布置方式
（a）横向框架承重；（b）纵向框架承重；（c）纵横向框架双向承重（预制板楼盖）；
（d）纵横向框架双向承重（现浇板楼盖）

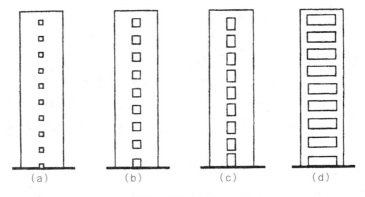

图 8-3 剪力墙种类：
（a）整截面剪力墙；（b）整体小开口剪力墙；(c) 联肢剪力墙；（d）壁式框架

结构性能，它能降低楼板厚度和降低结构层高，从而降低结构造价并获得更好的结构整体性能和抗震性能。

图 8-4 所示为住宅建筑中会使用到的几种混凝土楼盖结构形式。

（1）单向板肋型楼盖

单向板的经济厚跨比通常为 1/35 ~ 1/30（普通钢筋混凝土板）或 1/45 ~ 1/40（无粘结预应力混凝土板）。

（2）双向板肋型楼盖

双向板的经济厚跨比通常为 1/40 ~ 1/35（普通钢筋混凝土板）或 1/50 ~ 1/45（无粘结预应力混凝土板）。在住宅建筑中，单向或双向板除了与梁现浇形成梁板结构外，也可直接搁置在砖墙上。

（3）无梁楼盖

无梁楼盖主要优点是具有平整的底板，支模简单方便。平板厚度一般由板的抗冲切承载力控制，不像柱梁体系那样有很好的抗侧刚度，不宜用于直接抵抗水平风载及地震作用，在住宅结构设计中应予以注意。无梁楼盖经济厚跨比通常为 1/40 ~ 1/35（普通钢筋混凝土板）或 1/45 ~ 1/40（无粘结预应力混凝土板）。

（4）密肋楼盖

在结构体系上与无梁楼盖几乎完全一样，但跨度较大，可达 10m 左右，该型楼盖在住宅建筑中使用不普遍。

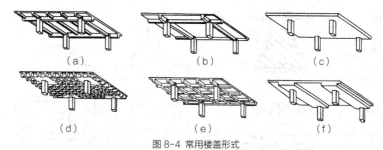

图8-4 常用楼盖形式
（a）单向板肋形楼盖；（b）双向板肋形楼盖；（c）无梁楼盖；（d）密肋楼盖；（e）井式楼盖；（f）扁梁楼盖

（5）井式楼盖

楼盖与支撑的双向正交井字梁现浇，刚度非常大，可获得比密肋楼盖更大的跨度，在住宅建筑中有时会用于底部框架大空间的转换层。

（6）扁梁楼盖

扁梁是指宽度大于其高度的宽梁。这种扁梁—板结构可以减小结构高度，有利于模板及支承布置，有利于简化配筋。扁梁—板结构中的扁梁一般与柱同轴，但也有在轴线之间布置扁梁的情况。其楼板的经济厚跨比根据支撑条件分别类同于单向或双向板肋型楼盖，而扁梁的经济高跨比为 1/20 ~ 1/15（普通钢筋混凝土扁梁）或 1/25 ~ 1/20（预应力混凝土扁梁）。

5）基础

基础是建筑物和地基间的连接体，其作用是把建筑物中柱、墙、筒体等上部结构的荷载可靠地传递给地基，是十分重要的组成部分，如基础选型不当，基础不稳，将影响上部结构的使用，可能引起上部结构的裂缝、倾斜，甚至产生破坏和倒塌。

基础既要满足承载力要求，又要有足够的刚度，以调节可能出现的地基不均匀沉降。基础设计的基本要求，首先是选择经济上合理、技术上可靠的方案，其次是通过内力计算，保证基础本身有足够的强度和稳定性，能够将上部结构的各种荷载传递给地基，同时还须保证地基的稳定性，将变形，特别是不均匀变形控制在容许范围之内。住宅建筑同样应该遵守这样的原则。

常用的住宅建筑基础主要有刚性基础、扩展基础、联合基础、筏形基础、箱形基础和桩基础等，可根据上部结构形式、地基土质条件、抗震要求、材料及施工条件、工程环境、造价及工期等因素选择使用。

（1）刚性基础

一般用砖石、混凝土、毛石混凝土、灰土和三合土等材料建造而成的墙体下条形基础（图8-5）。其特点是抗压性能好，抗弯能力差，适用于6层和6层以下的住宅建筑。

（2）扩展基础

是指柱下钢筋混凝土独立基础（图8-6）和墙下钢筋混凝土条形基础（图8-7），分别可用于层数不多、荷载不大的框架和砖混结构住宅。

（3）联合基础

一般指柱下条形和柱下十字形基础（图8-8）。当地基较弱而建筑的荷载较大时，若采用柱下单独基础，基底面积必然很大而相互接近，为增加基础的整体性并方便施工，可将同一排的柱基础连通做成钢筋混凝土条形基础，条形基础的布置方向与承重框架方向一致。例如，住宅建筑较多采用横向框架承重方案，则在横向布置条形基础，纵向仅布置构造连系梁；若住宅采用纵横向框架承重方案，并且地基在两个方向上土性不均匀，为减少不均匀沉降，可在柱网纵横两向布置条形基础，形成十字形基础。

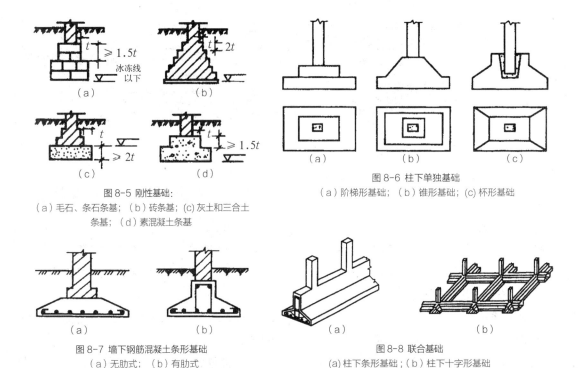

图 8-5 刚性基础：
（a）毛石、条石条基；（b）砖条基；(c)灰土和三合土
条基；（d）素混凝土条基

图 8-6 柱下单独基础
（a）阶梯形基础；（b）锥形基础；(c) 杯形基础

图 8-7 墙下钢筋混凝土条形基础
（a）无肋式；（b）有肋式

图 8-8 联合基础
(a)柱下条形基础；（b）柱下十字形基础

（4）筏形基础

指的是由钢筋混凝土做成的整块片筏基础，可以比联合基础承受更大的住宅荷载，适用于更高的住宅层数。片筏基础按构造可分为平板式和梁板式（图8-9）。

（5）箱形基础

当住宅设有地下室时，可以将地下室底板、侧板和顶板连成整体，并设置一定数量的隔板，形成箱形基础（图8-10）。箱形基础的刚度很大，调节地基不均匀沉降的能力很强。箱形基础主要用于高层住宅。

（6）桩基础

采用片筏基础后地基的承载力和变形仍不能满足要求时，需要采用桩基础将上部荷载传至较深的持力层（图8-11）。桩基础是高层建筑的主要基础形式，有时结合地下室采用桩—箱复合基础。桩基础属于深基础，一般来说工程造价比上述几种浅基础高，但如果持力层较深，为了减少挖土量，有时多层房屋采用桩基础可能是更为经济的方案。

当建筑物有过大的不均匀沉降时，会使墙体产生开裂，不均匀沉降的原因：建筑物地基土层软硬不匀；建筑物高低变化太大，地基受载不匀；在同一建筑物内设置不同的结构体系和不同的基础类型，常会使得地基发生过大的不均匀压缩变形。采取的预防措施，除在上部结构设计中要作相应考虑外（如合理布置建筑平面，合理布置结构体系，合理布置纵横墙，合理布置圈梁，采用对不均匀沉降欠敏感的结构等），还应在基础体系会产生较大沉降差的部位设置基础沉降缝。

沉降缝的做法一般有三种类型：

● 基础做成一端悬挑式，如图 8-12（a）所示；
● 基础做成犬牙交错式，如图 8-12（b）所示；
● 上部构件做成铰型分段的构件连接式，如图8-12（c）所示。

基础沉降缝宽度一般按表8-1经验数值取用。沉降缝应沿建筑物高度将两侧房屋完全断开。

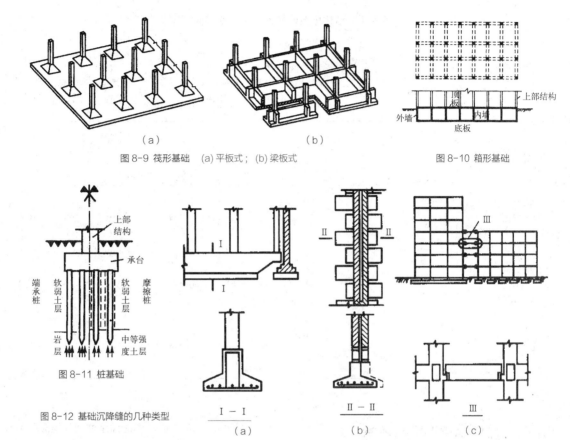

图 8-9 筏形基础　(a)平板式；(b)梁板式　　　　　　　　图 8-10 箱形基础

图 8-11 桩基础

图 8-12 基础沉降缝的几种类型

基础沉降缝宽度取值　　　表 8-1

层数	2 ~ 3	4 ~ 5	5 层以上
缝宽	>50 ~ 80mm	80 ~ 120mm	>120mm

8.2　居住建筑结构体系的选用与布局

8.2.1　居住建筑结构体系概述

根据《民用建筑设计术语标准》GB/T 50504-2009 定义：低层住宅是指层数 1 ~ 3 层的住宅，多层住宅是指 4 ~ 6 层的住宅，中高层住宅为 7 ~ 9 层的住宅，高层住宅为 10 层及以上的住宅。

低层与多层住宅常用的结构体系为普通砖承重结构、混凝土空心小砌块结构体系、多孔砖砌体结构体系、框架结构体系、内浇外砌结构体系等。

高层住宅常用的结构体系为框架结构体系、异形柱框架—斜撑（剪力墙）结构体系、剪力墙结构体系（包括短肢剪力墙结构体系）、框支剪力墙结构体系、框架—剪力墙结构体系、框架—筒体结构体系等。

在上述各种结构体系中，普通砖承重结构将随着保护耕地政策的落实，逐渐被淘汰；内浇外砌结构体系在地震区的使用受到一定限制；传统框架结构由于室内凸柱凸梁，不受用户欢迎，从发展趋势上看会逐渐淡出市场；而框筒结构则优点很多，由于整体建筑主要由几大框筒承担重量，单元内的墙体不起承重作用，单元内没有众多的凸位柱梁，墙体可以任意改变，甚至整层平面都可以随意间隔，任意改变户型结构，但这种结构的房子造价较高，多用于写字楼，很少用于住宅。

关于各种住宅结构体系的最大适用高度限值的规定见表 8-2。

各种住宅结构体系的最大适用高度（m）限值　　　表 8-2

结构体系应用地区	内浇外砌结构	混凝土空心小砌块结构	多孔砖砌体结构	异形柱框架结构	框架结构	异形柱框架—斜撑（剪力墙）结构	剪力墙（框支剪力墙）结构	短肢剪力墙结构	框架—剪力墙结构	框架—筒体结构
9 度地震区		12	12		25		60		50	70
8 度地震区	18	18	18	25	45	35（45）	100（80）	100	100	100
7 度地震区	21	21	21	35	55	45（55）	120（100）		120	130
6 度地震区	21	21	21	40	60	50（60）	140（120）	140	130	150

8.2.2　砌体承重墙结构体系

1）多孔砖砌体多层住宅建筑结构体系

（1）多孔砖结构体系的构成与特点

多孔砖砌体房屋结构体系是指采用多孔砖通过砂浆铺缝砌筑成墙体，由纵横向墙体固接成一个整体，以构成整幢建筑的结构体系。这类体系通常与钢筋混凝土楼（屋）盖、砖或钢筋混凝土基础等承重构件组合形成混合结构，墙体作为竖向构件承担楼（屋）盖传来的荷载以及由墙面或楼（屋）盖传来的水平荷载。

与传统实心黏土砖相比，多孔砖砌体具有以下优点：

●节土、节煤。一般来讲，多孔砖的孔洞率多少，决定着节土和节煤的数量。

●保温隔热性能好。多孔砖导热系数低，墙体热绝缘系数大，隔热保温性能大大优于实心砖。经测算，240mm 厚多孔砖墙体的保温性能优于 370mm 厚的实心砖墙。

●抗震性能好。一方面，多孔砖砌体自重减轻，地震力也相应减小；另一方面，多孔砖在砌筑时被压入孔洞内的砂浆形成销键作用，增强了砂浆的结合强度和砌体的整体性能。

国内多层砌体房屋以采用多孔砖居多，目前，以 KP1 型多孔砖构成承重墙体在住宅结构中被广泛应用，其砖体基本尺寸为240mm×115mm×90mm，具体形式如图 8-13 所示。

（2）适用范围

多孔砖砌体结构可以结合建筑平面，沿房屋周边和在内部间隔墙位置布置墙体，形成既是支撑房屋各荷载的骨架，又满足各类使用功能（如防日晒、挡风雨、保温隔热、使用分区等）的构件，合二为一，比较经济实用，且施工简单、方便，对施工技术要求不高。

与钢筋混凝土结构相比，多孔砖砌体结构的缺

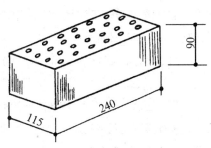

图 8-13 KP1 型承重多孔砖尺寸图

点是由于使用砖墙承重，间隔基本不能变动，因此，建成后不能随意改变用途，灵活性和可调性差。由于砌体的各项物理力学指标较低，在抗震设防地区，必须设计合理，构造得当，防止由于脆性破坏而突然倒塌。

多孔砖砌体房屋的层数和总高度（m）限值规定见表 8-3。

多孔砖房屋总高度与总宽度的最大比值规定见表 8-4。

多层多孔砖砌体房屋的层数和总高度（m）限值

表 8-3

6 度设防		7 度设防		8 度设防		9 度设防	
层数	总高度	层数	总高度	层数	总高度	层数	总高度
7	21	7(6)	21(18)	6(5)	18(15)	4	12

注：括号内为高半度设防数据

多孔砖房屋总高度与总宽度的最大比值 表 8-4

6 度设防	7 度设防	8 度设防	9 度设防
2.5	2.5	2.0	1.5

（3）结构布置

• 多孔砖砌体结构体系的基本设计要求。

①应具有明确的传力体系，传力途径明确、合理，使荷载以最直接的途径传至基础；

②纵墙力求拉通，避免断开和转折，以增强纵向抗震强度；

③横墙间距宜符合刚性方案的要求；

④上下层的墙体要上下对齐、连续贯通；

⑤门窗洞口位置应上下对齐；

⑥在檐口、部分楼盖和基础顶面处，沿外墙、内纵墙和主要横墙设置圈梁，每层圈梁设在同一水平面内，并连接成封闭体系。当采用钢筋混凝土基础并设有地梁时，基础顶面不再设置圈梁。

在抗震设防地区，多孔砖房屋则要求：建筑结构的平、立面布置宜简单、规则、对称，建筑的质量分布和刚度变化宜均匀，楼层不宜错层；纵、横墙的布置宜均匀对称，沿平面内对齐，沿竖向应上下连续；楼梯间不宜设置在房屋的尽端和转角处。

结构布置上多孔砖砌体结构应优先采用如图 8-1 所示的横墙承重或纵横墙共同承重的结构体系。如在抗震区采用，抗震横墙最大间距满足表 8-5 的规定。

对多孔砖房屋有一些局部尺寸的限值见表 8-6。

多孔砖砌体结构抗震横墙最大间距(m) 表 8-5

楼板、屋盖类型	设防烈度			
	6 度	7 度	8 度	9 度
现浇或装配整体式钢筋混凝土楼、屋盖	15	15	11	7
装配式钢筋混凝土楼、屋盖	11	11	9	4

多孔砖房屋有一些局部尺寸的限值(m) 表 8-6

部　　位	设防烈度			
	6 度	7 度	8 度	9 度
承重窗间墙最小宽度	1.0	1.0	1.2	1.5
承重外墙尽端至门窗洞边的最小距离	1.0	1.0	1.2	1.5
非承重外墙尽端至门窗洞边的最小距离	1.0	1.0	1.0	1.0
内墙阳角至门窗洞边的最小距离	1.0	1.0	1.5	2.0
无锚固女儿墙（非出入口处）的最大高度	0.5	0.5	0.5	0.0

● 多孔砖房屋中构造柱的布置原则。混凝土构造柱是改善抗震延性和加强结构整体工作性能的重要措施，KP1 型多孔砖墙体的构造柱最小截面为 240mm×180mm，房屋四角的构造柱可适当加大截面和配筋。墙体与构造柱连接处应砌成马牙槎，每一马牙槎高度不宜超过 300mm（图 8-14）。一般情况下构造柱的设置部位：外墙四角，楼、电梯间四角，大房间内外墙交接处，较大洞口两侧，错层部位横墙与外墙交接处。

● 圈梁的布置原则。钢筋混凝土圈梁能增强房屋的整体性，房屋的抗震能力，是抗震的有效措施。同时，圈梁还能防止或减小地基不均匀或较大振动荷载等对房屋的不利影响。圈梁的宽度要求与墙厚相同，当墙厚大于 240mm 时，其宽度不宜小于墙厚的 2/3。对 KP1 型多孔砖墙体，圈梁高度不应小于 120mm，软弱土、液化土、新近填土或严重不均匀土层上增设的基础圈梁截面高度不应小于 180mm。

多孔砖房屋的现浇钢筋混凝土圈梁设置须满足表 8-7 要求。

多孔砖房屋的现浇钢筋混凝土圈梁设置要求

表 8-7

墙　类	6 度和 7 度	8 度	9 度
外墙及内纵墙	屋盖处与每层楼盖处	屋盖处与每层楼盖处	屋盖处与每层楼盖处
内横墙	同上；屋盖处间距不应大于 4.5m，楼盖处间距不应大于 7.2m；构造柱对应部位	同上；屋盖处所有横墙，且间距不应大于 4.5m，楼盖处间距不应大于 4.5m；构造柱对应部位	同上；各层所有横墙

图 8-15 为一多孔砖住宅结构布置实例。[①]

某房屋共 7 层，底层为车库，以上各层为住宅。抗震设防烈度 6 度。工程地质属深厚软弱地基，无液化土层，建筑场地类别为 Ⅲ 类。墙体采用多孔砖（KP1 型），厚度为 240mm（非承重墙厚 120mm）。住宅层高 2.90m，双坡屋面。各层的起居室、餐厅、厨房、卫生间、走道的楼盖以及屋盖、阳台、楼梯等采用现浇钢筋混凝土，卧室和书房采用预应力圆孔板。每层楼（屋）盖标高处沿墙设置钢筋混凝土圈梁。构造柱部位如图 8-15 所示，一般构造柱截面尺寸为 240mm×240mm，较大洞口的两侧构造柱截面增大，配筋增多。基础采用沉管灌注桩，钢筋混凝土条形承台。现浇钢筋混凝土构件采用 C20 混凝土，多孔砖（KP1 型）的强度等级为 MU10，底层至三层墙体采用混合砂浆 M7.5，以上各层墙体采用混合砂浆 M5。

2）混凝土空心小砌块住宅结构体系
（1）体系构成及特点

该体系的承重墙、柱由普通混凝土空心小砌块系列组砌而成，基本砌块如图 8-16 所示，不同型号的混凝土空心小砌块组砌成每两层间不通缝的砌体。承受水平荷载的楼盖、屋盖使用现浇（或预制）钢筋混凝土。一般要求结构中使用芯柱（或构造柱）和水平配筋网片及现浇钢筋混凝土圈梁。

在混凝土空心小砌块住宅结构中，可利用小砌块的孔洞穿设管线，同时混凝土空心小砌块与混凝土空心装饰小砌块可组成复合外墙，是一种具有独特风格砌块住宅。但普通混凝土空心小砌块有较大的温度和遇湿涨缩变形，使用普通混凝土空心小砌块建造住宅的全过程均要求有严格的技术控制以防止建筑出现裂缝。

（2）适用范围

混凝土空心小砌块住宅结构体系适用于我国东北、华北、华东、华南、西南的广大地域，不同气候分区和不同抗震设防地区，均可使用本结构体系

---

① 本节以下各种住宅结构布置的说明及实例均选自小康住宅建筑结构体系成套技术指南编委会编著的《小康住宅建筑结构体系成套技术指南》一书

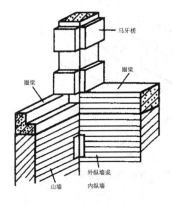

图8-14 构造柱马牙槎示意图

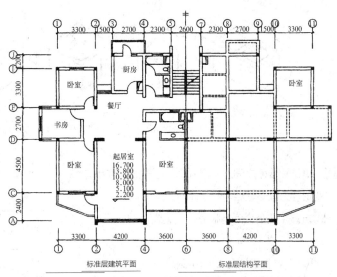

图8-15 多孔砖住宅结构布置实例

建造多层（1～6层）和高层（7～18层）住宅。对于耕地少，接近砂、石、水泥产地的地区，本结构体系则更具有就地取材、不破坏农田和生态环境的优越性，但190mm厚混凝土空心小砌块墙仅相当于150mm厚砖墙的保温性能，在我国广大地域使用普通混凝土空心小砌块作外墙，必须采用复合外墙的构造方式。

普通混凝土空心小砌块房屋总高度（m）和层数限值规定见表8-8。

普通混凝土空心小砌块房屋最大高宽比限值规定见表8-9。

普通混凝土空心小砌块房屋总高度(m)和层数限值

表8-8

6 度设防		7 度设防		8 度设防		9 度设防	
层数	总高度	层数	总高度	层数	总高度	层数	总高度
7	21	7(6)	21(18)	6(5)	18(15)	3	9

注：括号内为高半度设防数据

普通混凝土空心小砌块房屋最大高宽比限值

表8-9

6 度设防	7 度设防	8 度设防	9 度设防
2.5	2.5	2.0	1.5

（3）结构布置

● 混凝土空心小砌块结构体系的基本设计原则

①纵横墙的布置宜均匀对称，沿平面内宜对齐，沿竖向应上下连续，同一轴线的窗间墙宜均匀。

②房屋不应有错层，否则应设置防震缝，8度设防时，立面高差在6m以上或各部分结构刚度、质量截然不同时，也应设置防震缝，防震缝两侧均应设置墙体，缝宽可采用50～100mm。

③楼梯间不宜设在房屋的尽端和转角处。

④烟道、风道、垃圾道等不应削弱墙体，不宜采用无竖向配筋的附墙烟囱及出屋面烟囱。

⑤不应采用无锚固的钢筋混凝土预制挑檐。

⑥要合理规划、选择有利的场地和基础。

⑦非地震区的混凝土空心小砌块多层住宅应满足静力设计要求，地震区的混凝土空心小砌块多层住宅除应满足静力设计要求外，尚应进行抗震设计。

⑧小砌块的强度等级不应低于MU5，砌筑砂浆的强度等级不应低于M5。

● 混凝土空心小砌块结构体系主要布置要求

混凝土空心小砌块结构体系应采用横墙承重或纵横墙共同承重的结构体系，应按规定设置钢筋混凝土圈梁和芯柱、构造柱，或采用配筋砌体等，使墙体

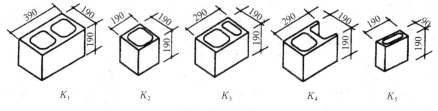

图 8-16　基本砌块

之间、墙体和楼盖之间连接部分具备必要的强度和充分的变形能力以保证结构的整体性（图 8-17）。

①抗震横墙最大间距限值规定见表 8-10。

抗震横墙最大间距限值（m）　表 8-10

楼板、屋盖类型	设防烈度			
	6 度	7 度	8 度	9 度
现浇或装配整体式钢筋混凝土楼、屋盖	15	15	11	7
装配式钢筋混凝土楼、屋盖	11	11	9	4

②多层房屋的局部尺寸限值规定见表 8-11。

多层房屋的局部尺寸限值　表 8-11

楼板、屋盖类型	尺寸（m）	备注
承重窗间墙最小宽度	1.0	墙体内设芯柱时可减小至 0.6m，每个孔洞内均应插筋填实
外墙尽端至门窗洞边的最小距离	1.0	
内墙阳角至门窗洞边的最小距离	1.0	
无锚固女儿墙的最大高度	0.5	出入口上的女儿墙应有锚固

● 圈梁的布置原则

圈梁截面高度不应小于 150mm，混凝土强度等级不应低于 C15。圈梁宜连续地设在同一水平面上，并形成封闭状；当不能在同一水平面上闭合时，圈梁搭接长度不应小于两倍圈梁的垂直距离，且不应大于 1m。

小砌块房屋现浇钢筋混凝土圈梁设置要求见表 8-12。

小砌块房屋现浇钢筋混凝土圈梁设置要求　表 8-12

墙类	烈度		
	6、7 度	8 度	9 度
外墙和内纵墙	屋盖处及每层楼盖处	屋盖处及每层楼盖处	屋盖处及每层楼盖处
内横墙	同上；屋盖处间距不应大于 4.5m；楼盖处间距不应大于 7.2m；构造柱对应部位	同上；各层所有横墙且间距不应大于 4.5m；构造柱对应部位	同上；各层所有横墙

● 混凝土芯柱布置原则

①多层砌块房屋混凝土小型空心砌块结构根据计算需要，在砌块孔洞内插入钢筋，就形成了芯柱。芯柱应符合下列构造要求：芯柱截面不宜小于 120mm×120mm，宜用 Cb20 的细石混凝土浇灌；钢筋混凝土芯柱每孔内插竖筋应伸入室内地面下 500mm 或与基础圈梁顶部和屋盖圈梁锚固；芯柱应沿房屋全高贯通，并与各层圈梁整体现浇；外墙转角、内外墙交接处、楼电梯间四角等部位，应允许采用钢筋混凝土构造柱替代部分芯柱。

②多层砌块房屋混凝土芯柱设置要求见表 8-13。

图 8-18 为一多层砌块房屋住宅结构布置实例。

该结构为一栋混凝土小型空心砌块大开间节能试验住宅，材料强度：砂浆 M5，混凝土构造柱 C20、芯柱 C15，钢筋为 HPB235 级钢。截面尺寸：墙体均为厚 190mm；现浇混凝土楼层面板厚 120mm；构造柱 190mm×190mm；芯柱 120mm×120mm。

多层砌块房屋钢筋混凝土芯柱设置要求   表 8-13

房屋层数				设置部位	设置数量
6 度	7 度	8 度	9 度		
四、五	三、四	二、三		外墙转角，楼梯间四角，大房间内外墙交接处；隔 12m 或单元横墙与外纵墙交接处	外墙转角，灌实 3 个孔；内外墙交接处，灌实 4 个孔
六	五	四		外墙转角，楼梯间四角，大房间内外墙交接处，山墙与内纵墙交接处，隔开间横墙（轴线）与外纵墙交接处	
七	六	五	二	外墙转角，楼梯间四角，各内墙（轴线）与外纵墙交接处；8、9 度时，内纵墙与横墙（轴线）交接处和洞口两侧	外墙转角，灌实 5 个孔；内外墙交接处，灌实 4 个孔；内墙交接处，灌实 4～5 个孔；洞口两侧各灌实 1 个孔
	七	≥六	≥三	同上；横墙内芯柱间距不宜大于 2m	外墙转角，灌实 7 个孔；内外墙交接处，灌实 5 个孔；内墙交接处，灌实 4～5 个孔；洞口两侧各灌实 1 个孔

8.2.3 框架结构体系

1）结构体系构成与特点

　　框架结构的承重体系为梁柱构件构成的骨架，承担结构的垂直和水平受力，而墙体只作为建筑的围护而不作为承力构件设计。由于抗震的需要与住户的使用要求，框架住宅基本上为全现浇钢筋混凝土结构体系，部分会采用装配整体式。

　　框架结构的梁柱构件对混凝土有强度要求，框架住宅采用的混凝土强度通常不低于 C25，为减少柱截面尺寸，下层柱强度要高些。有抗震要求时，对框架、梁、柱节点，当按一级抗震等级设计时，其混凝土强度等级不宜低于 C30，当按二、三级抗震等级设计时，其强度等级不宜低于 C25。梁的混凝土强度等级不应低于柱的混凝土强度等级 5MPa以上。

　　框架结构的墙体一般为填充墙，如作为隔墙，宜采用轻质墙。框架住宅常用的填充墙材料有：①普通砖、多孔砖；②混凝土（粉煤灰混凝土、陶粒混凝土）、小型空心砌块；③焦砟砖；④加气混凝土砌块等。

　　框架结构的围护墙宜采用柔性连接的外墙板，当采用砌体（空心砖或轻质砌块）填充墙时，应考虑在平面内不对称布置引起的扭转以及柱、梁受填充墙约束形成短柱或短梁。当采用钢筋混凝土墙时，宜采取措施（断缝或弱连接）避免外柱形成短柱。

2）适用范围

　　随着生活水平的提高，用户对住宅功能及使用的要求日益多样化，框架填充墙住宅体系因此得以发展并广泛应用。框架体系最大的特点是平面布置灵活，户内隔墙较薄且可按照用户的要求设置或拆除。

　　框架结构适用于多层住宅（4～6 层）与中高层住宅（7～9 层），也适用于高层住宅（10 层及以上）。

　　（1）框架结构房屋适用的最大高度（m）限值见表 8-14。

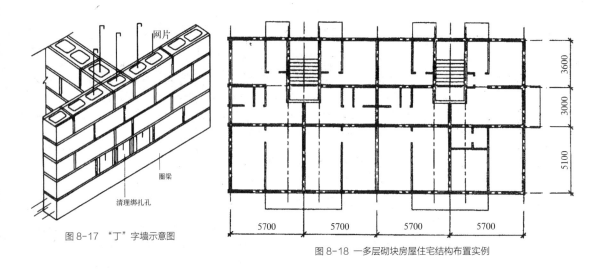

图 8-17 "丁"字墙示意图

图 8-18 一多层砌块房屋住宅结构布置实例

框架结构房屋适用最大高度(m)限值 表 8-14

非抗震设计	抗震设防烈度			
	6 度	7 度	8 度	9 度
60	60	50	40(35)	24

注：括号内为高半度设防数据

（2）住宅总进深通常为 10 ~ 15m，为控制顶点位移，必须对框架结构房屋最大高宽比进行限制。框架结构房屋最大高宽比限值见表 8-15。

框架结构房屋最大高宽比限值   表 8-15

非抗震设计	抗震设防烈度			
	6 度	7 度	8 度	9 度
5	4	4	3	—

注：《高层建筑混凝土结构技术规程》JGJ 3-2010

3）结构布置
（1）框架结构体系的基本设计原则

●在满足建筑功能要求的同时，结构布置应力求在平面和竖向上形状简单，柱网宜对称，使传力简捷、明确。

●框架梁柱中心线宜重合，当由于建筑要求，梁、柱中心线不能重合时，在计算中应考虑偏心对梁柱节点核心区受力和构造的不利影响，同时也应考虑梁荷载对柱子的偏心影响。

●在同一结构单元中宜避免有错层，楼梯和电梯宜沿平面对称布置，局部突出屋顶的结构不宜布置在房屋尽头。

●非抗震设计的多层框架结构，可采用横向承重框架、纵向铰接排架的结构体系，抗震设计的多层框架应在纵横两个方向均布置为双向刚接框架。

●装配整体式框架宜优先采用现浇柱、预制梁板上现浇叠合层的方案，以保证楼盖的整体性，9 度抗震设防框架结构应现浇。

（2）框架结构体系主要布置要求

●框架应设计成双向梁柱抗侧力体系，以承受纵横两个方向的地震力作用及风荷载；结构是由纵横双向梁柱组成的空间结构体系，既承受竖向荷载，又承受风荷载和地震力作用。结构体系应力求规则，尽可能对称，纵横双向尽可能拉通。对于 8 层以上的框架住宅，平面及竖向布置的结构刚度宜均匀、连续，质量中心和刚度中心尽量设法重合，框架柱截面沿房屋高度宜逐步变化，避免刚度突变。特别是底层作为商店的框架住宅，由于上、下层层高变化较大，应在柱截面及混凝土强度等级上作些调整，尽量做到上、下层间刚度比大于 0.75。

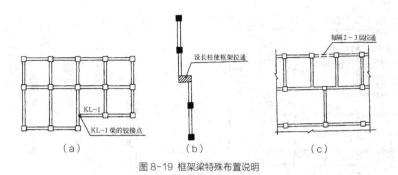

图 8-19 框架梁特殊布置说明

● 框架住宅的结构布置宜尽量使柱中心线与梁中心线相重合。由于建筑的要求而无法做到时，其偏心宜不大于与梁相垂直的柱截面边长的 1/4。因此，当建筑上要求梁靠柱边支承隔墙时，梁的宽度宜为柱截面边长的 1/2。

● 框架梁柱布置尽可能做到横向与纵向都对齐拉通。由于住宅平面复杂难以做到时，宜使横向框架梁不超过 15m，有一道拉通，纵向宜有 2～3 道纵梁拉通。框架梁的布置应使结构简单，传力明确，施工方便。框架梁尽可能直接支承于框架柱上，避免梁搭梁，但也要避免多根梁交汇于同一柱子上，造成梁柱节点浇捣混凝土时施工困难。当框架梁一端支承于柱上，另一端支承于另一框架梁上时，此点应作为该框架梁的铰接支座（图 8-19a）；南北朝向的条形住宅，由于南向开间（卧室）基本一致，而北向房屋（卧室、厨房、楼梯间）开间较复杂，常使横向框架梁难以拉通，对于相差很小的，可以设水平方向较长的柱子使南北框架拉通（图8-19b）；抗震要求较高的纵向框架，当有局部凹进时，宜每隔 2～3 层使梁拉通（图 8-19c）。

● 框架结构中的楼梯间、电梯间不得采用砖墙承重。砖砌体只能作为填充墙。框架结构中的电梯井宜采用钢筋混凝土，并宜布置在房屋平面的对称位置。楼板与井壁墙连接成整体或井壁墙与框架梁重合。有抗震设防时，钢筋混凝土井壁墙应计入其侧向刚度，局部凸出屋面的电梯机房、楼梯间、水箱间等应采用框架承重，不得采用砖墙承重。

● 底层有商店的住宅，宜使上下柱网一致，尽量不要使不落地的框架柱支承在转换梁上。

● 框架梁布置要求。框架梁的截面高度可按框架梁的计算跨度的 1/15～1/8 确定，且不宜大于 1/4 净跨。框架梁截面的宽度不宜小于 200mm，且不宜小于梁截面高度的 1/4，对高层建筑的框架梁，其截面宽度不应小于 250mm。在非 9 度区的 8 层、9 层住宅建筑中采用现浇楼板的框架梁，对其截面的要求可适当放宽，但不应小于 200mm。

● 框架柱布置要求。住宅框架柱通常为矩形截面，按抗震要求，柱宽不低于 300mm，8 层以上框架不低于 350mm，柱截面高度以不低于 400mm 为宜。柱截面高宽比宜不大于 1.5，有抗震要求的框架柱则尽可能设计成方形，柱净高度与柱截面高度之比宜大于 4。当层高较高时，柱计算高度与柱截面高度之比应不超过 25，同时柱计算高度与柱截面宽之比应不超过 30。

图 8-20 为一框架房屋住宅结构布置实例。住宅为 7 层框架结构，构件尺寸为框架梁 200mm×380mm，底层框架柱 300mm×500mm，顶层 300mm×400mm。

● 异形柱布置要求。异形柱是异形（"T"形、"L"形及"十"字形）截面柱的简称，能代替传统的矩形截面框架柱以改善建筑功能（图 8-21）。以异形柱构成所谓的"隐形框架"（框架柱隐于墙内）避免了屋角柱子的棱角突出对室内观瞻及占用空间的影响，有利于提高住宅内建筑设计布置的灵活性。

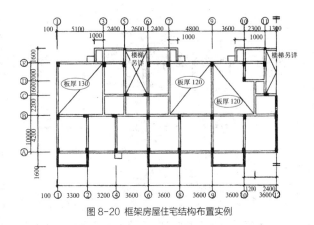

图 8-20 框架房屋住宅结构布置实例

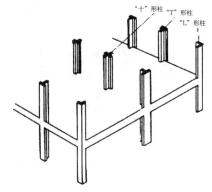

图 8-21 异形柱框架结构体系示意图

但由于异形截面的柱子的力学特性较复杂，其承载力、刚度和抗震延性等与矩形柱有较大差异，将给框架结构的抗震性能带来影响，因此在使用异形柱时须严格执行相应结构和构造方面的设计规定，包括要求异形柱截面各肢肢高与肢厚之比不应大于 4，异形柱截面肢厚不应小于 150mm，对高层建筑则不应小于 200mm 等，以提高结构抗震设计的安全性。

图 8-22 为一异形柱框架房屋住宅结构布置实例。该住宅为 9 层，主体高度 26.6m，抗震设防烈度为 7 度，混凝土强度等级 C25 ~ C35，标准层混凝土梁端面尺寸为 200mm×500mm，选用的异形柱截面形式有 "L" 形和 "T" 形两种，"L" 形截面肢长 700mm, 肢厚 200mm，"T" 形截面肢长 750mm, 肢厚 200mm。

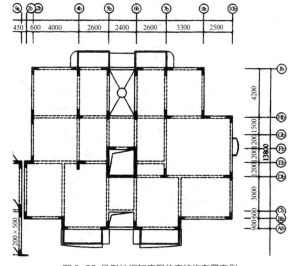

图 8-22 异形柱框架房屋住宅结构布置实例

8.2.4 剪力墙结构体系

1）体系构成特点

采用现浇大开间剪力墙结构，可以做到房间内不露梁柱，简洁明快，有效使用空间大，承重墙与分隔墙结合，隔声效果好。当采用钢制模板或多层板模板时，墙面及楼板底表面平整不需要湿作业抹灰。此类结构具有整体性强，侧向刚度大，抗侧力性能好，用钢量少，施工周期短，造价低等优点。

高层居住建筑大开间剪力墙结构，在设防烈度为 8 度，层数 20 层以内时，混凝土强度等级 C25 ~ C35，墙体配筋一般均按构造要求。对常用的平面尺寸，其开间不大于 7m，标准层层高为 2.7m，16 层以上剪力墙结构的墙厚为 180 ~ 240mm，16 层以下的高层住宅一般墙厚为 160 ~ 180mm。

剪力墙的刚度较大，为充分利用剪力墙的能力，减轻结构重量，墙不宜布置得太密，使结构具有适宜的侧向刚度，用大开间剪力墙（间距 6.0 ~ 8.0m）比小开间剪力墙（间距 3 ~ 3.9m）合理，可以增大建筑使用面积和降低材料用量。

剪力墙结构应具有一定延性，从而可避免脆性的剪切破坏，细高的剪力墙（高宽比大于 2）容易设计成弯曲破坏的墙。当墙的长度很长时，为了满足每个墙段高宽比符合延性要求，可通过开设洞口将长墙分成长度较小、较均匀的联肢墙或整体墙，洞口采用约束弯矩较小的弱连梁（其跨高比宜大于 6），可近似认为分成了独立墙段（图 8-23）。同时，墙段长度较小时，受弯产生的裂缝宽度较小，墙体的配筋能够较充分地发挥作用。

2）适用范围

剪力墙结构的房屋适用层数一般为 20 ～ 30 层，其最大适用高度、高宽比和层间位移限值应符合相关规范的有关规定（表 8-16、表 8-17）。

剪力墙结构房屋适用的最大高度 (m) 限值

表 8-16

非抗震	抗震设防烈度			
	6 度	7 度	8 度	9 度
140	140	120	100 (80)	60

注：①括号内为高半度设防数据
②《建筑抗震设计规范》GB 50011-2010

最大高宽比的限值　　表 8-17

非抗震	抗震设防烈度			
	6 度	7 度	8 度	9 度
7	6	6	5	4

注：《高层建筑钢筋混凝土结构技术规程》JGJ 3-2010

3）结构布置

（1）剪力墙结构体系基本设计原则

● 剪力墙应双向或多向布置，宜拉通对直。

● 剪力墙宜均匀、对称布置，墙肢刚度不宜相差悬殊。

● 较长的剪力墙可用跨高比不小于 5 的连梁将其分为若干独立墙段。每个独立墙段可以是实体墙、整体小开口墙、联肢墙或壁式框架。每个独立墙段的总高度与长度之比不宜小于 2。

● 剪力墙的门窗洞口宜上下对齐、成列布置，形成明确的墙肢和连梁，不宜采用错洞墙。洞口设置应避免墙肢刚度相差悬殊。

● 剪力墙沿竖向宜延续，上到顶，下到底，中间楼层不中断，以避免刚度突变。

● 剪力墙厚度沿竖向改变时，为避免刚度突变，每次厚度减少宜为 50 ～ 100mm，且厚度的变化和混凝土强度等级的变化宜错开至少一个楼层。

（2）剪力墙结构体系的主要布置要求

● 剪力墙应沿结构平面主要轴线方向布置，尽量避免错开或转折。一般情况下，当建筑物平面为矩形、"L"形、"T"形、"十"字形时，剪力墙沿两个正交的主轴方向布置；当为三角形、"Y"形平面时，可沿三个方向布置；当为正多边形、圆形和弧形平面时，则可沿径向和环向布置。纵横墙交汇处应设置暗柱。剪力墙的截面厚度不应小于层高或剪力墙无支长度的 1/25，且不应小于 160mm；剪力墙底部加强部位截面厚度不应小于层高或剪力墙无支长度的 1/20；剪力墙井筒中，分隔电梯井或管道井的墙肢截面厚度可适当减小，但也不宜小于 160mm。剪力墙墙段的宽度不应低于 3 倍墙厚，且不小于 500mm。地震区剪力墙上开洞，洞口距墙端需满足图 8-24 所示距离。

● 剪力墙墙段的宽度也不宜过大，单片墙肢长度不应大于 8m。在剪力墙结构的一个结构单元中，当有少量长度大于 8m 的大墙肢时，楼层剪力主要由这些大墙肢承受，其他小的墙肢承受的剪力很小，一旦地震，尤其超烈度地震时，大墙肢容易首先遭受破坏，而小的墙肢又无足够配筋，使整个结构可能形成各个击破，这是极不利的。

● 图 8-25 为高层塔式住宅剪力墙结构布置实例。建筑总层数包括地下 2 层共有 20 层，建筑高度 48.6m，抗震设防烈度 8 度，混凝土等级 C25 ～ C30，标准层外墙及内纵横墙剪力墙截面厚度均为 200mm，电梯井筒壁厚 200m。

● 短肢剪力墙布置要求。短肢剪力墙指墙肢宽度与截面厚度之比为 5 ～ 8 的剪力墙，而通常剪力墙

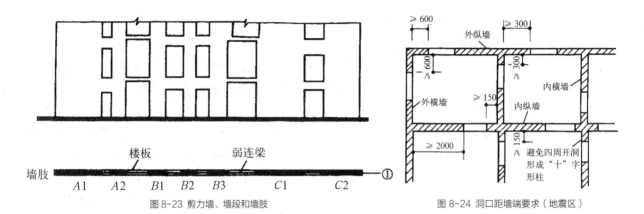

图 8-23 剪力墙、墙段和墙肢　　　　　图 8-24 洞口距墙端要求（地震区）

墙肢宽度与截面厚度比值会大于 8，因此短肢剪力墙使建筑平面布置更具有灵活性，同时由于减少了剪力墙而代之以轻质砌体，可减轻房屋总重量。短肢剪力墙墙肢较短，为满足强度及构造需要，墙体厚度须比一般剪力墙大，不应小于 200mm，以采用 200mm、250mm、300mm 为宜。短肢剪力墙结构的抗震性能比一般剪力墙结构要差，尤其设防烈度为 8 度，房屋层数较多时，采用短肢剪力墙结构需要慎重。其最大适用高度应比一般剪力墙结构的规定值低，且 7 度和 8 度抗震设计时分别不应大于 100m 和 60m，短肢剪力墙的抗震等级应比一般剪力墙的抗震等级提高一级采用。

图 8-26 为高层塔式短肢剪力墙住宅结构布置实例。建筑地下 2 层，地上部分 28 层。地上部分总高 89.30m。1 ~ 4 层为商场，5 层以上为住宅。抗震设防烈度为 7 度。混凝土强度等级 C25 ~ C35，短肢剪力墙墙厚为 300mm、250mm、200mm，楼盖采用肋形楼盖。

8.2.5　框架剪力墙结构体系

1）体系构成与特点

框架—剪力墙结构，亦称框架—抗震墙结构，简称框剪结构。它是框架结构和剪力墙结构组成的结构体系，既能为建筑使用提供较灵活的平面空间，又具有较大的抗侧力刚度。其组成形式一般有：①框架与剪力墙（单片墙、联肢墙或较小井筒）分开布置；②在框架结构的若干跨度内嵌入剪力墙（有边框剪力墙）；③在单片抗侧力结构内连续布置框架和剪力墙；④上述两种或几种形式的混合。

框剪结构由框架和剪力墙两种不同的抗侧力结构组成，这两种结构的受力特点和变形性质是不同的。在水平力作用下，剪力墙是竖向悬臂弯曲结构，其变形曲线呈弯曲形，楼层越高，水平位移增长速度越快；框架在水平力作用下，其变形曲线为剪切型，楼层越高，水平位移增长越慢。框剪结构既有框架，又有剪力墙，在水平力作用下，它们之间通过平面内刚度无限大的楼板连接在一起使水平位移协调一致，不能各自自由变形，在不考虑扭转影响的情况下，在同一楼层的水平位移必须相同，因此框剪结构在水平力作用下的变形曲线为反"S"形的弯剪型位移曲线（图 8-27）。

2）适用范围

在结构特点上，框剪结构既有延性较好的框架，也有抗侧力刚度较大并带边框的剪力墙和有良好性能的连梁，具有多道抗震防线，是一种抗震性能良好的结构体系，可应用于多种使用功能的高层房屋，如办公楼、饭店、公寓、住宅、教学楼、试验楼、病房楼等。框架—剪力墙结构的房屋适用的层数一般为 20 ~ 30

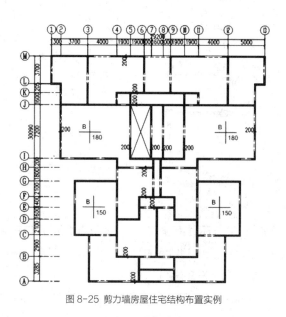

图8-25 剪力墙房屋住宅结构布置实例

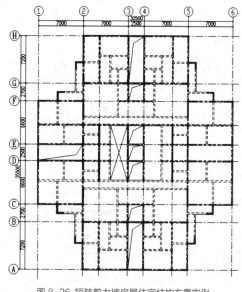

图8-26 短肢剪力墙房屋住宅结构布置实例

层，其最大适用高度、高宽比和层间位移限值应符合相关规范的有关规定（表8-18、表8-19）。

框架－剪力墙结构房屋适用的最大高度（m）限值

表8-18

非抗震	抗震设防烈度			
	6 度	7 度	8 度	9 度
130	130	120	100（80）	50

注：①括号内为高半度设防数据。
　　②此表引自《建筑抗震设计规范》GB50011-2010（2016版）

框架－剪力墙结构高层住宅的高宽比限值

表8-19

非抗震	抗震设防烈度			
	6 度	7 度	8 度	9 度
7	6	6	5	4

注：此表引自《高层建筑钢筋混凝土技术规程》JGJ 3-2010。

3）结构布置

（1）框架—剪力墙结构设计基本原则

● 框架—剪力墙结构应设计成双向抗侧力体系，主体结构构件之间不宜采用铰接。抗震设计时，楼栋两主轴方向均应布置剪力墙。

● 梁与柱或柱与剪力墙的中线宜重合，框架梁柱中线之间的偏心距不宜大于柱宽的 1/4。

● 剪力墙宜均匀对称地布置在建筑物的周边、楼电梯间、平面形状变化及恒载较大的部位，在伸缩缝、沉降缝、防震缝两侧不宜同时设置剪力墙。

● 剪力墙布置不宜过分集中，每道剪力墙承受的水平力不宜超过总水平力的 40%。

● 剪力墙间距不宜过大，应满足楼盖平面刚度的需要，否则应考虑楼盖平面变形的影响。

● 剪力墙宜贯通建筑物全高，上层厚度宜逐渐减薄，避免刚度突然变化。

（2）框架—剪力墙结构主要布置要求

● 剪力墙平面布置应尽量满足"均匀、分散、对称、周边"原则。"均匀、分散"是为了避免地震作用集中在少数剪力墙上导致破坏；"对称、周边"是为了满足高层建筑抗扭要求。平面形状凹凸较大时，宜在凸出部分的端部附近布置剪力墙。

● 框剪结构中的剪力墙宜设计成周边有梁柱（或暗梁柱）的带边框剪力墙。纵横向相邻剪力墙宜连接在一起形成"L"形、"T"形及"口"形等（图8-28），以增大剪力墙的刚度和抗扭能力。

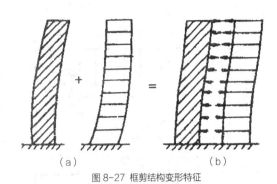

（a）   （b）

图 8-27 框剪结构变形特征

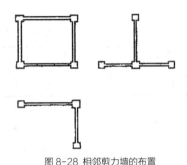

图 8-28 相邻剪力墙的布置

● 框剪结构中应确定剪力墙的合理数量。底层剪力墙截面面积与底层楼面面积之比为 2%～3%（7度设防）或 3%～4%（8度设防）。

● 剪力墙布置时，如因建筑使用需要，纵向或横向一个方向无法设置剪力墙时，该方向可采用壁式框架或支撑等抗侧力构件，但是，两个方向在水平力作用下的位移值应接近。

● 纵向剪力墙宜布置在结构单元的中间区段内以减少混凝土硬化过程中的收缩应力影响，同时应加强屋面保温以减少温度变化产生的影响。

横向剪力墙作为楼板在水平面的支座，间距不应过大，以防止楼板在自身平面内产生过大变形，应满足剪力墙最大间距（m）的限值要求（表8-20）。

剪力墙的最大间距　（m）　　表 8-20

楼面形式	非抗震	抗震设防烈度		
		6　7 度	8 度	9 度
现浇	≤ 5B 并且 ≤ 60 m	≤ 4B 并且 ≤ 50 m	≤ 3B 并且 ≤ 40 m	≤ 2B 并且 ≤ 30 m
装配整体	≤ 3.5B 并且 ≤ 50 m	≤ 3B 并且 ≤ 40 m	≤ 2.5B 并且 ≤ 30 m	—

注：B 为楼面的宽度；当剪力墙之间楼面有较大的开洞时，剪力墙的间距应予减小。
此表引自《高层建筑钢筋混凝土结构技术规程》JGJ 3-2010。

● 剪力墙上的洞口宜布置在截面的中部，避免开在端部或紧靠柱边，洞口至柱边的距离不宜小于墙厚的 2 倍，开洞面积不宜大于墙面积的 1/6，洞口宜上下对齐，上下洞口间的高度（包括梁）不宜小于层高的 1/5（图 8-29）。

● 楼电梯间、竖井等造成连续楼层开洞时，宜在洞边设置剪力墙，且尽量与靠近的抗侧力结构结合，不宜设置在结构单元的端部、角区和凹角处，不宜孤立地布置在单片抗侧力结构或柱网以外的中间部分（图 8-30a），而且至少有一边应与柱网重合（图 8-30b）。

图 8-31 为一框架—剪力墙高层塔式住宅结构布置实例。大楼呈"十"字形核心平面，核心部分为电梯、楼梯及辅助用房。东西两道剪力墙厚 300mm，南北墙厚 400mm，电梯间、楼梯间等墙厚 200mm。外框架钢筋混凝土柱，外柱及边柱截面为 600mm×1100mm，角柱为 600mm×1000mm，分两次收小为 600mm×700mm 及 600mm×600mm，中柱截面为 900mm×1100mm，分两次收小为 700mm×700mm。混凝土均用 C30。

8.2.6　底部大空间剪力墙结构

1）体系构成与特点

底部大空间剪力墙结构，也称为部分框支剪力墙结构，在高层或多层剪力墙结构的底部，因建筑使用功能的要求需设置大空间，上部楼层的部分剪力墙不能直接连续贯通落地，需设置结构转换层，

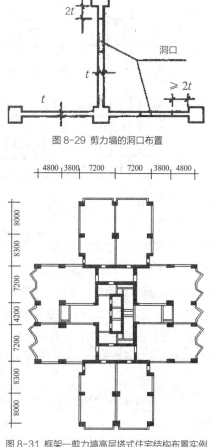

图 8-29 剪力墙的洞口布置

图 8-31 框架—剪力墙高层塔式住宅结构布置实例

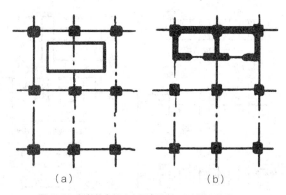

图 8-30 竖井的布置 (a) 不宜关系 ; (b) 适宜关系

般为 20 ~ 30 层，其最大适用高度、高宽比和层间位移限值应符合相关规范的有关规定（表 8-21、表 8-22）。

框支剪力墙房屋适用的最大高度 (m) 限值

表 8-21

非抗震	抗震设防烈度			
	6 度	7 度	8 度	9 度
120	120	100	80 (50)	—

注：①括号内为高半度设防数据。
　　②此表引自《建筑抗震设计规范》GB50011-2010(2016版)。

框支剪力墙房屋最大高宽比的限值　表 8-22

非抗震	抗震设防烈度			
	6 度	7 度	8 度	9 度
7	6	6	5	4

注：此表引自《高层建筑混凝土结构技术规程》JGJ 3-2010(3.3.2)。

按相关规范规定，底部框支部分层数（地面以上部分）在抗震设防烈度 8 度时不宜超过 3 层，7 度时不宜超过 5 层，6 度时其层数可适当增加。

在结构转换层布置梁、桁架、箱形结构、厚板等转换构件。转换层以下的楼层称为框支层，从上到地下室贯通的墙称为落地剪力墙，因此，建筑底部抗侧力结构由落地剪力墙和框架两种构件组成。

框支剪力墙结构上部用小开间的轴线布置，下部公用部分柱网较大，具有较多的自由灵活空间，可满足建筑物上下不同功能的组合。但由于框支剪力墙结构上下刚度突变，构件不连续，传力复杂，抗震性能较弱，易造成震害，转换层应力复杂，材料耗用量大，施工比较麻烦，相应造价也较高。

2）适用范围

框支剪力墙结构适合于很多底部需要设置商业娱乐活动大空间的商住综合性建筑，适用的层数一

3）结构布置

● 底层大空间剪力墙结构设计基本原则。

（1）减少转换。布置转换层上下主体竖向结构时，要注意尽可能多地布置成上下主体竖向结构连续贯通，尤其是在框架—核心筒结构中，核心筒宜尽量予以上下贯通。

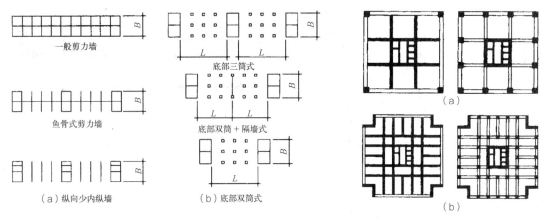

图 8-32 底部大空间剪力墙板式建筑
（a）标准层；（b）底部

图 8-33 底部大空间剪力墙塔式建筑
（a）标准层；（b）底部

（2）传力直接。布置转换层上下主体竖向结构时，注意尽可能使水平转换结构传力直接，尽量避免多级复杂转换。

（3）强化下部、弱化上部。通过上部剪力墙开洞、开口、短肢、薄墙等方法弱化转换层上部主体结构刚度，通过加大筒体尺寸、加厚筒壁厚度、提高混凝土强度等级等方法强化下部主体结构刚度，使转换层上下部主体结构变形特征尽量接近。

（4）优化转换结构。抗震设计时，当建筑功能需要不得已高位转换时，转换结构宜优先选择不致引起框支柱（边柱）柱顶弯矩过大、柱剪力过大的结构形式，如斜腹杆桁架（包括支撑）、空腹桁架和宽扁梁等，同时要注意使其满足承载力、刚度要求，避免脆性破坏。

（5）计算全面准确。必须将转换结构作为整体结构中的一个重要组成部分，采用符合实际受力变形状态的正确计算模型进行三维空间整体结构计算分析。

● 底层大空间剪力墙结构布置主要要求。底层大空间剪力墙结构一般有板式和塔式两种布置方式。板式布置时底部由框架和落地抗震墙组成大空间，上部楼层为一般抗震墙、鱼骨式抗震墙、少内纵墙抗震墙等结构形式（图 8-32），塔式布置时底部由框架和落地筒形成大空间，上部为抗震墙或框柱等结构（图 8-33）。

无论采用何种方式布置，底部大空间抗震墙结构体系中均需设置一定数量的落地抗震墙或落地筒体，一般不应采用全部为框架支承的结构体系。在平面为长矩形的板式建筑中，落地横向抗震墙的数目与全部横向抗震墙数目之比，非抗震设计时不宜少于 30%，需要抗震设防时，不宜少于 50%。长矩形平面建筑中，落地剪力墙的间距宜符合表 8-23。

落地剪力墙的间距　（m）　表 8-23

底部框支层层数	非抗震设计	抗震设计
1－2 层	≤ 3B 并且 ≤ 36m	≤ 2B 并且 ≤ 24 m
3 层和 3 层以上		≤ 1.5B 并且 ≤ 20 m

注：① B 为楼面的宽度；
②此表引自《高层建筑混凝土结构技术规程》JGJ 3-2010（10.2.16）。

● 结构转换层处的楼板应采用现浇板，厚度不小于 180mm。落地剪力墙周围的楼板不宜开洞，必须在大空间部分设置楼、电梯间时，应用钢筋混凝土剪力墙围成筒体。转换厚板上、下一层的楼板应适当加强，其楼板厚度不宜小于 150mm。

图 8-34 为一框架—剪力墙房屋住宅结构布置实例。某商住楼地上 18 层，地下 2 层，建筑总高度 53.84m。底部 2 层为大空间层，框支柱截面尺寸为 600mm×800mm，框支梁截面尺寸为 600mm×900mm，落地剪力墙厚 280mm 和 350mm，上部剪力墙厚 200mm 和 240mm。上部

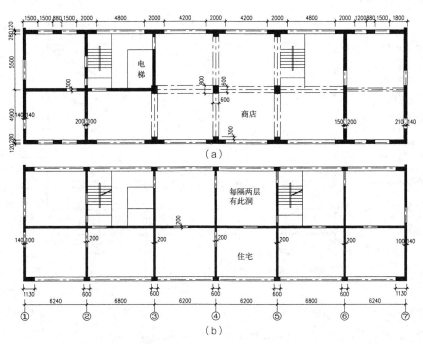

图 8-34 框架—剪力墙房屋住宅结构布置实例
（a）底层平面图 （b）标准层平面图

横向剪力墙带有 600mm 的翼缘，形成"工"字形截面，以增大平面外的刚度。内墙及山墙现浇，外墙采用预制钢筋陶粒混凝土墙板，不承受水平荷载。

8.2.7 预应力混凝土楼板大开间住宅结构体系

1）体系构成与特点

预应力混凝土板，由于预应力的反向等效荷载和预压应力的作用，抵消了外荷载产生的部分拉应力，楼板的抗裂性能大大提高，刚度也得到提高，预应力板在外荷载作用下挠度很小，截面高度降低，自重减轻，住宅的实际使用面积和净空增加，中高层住宅在总高限制的情况下借此降低层高，增加层数，可多盖 1 ~ 3 层，同时板内无梁，施工方便，模板安装可采用大模板施工，施工速度快。

2）适用范围

●预应力混凝土楼板大开间体系中，楼板跨度可达 7 ~ 9m，大跨度楼板能为用户提供 80 ~ 130m² 的室内无柱、无梁的自由分割空间，便于二次装修，可最大限度地满足居住者对住宅建筑的适应性、灵活性、多样性和可变性的要求。预应力混凝土大板户内观感质量优于普通钢筋混凝土梁板，和预制混凝土多孔楼板相比，具有结构整体性强、抗震性能好，适合当前我国较多地区施工条件的优点。

●预应力混凝土楼板的大开间住宅结构，依抗侧力的结构不同，可分为三大类型：①剪力墙—大板结构体系，该体系侧向力由剪力墙承担，适用于高层，如剪力墙为短肢，则由小墙肢承担侧向力，层数不超过 18 层；②框筒—大板结构体系，该体系侧向力由外侧的框架及内筒共同承担，内筒承担大部分侧向力，适用高层；③多层框架—大板结构体系，该结构体系侧向力主要由梁—柱框架承担，适用于不超过 9 层的多层建筑。

3）结构布置

本结构体系应根据选定的抗侧力结构类型，分

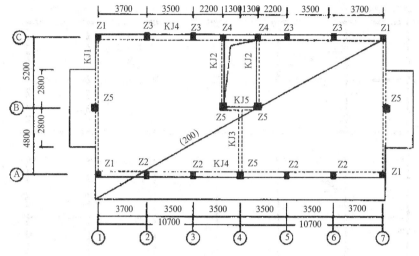

图 8-35 预应力混凝土大楼板住宅结构布置实例

别遵守传统的剪力墙、框架以及框架—剪力墙结构设计的基本要求和布置原则，但是由于该体系采用了预应力混凝土大板实现大开间住宅，在结构上必须强调对楼板的下述要求：

（1）楼板跨度必须达到 9m 左右，以保持较大的进深和开间，保证每一单元住户有足够的面积。

（2）设计荷载（包括结构自重）取值应足够安全，足以支持单元内的隔墙重量和其他的使用荷载。

（3）楼板必须是无梁的平板形式，以保持室内足够的净空，并维持任意分割平面的可能性。

（4）楼板的裂缝控制性能必须得到保证，在正常使用情况下没有肉眼可见的裂缝，并避免渗漏等影响使用功能的缺陷。

（5）大开间住宅后张预应力混凝土楼板应为四边支撑板，周圈支承构件为较密的柱网和边梁。

（6）在考虑抗震设防的地区，大开间楼盖及与周边支承体系之间还应有较好的连接，以保证其足够的整体性和抗震性能。

目前，我国住宅建筑中预应力混凝土大楼板技术主要选用后张预应力混凝土楼板，它可分为无粘结预应力混凝土楼板和有粘结预应力混凝土楼板，有粘结预应力混凝土结构可节约 10% 以上预应力钢材，在灾害性荷载作用下，不会因锚固失效发生整

体破坏，但有粘结预应力混凝土楼板施工工艺比无粘结预应力工艺复杂。

图 8-35 为一预应力混凝土大楼板住宅结构布置实例。工程为 7 层钢筋混凝土结构住宅，一梯两户，每个单元四周为边梁和较密的柱网，最大柱截面 500mm×500mm，最大梁截面 250mm×600mm，最小柱截面 350mm×400mm，最小梁截面 190mm×300mm，单元内部无梁、无柱，采用无粘结预应力楼板，厚 200mm，采用有粘结预应力楼板则板厚为 180mm。

8.3 工业化居住建筑体系

8.3.1 工业化住宅的概念与意义

建筑工业化是指利用现代科学技术成果和工厂化的管理模式实现集约化生产，用最少的工时、最短的时间、最合理的价格建造适合于某种要求的房屋。

工业化建筑一般指预制装配建筑，即由工厂加工生产的各类预制构件。在工业化建筑中，房屋由传统的现场"建造"模式改为工厂"制造"，利用

工厂加工产品构件的流水线取代传统建筑业中分散的、低水平的、低效率的手工业生产方式。制作材料通常选用混凝土预制构件或钢结构构件，其中钢结构体系更容易发挥工业化的特点，充分发挥钢材的力学性能，符合构件的标准化和模数化的要求，也更容易实现建筑技术的集成化、产业化和可持续发展要求。

在住宅业，建筑工业化表现为工业化组装式住宅，同样也常被称为预制装配式住宅，即在工厂里完成住宅的各部分后，在建筑现场组装，从而大量减少现场湿作业，缩短施工周期和提高工效，而且可以使住宅建筑工程的整体质量水平得以大幅度地提高。

在工业化住宅的所有新技术中最需要强调的是住宅部件的标准化、系列化的研制、开发和生产，以形成工业化的生产体系，建筑部件的系列化开发、集约化生产和商品化供应使之成为定型的工业产品或生产方式，这是发展工业化住宅建筑形式的唯一途径。

8.3.2　工业化住宅建筑设计特点和方法

发展建筑工业化，不仅是一个技术问题，还是一个涉及多学科、多部门，跨行业的综合性的系统工程，需要建筑师、工程师和生产厂商密切合作，建立从规划设计到工程施工、配套部品质量以及物业管理等一整套系统综合质量管理制度。

1）工业化住宅建筑体系的设计特点

（1）要求建筑的尺寸协调，构件设计模数化、标准化和定型化。定型构件本身要达到多用性的目的，应具有可叠加性、互换性和可变性。

（2）用定型构件组成的建筑体系，其构件间的连接形式、安装方法及留缝的尺寸等需制定相关的构件节点组合规范或规则，以满足通用体系构件间的灵活多用和互换通用。

（3）应解决标准化和多样化之间的矛盾，以提供大范围推广应用的可行性，并避免工业化住宅易产生的千篇一律的缺点。

2）工业化住宅设计方法

（1）单元定型法

以一种或几种住宅单元作为定型单位编制的工业化住宅体系。这种设计方法构件规格少，生产稳定，适用于规模较小的建设，多属专用体系。由于单元种类有限，套型固定，建筑物的组合长度级差为一个完整的单元，因此，无论对于居民的实际人口构成和生活要求，还是对不同建设地段的实际情况，适应性都较差。

（2）套型定型法

根据不同的居住标准、家庭人口构成和功能要求以及建筑构配件组合的可能性，确定定型化的套型系列，套型之间用交通部分进行联系，组成居住单元和整幢的建筑物。这种方法往往以某些构配件构成的套型为基本定型单元，递增一定的构件，构成面积不等的套型系列。

（3）基本间定型法

基本间是由四面墙体和上下楼板构成的空间单位，在统一模数和构件的基础上，使基本间功能内容和大小固定下来，然后根据不同的居住对象和要求，选择不同的基本间去组合套型和居住单位。由于套型、单元都是可变的，因而建筑物组合的自由度更大些。

（4）部件定型法

根据构成某种住宅建筑体系的需要，编制成套的构件和配件系列化产品目录，组织专业化生产，实行商品化的供应，以满足多种选择要求，达到灵活、多样的效果。定型化的范围除传统的构件，如柱、墙、基础、楼板、屋面板、楼梯、阳台外，还包括隔断、顶棚、门窗、屋面、地面、栏杆和内外墙面等装修产品，厨房、卫生间设备和固定家具以及遮阳、五金零件、水管、爬梯、晒衣架等零部件。

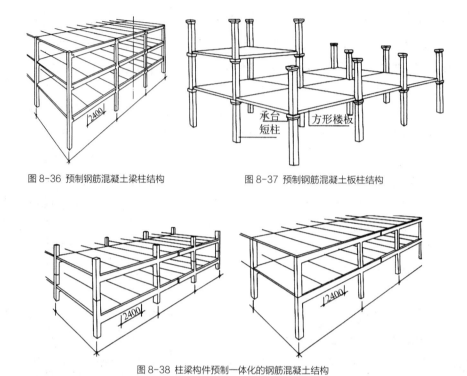

图 8-36 预制钢筋混凝土梁柱结构   图 8-37 预制钢筋混凝土板柱结构

图 8-38 柱梁构件预制一体化的钢筋混凝土结构

8.3.3 工业化住宅结构体系

1）骨架轻板式体系
（1）基本形式

骨架装配式住宅是由定型的钢筋混凝土或钢结构预制构件组成的承重骨架分别与轻质隔墙板和外墙（挂）板装配而成的，也称框架轻板建筑。图8-36为由预制钢筋混凝土柱和梁组成的框架结构，预制柱子的形式有实心和空心两种，柱的长度可以一层一柱，也可以多层统长柱。为便于连系梁的搁置，一般需在柱身上设置牛腿、柱帽，这种框架结构体系由柱和梁构件组成，而楼板则由梁支撑。

骨架轻板式住宅的楼板也可直接由柱支撑，形成无梁楼板，通常称为板柱结构体系（图8-37），板柱结构体系构件类型较少，楼板底面平整，平面布置具有更大的灵活性，施工也较方便，板柱结构可采用升板法施工，更适合工业化要求。

采用装配式框架时，柱梁经常加工预制成一体

化的构件如"土"字形、"F"形和"T"形等组成框架形式（图8-38），可以适应不同住宅平面空间分隔灵活性的需要，施工简便，提高工效。设计时应注意柱网的合理布置和内外墙板的细部构造处理。

（2）轻钢框架—剪力墙结构

除了采用混凝土结构，还可由轻型钢结构材料作承重骨架，配合楼板、屋面板和墙板等围护结构，共同组成整栋的建筑物。轻钢结构体系的工业化程度高，所有构配件均在工厂制作，尺寸精确，现场以预制装配为主，施工速度快。目前，国内正在开发轻钢结构小高层住宅体系，这类小高层（10～12层）的骨架结构可以采用"H"形型钢（图8-39）或钢管混凝土等形式，为加强骨架结构一个或两个方向的抗剪能力，一般需采取一定的抗剪措施，即利用纵横剪力墙或利用建筑中实体墙围起来的楼梯间、电梯等部分形成核心筒体结构，形成框架—剪力墙结构，如图8-40所示。

从适于工业化生产的角度来看，这类混合结构

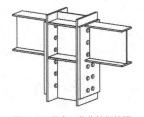

图 8-39 具有工业化特征的钢
框架结构的 H 形钢梁柱

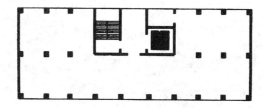

图 8-40 框架－剪力墙结构平面布置及相关受力体系示意图

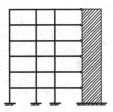

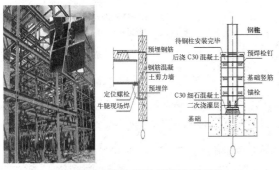

图 8-41 钢框架核心筒多层住宅及相关节点示意图

图 8-42 错列桁架钢结构体系

体系在施工上仍比较麻烦，因为现场浇捣混凝土的工作量仍然较大，其施工误差也较明显且与钢结构的公差不一致，混凝土中预埋件（图 8-40）的位置较难满足准确性的要求，给混凝土抗剪构件与钢框架的配合带来一定困难。

（3）错列桁架结构

国外在钢结构高层住宅中有一种比较好的体系，称为错列桁架体系（图 8-41），该体系是由房屋外侧的柱子和跨度等于房屋宽度的桁架组成的，桁架高度等于层高，在相邻柱上为上下层交错布置，楼板一端搁置在桁架的上弦，另一端搁置在相邻桁架的下弦。由于两开间布置一榀桁架，且中间无柱子，所以非常适合住宅、旅馆建筑各单元的灵活布置的要求。这种体系的受力特点为水平力主要通过楼板传至相邻桁架的斜腹杆，如此，水平荷载最终通过落地桁架的斜腹杆或底层支撑传至基础，楼层间的柱子主要承受轴力，其所受的剪力和弯矩很小。由于桁架有整层高，所以整个体系刚度较大，一般不需要增加柱子刚度以控制位移，错列桁架结构体系

中柱子主要承受轴力，其柱截面强轴可布置在纵向，故其纵向侧移刚度亦较大，这种体系的用钢量可较框架结构减少30%～40%，因此该体系是一种经济、实用、高效的新型结构体系。

间隔桁架体系的优点：①因为桁架高度等于层高，在同一楼层的相邻框架和上下楼层都是间隔布置，房间有两倍柱距的宽度，这样既可以满足建筑上大开间的要求，又可采用小柱距和短跨楼板，使楼板厚度减小，以减轻结构自重；②同理可减小层高，在住宅中可以达到 2.6m；③腹杆可采用斜杆体系和空腹桁架体系相结合，便于设置走廊，房间在纵向必要时也可连通；④底部二层可以采用托挂结合，将一层做成无柱大厅；⑤桁架隔层布置，减小了桁架弦杆引起的局部弯矩，使柱在框架平面内的弯矩很小，主要受轴力，有利于缩小框架柱断面。

错列桁架体系在国外已经发展得比较成熟，成功用于很多公寓及旅馆建筑中，最高可以做到100m 以上高层住宅，但国内目前还没有相关工程实践，需要有一个研究和消化吸收的过程。

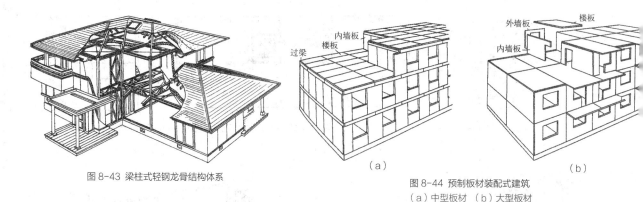

图 8-43 梁柱式轻钢龙骨结构体系

图 8-44 预制板材装配式建筑
（a）中型板材 （b）大型板材

（4）轻钢龙骨结构

轻钢龙骨结构体系主要用于中低层住宅或别墅（图 8-42）。轻钢建筑的结构支承构件一般采用 1.5～5mm 的薄壁钢，经冷弯或冷轧后制成各种不同截面形式的薄壁型钢及制品。薄壁型钢作为轻钢建筑的支承构件，能充分利用钢材的强度；用作受弯或受压构件时，可提高构件的承载能力和刚度。此外，各种小断面角钢、扁钢、轻型"工"字钢、槽钢和钢管等组成的构件，或与薄壁型钢组合的构件，同样也可用作轻钢建筑的支承构件。图 8-43 中梁柱式结构即属于轻钢龙骨结构体系，它的钢柱、钢梁或钢桁架由薄壁型钢构成，结构由柱、梁、桁架等支撑构件组成。

框架结构的支撑体具有平面布置灵活的特点；骨架间节点的连接构造则主要通过节点板、角钢连接件和高强度的螺栓加以固定或以焊接的方式连接组合，所以施工快捷简便。

2）预制板材式体系
（1）基本形式

根据预制板材的尺度可分为中型板材和大型板材两种（图 8-44），分别作为房屋的主体承重结构和围护结构的构件。中型板材装配式住宅虽可降低对材料预制安装技术条件的要求，但因拼缝多，板材之间不易平整，现已较少采用。大型板材住宅由大尺度的内、外墙板和楼板等构件组成，板材之间拼缝减少，整体性和平整度较好，常简称为大板建筑。板材装配式建筑，由于板材可以直接作为承重构件，一般采用钢筋混凝土材料。装配式大板建筑适用于抗震设防烈度为 8 度或 8 度以下的，承重墙间距不大于 3.9m 的住宅建筑。

板材装配式建筑是一种典型的实现了由构件到建筑物的设计方法，其设计的要点在于尽量减少预制板型，提高构件的通用性和重复利用率。大型板材建筑能够按使用功能的要求设计出各种不同的平面，但是大型板材建筑因为由墙板承重，一旦建成后就很难再改变其平面布置，缺少使用的灵活性。

（2）大型板材结构

按承重结构体系划分，大型板材建筑分为横墙承重、纵墙承重或纵横墙混合承重等体系。

●横向楼板承重。横向楼板承重即将楼板搁在横向墙板上，横墙之间的距离大约为 3.9m。这种小开间横墙承重结构体系应用较广，楼板和墙板可以一个房间一块，也可以分成几块。它的优点是承重的横墙和围护的纵向外墙各自分工明确，制作用材选择较易优化，在小开间住宅中楼板的跨度也较经济，一般承重墙也是分隔墙，对隔绝空气声有利。其缺点是承重横墙较密，对建筑平面设计限制较大，若改用大开间横墙承重，上述缺点虽可得到改进，但会加大楼板的跨度，其室内分隔也必须采用轻质隔墙。

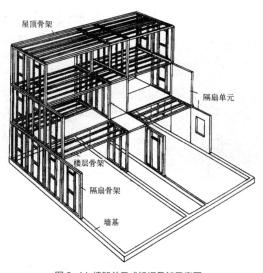

屋顶骨架

隔扇单元

楼层骨架

隔扇骨架

墙基

图8-44 墙架单元式轻钢骨架示意图

●纵向墙板承重。纵向墙板承重是将楼板直接搁置在内外纵墙上，条件许可的话，也可采用整间一块大楼板，纵向承重结构体系对建筑平面设计有利，它允许横墙的布置有较大的自由度。为了加强房屋的横向刚度，这种结构体系一般可通过设置剪力墙和楼梯间墙以及山墙承受水平力的方法来增加建筑物的刚度。

●双向墙板承重。当楼板接近方形时，建筑的纵横两个方向的墙板均可承重，同时可采用双向承重的楼板。

3）轻钢墙架式体系

轻钢墙架式结构的承重内墙板、外围护墙板和楼板层是按设计模数和功能一一划分为各自相对独立的轻钢骨架，也称隔扇，通过加工组合而成为轻钢房屋的支承骨架（图8-44）。墙架主要以轻钢材料做框，框内设置墙筋或搁栅以提高其刚度和稳定性，墙架间则通过高强度螺栓将其装配成整体骨架。墙架单元的内外构造层可以是在工厂内与骨架同时加工组合完成的板材，也可以在现场安装好骨架后再进行其他各构造层的安装。

轻钢墙架本身其实也是一种小型龙骨体系，一般由冷弯薄壁"C"形钢组成的小柱、小梁、天龙骨、

地龙骨及中腰支撑通过配套扣件和加劲件用自攻螺钉连接而成（图8-45），梁柱构件壁厚在1～3mm之间，柱子间距约为400～600mm。其主要受力机理为：柱子与上下龙骨及支撑或隔板组成受力墙壁，竖向力由楼面梁传至墙壁的龙骨，再通过柱子传至基础；水平力由作为隔板的楼板传至受力墙壁，再传至基础。由于在传力过程中，墙面板承受了一定的剪力，并提供了必要的刚度，故墙面板应满足一定的传力要求。楼板可采用楼面轻钢龙骨体系，上覆刨花板及楼面面层，下部设置石膏板吊顶，既便于管线的穿行，又满足了隔声要求。该体系的优点为组成体系的构件尺寸较小，可将结构构件隐藏在墙体内部，有利于建筑布置和室内美观，且保温性能良好，梁柱均为铰接，省去现场焊接及高强螺栓的费用，而且受力墙体也可在工厂整体拼装，加快了施工进度。

在实际工程中，为满足平面布置灵活性的特点，常在房屋内部采用梁柱式结构，而围护结构则采用墙架式单元，这种结构形式称为混合式或部分骨架结构体系，一般适合建造多层住宅，在美国，可以建造到7层的高度，而完全采用镀锌轻钢墙架建造的住宅（内部不采用梁柱式结构）一般只设计为1～4层。

薄壁型钢墙架体系（图8-45）的优点为用钢省，施工快，但由于锈蚀因素，最大设计使用年限一般不超过30年，国内该体系工程经验不多，相应冷弯型钢品种较少，且尚无相应技术规范作为设计依据。

4）盒子组装式体系

盒子组装式建筑由预制构件组成，盒子结构一般属于薄壁空间结构体系，通过螺栓将薄板（楼板、墙板）装配成盒子式房间。一般在工厂完成盒子单元的结构构件组装和外围护（保温和外墙饰面）构造制作，内部的设备和装修也都在工厂做好，运到工地只要完成盒子安装和管线铺设，即可交付使用（图8-46）。

盒子建筑的工业化程度很高，现场只需建造基

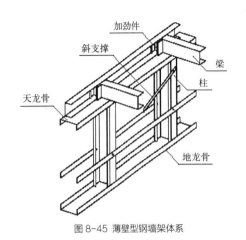

加劲件
斜支撑
梁
柱
天龙骨
地龙骨

图 8-45 薄壁型钢墙架体系

图 8-46 盒子（房间）建筑

础及施工吊装，减小劳动强度和湿作业，提高工效并缩短现场工期。在早期的工业化建筑中，这类重型的盒子建筑发展较快，现在已较少使用。

盒子房间根据不同的使用功能要求可分别做出不同的内部分隔和布置，如住宅中的盒子结构有重型和轻型两种形式，分别采用钢材、钢筋混凝土、木材和塑料等材料制作。由于盒子结构尺寸大、重量重，需配备载重量大的运输和吊装设备。按组装形式的不同，盒子单元又可分为整体式、板材组装式和骨架板材组装式三种。

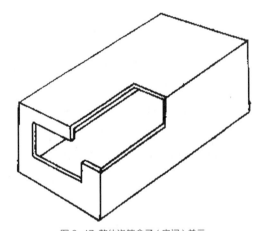

图 8-47 整体浇筑盒子（房间）单元

（1）整体式

整体式一般采用钢筋混凝土一次性浇筑的盒子（图 8-47），为便于隔离，往往做成敞开式开口盒子，由于开口位置不同，盒子建筑的组装方式也各不相同。有时为了便于在工厂里完成全装修，也可采用封闭式盒子形式。

（2）板材组装式

板材组装式实际为本节 8.3.3 中所介绍的板材装配式建筑的更高程度的集成，即采用预制板材拼装成盒子单元（图 8-48），板材之间可通过螺栓、电焊或留出钢筋，用细石混凝土灌缝。

（3）骨架板材组装式

这种组装式实际为本节 8.3.3 中所介绍的墙架式建筑更高程度的集成，即用轻钢型材做骨架，再

将预制板材安装到骨架上便形成一个盒子单元（图8-49）。

从结构体系看，盒子建筑还可分为有框架体系和无骨架体系两类。

无骨架体系是重型的有承重能力的盒子单元叠置组成的建筑。它一般适合低层、多层建筑，叠合的方式多种多样（图 8-50）。但这类盒子本身应具有一定的强度和刚度，不仅可重叠，还要可悬挑和跨越。

框架体系则是采用钢或钢筋混凝土做成空体或有平台的承重框架，将预先组装好的轻型盒子单元放入框架之中（图 8-51）。

在某些特殊情况下，也可以采用钢筋混凝土

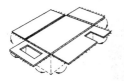

图 8-48 预制板材组装式

图 8-49 骨架和预制板材组装

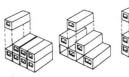

图 8-50 单元盒子的各种叠合形式

图 8-51 承重框架—轻盒结构形式

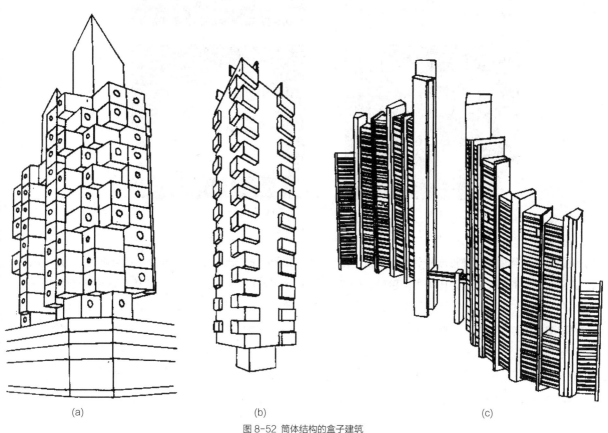

（a） （b） （c）

图 8-52 筒体结构的盒子建筑

(a) 筒体悬臂盒子 (b) 筒体桁架悬挂盒子 (c) 筒体—剪力墙支撑盒子

做成支撑的筒体结构，把一个个的盒子房间悬挂或悬吊在筒体支承体上，而筒体还可作为垂直交通和竖向管井，这时可称之为筒体结构的盒子建筑（图8-52a）。

关于筒体结构盒子建筑还有两种变体，即利用筒体与剪力墙结合来支撑盒子（图8-52b）以及与桁架结合悬挂盒子的建筑（图8-52c），这两种形式在实际工程中应用更少。

8.3.4 工业化住宅结构体系的低碳特征

住宅工业化建造的绿色效应非常显著，在现场施工布置上，工业化项目施工方案以起重设备为主导因素进行整个施工现场布置。决定起重设备的因素为构件数量、重量、施工进度等。施工以构件安装为主线，其他传统施工为辅，与传统项目建造时

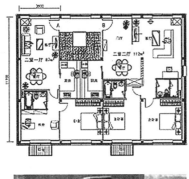

图 8-53 远大公司设计建造的可持续工业化住宅可建一号

大量建筑垃圾对环境的破坏形成鲜明对比。另一方面，工业化住宅的施工管理范围扩大，包括大量工业化构件同时运输到现场施工的物流组织，标志着粗放型建造模式向低碳环保型建造模式的转型。

在当前的低碳设计趋势下，除了进一步加强住宅工业化部品体系的研发外，工业化住宅设计与建造技术还呈现了结构轻量化的倾向，结构轻量化可以大大提高工业化住宅施工时现场吊装的效率，而轻质的结构以及相应所节约的地基基础材料可以减少对资源的占用和破坏，同时，轻型建材更适合在工厂里模块化设计、在生产线上标准化生产，具有更高的材料利用率，而在中国这个较多地震风险的国家，选用轻量化的建材可以有效减轻地震的破坏力，减轻建筑重量即意味着结构的可持续发展。图8-53 为远大公司建造的被称为可持续建筑的新型工业化住宅，所有材料都采用工厂化设计、生产，其楼板与顶棚合一，混凝土楼板构件的平均厚度为30mm（传统建筑约 100～200mm），50 层以下自重（含所有材料及设备）约 250～300kg/m^3，

比传统建筑轻 6 倍以上，而抗震水平甚至能满足《建筑抗震设计规范》GB50011规定的 9 度区设防目标。

数字化 BIM 设计是工业化住宅可以发挥低碳优势的另一个重要特征，工业化住宅的设计建造流程非常适合数字化 BIM 技术的展开，设计师通过 BIM 模型优化模拟所设计的住宅，可以使得其空间在满足同样功能的情况下节省 20% 以上的建筑面积。在设计过程中，建筑师和工程师可以利用 BIM 模型完成预制构件标准化建模，通过将住宅分割成预制墙板、预制阳台板、预制空调板、预制楼梯等数十个PC（预制混凝土 Prefabricated Concrete）构件，将其建立成 BIM 中的独立的族，建筑师和工程师可以通过精细的大样图反映结构钢筋是否超筋，同时审查设备管线预留洞口、预埋套管以及预制构件连接所用的预埋螺栓件等的特征以满足制作、预制构建使用钢模的要求（图 8-54）。

在工业化住宅设计中应用 BIM 三维软件，能表现出用平面图很难表现出的预制板、外墙板与相邻墙的连接是否可行，结构布局是否合理，避免专业

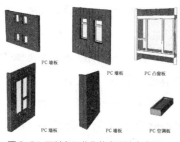  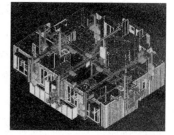

图 8-54 万科在工业化住宅设计中应用
BIM 软件建立的预制混凝土构件大样

图 8-55 万科利用 BIM 软件对预制构件与设备管线的预装配进行仿真试验

图 8-56 工业化预制板建筑的变形改造

图 8-57 既有砌体住宅装配式外套结构加
固改造

之间的错位空缺。同时，BIM 软件具有专门的建筑物理计算分析系统接口，设计师通过 BIM 可以完成暖通、节能、日照、纠错、综合管道等的分析测算，让建筑师、结构和设备工程师无缝衔接，各专业之间共享同一模型的设计施工信息，实现了多专业同图作业，共同评估技术难点的各分项因素，如判断工业化住宅施工装配过程中的层高是否满足要求、结构位置与设备管线安装是否冲突等，通过对工业化住宅设计施工中预制构件与设备管线的预装配进行仿真试验，使协调和解决各专业的技术矛盾变得更加直观方便，进一步发挥工业化住宅建造的低碳优势。图 8-55 是设计师应用 BIM 软件设计的工业化住宅上海金色里程项目房间结构与设备布置的三维模型。

工业化建筑尽管存在绿色施工的优势，但对于住宅而言，工厂车间中生产出来的集成建筑无法在外形上展现个性，有可能会受到市场的排斥，因此，设计能适应多种形态要求的工业化住宅才有可能真实有效地扩展建筑的寿命周期而又不丧失工业化住宅所具备的可持续发展优势。事实上，国外已经出现了工业化住宅的空巢现象，即一些质量很好的工业化住宅，由于对建筑美观的忽视，外观形态上过于沉闷单调，造成房屋空置率很高，持续多年以后陷入了拆用两难的境地。因此，工业化住宅的低碳设计理念需要融入更先进也更完备的技术概念，图 8-56 显示了德国建筑师对一既有工业化预制板住宅进行变形改造的过程：首先将该预制板五层楼房拆去顶层变成四层；其次在连续的楼房中间拆除一些开间，形成几座独栋建筑；再次对各独栋建筑外立面进行个性化整修，重新设计阳台；最后重新设计小区和住宅的公共景观及私家花园，从而形成有全新居住品质的城市别墅。这其中的关键是，先期设计的工业化预制板住宅能够支持以极少的结构变动完成未来可能的建筑变形改造，对于进行工业化住宅设计的建筑师和工程师而言，完善这样的住宅技术体系必须进行长期而系统的探索和实验。

国内针对较大存量的老旧砖混砌体住宅也发展了相应的工业化加固改造成套技术——既有砌体住宅装配式外套结构加固改造技术，该技术基于建筑产业化的需求，在工厂生产所需的加固构件，预制完成高精度的外套钢筋混凝土墙，构件运送至施工现场直接安装，故湿作业少，对施工场地的影响小，也不影响房屋内部结构的功能，工人劳动强度低，施工效率高，施工周期快，对住户干扰小，居民不

必搬出，很好地解决了传统加固改造方式需要入户施工而不得不安排待加固住宅居民外出周转的问题，因而节省了大量安置费用。图 8-57 所示为砌体住宅外套结构加固过程的示意图，通过在原有砌体结构的两侧添加预制墙板体系（包括预制外墙墙片、预制外加横墙、预制外贴纵墙以及预制加固阳台板），利用预制构件构成阳台的同时也约束原砌体结构以增强砌体结构的抗侧刚度与抗震能力，其中原砌体结构主要承担竖向压力，预制混凝土墙板体系主要承担侧向拉力，新形成的加固体系与原结构可以较为自然的融合，共同抗震，起到提升整体结构抗震能力的作用，同时在使用功能方面也形成了新的阳台，而工程保温节能及外立面装饰改造也可一体化解决，不仅能显著改善建筑的热工性能，增加房屋舒适度，又对外立面进行了更新，能大幅度提高既有砌体住宅的使用品质与外观效果。

第9章 居住建筑设备设计
Residential Building's Equipment Design

现代智能化居住建筑是由建筑单体、结构、设备构成的完整的总体（称）。因此，居住建筑除建筑、结构专业设计外，还必须有相应水平的设备设计，即包括给水、排水、供暖、通风空调及电气各专业的设计，必须严格按照对防火规范设计的消防灭火系统的要求，及对建筑的防雷、电器接地安全的要求，使居住建筑整体具备智能化管理系统，给人们创建一个安全、适合、良好的居住生活空间。

9.1 居住建筑给水与排水设计

9.1.1 居住建筑室内给水系统

室内给水系统需要满足生活用水、消防用水对水量、水压、水温（冷热水）及水质标准的要求，结合室外给水系统的条件即市政供水及小区供水综合因素进行设计。

1）冷水供水系统

室内给水应尽量利用室外给水系统的水压直接供水，生活给水系统与消防给水系统应分开设置。若设水池（箱）供水，其容积设计不得超过用户48小时的用水量，生活用水系统应设置二次消毒设施，楼顶水箱应定期冲洗及消毒。建筑室内给水系统（简）如图9-1所示。

（1）给水系统的组成

- 引入管。将建筑物附近的室外给水管网或市政供水管网的水管直接引入住宅楼，其穿越建筑物的总进水管，也称进户管。

- 水表节点。在引入管上的水表及其前后设置闸阀、泄水装置等，以计量用水。

- 管网系统。包括干管，引入管进入室内的水平干管，主干管因布置不同分为下行上给管（底层地面）和上行下给水式干管（布置在顶棚顶层），主管为水平管，接各楼层，支管连接到每个用水点。

- 给水附件。管路上配水龙头及相应的闸阀、止回阀、球阀等。

- 升压和贮水设备。当室外管网的水压不足或室内有安全供水、水压稳定的要求时所必设置的水泵、水箱、水池等。

- 消防给水设备。为消防安全要求配置的消火栓、自动喷水灭火的设备装置。

（2）给水系统的供水压力和供水方式

给水系统应保证足够的水压以确保生活和消防用水量，并保证最不利配水点（最高、最远配水点）具有足够的流出水头。在给水系统设计前，首先要得知建筑物所在地区最低供水压力（Hg），与所需住宅压力比较确定建筑物给水供水方式。

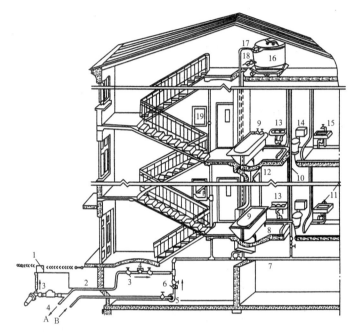

图 9-1 建筑内部给水系统

1- 阀门井；2- 引入管；3- 闸阀；4- 水表；5- 水泵；6- 止回阀；7- 干管；8- 支管；
9- 浴盆；10- 立管；11- 水龙头；12- 淋浴器；13- 洗脸盆；14- 大便器；15-
洗涤盆；16- 水箱；17- 进水管；18- 出水管；19- 消火栓；A- 入贮水池；B-
来自贮水池

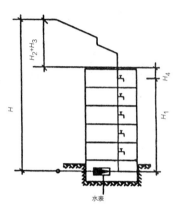

图 9-2 给水系统所需的压力

● 建筑物室内给水系统所需水压（自室外引入管起点中心标交算起）如图 9-2 所示。

$$H=H_1+H_2+H_3+H_4 \qquad （9-1）$$

式中　H——室内给水管网所需的水压（kPa）；

H_1——最不利配水点位置所要求的静水压（kPa），最不利配水点与引入管的标高差（kPa）；

H_2——管网中管道的沿程阻力损失与局部阻力损失之和（kPa）；

H_3——经过水表的水头损失（kPa）；

H_4——最不利配水点所需流出的水头（kPa）静水压头，一般要求 4m 水压表（40kPa）。

● 经过计算，所需压力值 H 与室外免供应水压 Hg 比较，H 小于 Hg，可直接供水，如果 H 不小于 Hg，可作管径调整，若差距较大，需增压设备。

实际设计中，可根据建筑物层数估算所需要的最小压力值（最低保证的静水压头）。从地面算起，一般首层需 100kPa（相当 10m 水柱的压力），第二层为 120kPa，第三层及三层以上建筑每增加一层，则需增加 40kPa，以此类推。

（3）室内给水方式的选择

● 低层及多层住宅建筑给水方式。

①直接供水。适用于低压力管网的单层和层数少的多层住宅建筑（6 层以下）。其优点为系统简单，投资省，减少水质污染，如图 9-3 所示。

②设水箱供水方式。适用于多层住宅，下面几层可与室外给水管直接连接，利用室外管网直接供水，上面几层靠顶层水箱调节供水，如图 9-4 所示。

③设水泵给水方法。如室外管网压力经常低于室内供水要求水压，而室内用水量比较均匀，可用水泵供水，这适用于住宅楼群或小区集中加压系统，如图 9-5 所示。

④水泵和水箱联合给水方式。室外给水管网压

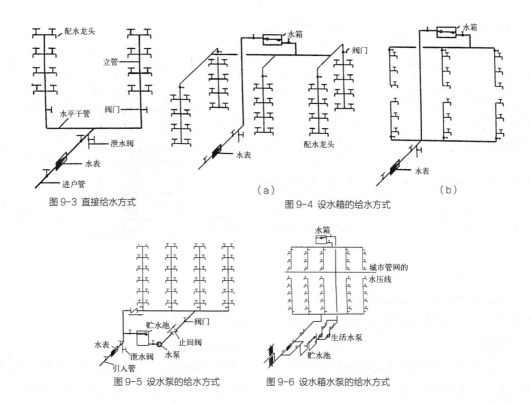

图 9-3 直接给水方式　　　　图 9-4 设水箱的给水方式

图 9-5 设水泵的给水方式　　　图 9-6 设水箱水泵的给水方式

力经常不足，室内用水给水方式如图 9-6 所示。

　　⑤其他特殊情况下给水方式。采用变压式或定压式两种供水方式，适用于地震经常出现的地区或临时性住宅用水建筑，如图 9-7 及图 9-8 所示。

　　《城市居民生活用水量标准》GB/T50331-2002，分六个区域，最高 150 ~ 220L/ 人·d，最低 75 ~ 125L/ 人·d。《生活饮用净水卫生标准》GB5749-2006。

　　● 高层住宅建筑给水方式。高层住宅建筑给水应竖向分区，分区后各区最低卫生器具配水点的静水压头一般为 300 ~ 350kPa。室内分户水表前给水静水压力不应小于 50kPa。一般以 10 ~ 12 层为一个供水区，为确保高层建筑给水安全可靠，高层建筑给水应设置两条引入管，室内竖向或水平向管网应连成环状。

　　①并联供水方式。分区设置水箱和水泵，水泵集中设置在建筑地下层或建筑物底层（图 9-9）。

　　②串联供水方式（图 9-10）。

　　③减压水箱供水方式（图 9-11）。

　　④减压阀供水方式。目前我国实际工程中常采用，优点是节省设备层房间面积（图 9-12）。

　　⑤无水箱供水方式。此供水方式分无水箱并联供水和无水箱减压阀供水方式。这种供水方式要求变速水泵，对供水管要求高。国内一般住宅建筑很少用，中外合资工程中有采用（图 9-13、图 9-14）。

2）热水供水系统

　　居住建筑热水供应系统，除去传统的利用不可再生能源集中供热水（如锅炉系统）之外，利用清洁的地热能和太阳能等绿色能源直接与建筑设计结合的节能供水系统是 21 世纪建筑综合设计的方向。

　　（1）地热能。可直接采用地热水作为生活热水的来源，因地热水的生成条件不同，其水温、水量、水质和水压有很大区别，设计中应采取相应的升温、

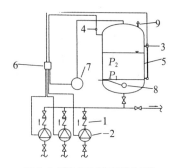

图 9-7 单罐变压式气压给水设备
1- 止回阀；2- 水泵；3- 气压水罐；
4- 压力信号器；5- 液位信号器；6-
控制器；7- 补气装置；8- 排气阀；
9- 安全阀

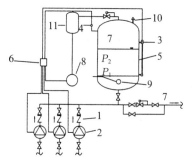

图 9-8 单罐定压式气压给水设备
1- 止回阀；2- 水泵；3- 气压水罐；4- 压
力信号器；5- 液位信号器；6- 控制器；7-
压力调节阀；8- 补气装置；9- 排气阀；
10- 安全阀；11- 贮气罐

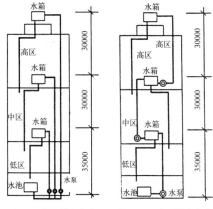

图 9-9 并联供水方式　　图 9-10 串联供水方式

降温，去除有害物质，选择合适的管材、设备，调节贮存及加热提升等技术设施，以保证地热水的安全合理的使用。

地热水的利用，根据其热水温度、水质条件不同，可有条件地有效地综合利用，如先用于发电，再用于采暖、理疗和洗浴，这只在高级居住建筑中采用。

（2）太阳能。太阳能是一种清洁能源，巨大的待全面开发利用的绿色能源。最适宜太阳能建筑的热源利用。

3）消防给水系统

室内的生活给水系统与消防给水系统宜分开。超过 6 层的单位住宅需设消防给水系统、自动喷洒消防系统、水幕消防系统、普通消防系统（消火栓系统）。

室内消火栓系统的给水方式，根据室外给水管网是否能直接满足室内消防用水流量和水压等要求，可采用无加压水泵和水箱的室内消火栓给水系统或设置消防水泵和屋顶水箱的室内消火栓给水系统。

10 层及 10 层以上的居住建筑，要按高层建筑消火栓消防系统的特殊要求，设置有自动灭火设备的消防给水系统。

一般室内消火栓给水系统由水枪、水带、消火栓及水源组成。当室外管网压力不足时，还需设置专用消防水泵。消火栓应布置在建筑物显而易见之处以及使用便利的地方，如耐火的楼梯间、走廊及出入口处（安全出口）。

（1）消火栓的布置

● 单排消火栓，当室内只有一排消火栓，并且要求至少有一股水柱可到达室内任何部位，如图 9-15 所示。布置消火栓的间距可按公式（9-2）：

$$S_1 = 2\sqrt{R^2 - b^2} \qquad (9-2)$$

式中　　S_1—— 一股水柱的消火栓间距（m）；

　　　　R—— 消火栓的保护半径（m）；

　　　　b—— 消火栓的最大保护宽度（m）。

● 一排消火栓，两股水柱同时达到室内任何部位，如图 9-16 所示。消火栓的间距可按公式（9-3）布置：

$$S_2 = \sqrt{R^2 - b^2} \qquad (9-3)$$

式中 S_2——两股水柱同时到达时，消火栓间距(m)；

　　　　R—— 消火栓的保护半径（m）；

　　　　b—— 消火栓的最大保护宽度（m）。

● 多排消火栓，如图 9-17 所示。

当房间宽度较宽，需要布置多排消火栓，且要求至少有一股水柱同时到达室内任何部位，其消火栓的间距可按公式（9-4）布置：

$$S_3 = \sqrt{2}R = 1.41R \qquad (9-4)$$

式中　　S_3—— 多排消火栓一股水柱时的消火栓配置间距（m）；

　　　　R——消火栓的保护半径（m）。

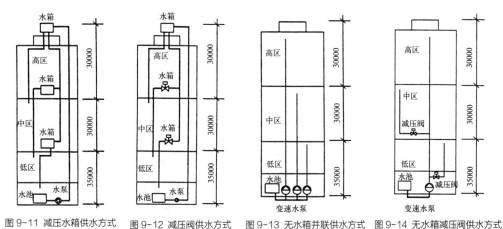

图 9-11 减压水箱供水方式　图 9-12 减压阀供水方式　图 9-13 无水箱并联供水方式　图 9-14 无水箱减压阀供水方式

室内消火栓的配置，按规定要求，单元住宅为6层或6层以上的，要求有两股水柱，水柱如图9-18所示。每股水流量 q 为 2.5L/S。布置距离通式：

$$S=\sqrt{2}R=1.41R \qquad (9-5)$$

$$R=\alpha L+S_k\cos\beta \qquad (9-6)$$

式中　　R——消火栓保护半径（m）；

　　　　α——消防水枪水带折减系数；

　　　　L——水带长度（m）；

　　　　S_k——水枪充实长度（m）；

　　　　β——水枪倾斜角度（45°～60°）。

（2）消防给水系统

按建筑物高度分：

● 室内消防给水不分区系统。建筑物消火栓栓口静水压力不超过 800kPa（相当于 80m 水柱），室内消防给水可不分区，如图 9-19 所示。

● 室内消防给水分区系统。建筑物消火栓栓口静水压力超过 800kPa，应采取分区给水系统，分区供水方式又可分为并联给水系统和串联给水系统，如图 9-20 所示。

4）水表的设置

居住建筑设计中，住宅分户冷、热水表的设置，在相关设计规范中明确规定：给水系统和集中供应热水系统，应分户分别设置冷水表和热水表，这是

节约水资源和能源的重要措施。对各户自行通过自设的热水加热设备（如燃气热水器或电热水器等），可只设置一个冷水表计量用水量。

在《小康型住宅、厨房、卫生间设计通则》BK-94-21中规定，厨房、卫生间使用的水、电、气计量应做到三表计量出户，便于抄表记录，并在有条件的住宅小区采用三表出户自动计量系统。

（1）水表设置位置

● 一般水表设置在室（户）外水表箱内，给水立管敷设在墙外，相应的水表集中在外墙的水表箱内，水表的位置具体可根据供水方式设在底层或屋顶层，并建议在给水管入口后加设一个控制阀门，以便用户维修管道，如图 9-21 所示。

对高层及超高层住宅或建筑外立面有特殊要求的居住建筑物，给水立管及水表间均设在楼梯间或走道内。北方住宅楼要求防冻保温，条件允许的情况下，可将分户的热水表间适当放大，与给水冷水表放在一起，既可防冻又省用地。由水表间至各户的给水横干管设在楼板垫层内或顶板下，缺点是管道的使用量增加施工管理困难。南方地区可简单设置。

● 各分户可安装 IC 卡（或 TM 卡）智能性水表，这在有条件的情况下可采用。

● 采用智能抄表系统（电子远传水表），分户水表设置在厨房或卫生间内，这为高标准住宅小区采

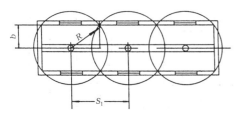

图 9-15 一股水柱一排消火栓时消火栓布置间距

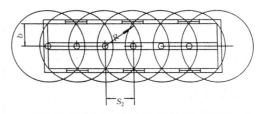

图 9-16 两股水柱一排消火栓时的消火栓布置间距

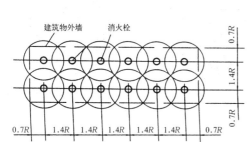

图 9-17 多排消火栓一股水柱时的消火栓布置间距

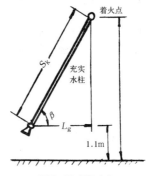

图 9-18 消防水枪

用水、电、气三表全自动化计量收费管理创造了条件。

（2）水表设置的统一管理

现代居住建筑户型已发展为一厨两卫或多卫，厨、卫布置又较分散。为了避免热水管道长，管径大，又要穿过厅室及埋地等问题，尤其是热水管道过长，势必造成初始放冷水过多，浪费水资源和能源，可以打破一户一表的格式，可根据实际情况设置 2 ~ 3 根立管，采用一户两表（或多表），需在建筑本体设计初期统一考虑决定。

9.1.2　室内排水系统

居住建筑的排水系统包括生活污水系统，废水系统、雨水系统及中水回用系统。相关规范有：

《污水排水下水道水质标准》GB/T31962-2015；

《建筑中水设计规范 中水标准》GB50336-2002；

《再生水水质标准》CJ/T95-2000；

《城市污水再生利用景观环境用水水质标准》
GB/T18921-2002；

《杂用水水质标准》SL368-2006。

排水系统要求以经济合理的方式，迅速将室内的污水、废水排出以防止室外排水管道中有害、有毒的气体返进入室内。系统应为室外污水、废水处理与综合回用提供条件。

排水系统管线布置要顺畅、短捷，尤其是横管不宜多弯、过长，应保证足够的排水坡度。

系统管线立管、横管安装正确、牢固，不渗不漏，保持足够的水封高度，保证管线排水正常。

1）室内排水系统组成
（1）排水构件组成

● 卫生洁具：受水器，即洗面盆、洗浴盆（池），便溺用卫生洁具，冲洗设备，洗衣机等。

●排水管道:横管、立管、存水弯（水封）、地漏、管检查（维修）口、通气管道。

●提升设备,管道不能自排水的部位用的水泵（如地下室排水）。

（2）室外污水局部处理的构筑物，如窨井、化粪池等。

室内排水系统基本组成如图 9-22 所示，排水

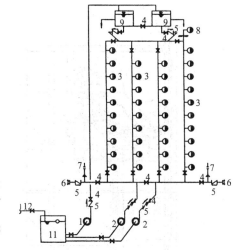

图 9-19 不分区室内消火栓给水系统

1- 生活、生产水泵（一备一用）；2- 消防水泵；
3- 消火栓及远距离启动水泵按钮；4- 阀门；5-
止回阀；6- 水泵接合器；7- 安全阀；8- 屋顶
消火栓；9- 高位水箱；10- 至生活、生产管网；
11- 贮水池；12- 来自城市管网

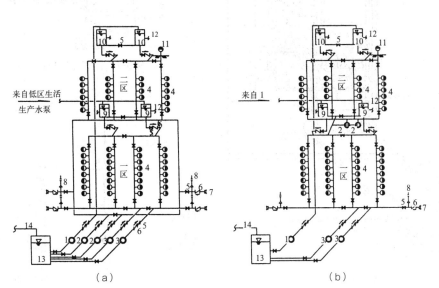

　　　　　　（a）　　　　　　　　　　　　　　（b）

图 9-20 分区室内消火栓给水系统

（a）并联；（b）串联

1- 生活、生产水泵（一备一用）；2- 二区消防泵；3- 一区消防泵；4- 消火栓及远距离启动水泵按钮；
5- 阀门；6- 止回阀；7- 水泵接合器；8- 安全阀；9- 一区水箱；10- 二区水箱；11- 屋顶消火栓；12- 至生活、生产管网；
13- 水池；14- 来自城市管网

管道组合类型如图 9-23 所示。

2）室内排水系统功能及设计原则

　　（1）室内生活污水系统与室内排水系统应分别设置，不应合流排出。

　　（2）当生活污水需经化粪池处理时，室内粪便

污水宜与生活废水分流，当生活污水直接排向污水处理厂（站）而不需设置化粪池时，生活废水与粪便污水可合流排出。

　　（3）当建筑小区采用中水系统时，生活废水与生活污水宜分流排出。中水系统是指住宅内的生活污水经收集、处理后达到规定的水质标准，在一定

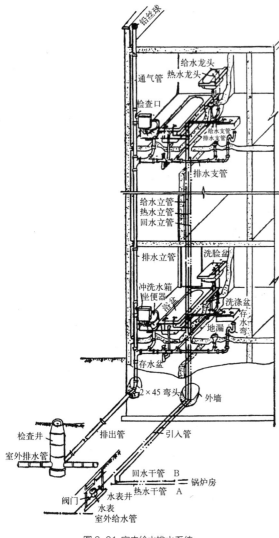

图 9-21 室内给水排水系统

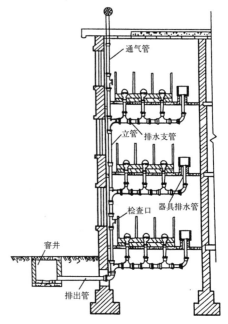

图 9-22 室内排水系统基本组成

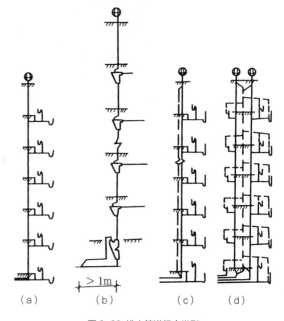

图 9-23 排水管道组合类型
（a）有通气普通单管；（b）特配件单立管；
（c）双立管；（d）三立管

范围内重复使用的非饮用水系统，由中水水源、集水、处理、加压、管网及计量等设备与设施组成。中水系统建立应与小区的污水、雨水及景观用水系统建设统一考虑。

    中水水源优先采用优质杂排水，应按下列顺序取舍：淋浴排水、盥洗排水、洗衣排水、厨房排水、厕所排水。中水回用为冲洗及景观用水，是节水、节能的环保措施。

    ● 地下室排水应采用集水坑及污水泵提升排到室外，不能直接排入室外排水井，以防倒灌。

    ● 住宅空调冷凝水宜采用有组织排水，建筑物专门设置排水立管，以便各凝水管接入。

    ● 雨水系统排水，高层住宅要求采用室内排水时，其系统宜采用密闭系统，不得接入其他污水、废水。

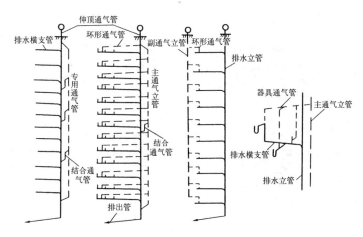

图 9-24 几种典型的通气方式

3）雨水系统

雨水系统分内排水系统和外排水系统。

（1）内排水系统

由雨水斗、连接管、悬吊管、立管和埋地管组成。此系统多为特殊需要设置，如封闭阳台的雨水排水系统（高层）。

（2）外排水系统

一般属屋面排水系统，由雨落管、天沟（屋面）组成。管道系统布置应保证房屋的质量，外观应与建筑、结构布置相协调。管道材料一般采用UPVC管，多用于多层住宅和单独住宅。

（3）雨水管径大小、布置

根据屋面承接的雨量（Q）来确定，雨量（Q）应根据不同地区的条件，根据当地暴雨强度公式来估算，也就是按暴雨重现期（年份）取暴雨降雨历时 5 ～ 8 分来计算降雨厚度（mm/h），再考虑屋顶汇水面积（m²）来计算。降雨公式：

$$Q=Fh/3600 \qquad (9-7)$$
$$h=36q_5 \qquad (9-8)$$

式中　　h——计算小时降雨厚度（mm）；

q_5——5min 的暴雨强度（L/s·100m²），可查重现期表；

Q——降雨总量（L/s）；

F——层顶的汇水面积（m²）。

4）管道系统功能

● 排水立管与地漏的设计对室内卫生水平，特别是对卫生间的空气质量起着决定性的作用。

排水立管不仅有输送排放污水、废水的功能，还有通风补气和保护器具水封的功能。排水系统对室内排水的核心应是通气问题，所有排水口的接口处均需设置水封（存水弯），是为防止排水系统的污浊气体进入室内而污染室内空气环境，因此，在所有排水口的接口处都形成一个负压区，要排水就必须先通气，让空气进入，有外大气压力才能使污水排出。通气越好，排水越通畅。因此，多层住宅建筑一般都要有直伸顶气管。排水立管系统等级，一般可分：单立管系统，适用于有外窗的多层或 10 层以下的住宅，如图 9-24 所示；双立管系统（辅助通气立管），适用于无外窗的多层住宅或有外窗的高层住宅及高级公寓，环形通气立管排水系统，适用于无外窗的高层、1 ～ 3 星级宾馆公寓；特殊器具通气立管排水系统，适用于 4 ～ 5 级宾馆公寓。

● 地漏及水封存水弯。地漏及存水弯是连接排水管道系统与室内地面的重要接口和装置。地漏性能好坏及存水弯设置的合理与否是直接关系到排水及室内空气质量好坏的关键因素。地漏虽小，但它是排水系统的重要条件，遗憾的是，目前我国尚无产品标准，如图 9-25 所示。

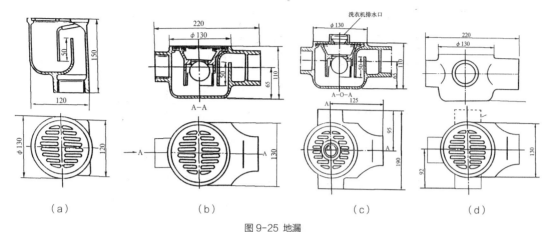

图 9-25 地漏
（a）普通地漏；（b）通道地漏；（c）二通道带洗衣机排水地漏；（d）三通地漏

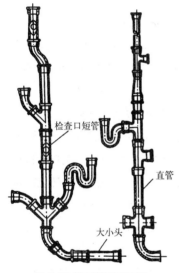

图 9-26 排水铁管管件连接

　　布置洗浴器和洗衣机的室内应设置地漏。一般单型地漏水封深度应不小于 50mm。对于浅型多通道地漏，总高度应控制为 120mm，深型多通道地漏总高度控制为 200mm，地面排水地漏，可采用无水封的地漏加上 P 形存水弯。

　　地漏只能起排水作用，不可作清扫口。清扫或检查口另设在立管上。排水管件连接如图 9-26 所示，清通设备如图 9-27 所示。

　　连接受水器装置的水封可采用 S 形或 P 形存水弯，如图 9-28 所示，接管材料有多种，现一般用

UPVC 塑料管，见表 9-3。

　　管道穿墙引入建筑物室内基础，如图 9-29 所示。

9.1.3 　室内给水排水设计布置

1）室内厨房给水排水设计
（1）厨房厨具与管线设计

　　● 在建筑平面上合理安排好洗涤盆（池）、灶台和案台的位置。根据厨房面积大小，可合理安排橱柜（吊柜与厨下柜）的位置。

　　● 厨房面积大的住宅考虑餐桌的位置。

　　● 厨房内各种管线（给水、热水、排水等）均应集中布置，协调设计，统一安装，并应在方便维修处采用检修门和通风封闭措施。

　　● 水平管线一般布置在操作台（案台）下后侧空间，也可敷设在吊柜上方空间（吊柜上方需留有 250mm）。洗涤盆排水管一般在地面上、洗涤盆下的厨柜内。水平管布置走向应尽量短、捷、少弯管，并要保持一定的排水坡度。

　　● 给水冷、热管布置走地面或顶均可，但必须方便维修检查。没有特殊要求，尽量避免穿越卧室、起居室，必须穿越时，管线布置要沿墙整齐排列以便检查维修。

　　● 一般情况下，厨房内不设地漏。特别需要，如

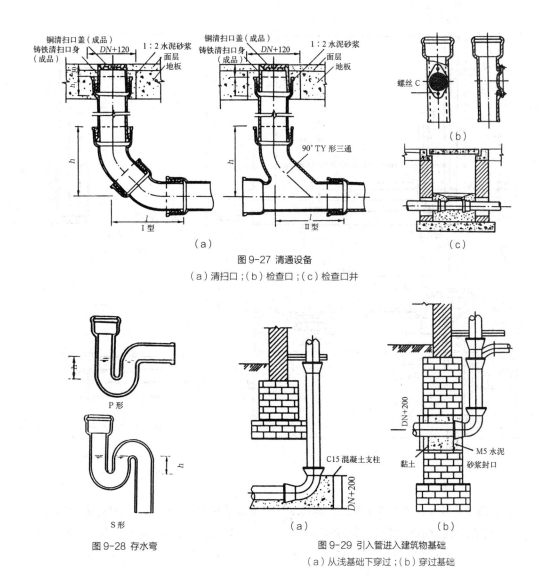

图 9-27 清通设备
（a）清扫口；（b）检查口；（c）检查口井

图 9-28 存水弯

图 9-29 引入管进入建筑物基础
（a）从浅基础下穿过；（b）穿过基础

厨房间面积大可放洗涤设备（洗衣机或洗冲槽）时可特设。

（2）厨房布置示例（图9-30）

2）室内卫生间给水排水设计
（1）卫生间给水排水形式

为人们居住的环境条件所决定。便于清扫、检修，可设计几种新型、改进型卫生间形式：

①平板上敷式；②隐蔽洁具式；③下沉式卫生间。

以下沉式卫生间为例，卫生间结构板下降一定

高度，一般不小于 300mm，下降部分用焦砟充填。下沉式卫生间分两种形式：一种是卫生间结构板全部下降；另一种是卫生间结构板局部仅在卫生器具侧局部下降。两种形式的采用都依赖卫生器具的布置。坐便器采用下排水式（或后排水式）。

地漏采用多通道直埋式地漏，管道包括部分给水及热力管均埋设在填层内。管道维修只在本楼层内进行，不影响下层楼住宅（户）。

各种卫生间形式结构设计匀涉及建筑、结构、设备各专业的统一布置问题。各专业间积极配合，

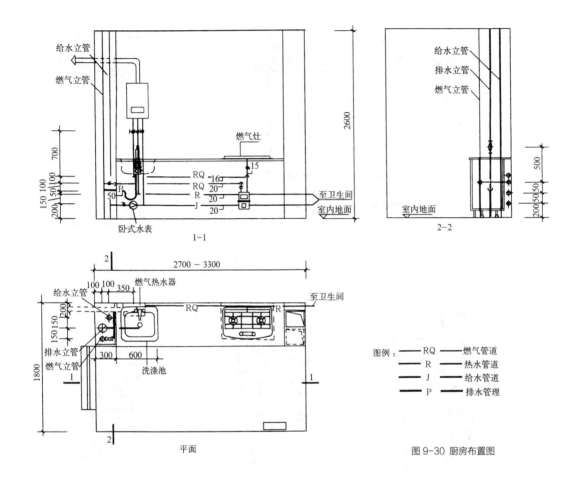

图 9-30 厨房布置图

合理布置，才能使其给水、排水供应充足，排水流畅，创造一个清洁、舒适的居住空间，如图 9-31（卫生间不小于 2100mm×1500mm）、图 9-32 所示（卫生间 3600mm×1500mm）。

（2）厨房、卫生间布置的安全问题

厨房、卫生间相邻布置，各种管线（给水、排水、热水）集中布置，必有燃气管线，因此管线的管井必考虑设计检修门及通风窗，注意安全通风。燃气灶及燃气热水器不可布置在卫生间内，电热水器安装在卫生间内时必须注意电气安全的保护措施。卫生间与厨房一样必须通风安全，如图 9-33 所示。

9.1.4　居住建筑中的节能、节水

节能、节水是我国建设节约型社会的基本国策。

建设绿色生态居住小区的重点是水系统。

其中，要求节水器具使用率应达到 100%，建立废水资源化、节水型的中水系统。

1）节水器具

我国建住房 [1999]295 号文件规定：从 2000 年 12 月 1 日起，在大中城市新建住宅中，禁止使用一次冲洗量在 9L（升）以上的坐便器，推广使用一次冲洗量为 6L 的坐便器。便器与水箱配件要成套供应，保证便器的密闭性和冲洗性能。

节水坐便器的系统是居住建筑内完整的排水系统，由卫生器具，器具排水管，包括立管、横管、横支管、连接卫生器具的短管水封 "S" 式弯（或 "P" 式弯）及排出室外的排出管组成。节水坐便器的节水效果由住宅内排水系统布置是否合理来决定。

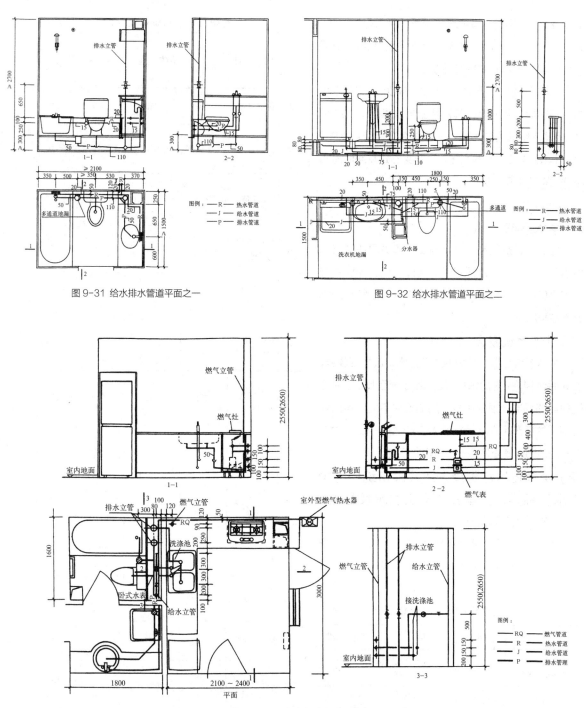

图 9-31　给水排水管道平面之一

图 9-32　给水排水管道平面之二

图 9-33　厨卫相邻的给水排水管道平面

　　设计布置坐便器应尽量靠近排水立管，设置了合理的排水管道及横支管的管径、坡度、流速、最大充满度、充足的后续水量等才能便于污物顺利地排出室内，进入市政管道，保证节水坐便器的使用功能。在《6升水便器配套系统》JC/T 856-2000中对此进行了严格规定：承接坐便器的横支管的最小管径为 DN100，管道顺流坡度为不小于 2.6%，流速应大于 0.7m/s，最大设计充满度 0.5d，坐便器必须有大于 2.5L 的后续水量。

水龙头选择，严禁使用旧式铸铁螺旋升降水龙头，积极采用符合《陶瓷片密封水嘴》JC 663-1997 及水嘴通用技术条件《标准陶瓷片密封水嘴》QB/T 1334-2014 的水嘴。水龙头形式及冲便器如图 9-34 及图 9-35 所示。

2）中水系统

为解决日益发展的城市需要，解决居住建筑的供水资源的紧张及水质日益恶化的问题，绿色生态住宅小区的水环境系统中，应建立中水系统和雨水收集与利用系统。

（1）中水系统概念

中水系统是指住宅内的生活污水、废水经收集、处理后达到规定的水质标准，相当于污水二级生化处理后的标准，根据中水回用的要求不同，参照建设部《生活杂用水水质标准》CJ 3082-2015 中的在一定范围内重复使用的非饮用水系统。

（2）至今世界各国尚未正式颁布统一的中水水质标准，我国按《再生水水质标准》SL 368-2006 执行。

下文列出了北京市颁布的中水水质标准（表9-1）及沈阳市采用的中水水质标准（表9-2）。

北京市中水水质标准　　表 9-1

	项　目	标　准		项　目	标　准
1	色度（度）SS（度）	<40	6	阴离子合成洗涤剂 ABS	<2.0
2	嗅	无不快感	7	游离余氯（mg/L）	管网末端水 >0.2
3	pH 值	6.5~9.0	8	总大肠菌（个/L）	≤ 3
4	BOD_5（mg/L）	10	9	悬浮物（mg/L）	<10.0
5	COD_cr（mg/L）	50	10	细菌总数（个/L）	<100

沈阳市中水水质标准（暂行）　　表 9-2

	项　目	冲厕、道路清扫	消防、施工	绿　化	洗车、景观水
1	色度（度）	<40	<40	<40	<30
2	嗅	无不快感	无不快感	无不快感	无不快感
3	pH 值	6.5～9.0	6.5～9.0	6.5～9.0	6.5～9.0
4	浊度 NTU（度）	<5	<10	<20	<5
5	悬浮物（mg/L）	<10	<10	<30	<5
6	溶解性固体（mg/L）			<1500	<1000
7	BOD_5（mg/L）	<15	<15	<30	<10
8	COD_cr（mg/L）	<50	<50	<60	<50
9	氧化物（mg/L）				<300
10	LAS（mg/L）	<2.0	<1.0	<3.0	<0.5
11	铁（mg/L）				<0.3
12	锰（mg/L）				<0.5
13	游离余氯（mg/L）	末端 ≥ 0.2	末端 ≥ 0.2		末端 ≥ 0.2
14	溶解氧（mg/L）	≥ 1	≥ 1		≥ 1
15	总大肠菌群（个/L）	<3	<3	<500	<3

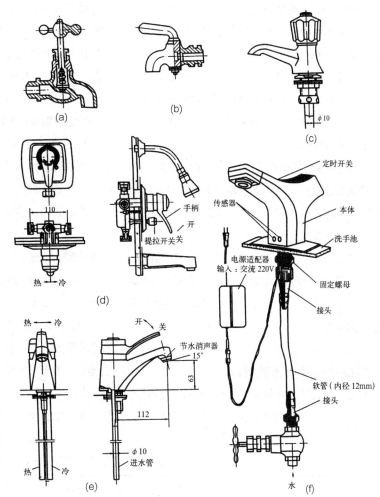

图 9-34 各类配水龙头

（a）环形阀式配水龙头；（b）旋塞式配水龙头；（c）普通洗脸盆水龙头；（d）单手柄浴盆水龙头；（e）单手柄洗脸盆水龙头；（f）自动水龙头

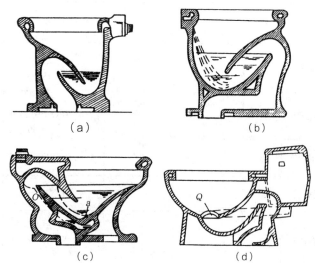

图 9-35 各类冲便器

（a）冲洗式；（b）虹吸式；（c）喷射虹吸式；（d）旋涡虹吸式

（3）中水工程系统设计

中水系统由中水水源、集水处理、加压管网及计量与设施组成。

中水系统建设应与小区的污水、雨水及景观用水系统统一考虑。中水水源宜优先采用优质杂排水，其取舍顺序为淋浴排水，盥洗排水，洗衣排水，厨房排水，厕所排水。

中水工程设计应安全适用、经济合理、技术先进。其处理需要设施少，占地面积小，降低造价，减小污泥处理困难及产生的臭气对环境影响。中水工程系统应独立设置。

中水系统的水量，应可供冲洗卫生器具用水、冲洗汽车用水、冲洗汽车库公共地面用水、浇洒绿地用水、消防用水，也可供空调冷却系统用水及采暖季节用补充水。

3）新型给水排水建筑材料

- 在《住宅建设中淘汰落后产品通知》[建住房（1999）295号]中规定：自2000年6月1日起，

在城镇新建住宅中，淘汰光滑砂模铸造铸铁排水管，对于室内排水管道，推广应用硬聚氯乙烯（UPVC）塑料排水管和符合《排水用柔性接口铸铁管及管件》GB/T 12772-2016的柔性接口机制铸铁排水管。

自2000年6月1日起，城镇新建住宅中，禁止将冷镀锌钢管用于室内给水管，根据各地实际情况逐步限时禁止使用热镀锌钢管，推广应用铝塑复合管、交联聚乙烯（PE-X）管、三型无规共聚聚丙烯（PP-R）管等新型管材，有条件可应用铜管（热水管）。

金属管道：铜管、不锈钢管、球墨铸铁管。

复合管：铝塑复合管、钢塑复合管、钢骨架塑料复合管、涂敷钢管。

塑料管：硬聚氯乙烯（UPVC）管、氯化聚氯乙烯（CPVC）管、聚乙烯（PE）管、交联聚乙烯（PEX）管、高密度聚乙烯（HDPE）管、聚丙烯（PP）管、增强聚丙烯（FRPP）管、聚合聚丙烯（PP-C）管、三型无规共聚聚丙烯（PP-R）管、聚丁烯（PB）管、玻璃钢（FRP）管、工程塑料（ABS）管。

- 新型给水管道应用范围、规格及接口见表9-3。

新型给水管道应用范围、规格及接口　　　　　　　　　　　　　表9-3

用途 种类	建筑小区给水	建筑小区热水	室内给水	室内热水	建筑小区消防	室内消防	规格 （管道、管件） (mm)	接口方式	备注
铜管	✓	✓	✓	✓			DN6～200	承插式锌焊（铜），卡套	有管件行标（送审稿）
不锈钢管	✓	✓	✓	✓			DN13～60	MOLCO挤压件接头（不锈钢）	2000.3《中国给水排水》杂志
球墨铸铁管	✓		✓		✓	✓	DN80～2000	柔性密封圈、法兰	ISO 2531给水排水杂志
涂敷钢管	✓	✓	✓	✓	✓	✓	DN100～1200	法兰 （铜涂敷）	仅有企标
铝塑复合管			✓	✓			DN14～63	铜专用管件	管件行标为报批稿
钢塑复合管	✓	✓	✓	✓	✓	✓	DN15～100	镀锌钢管衬塑：可锻铸铁（衬塑）钢管：衬塑，法兰涂敷	衬塑（PP，PE，PVC）钢管和管件有行标

续表

用途＼种类	建筑小区给水	建筑小区热水	室内给水	室内热水	建筑小区消防	室内消防	规格（管道、管件）(mm)	接口方式	备注
钢骨架塑料复合管	✓	✓					$DN50 \sim 300$	法兰、电热熔	仅有企标
硬聚氯乙烯(UPVC)管	✓		✓				室内 $DN10 \sim 160$ 埋地 $DN_{max}630$ 或更大	胶粘、螺纹、胶圈	有国标
氯化聚氯乙烯(CPVC)管		✓		✓				胶粘、螺纹、胶圈、热熔	
聚乙烯(PE)管	✓		✓				$DN16 \sim 450$	挤压夹紧，热熔合，电热熔	有产品行标
交联聚乙烯(PEX)管	✓	✓	✓				$DN16 \sim 63$	挤压夹紧	
高密度聚乙烯(HPDE)管	✓		✓				$DN20 \sim 630$	热熔合，法兰，电熔合	
聚丙烯(PP)管		✓		✓			$DN8 \sim 630$	热熔合	
增强聚丙烯(FRPP)管		✓		✓			$DN25 \sim 630$	胶圈，法兰	
聚合聚丙烯(PPC)管				✓			$DN15 \sim 65$	热熔合	仅有企标
三型聚丙烯(PPR)管			✓	✓			$DN16 \sim 110$	热熔合，螺纹，电热熔接	仅有企标
聚丁烯(PB)管			✓	✓			$DN16 \sim 110$	挤压头紧，热熔合，电熔合	
玻璃钢(FRP)管	✓						$DN80 \sim$ 需要	胶圈，法兰	有行标
工程塑料(ABS)管	✓	✓	✓	✓			$DN20 \sim 250$	胶粘，螺纹，法兰	

● 新型建筑排水管。

a. 排水用柔性接口铸铁管及管件，可用于室内排水管道，要求制管铸铁含磷（P）小于 0.3%，含硫（S）小于 0.1%，规格 DN50 ～ 200，分级 A 型直管及管件，W 型壁厚分 T_A、T_B 两级，直管接口型分 A 型柔性接口及 W 型管箍式。

b. 硬聚氯乙烯（UPVC）排水管。普通 UPVC 排水管（光管），UPC 螺旋管，UPVC 芯层发泡管（光管），UPVC 芯层发泡螺旋管，UPVC 径向加筋管，UPVC 螺旋缠绕筐，UPVC 波纹管。其应用范围、规格及接口见表 9-4。

硬聚氯乙烯（UPVC）排水管应用范围、规格、接口　　　　表9-4

用途 品种	建筑小区 排水	室内排水	规格（mm）	接口方式	备　注
UPVC 排水管（光管）	✓	✓	DN40～160	粘接、胶圈	国标
UPVC 螺旋管		✓（立管）	DN40～200	专用管件（丝扣挤压胶圈）及粘接	国标
UPVC 芯层发泡管（光管）		✓	DN50～160	粘接	国标
UPVC 芯层发泡螺旋管		✓	DN50～160	粘接	国标
UPVC 径向加筋管（光管）	✓		DN150，DN225，DN330，DN400，DN500	橡胶圈	企标
UPVC 螺旋缠绕管	✓		DN150～260	橡胶圈	企标
UPVC 波纹管	✓		DN90～500	粘接，橡胶圈	企标

9.2　居住建筑供暖、通风与空调设计

9.2.1　建筑供暖系统

1）供暖热源

居住建筑建设集中供暖锅炉房（采用燃煤、燃气或燃油），集中供暖具有很大的优点。因其能源总效率高，供暖品质可靠，对环保要求易采取有效的先进技术集中控制，对防火和安全都有可靠的保证。所以，集中供暖是城市居住建筑供暖热源的首选。

①新建居住建筑区域采用城市热网或小区供热站提供热源是最佳设计选择。集中供暖方案对用户而言（平均）投资较少，可根据热网供水温度、压力情况，建小型换热站及部分室外管网。换热站可集中建设，也可在单体建筑的地下室内设置，占地面积少，具有很大的灵活性。

②独立单元户、独立别墅区居住建筑可设置温控及调节装置，调节室温，可达到室内最佳的居住环境条件，但需注意独立的燃气炉的环保与安全问题。

③住宅楼以户为单元，也可采用电热膜、电暖器等用电供暖方式，优点为无污染，可自动调控温度，一次投资低，但运行费用高，只适于小面积的住宅采用。

2）供暖系统分类

供暖系统可分为局部供暖系统（燃气、电热），集中供暖系统（热水、蒸汽、热风供暖）。居住建筑的供暖可采用热水和蒸汽作为热媒，多数住宅采用热水系统供暖，因其供暖稳定、舒适。近年来在推广采用低温热水地板辐射采暖系统，供水温度不宜超过60℃，地板表面温度为24～40℃，该方式具有节能、卫生、舒适，不另占室内面积等优点，技术管道设置要求高。采用一般散热器系统供暖，供水温度不高于95℃，占室内面积，但安装、维修方便。

（1）热水供暖系统

按热水供暖循环动力分：

● 自然循环热水系统。其原理是利用供水及回水温度不同的温差（容重差）所形成的压头使水循环，如图9-36所示。这种热水系统方式压头小，只适于低层住宅。

● 机械循环热水供暖系统。其原理是靠水泵的机械能使水在系统中循环，如图9-37所示。按热媒

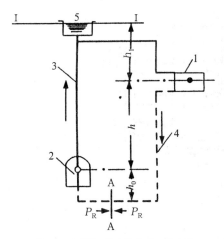

图9-36 自然循环热水供暖系统工作原理
1-散热器；2-热水锅炉；3-供水管路；
4-回水管路；5-膨胀水箱

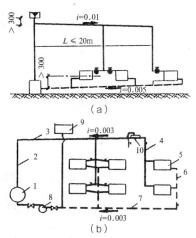

图9-37 机械循环双管上行下给式热水供暖系统图
（a）单户式；（b）多户式
1-锅炉；2-总立管；3-供水干管；4-供水立管；5-散热器；6-
回水立管；7-回水干管；8-水泵；9-膨胀水箱；10-集气罐

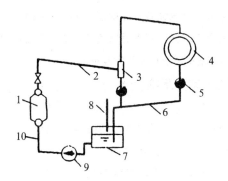

图9-38 蒸汽供暖系统原理图
1-热源；2-蒸汽管道；3-分水器；4-散热器；
5-疏水器；6-凝结水管；7-凝水箱；
8-空气管；9-凝结水泵；10-凝水管

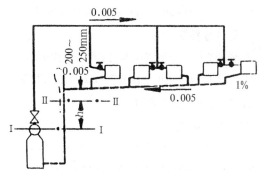

图9-39 重力回水低压蒸汽供暖系统图

温度的不同可分低温水供暖和高温水供暖系统；按管线敷设方式不同可分垂直式和水平式；按回水管线连接分单管系统和双管系统。

（2）蒸汽供暖系统

蒸汽供暖系统中的热媒是蒸汽，其含热量一部分为水沸腾时的含热量，另一部分为沸腾时，水变为饱和蒸汽的汽化潜热，这部分热量很大，通过散热器散发到室内，同时蒸汽冷凝为同温水。蒸汽供暖系统热量大，热得快也冷得快。一般民用建筑近年来采用较少，除非在附近有工厂的余热废蒸汽可

综合利用热能时，可以采用，比较经济，如图9-38所示。

蒸汽供暖系统按供汽压力大小可分为：高压蒸汽供暖，供汽压力高于70kPa；低压蒸汽供暖，供汽压力低于70kPa，蒸汽压力低于大气压力，为真空蒸汽供暖。

● 低压蒸汽供暖系统。居住建筑中多采用重力回水低压蒸汽供暖系统，如图9-39所示，系统形式简单，不消耗电能（没有泵），适用于小型供暖系统。居住建筑中也有采用机械回水低压蒸汽供暖系统（有

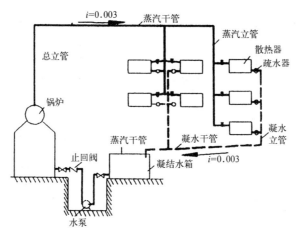

图 9-40 机械回水双管上供下回式蒸汽供暖系统示意图

泵动力）的，如图 9-40 所示。

● 高压蒸汽供暖系统，在居住建筑中很少采用。

（3）热风供暖系统

集中供应热风供暖系统在居住建筑中很少采用，只有单独采用热电暖风机单体或空气调节器的供暖空调机单体，因地制宜地使用。

（4）辐射供暖系统

辐射供暖是一种利用建筑物内部的顶面、墙面、地面或其他表面进行供暖的系统，这是一种卫生条件和舒适标准都比较高的供暖方式。辐射供热具有辐射强度和温度的双重作用，形成符合人体散热要求的热环境、居住舒适感。它不需要在室内布置散热器和连接管，可节能。在居住建筑中常用的为地板低温辐射供暖，其原理如图 9-41 所示，地板辐射结构如图 9-42 所示，地板辐射采暖构造如图 9-43 所示，地板采暖管路布置如图 9-44 及图 9-45 所示，分集水器安装如图 9-46 所示。

3）供暖系统设计
（1）热负荷计算

● 采用散热器的系统；

● 采用低温热水地板辐射采暖系统；

● 采用低温辐射电热膜的采暖系统。

三种系统的热负荷计算均应按《民用建筑供暖通风与空气调节设计规范》GB 50736-2012 的有关规定进行房间采暖热负荷计算，并应符合《居住建筑节能设计标准》的要求。

（2）室内系统设计

● 采用散热器系统。卧室、起居室及卫生间等主要房间的室内设计温度应按相关设计标准提高 2℃，达到连续供暖的条件。

供热水温度不高于 95℃，建筑物高度超过 50m 时宜竖向分区设置系统，以此减小散热器及配件的承压力，保证系统安全运行。室内管道系统常用布置形式有水平单管串联带跨越管式及双管并联式。供回水管可明装，敷设在本层顶板下，也可局部作吊顶暗装，若供回水管道预埋在本层地板垫层内，垫层内管道不允许有管件连接头（但可用热熔连接管）。室内管道无玻璃敷设时，管中流速不得小于 0.25m/s，室内系统内管间计算压力损失不应大于 15%，否则需要调节。室内系统每户内必须要有温控阀、锁闭调节阀及户用热量表，总计算压力损失宜控制在 30～40kPa 的范围内。

● 低温热水地板辐射采暖系统。供热水温度应计算确定，不宜超过 60℃，供回水温差不宜大于 10℃，各房间应按相同水温度计算，集中热媒采用时，

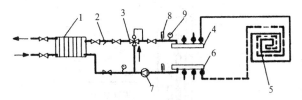

图 9-41 地板低温辐射供暖原理图

1- 换热器；2- 过滤器；3- 三通调节器；4- 分水器；
5- 散热器；6- 集水器；7- 水泵；8- 温度计；9- 压力表

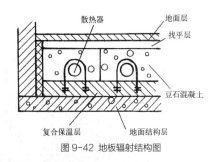

图 9-42 地板辐射结构图

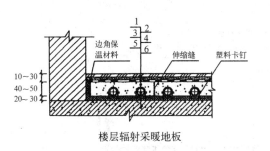

楼层辐射采暖地板

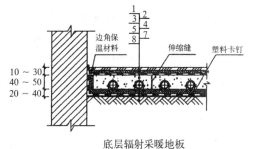

底层辐射采暖地板

图 9-43 地板辐射采暖构造图

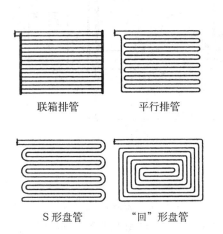

联箱排管　　　平行排管

S 形盘管　　　"回"形盘管

图 9-44 地板采暖管路面布置示意图

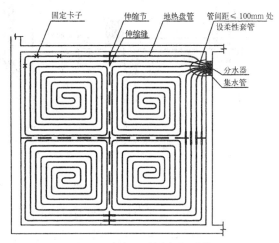

图 9-45 地板采暖管路布置示意图

热媒工作压力不宜大于 800kPa，热管内热水流速不应小于 0.25m/s，系统阻力应计算要求不宜大于 30kPa。如房间热负荷较大，地板表面温度计算值超出规定值，应设置其他供暖设备补足，同一分集水器分支管不宜超过 120m，热管长度宜尽量相同。各房间分支管应尽量平衡。

辐射供暖管道在土壤上时，绝热层以下应做防潮层，室内卫生间、厨房填充层以上应做防水层。

● 低温辐射电热膜采暖系统。室温控制在 8 ~ 30℃ 之间，具体设计要求此处从简述。

（3）室外系统设计

● 采用散热器或低温热水地板辐射采暖系统。每

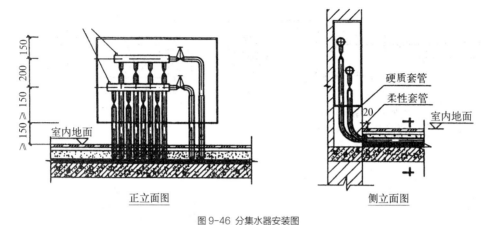

图 9-46 分集水器安装图

注：本图适用于低温热水地板辐射采暖系统及放射双管系统中分、集水器安装。

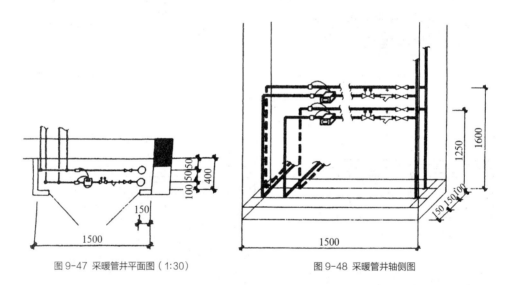

图 9-47 采暖管井平面图（1:30）   图 9-48 采暖管井轴侧图

户住宅设置一个热力入口，按常规设计压力表、温度计、调节平衡阀等，还应设置计量装置或预留安装位置，根据调节需要设置差压或流量自动调节装置。有地下室时，热力入口装置可设于地下室独立房间，供回水干管可按同程系统敷设在地下室的顶板，各组共用立管由水平干管引出设在竖向管井内，如无地下室建筑，可采用半通行地沟方式设置供回水干管。

户外一对共用立管，户内系统数不宜超过 40 个，室外系统配置为防止水力垂直失调现象，宜采用下供下回双管系统，双立管顶端应设置排气装置，下部应设泄水装置，共用立管应设在户外竖向管井或小室内，共用立管连接在每个户内系统的支管上，在竖井内应设置除污器、锁闭调节阀及用户热量阀。室外（户外）共用管道竖井位置大小面积及供回水标高均应与建筑、结构协调设计，保证系统合理性，如图 9-47 及图 9-48 所示。

● 采用电热膜的采暖系统。因需要供电系统，应采用独立的配电回路，用电度表，应符合规定，并应设立专门开关及漏电保护装置。电度表宜设在户外共用小室，每户一表便于管理维修。

（4）室内采暖系统布置图

● 高层住宅地下一层采暖水平干管、立管平面及热交换站平面配置图（图 9-49）。

● 高层住宅标准层采暖平面图（图 9-50）。

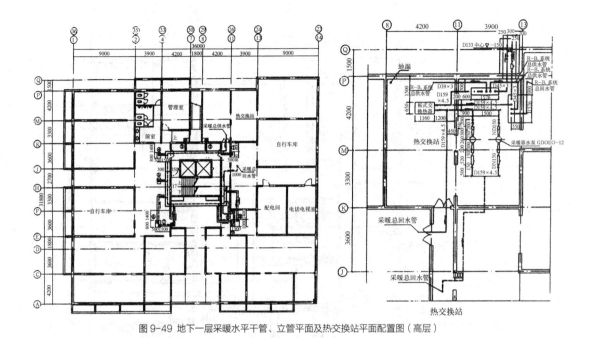

图 9-49 地下一层采暖水平干管、立管平面及热交换站平面配置图（高层）

4）采暖设备及管材的选择

（1）采暖散热器

宜选用散热面大，结构外形美观，易清扫，耐腐蚀，寿命长的设备。

● 铸铁散热器。传统，经济，寿命长，耐腐蚀，价格低廉。

● 钢制散热器。外表光滑整洁，体积小，外形美观，但需内外防腐蚀处理。

● 铝制散热器。使用铜、铝合金材料，传热性能好，散热量大，轻型美观，宜在高层建筑中使用，逐渐代替笨重的铸铁重型散热器，如图 9-53 所示。

（2）热工计量仪表

热工计量表由流量计、积分仪及温度传感器组成，形式很多，计量型热量表，是用于收费计量的关键设备。

● 高层住宅系统管井及管道安装示意图（图9-51）。

● 多层住宅采暖平面图（图 9-52）。

（3）管材

常用的供热管材与热水用管材相似，分类如下：

● 交联铝塑复合管（XPAP）。组成结构为聚乙烯—胶粘剂—铝合金管—胶粘剂—聚乙烯。其特点为耐高压，可长期在 1.0MPa（1000kPa）压力下使用，耐高温，可在 95℃的采暖系统中使用 50 年之久。

● 聚丁烯管（PB）。其组成结构为惰性聚合物——聚丁烯，耐热强度高，抗蠕变性强，有较高的化学稳定性，适用水温 70℃，耐压 1.0MPa，连续使用 50 年，适用于低温热水地板辐射采暖系统。

● 交联聚乙烯管（PE-X）。其不同于一般的聚乙烯（PE）管，可在 0.6～1.0MPa 压力下工作，寿命可超过 50 年，可在 110℃高温水中使用，且不结垢。因生产要求高，产品质量不够稳定，配套铜管及可靠性也待进一步改善，故目前使用较少。

● 无规共聚聚丙烯管（PP-R）。新型塑料管材，可耐 70℃温度，耐压 1.0MPa，可使用 50 年，适用于低温热水地板辐射采暖系统。

几种塑料管材性能比较见表 9-5。

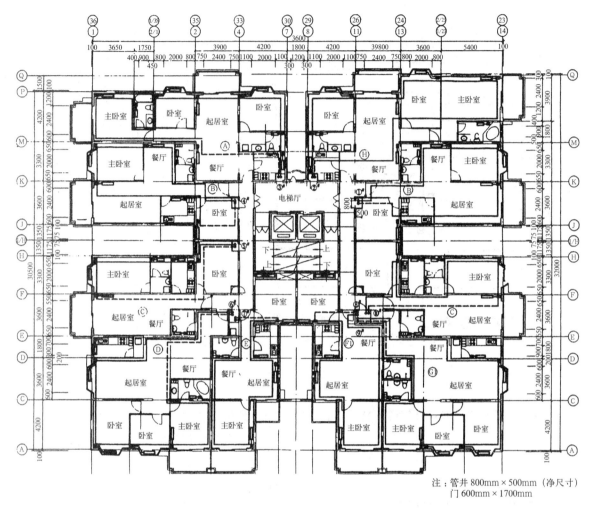

注：管井 800mm×500mm（净尺寸）
门 600mm×1700mm

图 9-50 标准层采暖平面图（高层）

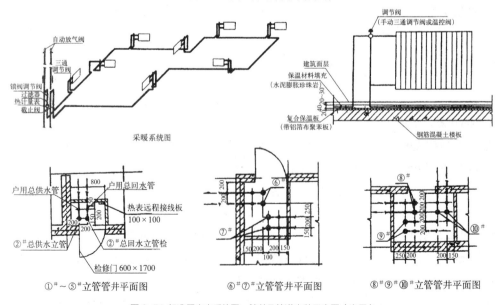

图 9-51 标准层户内系统图、管井及管道安装示意图（高层）

几种塑料管材性能比较表 表9-5

技术性能		单位	交联铝塑复合管 （XPAP）	聚丁烯管 （PB）		交联聚乙烯管 （PE-X）		无规共聚聚丙烯管 （PP-R）	
密度		g/cm³	≥ 0.940	≥ 0.920		≥ 0.940		0.89 ~ 0.91	
纵向长度回缩率		%	≤ 2	≤ 2		≤ 2		≤ 2	
热稳定性	110℃热空气中 8760h 无泄漏	MPa （环应力）	—	2.4		2.5		1.9	
蠕变特性 及检测点	环应力	MPa	液体压力 2.2MPa 95℃，10h	15.5	6.0	12.0	4.40	16.5	3.5
	温　度	℃		20	95	20	95	20	95
	时　间	h		>1	>100	>1	>1000	>1	>1000
交联度	硅　烷	%	≥ 65（指交联聚乙烯层）	—		≥ 65		—	
	过氧化物	%	≥ 70（指交联聚乙烯层）			≥ 70			
	辐　照	%	≥ 60（指交联聚乙烯层）			≥ 60			
维卡软化点		℃	≥ 105（指交联聚乙烯层）	113		123		140	
抗拉屈服强度（23±1℃）		MPa	≥ 23	≥ 17		≥ 17		≥ 27	
断裂延伸率（23±1℃）		%	≥ 350（指交联聚乙烯层）	≥ 280		≥ 400		≥ 700	
导热系数		W/（m·K）	≥ 0.45	≥ 0.33		≥ 0.41		≥ 0.37	
线膨胀系数		Mm/（m·K）	0.025	0.130		0.200		0.180	

5）太阳能利用

太阳能是一种巨大的待全面开发利用的清洁能源。它既可利用光热技术为民用热水供应热源，又可利用太阳能为建筑采暖。太阳能的辐射能的利用是 21 世纪建筑建设中可充分利用的能源之一。太阳能宜用于中央热水系统，太阳能集热系统的设置安装应与建筑物的平面、立面设计相协调，集热系统的管理布置与住宅的冷水供应设置相配套，使系统运行稳定。居住建筑中，室内应预留安装热水供应设施条件，或完整的热水供应设置。集中供应生活热水时，其系统划分应与生活冷水系统设计一致，要求冷热水压力平衡，才能保证使用安全、舒适、节能、节水，设计中要使系统构成循环管网。

（1）太阳能热水器装置

太阳能热水系统一般由集热器、贮热装置、循

环管和辅助装置组成。集热器是吸收太阳辐射能并向载体介质传递热量的基本装置。集热器根据收集太阳辐射能的透光面积 A_a 不同，可分为平板集热器（$A_c = A_a$）和聚光型集热器（$A_c > A_a$），居住建筑中采用的多为平板集热器，如图 9-54 所示。

太阳能热水器按热媒介质的流动方式不同分为：直流式热水器，由集热器、蓄热水箱、补给水管、管道系统组成，如图 9-55 所示；循环式热水器，按循环水动力可分为自然循环式和强制循环式，居住建筑中常用定温放水自然循环式热水器，如图 9-56 所示。此外，还有闷晒式定温放水系统，水在集热器中不流动，闷在其中受热升温。

居住建筑的太阳能热水器除由平板集热器和蓄贮水箱组成系统，还可由真空管式集热器和贮水管组成系统。真空管是由玻璃和金属吸热材料制成的。

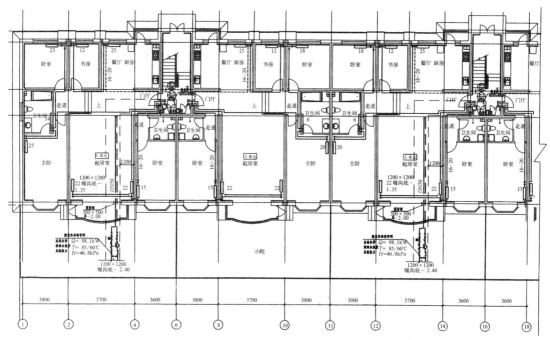

图 9-52 多层住宅采暖平面图

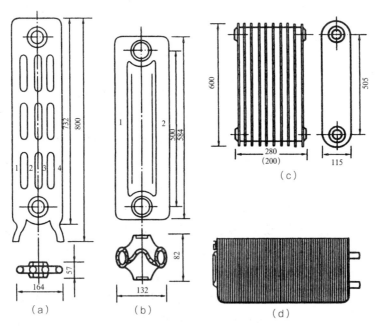

图 9-53 常用散热器

（a）四柱 800 型散热片；（b）两柱 132 型散热片；
（c）长翼型散热器；（d）钢串片对流散热器

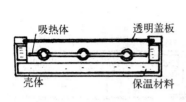

图9-54 平板集热器构造图

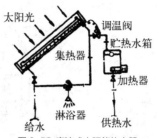

图9-55 直流式太阳能热水器

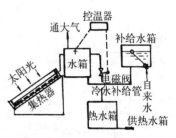

图9-56 定温放水自然循环式太阳能热
水装置

贮水箱分为承压式和非承压式两种。内胆材料有不锈钢、搪瓷塑料和镀铜等几种。运行方式分为自然循环紧凑式和强制循环分离式两种。

（2）太阳能建筑

太阳能建筑设计中，建筑本体形体结构及建筑材料选用是设计的关键，其次是利用太阳能集热器加热空气，达到建筑采暖的目的，并提供生活热水的需要，如热能量不足，尚需部分采用常规燃料的辅助热源。集热器的设置，由地区位置决定其倾斜角（相对平层顶角度）。例如美国丹佛市建造的太阳能空气加热集热器，有效面积49.2m²，室内地板面积195m²，两组空气集热器串联连接，第一组有一层玻璃，第二层两组玻璃，倾斜角为45°，如图9-57所示。麻省理工学院4号太阳能建筑供热采暖系统（波士顿），如图9-58所示。

我国西部地区利用太阳能条件佳，适宜度较大，如甘肃地区（图9-59）。

9.2.2　通风与空调系统

居住建筑的通风与空调系统为室内创建良好的空气品质，提供给人们"健康住宅"的舒适生活环境。优良的居住环境条件是良好的空气质量，室内污染物要达到卫生标准《民用建筑工程室内环境污染控制规范》GB 50325-2010（2013版本）的规定：

Ⅰ类建筑：氡≤200Bg/m³，甲醛≤0.08mg/m³，

苯≤0.09mg/m³，氨≤0.2mg/m³，
总挥发物TVOC≤0.5mg/m³。

Ⅱ类建筑：氡≤400Bg/m³，甲醛≤0.1mg/m³，
苯≤0.09mg/m³，氨≤0.2mg/m³，
总挥发物TVOC≤0.6mg/m³。

这些污染物、污染气体来源于建材、装饰物以及人们生活的过程。因此，要求达到卫生标准，主要是通过建筑选材和建筑设计中形成的自然通风及人工机械通风的手段来达到。对室内的温度要求全年保持在17～27℃之间（平均标准为20±1℃），夏季为24～28℃，冬季为18～22℃，室内全年相对湿度为50±5%（实际控制在40%～70%），噪声要小于50dB。这些室内居住环境条件，冬天在北方可采用采暖使之达标，夏季在南、北方均以空调系统来完成。

1）通风系统
（1）自然通风

居住建筑的自然通风主要是通过建筑设计来完成，要达到自然通风的居室，不仅包括房间的门、窗位置，还包括可开启外窗的有效开口面积至少大于居室地板面积的1/20。当有效开口面积不能达到要求，居室应另有自然通风进风口和排风口。室内二氧化碳换气量，经验数据中人均最低要求新风量为20m³/h（通常可取20m³/人·日）。厨房的通风量要按燃气用量消耗空气中氧气而产生的二氧化碳体积计算来确定。

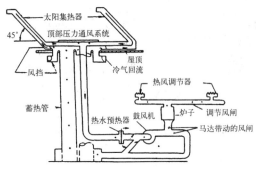

图 9-57 空气式丹佛太阳能建筑采暖系统图

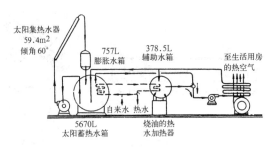

图 9-58 麻省理工学院 4 号太阳能建筑的供热水采暖系统图

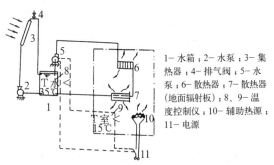

1-水箱；2-水泵；3-集热器；4-排气阀；5-水泵；6-散热器；7-散热器（地面辐射板）；8、9-温度控制仪；10-辅助热源；11-电源

图 9-59 甘肃主动太阳能建筑热水采暖系统

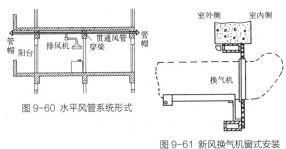

图 9-60 水平风管系统形式

图 9-61 新风换气机窗式安装

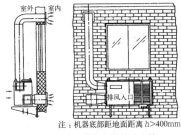

注：机器底部距地面距离 h>400mm

图 9-62 新风换气机外挂式安装

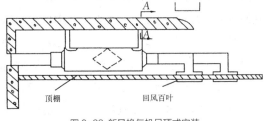

图 9-63 新风换气机吊顶式安装

（2）机械通风

居住建筑中的厨房、卫生间，自然通风满足不了的室内也需采用局部机械通风系统。室内机械通风不是简单地设置排油烟机、通风机，在高级住宅中需采用有组织机械通风系统（图 9-60）。机械通风系统形式分为：

①独立水平风管；

②共同竖向风道系统；

③组合通风系统。

新风换气机安装包括新风换气机窗式安装（图 9-61）、新风换气机外挂式安装（图 6-62）、新风换气机吊顶式安装（图 9-63）。

采用新风换气机的中央机械通风系统，新风换气机既可作为户外中央通风系统的新风、排风设施，也可以作为一般空调采暖住宅的通风换气系统，具有换气、节能、空气净化等功能。新风换气机有窗式（图 9-61）、外挂式（图 9-62）、吊顶式、立柜式、组合式等多种形式，风量从 100m³/h 到 10000m³/h 不等，可适用于从 15m² 到 1000m² 左右的建筑单元。

户式中央机械通风系统概念是对应于户式中央空调系统提出的，有别于普通住宅的仅用于厨房、卫生间的局部地点、集中时间的通风换气方式，而是将整套住宅作为整体考虑，保证一定的通风风量、合理的进排气气流组织和连续通风的效果，同时兼

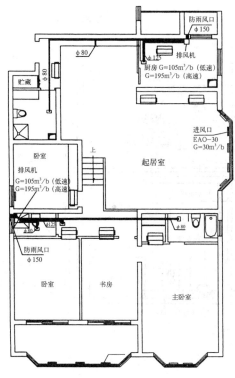

图 9-64 用户式中央机械通风户型图

顾节能、降噪、净化等功能，这是在高级住宅中采用的，既环保，又节能。

户式中央机械通风户型如图 9-64 所示。

2）空调系统

空调系统是指为室内达到一定温度、湿度等要求而需要采用的空调技术所使用的各种设备（空调机）、冷热介质、输送管道及控制系统的总称。

（1）空调系统分类

● 集中式空调系统（户式中央空调系统）。空调系统中所有的设备、风机、冷却器、加湿器、净化器都设置在一个集中空调房间里，空气经过集中处理后再分送至各个空调用房，这种机组适用于单元面积大于 150m² 的高级住宅，更适用于建筑面积为 200 ~ 500m² 的单体别墅及宾馆。户式中央空调系统以户为单元，自成系统，可满足户内各居室的温

度要求，使用灵活方便。

户式中央空调的实现方式可采用全水系统，户内各主要居室设置风机盘管，空调冷源为风冷冷水机组，每户一台，统一设置在室外平台上。

户式中央空调的室内空调方式也可采用全空气系统，优点是有新风，室内空气品质好，但室内机噪声较大，需作消声处理。

户式中央空调系统作为供热方式，用于冷热源机组系统，使用不普遍。空调系统的设计冷负荷要保证最小新风量，住宅、公寓要求 30m³/ 人·时，空调面积冷负荷指标：住宅、公寓建筑，工程经验数据 100 ~ 200W/m²。集中式空调系统如图 9-65 所示，住宅标准层空调平面如图 9-66 所示。

● 分散式空调系统。分散式空调是一种小型空调系统，占地面积小，可直接布置在需要空调的房间中。在普通住宅中，可采用窗式空调机，现多数采用分体式空调机组，户内各室可设置单冷机和风冷、热泵冷暖两用机，在起居室内还可设置冷热泵式附带电加热的落地式柜机。在南方，冬季制暖时，室外温度不低于 −10℃，一般可启动。可采用风冷热泵式附带电加热型的机组，既解决了夏季供冷，又解决了冬季供热。设计中应预留室外机安装平台，集中排放冷凝水立管，室内预留电源位置。

● 窗式或壁挂式空调机（器）容量较小，耗电一般小于 7kW，风量为 1200m³/h，适用于小居室 20m² 以下面积的房间。立柜式空调机，空调器容量较大，冷量耗电一般为 7~100kW，风量为 1200~20000m³/h，适用于 30~60m² 面积的房间。

（2）空调机工作原理。普通式空调机无供暖能力，为单空机，供暖采用电加热。

热泵式风冷空调机，在冬季仍然可由压缩机工作，然后通过一个四通换向阀使制冷剂作逆向供热循环，使原来的蒸发器作冷凝器用，原来的冷凝器作"蒸发器"用，空气通过冷凝器被加热送入房间，夏季送入冷空气，故称为热泵型冷空调器机组，其原理如图 9-66 所示。

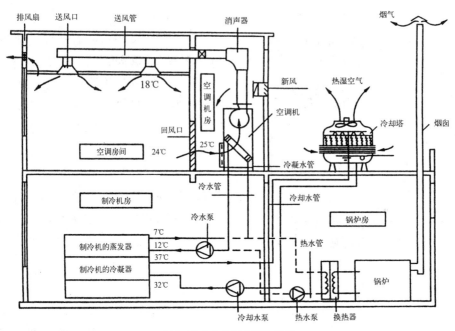

图 9-65 集中式空调系统示意图

9.2.3　燃气系统

居住建筑中，燃气可作为动力能源供应燃气空调制冷、燃气锅炉供热等，在一般住宅中主要作为炊具、热水供应的动力能源，有条件的有家用小型锅炉供热。燃气分为人工燃气（煤气）、液化石油气和天然气三大类，以天然气为最清洁能源。

1）燃气分类（表 9-6）

常用的民用燃气成分与热值　　　　　　表9-6

燃气品种	燃气组成（体积百分比）%									密度 (kg/m³)	低热值 (MJ/Nm³)
	CH_4	C_3H_8	C_4H_{10}	C_mH_n	CO	H_2	CO_2	O_2	N_2		
焦炉煤气	22.2			2.0	8.1	58.0	2.0	0.7	6.3	0.4693	17.07
城市人工燃气	13.0			1.7	20.0	48.0	4.5	0.8	12.0	0.5178	13.86
液化石油气	—	50	50							1.8178	108.4
天然气	98.0	0.3		0.4						0.5750	36.4

2）室内燃气管道系统
（1）系统组成

室内燃气输送分配系统由引入管、主干管道（立管）、用户支管、燃气表、表后管、阀门及配件等组成。一般住宅小区由引入管和低压燃气管网相连，当采用楼栋调压器时，室内燃气管道为主管和调压器的低压出口管道连接，如图 9-67 所示。

住宅室内燃气系统为主管，通常设置在专用的燃气管道竖井中，或者直接设置在用户的厨房内，然后从主干管分出水平支管，经用户燃气计量表才进入住宅单元，居民用户的燃气计量表后管再连接燃气炊具、热水器燃气设备，如图 9-68 所示。

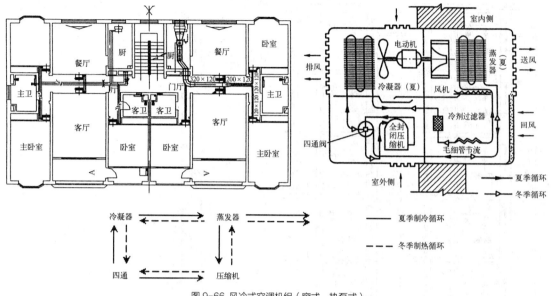

图 9-66 风冷式空调机组（窗式、热泵式）

（2）燃气管道

　　室内燃气管道材质有焊接钢管（低压燃气）、水煤气管（黑铁管）、无缝钢管及聚乙烯塑料管（PE）、铝塑管及铜管、不锈钢波纹管，安装如图 9-69 所示。

　　住宅小区燃气管道一般口径不大，埋地管可选用无缝钢管，需注意防腐。现在广泛采用新材料聚乙烯管（PE 管），耐腐蚀，安全性好，在 DN250 以下管道优于金属管，缺点是抗紫外线能力差，仅用于埋地管或避太阳光照射。室内管 DN100 可用低压焊接钢管，填料用聚四氟乙烯密封，大于 DN100 可用无缝钢管，接头可用软管。天然气用的较高标准的不锈钢波纹管，和一般住宅用铝塑管及 PE 燃气管的选材、安装极其重要，必须保证绝对安全，并要达到环保卫生要求。燃气管的安装详图：燃气管由室外引入室内管安装，地上燃气引入管波纹管安装示意如图 6-69 所示，废气共用排烟道形式如图 9-70 所示，燃气管道系统入口总阀门如图 9-71 所示，燃气引入管详图见图 9-72，燃气地下引入管

详图见图 9-73。

（3）燃气设备及计量表

　　由于燃气性质不同，采用不同的灶具及热水器，由供水压力不同而决定设置位置不同。现在，新建住宅多用烟气强排式燃气热水器，如图 9-74 所示。严禁燃气热水器与浴室设置在同一房间内，保证室内的环保卫生要求。直排气燃气热水器已基本淘汰。燃气灶具多种多样，基本为普通台式，如图 9-75 所示。燃气计量表必须选择符合国家计量标准产品的要求，符合工作压力、温度、燃气量、最大流量和最小流量等要求的计量表。普通型皮膜式燃气计量表，可直接设置在厨房内，单管燃气表安装如图 9-76 所示，双管燃气表安装如图 9-77 所示。另有新型数据远传皮膜，可远距离传输计量记录,安装安全。

　　一般住宅在室内安装燃气表必须由专门人员安装检测，它要求计量表底部距厨房地面 1.8m，计量表与灶台水平距离不得小于 300mm，计量表不可安置在灶具的正上方，以保证安全。

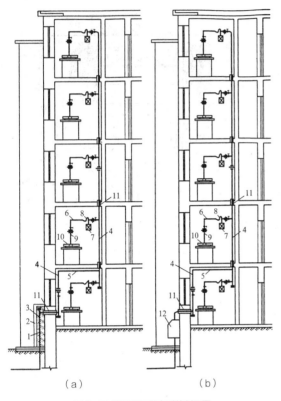

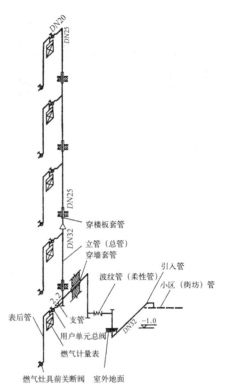

图 9-67 建筑燃气供应系统剖面图

（a）与低压系统相连的系统；（b）与中压系统相连的系统

1-用户引入管；2-砖台；3-保温层；4-立管；5-水平干管；6-用户
支管；7-燃气计量表；8-旋塞及活接头；9-用具连接管；10-燃气
用具；11-套管；12-燃气调压管

图 9-68 住宅楼燃气系统管道示意图

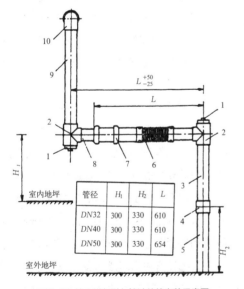

图 9-69 地上燃气引入管波纹管安装示意图

1-管塞；2-三通；3-镀锌钢管；4-内螺钉；5-防腐加强镀锌钢管；
6-不锈钢柔性补偿器；7-管路连接件；8-单头外接件；9-引
入管；10-弯头

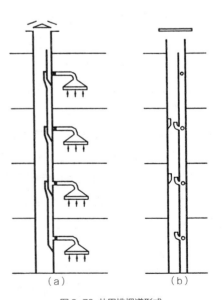

图 9-70 共用排烟道形式

（a）ZRF 主支式烟道；（b）变压式烟道

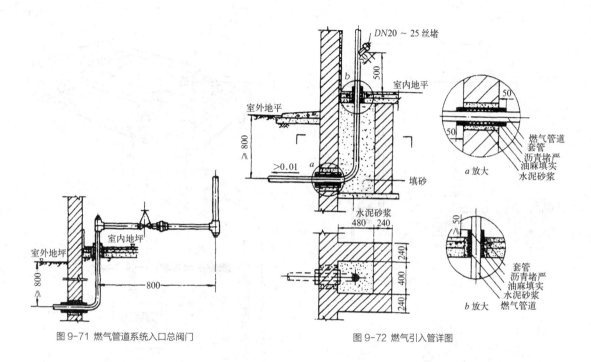

图 9-71 燃气管道系统入口总阀门

图 9-72 燃气引入管详图

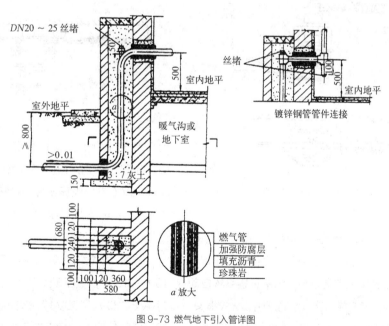

图 9-73 燃气地下引入管详图

9.3 居住建筑电气设计

9.3.1 建筑电气分类

1）强电系统

建筑电气强电系统主要包括动力供电、配电系

统，如变配电所（站），配电线路的电力、照明系统及建筑物的防雷、接地安全保护系统。

2）弱电系统

建筑电气弱电系统主要包括信息传递与自动控制系统，如电话、广播、电视、消防报警与联动、

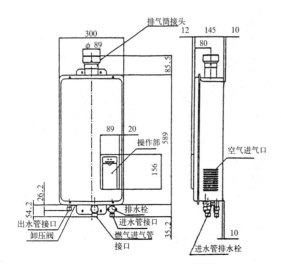

图 9-74 烟气强排式燃气热水器示意图

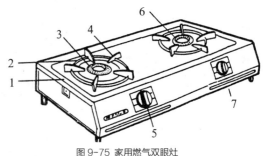

图 9-75 家用燃气双眼灶
1- 灶面；2- 积水盘；3- 左燃烧器；4- 锅架；5- 左燃烧旋塞；6- 右燃烧器；7- 右燃烧旋塞

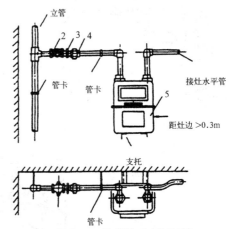

图 9-77 双管式燃气表安装示意图
1、5- 计量表；2、3、4- 管卡

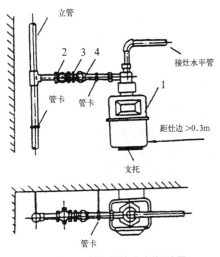

图 9-76 单管式燃气表安装示意图
1- 计量表；2、3、4- 管卡

防盗等系统；还包括公用设施，如给水、排水、供暖、空气调节、通风等的自动控制及信号传输；在智能化建筑电气设计中还包括垂直、水平运输系统自动化供配电控制，如电梯，建筑物的照明、火灾报警、保安防盗等系统的监控，通信系统的网络化等。

9.3.2 居住建筑供配电系统

1）供电方式

我国电压等级分三类：第一类额定电压为 6 ~ 50V，为安全超低压；第二类额定电压为 100 ~ 1000V，也称低压，主要用于低压照明，低压电器设备常用于民用住宅，其电压等级为 AC220V（单相电压）和 AC380V（三相电源）；第三类额定电压为 1000V 以上，称高压，用于高压设备及运输配电网络。

居住建筑一般采用第二类额定电压 100 ~ 1000V 低压动力和照明设备，直流电分 110V、220V、400V 等，交流电分 380/220V 和 230/127V，此外也用于电压在 100V 以下的安全照明。蓄电池、断路器及其他设备的操作电源，一般采用低压配电电压 380/220V。住宅小区的供电系统变配电室常用 10kV 供电，而多层建筑及高层住宅均采用 380/220V 低压供电。

供电系统如图 9-78 ~ 图 9-80 所示。

供电系统中一定要设置安全接地保护系统，有

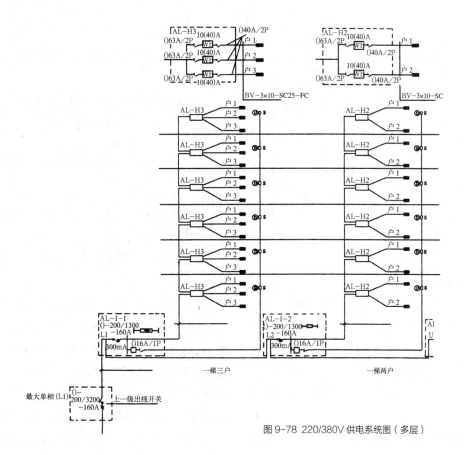

图 9-78 220/380V 供电系统图（多层）

TN-S（三相五线）系统、TN-C（三相四线）系统、TN-C-S 系统及 T-T 系统、IT 系统。常用的最安全的是 TN-S 系统以及 TN-C 系统，如图 9-81 所示。一般多层住宅楼低压配电系统如图 9-82 所示，室内安装电气竖井如图 9-83 及图 9-84 所示。

2）室内电气设备及配电系统
（1）用电负荷

电力负荷的正确计算（估算）是合理选择电气设备、设计合理的配电系统及安全的保证。

● 设计指标（总用电负荷估算）。目前我国大中城市的住宅用电负荷设计一般最低选用以下范围：

小户型（小于 $100m^2$）：6kW；

中户型（$100 \sim 140m^2$）：8 ~ 10kW；

大户型（$140m^2$ 以上及复式住宅或别墅）：12 ~ 15kW；

商住公寓 15kW/ 每户，根据实际需要加大。设计标准 GB50096—1999。

● 单位容量法负荷计算（照明电负荷）。根据建筑物类型、等级、附属设备情况来估算最低用电负荷，见表 9-7。

民用建筑物用电负荷（照明）估算指标　表9-7

住宅分类	指标（W/m^2）	平均值（W/m^2）
一般住宅	5.91 ~ 10.7	7.53
中等家庭住宅	10.76 ~ 16.14	13.45
高级家庭住宅	21.52 ~ 26.5	25.80
豪华型家庭住宅	43.04 ~ 64.50	48.40
集中空调家庭住宅		27.60

（2）室内电器设备布置（表9-8）

住宅内电源插座等设置参考数量表　表9-8

名　称	起居室	主卧室	次卧室	餐室	厨房	卫生间	门厅	书房
电源插座	4	4	3	2	3-5	2		2

续表

名　称	起居室	主卧室	次卧室	餐室	厨房	卫生间	门厅	书房
空调	1	1	1	1				1
灯具	2	1	1	1	1	1	1	2
信息（电脑）	1	1	1				1	1
电视	1	1	1					
电话	1	1	1			1		1
防盗		1	1				1	1
三表远传输接口						1	1	
可视对讲机							1	

（3）建筑照明

照明是由光能的产生（光源）、传播、分配（反射、折射）和消耗使用系统组成的，由光源决定控照器、室内空间、建筑内表面、建筑形状和工作面。

● 照明的方式与种类。

照明方式：一般照明、均匀照明、局部照明、混合照明。

照明种类：正常照明、应急照明、值班照明、警卫照明、障碍照明、装饰照明。

居住建筑以一般正常照明为主，考虑安全的应急照明等必要的照明。

● 照明用电。照明用电所需照度值，根据其建筑环境的条件选用电光源（灯）的容量、形式及数量。

计算用电的方法很多，住宅照明最简单的计算方法是单位容量法，也称比功率法，即为单位面积的安装功率，用单位面积被照水平面上所需要安装的灯的功率 W/m² 来表示。单位容量取决于灯具的类型，照度，计算高度 h，室内使用面积 S，顶棚、地板、墙壁的反射系数，等因素。

单位容量法适用于均匀照明计算，利用比功率计算，可以省时间，提高效率，利用有关参考表格可计算安装容量，一般住宅用电估算值为 5 ~ 8W/m²。

照明单位：照度是指单位面积上的光通量（lm），即光通亮的表面密度（E），单位为勒克斯（lx）表示单位时间内辐射能量大小。采光良好的室内照度

为 100 ~ 500lx。

住宅建筑照明的照度标准（参考值）见表 9-9。

住宅建筑照明的照度标准（参考值）　　表9-9

		照明标准值（lx）			备注
		低	中	高	
起居室	一般活动区	20	30	50	0.75m 水平面
	书房	150	200	300	0.75m
卧室	床头阅读	175	100	150	1.50m 垂直面
	精细作业	200	300	500	0.70m 水平面
餐厅　厨房		20	30	50	0.75m
卫生间		10	15	20	0.75m
楼梯间		5	10	10	地面

● 照明供配电系统。照明的供配电系统电能由室外网络经接户线引入建筑内部，接入总配电盘，再经配电干线接入分配电盘，最后经过室内布线将电能分配给各用电设备和照明灯具。接户线（由室外到室内）距地高于 3.5m，进户线距地面不低于 2.7m，进户线数目不宜过多，建筑物长度在 60m 以内的设一处，超过 60m 设两处进户。接户线位置考虑建筑美观、经济、安全，尽量选在建筑物背面或侧面。室内配电线布置分单相（开、关）、三相（火线接开关），灯具与插座功率应基本相等，插座分单相和三相，形式可分明装、暗装，开关可分为，多连、单连、防火或普通。

9.3.3　建筑弱电系统

建筑弱电系统通常包括电话电信系统，共用无线电视系统，火灾报警与消防联动系统，音响广播系统，安全保卫监控系统，先进的楼宇智能化技术如信息控制和管理等。

1）电话电信系统

居住建筑中，可按有无用户程序控制交换分为两类：一类为无中继线，二类为专设程控交换机。电话通信系统原理如图 9-85 所示，电话系统见表 9-10。

住宅小区语音、数据系统图如图 9-86 所示。

电话系统   表 9-10

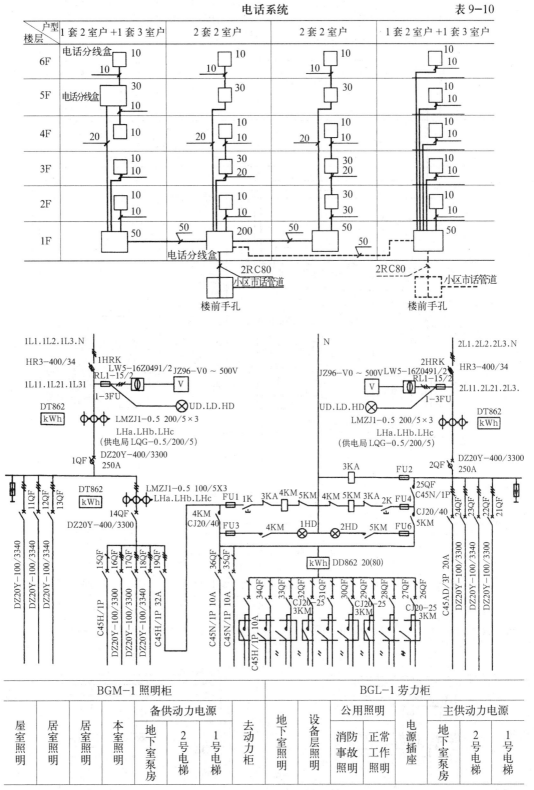

图 9-79 220/380V 供电系统图（高层无 π 接箱）

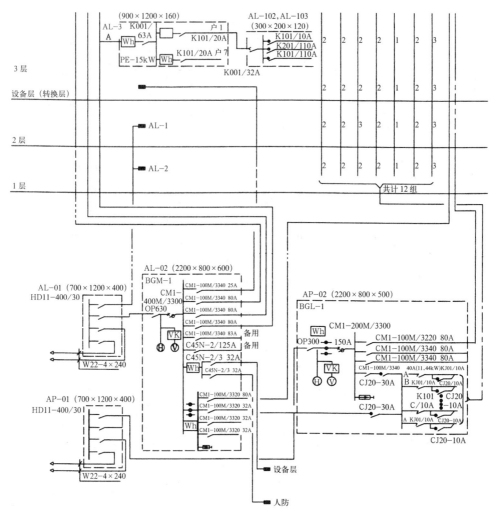

图 9-80 220/380V 供电系统图（高层有 π 接箱）

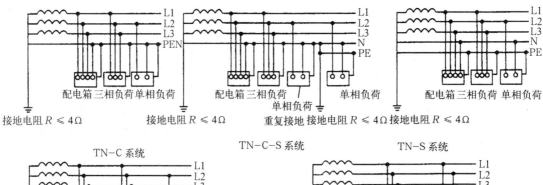

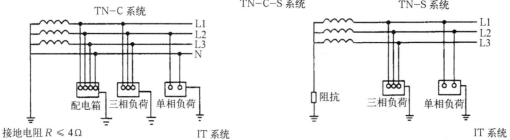

图 9-81 低压配电系统的接地形式

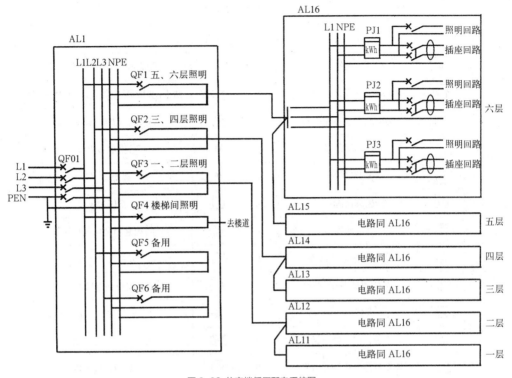

图 9-82 住宅楼低压配电系统图

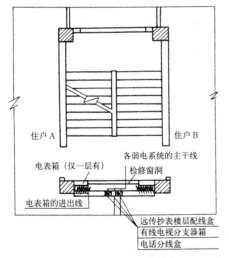

图 9-83 多层住宅电气竖井图之一

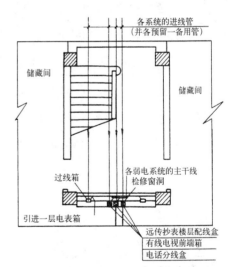

图 9-84 多层住宅电气竖井图之二

2）火灾自动报警系统

火灾自动报警系统一般由火灾探测器、建筑物内的布线和火灾报警控制器三部分组成。

火灾探测器是将某种火灾参数转变为相应的电信号的设备，根据所探测火灾理化参数的不同，火灾探测器可分为感烟探测器、感温探测器、感光探测器和可燃性气体探测器四大类，报警图形信号见表 9-11。

火灾自动报警系统的设置，一般规定民用建筑物需要设置火灾自动报警系统。高层建筑 10 层及 10 层以上住宅，建筑高度超过 24m 的其他民用建筑，与

火灾自动报警图形符号   表9-11

序号	图例	名称	序号	图例	名称
1	B	火灾报警控制器	29	∅	防火阀（70℃熔断关闭）
2	B-Q	区域火灾报警控制器	30	∅E	防火阀（24V 电控关，70℃温控关）
3	B-J	集中火灾报警控制器	31	∅280	防火阀（280℃熔断关闭）
4	LD	联动控制器	32	∅	排烟防火阀
5	FS	火警接线箱	33	∅	排烟阀（口）
6	S	感烟探测器	34	◻	正压送风口
7	▯	感温探测器	35	RS	防火卷帘门电气控制箱
8	⊗	非编码感烟探测器	36	DM	防火门磁释放器
9	①	非编码感温探测器	37	LT	电控箱（电梯迫降）
10	⋀	火焰探测器	38	▭	配电箱（切断非消防电源）
11	Y	手动报警按钮（带电话插孔）	39	◿	火灾声光信号显示装置
12	S	红外光束感烟探测器（发射）	40	◉	吸顶式扬声器
13	S	红外光束感烟探测器（接收）	41	◖	墙挂式扬声器
14	⬓	气体探测器	42	▷	扩音机
15	⊡	火灾部位显示盘（层显示）	43	PA	广播接线箱
16	C	控制模块	44	ɑ	传声器的一般符号
17	M	输入监视模块	45	◹	音量控制器
18	D	非编码探测器模块	46	⊷	高音扬声器
19	▯	总线短路隔离器	47	☎	火灾报警电话机（实装）
20	GE	气体灭火控制盘	48	Q	火灾报警对讲电话插座
21	▤	紧急启停按钮	49	⌂	火灾警铃
22	⚠	启动钢瓶	50	▭	电控箱
23	✪	放气指示灯			注：
24	F	水流指示器			K- 空调机电控箱
25	◁⊳	湿式报警阀			P- 排烟机电控箱
26	◁⊳	带监视信号的检修阀			J- 正压送风机或进风机电控箱
27	P	压力开关			XFB- 消防泵电控箱
28	⊡	消火栓内起泵按钮			PLB- 喷淋泵电控箱

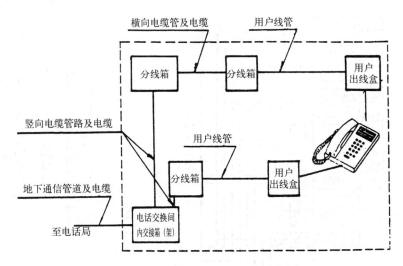

图 9-85 电话通信系统原理图（无交换机）

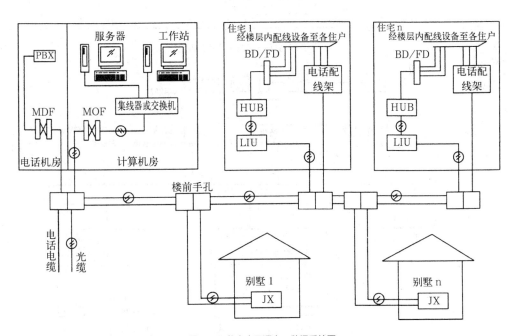

图 9-86 住宅小区语音、数据系统图

高层住宅直接相连且高度不超过 24m 的裙房，建筑高度不超过 24m 的单层及多层公共建筑，都要设置火灾自动报警系统。设置布点在室内、楼梯间安全通道。

3）电视系统
（1）共用天线电视系统

在居住建筑中多采用电缆电视系统（光缆有线），简称 CATV，它是由前端设备部分、干线和分配网络三部分组成的。由于 CATV 系统传输图像清晰，节目源多，全国各地网络均可用有线或无线方式互联构成全国网络系统。新建居住建筑小区可将网络系统引入，每户接入分配盒线路即可用。

共用天线电视系统组成示意如图 9-87 所示。

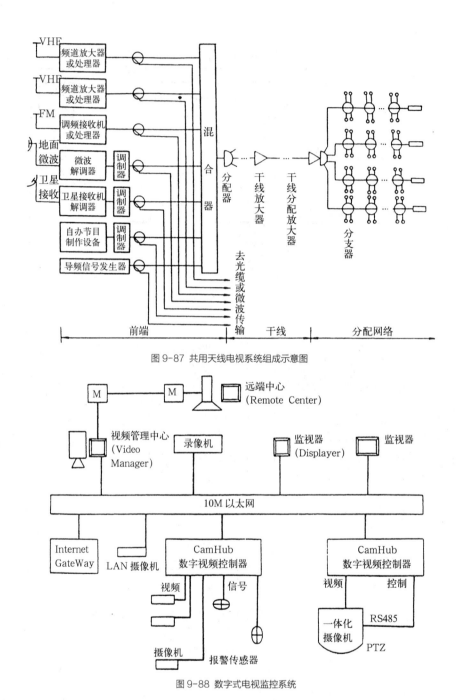

图 9-87 共用天线电视系统组成示意图

图 9-88 数字式电视监控系统

（2）闭路电视监控系统

为了安全起见，在新建居住建筑小区可安装数字式电视监控系统，如图 9-88 所示。

4）智能化系统

居住建筑智能化系统，除建筑本体的智能化系统，还包括小区内的智能化管理系统和信息网络系统，这是综合性、全面管理、系统运作、保证网络通信和数据安全处理的需要。

安全系统楼宇自动对讲机如图 9-89 及图 9-90 所示，安全保卫系统户内报警系统如图 9-91 所示，自动读表管理系统、三表自动抄表系统如图 9-92 所示，ADSL 网络四种应用方式如图 9-93 所示。

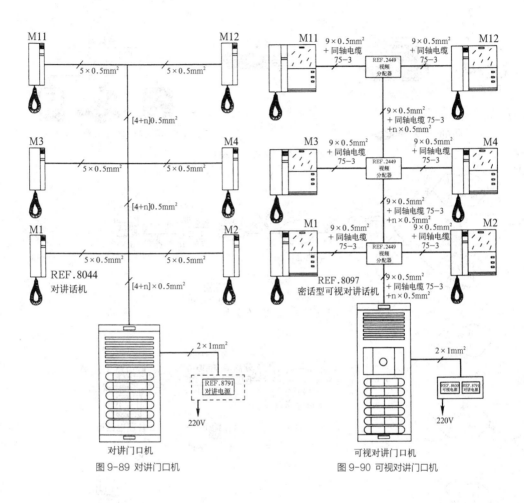

图 9-89 对讲门口机

图 9-90 可视对讲门口机

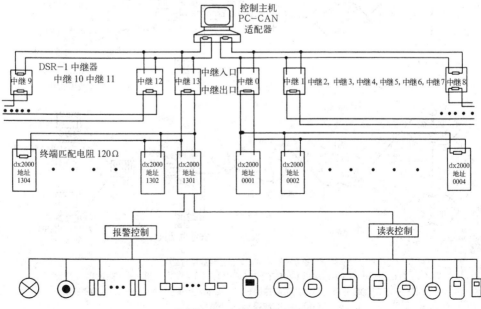

图 9-91 户内报警系统示意图

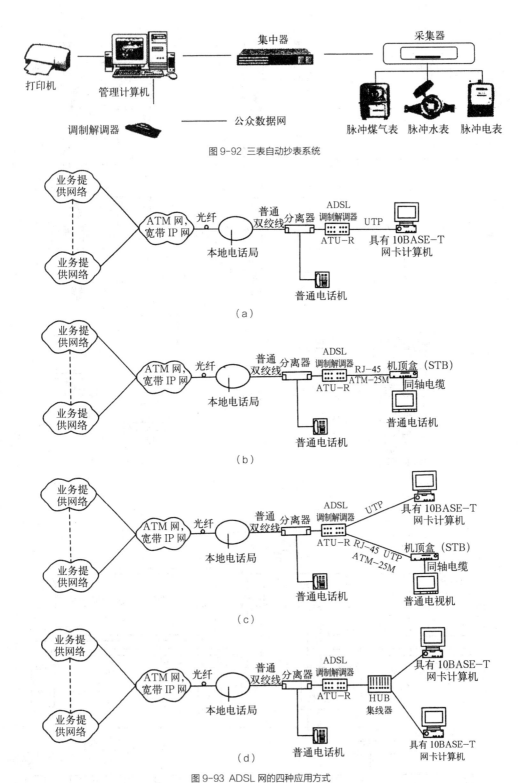

图 9-92 三表自动抄表系统

（a）

（b）

（c）

（d）

图 9-93 ADSL 网的四种应用方式

（a）ADSL 应用 1——PC 单机（INTERNET 应用）；（b）ADSL 应用 2——电视机＋机顶盒
（INTERNET/VOD 应用）；（c）ADSL 应用 3——PC 机和电视机（INTERNET/VOD 应用）；
（d）ADSL 应用 4——小型局域网方式

第10章 Residential Building's Low Carbon Design Strategy
居住建筑低碳化设计策略

10.1 低碳建筑释义

10.1.1 发展背景

地球环保的一大危机在于地球气温的升高，其中主要原因是人类在近一个世纪以来大量使用矿物燃料（如煤、石油等），排放出大量的 CO_2 等多种温室气体。由于这些温室气体对来自太阳辐射的可见光具有高度的透过性，而对地球反射出来的长波辐射具有高度的吸收性，也就是常说的"温室效应"，导致全球气候变暖，环境恶化。温室气体中最主要的气体是二氧化碳，因此用碳（Carbon）一词作为代表。据世界气象组织（WMO）发布的《温室气体公报》显示，2008 年二氧化碳浓度达 385.2ppm（摩尔比浓度 10^{-6}），比工业革命前增加了 38%。

碳排放是关于温室气体排放的一个总称或简称，虽然并不准确，但作为让民众最快了解的方法就是简单地将"碳排放"理解为"二氧化碳排放"。同时多数科学家和政府承认温室气体已经并将继续为地球和人类带来灾难，所以"（控制）碳排放"、"碳中和"这样的术语就成为容易被大多数人所理解、接受、并采取行动的文化基础。

与此同时，通过提高能效和降低碳排放量以应对全球气候变化已成为世界各国的共识，减少温室气体排放也已成为全球的共同行动，相当数量的国家设定了减排目标并进行了社会经济政策调整，全球经济向低碳经济转型的趋势逐渐明晰。随着中国城市发展中产业结构的演进，以建筑或交通能耗为空间表达的第三、四产业能耗将越来越凸显，这也意味着城市作为一个空间范畴在能耗和碳排放中的重要地位，城市空间效率影响下的建筑与交通能耗及其碳排放必将成为影响中国能源消耗和二氧化碳排放总体状况的主体。

低碳建筑（Low carbon building）是指在建筑材料与设备制造、施工建造和建筑物使用的整个生命周期内，减少化石能源的使用，提高能效，降低二氧化碳排放量的建筑发展模式和策略。低碳经济实行高效利用能源，开发清洁能源，追求绿色 GDP 的战略调整及其对建筑方向的直接影响。国际建筑师协会主席路易斯·考克斯为世界建筑日（10 月 5 日）发表书面讲话说："世界建筑日的主题是以建筑师的能力应对全球危机"。他说："当今世界正经历着前所未有的环境危机、气候危机、金融危机和社会危机，它促使我们对一系列的问题进行紧急反思，并找到全新的解决办法。"

这要求我们更新观念、转变思维。在历史上，我们有以美学为基础的古典主义建筑观，在工业革命时期确立了以功能经济、技术为基础的现代建筑观，但当今需要转变为以低碳经济、环境、生态为基础的绿色建筑观。基于这一价值观，为全面实现

对建筑 CO_2 排放的减量和控制，应主要从以下两方面着手开展工作：①由建筑节能设计构成对日常使用中的 CO_2 减量；②通过节约建材等方式实现对建筑本体建造中的 CO_2 减量。

截至 2016 年底，我国城市人均住宅建筑面积约 $36.6m^2$，农村人均住房面积 $45.8m^2$，全国城镇住宅总量约 300 亿 m^2，农村住宅建筑面积约 270 亿 m^2。可见，在居住建筑中，住宅量大面广，其节能效果必然对我国建筑领域的节能减排战略产生重大影响，也是十三五期间如何实现节能减排和改善民生的重点所在。目前我国住宅的能耗水平如表 10-1、表 10-2 所示。

住宅供暖能耗水平　　　　表 10-1

供暖能耗	单位面积供暖煤耗（kg 标煤）
分散供暖	24.9
热电联产集中供热（不含输配）	14.0
区域锅炉房	19.9
北欧发达国家住宅供暖能耗	8.5

住宅其他能耗水平　　　　表 10-2

		能耗（kWh/m² 年）
中国	空调	3.4
	照明	6.7
	家电	6.5
	生活热水	10.0
美国（不含供暖）		150
日本（不含供暖）		80

总的来看，我国住宅单位面积供暖能耗水平比发达国家供暖同等气候区的高 1～2 倍，但是其他住宅能耗（照明、电器、生活热水等能耗）普遍低于发达国家。

10.1.2　居住建筑低碳化的内涵

围绕规范和推广绿色建筑，近年来许多国家制定和发展了各自的绿色建筑标准与评估体系，包括：美国的 LEED 绿色建筑评估体系，英国的 BREEAM，日本的 CASBEE，15 个国家在加拿大制定的 GBC 体系，德国的 DGNB，新加坡的 Green Mark，澳大利亚的 NABERS，挪威的 Eco Profile，法国的 ESCALE 等。20 世纪末，我国香港、台湾地区也相继推出绿色建筑评估体系。目前，这些绿色建筑评估体系多数为民间机构推动下的市场化运转，尤其以美国 LEED 的商业化最为成功。而日本的 CASBEE 则是政府强制推行标准的典范。

我国于 2001 年 9 月出版了《中国生态住宅技术评估手册》，后经改进演变为《中国绿色低碳住区技术评估体系》。2003 年 8 月，由清华大学等单位完成了《绿色奥运建筑评估体系》（简称 GOBAS）的研究。GOBAS 提出用 Q（Quality）- L（Load）双指标体系及权重体系对我国的绿色建筑进行评价，揭示了建筑建设过程在获取健康舒适的居住空间和占用能源资源、影响环境之间的矛盾，指出绿色建筑的核心是追求此矛盾的协调；而绿色建筑即是我们追求消耗较小的 L 而获取较大的 Q 的建筑。2006 年，我国正式发布《绿色建筑评价标准》GB/T50378-2006，定义"绿色建筑是指在建筑的全寿命期内，最大限度地节约资源（节能、节地、节水、节材）、保护环境和减少污染，为人们提供健康、适用和高效的使用空间，与自然和谐共生的建筑"。并于 2014 年完成了标准的修订，2015 年开始正式实施新版的《绿色建筑评价标准》GB/T50378-2014。截止到 2016 年底，通过绿色建筑评价标识的项目已超过 3000 多项，其中住宅项目超过一半。

在被动式建筑方面，住房和城乡建设部于 2012 年发布了行业标准《被动式太阳能建筑技术规范》JGJ/T267-2012，是国内建筑行业第一部指导被动式太阳能建筑设计、施工、验收的规范，为被动式太阳能建筑的推广应用奠定了技术基础。由住房和城乡建设部科技与产业化发展中心等主编的《被动式低能耗居住建筑节能设计标准》DB13(J)/T177-2015 于 2015 年 5 月 1 日起实施，适用于新建、改建和扩建的被动式低能耗居住建筑的节能设计。同时，在充分借鉴国外被动式超低能耗建筑建设经验并结合我国工程实践的基础上，2015 年住房城乡建设部制订发布了《被动式超低能耗绿色建筑技术导则（试行）（居住建筑）》，旨在进一步提高建筑节能与绿色建筑发展水平。

需要指出的是，目前发达国家不仅仅关注于建筑运行阶段的能耗和二氧化碳排放，而是从全生命周期的角度，全面的审视建筑材料的生产、运输，建筑运行以及建筑拆除再利用阶段的能耗，即建筑全生命周期的能耗和二氧化碳排放。

可以看出，低碳是绿色建筑在国际节能减排大形势下的进一步探索，居住建筑低碳化的主要特征是在满足人们对环境的基本要求前提下，其对资源和能源的需求较普通居住建筑要少。实现居住建筑低碳化，降低能耗，减少 CO_2 排放包括以下主要技术：

（1）遵循非机动交通（含步行，自行车等）和公共交通优先原则，发展以人为本的交通体系和道路设计。

（2）优先发展可高效吸收 CO_2 的景观绿化体系。

（3）通过规划设计减少热岛效应；优化室外风环境，使建筑物前后压差在冬季不大于 5Pa，在夏季保持 1.5Pa 左右，以减小冬季的冷风渗透和有利于夏季和过渡季的室内自然通风。

（4）合理布置住宅建筑平面，以有利于自然通风及充分利用天然采光。

（5）改善建筑围护结构的热工性能，降低建筑空调供暖负荷。

（6）合理选择建筑中的能源供应方案，优化设备系统。

（7）充分、高效地利用各种可再生能源，减少空调、供暖、生活热水、炊事、照明等住宅常规能源的消耗。

（8）采用全生命周期内资源消耗少、环境影响小的物业办公和家庭用家电、家具产品。

（9）提倡居民行为节能，推广低碳生活方式。

（10）提倡自愿选择碳平衡手段，消减各种碳汇。

需要指出的是，在上述技术的运用中，要特别重视被动式设计(Passive Design)，即被动式技术优先、主动式技术（设备系统）优化的技术策略。选择关键技术策略进行优化整合，以技术整合替代技术策略集成。在这一方面，正是发挥建筑师聪明才智的地方。下面主要从设计的角度给出具体的设计策略。

10.2 居住建筑低碳化设计基本原理

10.2.1 相关建筑要素的影响与调控

1）建筑体型系数的影响

建筑体形决定了一定围合体积下接触室外空气和光线的外表面积，由于建筑体形不同，其室内与室外的热交换界面面积也不相同，同时，由于形状不同带来的局部热桥敏感部位增减，也会给热传导带来影响，建筑体形不同也会使建筑物在不同朝向有不同的太阳辐射面积，如图 10-1 所示：当建筑物体积相同时，D 是冬季日辐射得热最少的建筑体形，同时也是夏季得热最多的体形；C、E 两种体形的全年太阳辐射得热量较为均衡，而长宽、高比例较为适宜的 B，在冬季得热较多而夏季相对得热较少。所以，通过建筑体形设计达到建筑节能是体形设计中的一个重要方面。

对于建筑体形有一个重要的指标就是体形系数，其定义为单位体积的建筑外表面积。它直接反应了建筑单体的外形复杂程度。体系数越大，相同建筑体积的建筑物外表面积越大，也就是在相同条件下，

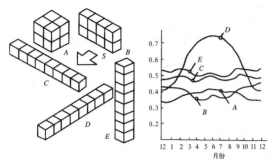

图 10-1 相同体积不同体形建筑日辐射得热量（图片来源:《建筑节能》王立雄）

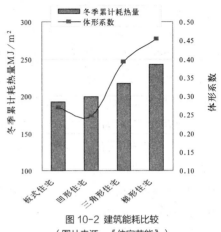

图 10-2 建筑能耗比较
（图片来源:《住宅节能》）

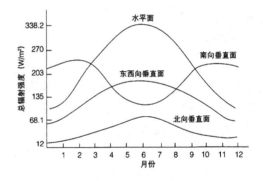

如室外气象、室温设定、围护结构设置相同的条件下，建筑物向室外散失的热量也就越多。实验证明，建筑物体形系数每增加 0.1，建筑物的累计耗热量增加 10%～20%。但体形系数并不是越小越好，对于非寒冷地区，建筑体形系数较小，意味着散热面积的减少，反而会加重建筑物的夏季空调负荷。在冬季建筑物南立面的减少，意味着太阳得热量的减少，从而加大建筑的供暖负荷（图 10-2）。

2）建筑朝向的选择

选择并确定建筑整体布局的朝向是建筑整体布局首先考虑的主要因素之一。朝向的选择原则是冬季能获得足够的日照，并避开冬季主导风向；夏季能利用自然通风，并防止太阳辐射。在北半球，房屋"坐北朝南"是尽人皆知的良好朝向。这是由于太阳的运行规律使得这种朝向的房屋冬季能最大限度地获得太阳辐射热，同时南向外墙可以得到最佳的受热条件，而夏季则正好相反。此外，建筑朝向的设置还会直接改变建筑物周边及其本身的通风状况，进而影响建筑物的能耗。常常会出现这样的情况：理想的日照方向也许恰恰是最不利的通风方向，或者在局部建筑地段（如道路、特殊地形）不可能成立。即给定地区与建筑单体形状后，由于建筑物朝向的不同，不仅建筑物本身获得的太阳辐射总得热量会有差别（图 10-3），而且建筑物周边的通风条件也会大相径庭。

3）建筑窗墙比的控制

窗墙比是指单一朝向外窗（含透明幕墙和透明门）面积和墙面积（含整个朝向外墙、外窗的总面积）的比值。窗户是除墙体之外，围护结构中热量损失的另一个大户。由于窗户的保温隔热性能相对较差，冬季散热厉害；同时如果没有辅助的遮阳设施〔尤其是外遮阳〕，夏季白天太阳辐射将通过窗户直接进入室内，会导致建筑的空调、供暖能耗急剧增加。尽管窗户在外围护表面中占的比例不如墙面大，但通过窗户的传热损失却有可能接近甚至超过墙体。事实上，大玻璃建筑无论在寒冷地区还是亚热带、热带地区，几乎都是一种浪费能源的设计。大量的调查和测试表明，太阳辐射通过窗户直接进入室内的热量是造成夏季室内过热的主要原因。提高窗的热工性能、控制窗墙比和遮阳控制，是夏季防热，降低住宅空调负荷的重点。

住宅建筑普遍在窗外安装有遮阳设施（尤其是外遮阳），对于炎热地区，这甚至比提高窗户的保温隔热性能更重要。

4）围护结构材料的选用

由于围护结构存在热惯性，通过围护结构的传热量和温度波动与外扰波动幅度之间会存在一定的衰减关系。一般来说，厚重的材料蓄热能力大，由该材料组成的围护结构热稳定就好，房间温度相应抵抗外扰波动的能力强，这对减少建筑能耗有着重要的意义。尤其是对于昼夜室外温差变化较大的地区，夏季的夜间，利用自然通风将冷量蓄存在室内的围护结构里，白天可以降低房间的自然室温约2～3℃，大大地延长了非空调时间，同时也降低了白天的空调峰值负荷，节能效果非常明显。此外，即使是相同材料组成的围护结构，不同的供暖空调运行模式对围护结构材料顺序的设置要求也是不同的。对于连续运行模式，我们希望房间的温度波动尽可能的小，因此在围护结构内侧应选用蓄热能力大的厚重材料，如采用外墙外保温方式，将厚重的主墙体置于内侧，增加房间的热稳定性，同时，轻质保温材料保证一定的传热热阻，减少供暖能耗，对于间歇运行的供暖、空调模式，则要求房间的热反应要快，也即当需要供暖或者空调时，在给定热量或者冷量的情况下，室温能够在较短的时间内达到设定值，而不是消耗过多的能量用于加热或冷却内侧的围护结构材料。因此，在间歇的供暖、空调运行模式的围护结构节能方案设计时，应该根据设备的实际运行模式以及相应的建筑能耗模拟计算分析出最节能的围护结构方案。

10.2.2 不同热工分区中的居住建筑节能低碳设计策略

前面已经阐述，建筑节能和低碳设计与当地的气候条件有紧密的联系。不同的地方气候差别很大，太阳辐射量也不一样，即使在同一个严寒地区，其寒冷时间与严寒程度也有相当大的差别。各地区建筑的供暖与制冷的需求各有不同。炎热地区需要隔热、通风、遮阳，以防室内过热；寒冷地区需要保温、供暖，以保证室内具有适宜的温度与湿度。因而，从建筑节能设计的角度，必须对不同气候区域的建筑进行有针对性的设计。

1）严寒与寒冷地区

严寒与寒冷地区由于寒冷季节时间较长，住宅建筑节能主要解决的是冬季供暖节能的问题（图10-4）。可以实现供暖节能的途径如下：

（1）合理布局建筑朝向，争取冬季太阳光得热，同时避免冬季主导风向对建筑的影响。

（2）改进建筑物围护结构保温性能，减少建筑体形系数和窗墙比。

（3）推广各类专门的通风换气窗，实现可控制的通风换气，避免为了通风换气，造成过大的热损失。

2）夏热冬冷地区

根据夏热冬冷地区的气候特征，居住建筑的围护结构热工性能首先要保证夏季隔热要求，并兼顾冬季防寒（图10-5）。

（1）和严寒与寒冷地区相比，体形系数对夏热冬冷地区居住建筑全年能耗的影响程度要小。另外，由于体形系数不只影响围护结构的传热损失，它还与建筑造型、平面布局、功能划分、采光通风等若干方面有关。因此，节能设计不应过于追求较小的体形系数，而是应该和住宅采光、日照等要求有机地结合起来。

（2）夏热冬冷的部分地区室外风小，阴天多，因此需要从提高建筑日照、促进自然通风的角度综合确定窗墙比。在夏热冬冷地区人们无论是过渡季节还是冬、夏两季，普遍有开窗加强房间通风的习惯.目的是通过自然通风改善室内空气品质。同时，当夏季在两个连晴高温期间的阴雨降温过程中或降雨后连晴

图 10-4 严寒与寒冷地区建筑
（图片来源互联网）

图 10-5 夏热冬冷地区建筑
（图片来源互联网）

高温开始升温过程的夜间，一般室外气候凉爽宜人，加强房间通风能带走室内余热和积蓄冷量，可以减少空调运行时的能耗。因此设计时应有意识地考虑自然通风设计，即适当加大外墙上的开窗面积，同时注意组织室内的通风。此外，采用较大的南窗有利于冬季日照，可以通过窗口直接获得太阳辐射热。因此，在提高窗户热工性能的基础上，可以适当提高窗墙的面积比。

（3）对于夏热冬冷地区，由于夏季太阳辐射强，持续时间长，因此要特别强调外窗遮阳、外墙和屋顶隔热的设计。在技术经济可能的条件下，可通过提高优化屋顶和东、西墙的保温隔热设计，尽可能降低这些外墙的内表面温度。同时，还要利用外遮阳等方式避免或减少主要功能房间的东晒或西晒情况。

3）夏热冬暖地区及温和地区

在夏热冬暖地区及温和地区，由于冬季暖和，而夏季太阳辐射强烈，平均气温偏高，因此建筑设计以改善夏季室内热环境、减少使用空调为主。在当地建筑设计中，屋顶、外墙的隔热和外窗的遮阳主要用于防止大量的太阳辐射得热进入室内，而房间的自然通风则可有效带走室内热量，并对人体舒适感起调节作用。因此，隔热、遮阳、通风设计在夏热冬暖地区中非常重要（图 10-6）。

（1）要有效防止夏季的太阳辐射。在围护结构的外表面要采取浅色粉刷或光滑的饰面材料，以减少外墙表面对太阳辐射热的吸收。为了屋顶隔热，应考虑通风屋顶、蓄水屋顶、植被屋顶、带阁楼层的坡屋顶以及遮阳屋顶等多种样式的结构形式。窗口遮阳可以有效地阻挡直射阳光进入室内，防止室内局部过热。遮阳设施的形式和构造的选择，要充分考虑房屋不同朝向对遮挡阳光的实际需要和特点，综合平衡夏季遮阳和冬季争取阳光入内，设计有效的遮阳方式。

（2）外围护结构从降低传热系数、增大热惰性指标、保证热稳定性等方面出发，合理选择结构的材料和构造形式，达到隔热保温要求。其主要目的在于控制内表面温度，防止对人体和室内过量的辐射传热，因此推荐使用重质围护结构构造方式。需要指出的是，减少体形系数在室内外温差不大的情况下，效果不是很明显。

（3）合理组织建筑室内的自然通风。在夏热冬暖地区中的湿热地区，由于昼夜温差小，相对湿度高，因此连续通风可以改善室内热环境。对于干热地区，则应采取白天关窗、夜间通风的方法来降温。

图 10-6 西双版纳傣族民居（来源于互联网）

10.3　居住建筑低碳化的计算机模拟优化设计

本节讲述的内容以居住区建设中量大面广的住宅建筑为例，概要介绍计算机模拟优化技术在居住建筑低碳化设计中的一般应用。

10.3.1　低碳住宅模拟辅助优化设计原理

计算机模拟技术在低碳住宅的优化设计中发挥着重要的作用。一方面，由于建筑物的特性受气象参数与人员活动的随机影响很大，关系复杂，所以在建筑设计时难以用简单的工具对其性能进行预测。而建筑设计阶段对建筑能耗特性有非常大的影响；另一方面，低碳住宅对方案设计、建筑节能技术应用、环境影响分析等都提出了新的要求，如自然通风，围护结构节能，合理的窗墙比，太阳能利用，自然采光等。而传统的设计手段很少考虑环境设计，只关注体形、空间等，不能满足这些新的设计要求。

计算机辅助优化设计作为目前一种先进的设计理念和方法，能够利用计算机模拟软件进行精细化设计，可以进行各种环境性能分析，如热岛、建筑热工、风场、日照、采光、通风等，也可以模拟分析高性能的围护结构部件、节能的冷热源系统、高效的暖通空调设备和各种可再生能源利用技术。因此，模拟辅助优化设计能够满足当前低碳住宅设计的多方需求。

在低碳住宅设计中应用到的计算机模拟技术主要有居住区风环境模拟、住宅自然通风模拟、围护结构热工性能模拟和住宅自然采光模拟等。这些方面的模拟能够有效地优化住宅设计，达到低碳节能的目的。例如，通过居住区风环境的模拟，获得不同季节的室外风场分布，可以作为调整建筑布局，优化景观设计等的依据。根据居住区室外风场的模拟结果，还可以作为住宅自然通风模拟的输入参数，进而评价室内自然通风效果；通过建筑围护结构热工性能的模拟，可以优化住宅围护结构的设计，如窗墙比，墙体保温构造，窗户选择等，使住宅拥有良好的热工性能，降低运行能耗，从而降低住宅碳排放；通过住宅自然采光模拟，可以评价室内采光条件，优化采光设计，降低热工照明能耗，达到低碳的目的。

1）住区风环境模拟

风是影响建筑性能的重要环境因素之一，对建筑的热湿环境有重要影响。而居住小区风环境主要是指小区内风向、风速的分布情况。风环境对小区内部建筑群的微气候有显著的影响，主要是热环境的影响，如室外的热舒适度、夏季自然通风、冬季防风和热岛效应等。影响小区风场分布的因素有很多，如当地的气候条件、小区的建筑布局、建筑形式以及景观设计等。

在许多国内外的绿色住宅、低碳住宅评价标准中，都要求对室外的风环境进行优化设计。例如，在国家《绿色建筑评价标准》GB/T 50378-2014 中，就明确提出了为了保证良好的风环境，保证舒适的室外活动空间和室内良好的自然通风条件，减少气流对区域微环境和建筑本身的不利影响，要求在住区周围行人区 1.5m 处风速小于 5m/s；在冬季保证住宅建筑前后压差不大于 5Pa；夏季保证 75% 以上的板式建筑前后保持 1.5Pa 左右的压差，避免局部出现旋涡和死

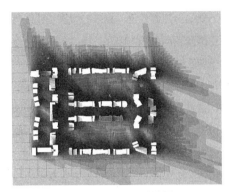

图 10-7 Ecotect 日影分析

图 10-8 Radiance 室内渲染

角，从而保证室内有效的自然通风。

为了达到上述要求，往往需要进行对室外居住区风环境进行优化。优化居住区风场的方法主要有风洞实验和利用计算流体动力学（CFD）的计算机数值模拟。与风洞实验相比，数值模拟方法更加快捷方便，利于设计初期的方案比较，节约时间和成本。1985年至今，已有大量的商用 CFD 模拟软件投放市场，如 Phoenics、Fluent、CFX、Star-CD、Flow-3D、FIDAP、CFDRC 等。

以 Phoenics 为例，小区风环境模拟的步骤主要包括模型建立和导入，网格划定，出入口风速风压设定，计算参数设定，模拟计算以及结果的显示和分析等。通过模拟小区在不同季节的风场分布，可以指导或调整规划设计，如建筑整体布局，建筑体系设计以及景观布局等，主要到达以下目的：

（1）改善冬季区域风环境，避免形成高速风场而增加建筑物的冷风渗透，导致供暖负荷的增加；

（2）避免室外局部风速过高，影响行人冬季安全性和舒适性；

（3）改善夏季和过渡季的自然通风，降低热岛强度和空调负荷；

（4）避免建筑群内出现局部区域的旋风和死角，导致小区内容易积聚落叶垃圾以及风速过低导致影响小区内气体污染物的有效排出。

2）住宅室内自然通风模拟

住宅室内自然通风主要指依靠室内外空气所产生的热压和风压作用而进行的通风。自然通风是改善住宅室内热湿状况的重要手段，能够减少空调开启时间，达到被动式节能的目的，同时维持室内的舒适环境，提高空气品质。住宅自然通风的基本技术主要有开启窗户、开启建筑立面、立面遮阳构件引风、捕风塔或风力烟囱、风道、双层玻璃幕墙通风、通风窗、建筑中庭、地下冷却等。

以国际上最为著名的 CFD 模拟软件 Phoenics 为例，住宅自然通风模拟的主要步骤是以对居住区域风环境模拟得到的单体建筑外部主导平均风速和风压的分布情况为边界条件，模拟计算得到单体室内风场分布，分析室内通风效果，计算通风换气次数等。同时，还可以模拟室内空气龄分布等，分析室内空气品质。

3）日照与自然采光模拟

太阳辐射是影响居室热环境的一个重要因素，同时也是影响住户心理感受的重要因素。在住宅设计中，日照分析是一个不可缺少的环节。我国《城市居住区规划设计规范》GB 50180-93（2016 年版）规定，城市居住区的有效日照冬至日不应低于 1 小时（或大寒日不低于 2 小时）。根据这一规定，设计单位应在设计初期进行日照间距的计算。普遍的做法是沿

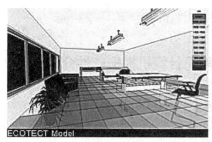

图 10-9 Ecotect 室内自然采光分析

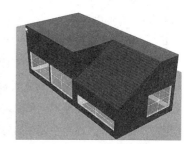

图 10-10 DesignBuilder 里建立的建筑模型

用住宅间距系数的方法估算，即日照间距＝建筑的高度 × 日照间距系数。然而，模拟计算发现，当建筑平面布置不规则、体型复杂、条式住宅长度超过 50m、高层点式住宅布置过密时，日照间距系数难以作为标准，必须进行严格的模拟计算才能得出正确的结论。目前国内常用的日照模拟软件有清华大学建筑学院开发的 Sunshine、天正软件、PKPM、深圳清华研究院开发的清华斯维尔软件等。

自然采光是住宅低碳设计中一项非常有效的被动式策略。自然采光能够达到降低照明能耗的目的，但是处理不恰当往往会带来夏季空调负荷的增加。因此，必须合理的处理自然采光设计，权衡各方面的利益。通常考虑的设计因素有建筑群的布局，建筑形体和开口，窗墙比，窗户和玻璃的选择，立面遮阳的设置，采光中庭，光导管设置等。

建筑自然采光的好坏可以通过人的主观的感受来判断，也可以通过具体的评价指标来判断。对于设计阶段，更多的是采用具体的评价指标来优化设计。最常用的静态定量指标有采光系数、照度、照度均匀度以及眩光值等；另外还有一些动态定量指标，如全自然采光时间百分比。《建筑采光设计标准》GB 50033-2013 中对各种视觉作业场所工作面上的采光系数和临界照度值都作出了规定。自然采光常用的模拟辅助优化设计软件有 Ecotect、Radiance、Daysim 等。其中 Ecotect 的主程序可以进行建筑物的采光、日照遮阳、可视度等多个方面的模拟分析。同时可以将 Ecotect 中建立的模型导入到 Radiance 和 Daysim 中，完成更为详尽的模拟。利用 Ecotect 可以方便地计算房间自然采光是否满足国家标准，也可以在不同的方案之间进行比较，优化采光设计（图 10-9）。Radiance 可以进行静态光环境的模拟，其优点是计算精度高，速度快，还可以进行真实效果的渲染，方便直观的视觉评价。Daysim 是一款动态的光环境模拟软件，可以模拟建筑全年的自然采光性能和照明能耗等。

Ecotect 中进行自然采光分析的主要步骤有建立或导入分析模型，设定气候条件参数，设定计算平面，设定计算参数，计算自然采光照度和采光系数，导入到 Radiance 或者 Daysim 中进行进一步分析。对于计算结果的分析，一方面是检查各个房间的采光系数和照度值大小是否满足相关标准中的要求，另一方面需要查看照度分布的均匀度如何。通过在 Radiance 中的真实渲染，可以查看是否有眩光等缺陷。

4）住宅能耗和碳排放模拟

由于住宅围护结构的热工性能直接影响到其使用中的供暖和空调负荷，因此围护结构的节能设计对住宅能耗和碳排放影响非常大。建筑围护结构主要有墙体、窗户、屋顶和楼地板等。目前常用的建筑围护结构节能技术也主要集中在这几个部件上，例如墙体保温技术，玻璃幕墙的保温隔热，节能窗，遮阳技术，屋顶绿化等。对于住宅建筑，使用性能可调节的围护结构能够有效地达到，低排放目的。目前可实现对住宅能耗和碳排放模拟的软件工具有英国的 IES、DesignBuilder、Ecotect，美国的 DOE-2，EnergyPlus，以及国内清华大学开发的 DeST 等。

以 DesignBuilder 为例，住宅能耗模拟基本过程可以分为建立建筑模型（图 10-10），设定围护结构热工参数，设定室内人员和设备的发热量（如电器，照明等），设定空调和供暖系统参数，设定室外气候参数，模拟计算（如冷负荷、热负荷、室温等）等过程，最后输出典型日的 24 小时的温度、能耗结果（图 10-11）。

通过住宅围护结构能耗模拟，可以预测住宅运行期间的冷热负荷、能耗（用电量、用气量）以及二氧化碳排放，并比较不同围护结构方式（如窗墙比的选择，围护结构保温隔热设计等）、自然通风、自然采光、能源设备系统以及可再生能源系统方案对能耗和碳排放的影响，分析不同方案的节能减排潜力。

10.3.2　常见计算机模拟软件介绍

建筑方面的计算机模拟最早的基础工作可以追溯到 1960s 和 1970s 初期，主要涉及照明、暖通空调、通风的节能模拟，后来逐渐发展到热湿传递，声音，控制系统以及与城市和建筑微气候的结合。近来由于对环境保护和低碳节能的关注持续增加，使得模拟技术在低碳建筑设计中的应用也更加普遍。

建筑模拟软件，一类是对建筑单一性能的模拟，如日照、采光、通风、系统等；另一类是综合性能模拟软件，国外常见的一些建筑综合性能模拟软件如表 10-3。

国外常见建筑模拟软件　表 10-3

软件名称	输入参数	输出结果	优点	缺点	能耗算法	开发者
ECO－TECT	图形建模、3D、dxf、材料参数、运行模式	负荷、设备选型参照、通风、声学、经济性	界面友好、格式兼容、接口丰富；采光、日照功能较好	能耗模拟结果偏差略大	Admmitance Method 准入法	Cardiff UK
IES	图形、简单分区、默认参数、运行模式可修改	负荷、温度、舒适度、流场、采光、声学	输入输出界面友好、功能强大	HVAC，CFD 需专业知识	有限差分法	UK
Design Builder	图形建模、CAD导入、房间模板	负荷、气温、舒适度、设备选型参照、通风、采光	功能强大接口丰富	HVAC 设计需专业知识	状态空间法	软件 UK
BDA	图形、简单分区；默认参数、运行模式可修改	光、热、图形输出	方案比较是多输入参数优化结果	不能建坡屋顶，可选择的默认参数、模式少	状态空间法	劳伦斯伯克利实验室
Design Advisor	文字录入、网上表格输入	逐月能耗、舒适区域、采光效果	快速、用于设计初期	只用于初期		MIT USA
EnerCAD	默认		联合开发	算法简单	逐月热平衡法	日内瓦大学 Netherlands

按照软件的功能分类，主要有如下几类模拟软件：

（1）建筑能耗模拟软件，如 DOE-2、EnergyPlus、DeST、HASP、IES、ESP-r、eQuest 等；

（2）CFD 计算流体力学软件，如 Fluent、Phoenics、STARCD、Stach-3 等；

（3）遮阳与日照模拟软件，如 BSAT、Sunshine 等；

（4）建筑室外微气候模拟，如 SPOTE；

（5）天然采光模拟软件，如 Radiance；

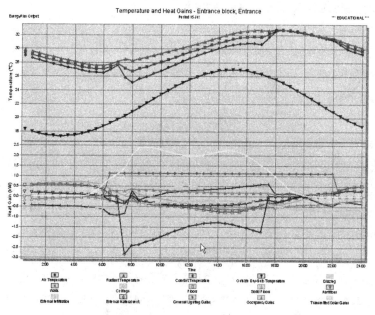

图 10-11 模拟得到的夏季典型日的逐时温度、能耗结果（纵坐标分别为温度、热负荷）

（6）自然通风模拟软件，如 COMIST、CONTAMW 系列、BREEZE、NatVent；

（7）空调系统与控制模拟软件，如 HVACSIM +、TRNSYS；

（8）热网模拟软件，如 HACNET；

（9）面向建筑师的综合设计软件，如 EcoTECT、LT Method 3.0 等。

10.4　低碳节能新技术与设备简介

10.4.1　新构造与新材料技术

1）通风外墙

图 10-13 是近年来某些节能小区中采用的一种新型外墙外保温方式，该保温方式是在常规粘贴聚苯外保温的基础上，在保温层与外挂石材间增加一个约 100mm 的空气夹层，该空气夹层在整个外立面上下联通，并在顶部设有通风口，冬季将该通风口关闭，阻止空气夹层内空气流动，增加了外墙的传热热阻，采用 100mm 厚的聚苯保温 + 100mm 厚空气层的结构，其冬季传热系数可降到 0.4W/（m²·K）以下，远低于节能规范标准中的传热系数限值。

夏季将上部的通风口打开，夹层空气上下流通，可将外挂石材吸收的太阳辐射热及时带走，降低了保温材料外层的温度，也大大减少了向室内传递的热量，隔热效果非常明显。此外，流通的空气夹层还能够将保温材料的湿气及时带走，防止保温材料受潮。该种外保温方式不仅适合于寒冷地区的保温外墙设计，还可用于南方炎热地区的墙体隔热设计。

2）太阳能热反射涂料隔热技术

太阳能热反射隔热涂料利用涂膜对光和热的高反射作用使太阳照射到涂膜上的大部分能量得到反射，而不是被涂膜吸收。同时，这类涂膜本身的导热系数很小，绝热性能很好，这就阻止了热量通过涂膜的传导。水性涂料是建筑涂料的发展趋势和必然归宿，水性反射隔热涂料已成为国内外隔热涂料的研发热点。中国建材研究院自 2005 年开始了对水性隔热涂料的研发。总体来说，目前我国高性能的水性反射涂料还处于研发推广阶段。

通过对北京、合肥、深圳的研究表明，给建筑顶层外表面加装隔热涂层可显著降低房间空调负荷和日制冷量；整个夏季的空调平均日制冷量随地区的不同可降低 40%~60%；隔热涂料还能显著降低房间外表面和内表面温度的峰值和波幅，在节能的同时改善室内热环境。

但是在应用热反射涂料的同时，也必须考虑到太阳辐射吸收率的降低会引起顶层房间冬季供暖负荷的增加，从全年能耗的角度考虑，在不需要供暖的夏热冬暖地区住宅中使用会带来明显的收益，在其他地区则需要权衡计算来判断。

3）中空 / 真空玻璃

中空 / 真空玻璃为了实现更好的节能效果，除了在玻璃表面附加 Low-E（低辐射）膜以外，在普通中空玻璃充惰性气体，或者抽真空都是常用的手段。

普通中空玻璃是以两片或多片玻璃，以有效的支撑均匀隔开，周边粘结密封，使玻璃层间形成干燥气体空间的产品。中空玻璃内部填充的气体除空气之外，还有氩气、氪气等惰性气体。因为气体的导热系数很低，中空玻璃的导热系数比单片玻璃低一半左右。

真空玻璃是基于保温瓶原理发展而来的节能材料，将两片平板玻璃四周加以密封，其间隙抽真空并密封排气口。标准真空玻璃的夹层内气压一般只有几帕，由于夹层空气极其稀薄，热传导和声音传导的能力将变得很弱，因而这种玻璃具有比中空玻璃更好的隔热、保温性能和防结露、隔声等性能，标准真空玻璃的传热系数可降至 1.4 ~ 1.0 W/（m²·K），是中空玻璃传热系数的 1/2，单片玻璃传热系数的 1/4。

4）光导管技术

光导照明系统通过室外的采光装置聚集光线并导入系统内部，再经系统内部特殊制作的导光装置强化与高效传输后，由室内的漫射装置把光线均匀照射到室内任何地方，可以有效减少白天建筑物对人工照明能源的消耗。

建筑用光导管系统主要分三部分，一是采光部分；二是导光部分，一般由三段导光管组合而成，光导管内壁为高反射材料，反射率一般在 95% 以上，光导管可以旋转、弯曲、重叠来改变导光角度和长度；三是散光部分，为了使室内光线分布均匀，系统底部装有散光部件，可避免眩光现象的发生。从采光的方式上分，光导管有主动式和被动式两种。主动式是通过一个能够跟踪太阳的聚光器来采集太阳光，采光效果较好，但价格昂贵，目前应用较少。目前用得最多的是被动式采光光导管，聚光罩和光导管连接在一起固定不动（图 10-13）。

从传输光的形式上分，光导管分为有缝光导管和棱镜光导管两种。目前普通采用的是棱镜薄膜空心光导管，这种光导管是根据光辐射在光密介质中的全反射原理制造的，一次反射率可以达到 99.99%，导光设备的整体光学传输效率为 20%~50%，比太阳能电池发电照明的效率高 10~20 倍。

10.4.2 新型能源设备系统

1）燃气热泵

燃气发动机驱动热泵机组在日本与欧美国家已有大量应用实例，被广泛利用在商场、医院、宾馆、学校、别墅等场所。国内也已经有多家厂商开始生产燃气发动机驱动热泵机组（图 10-14）。采用燃气热泵，可以直接利用户式燃气管道输送能源，便于计量，灵活可调。但是，目前主要的问题是，其制冷、供热能力相对普通住宅（不大于 120m²）而言偏大，导致价格偏高。此外，大量用于住宅时还需要注意密集的近距离低空污染物排放问题（与户式壁挂燃气炉相似），

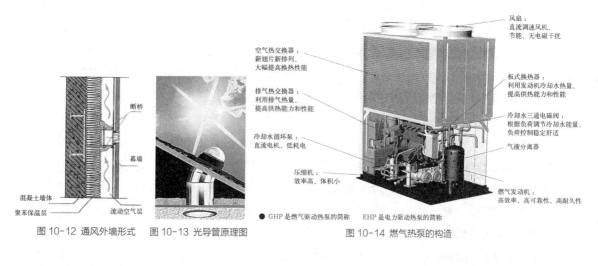

图 10-12 通风外墙形式　　　图 10-13 光导管原理图　　　　　图 10-14 燃气热泵的构造

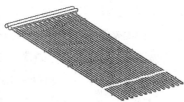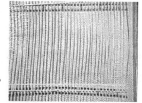

图 10-15 常见辐射末端型式

以及较电力空调为大（燃气发动机是往复式机械）的运行噪声。

目前市场上的产品主要是相对较大的冷量和规格的机组，冷量范围在 28～56kW，综合 COP 为 1.2。这样的规格比较适合于高档公寓、别墅等大房型、低密度、高档次住宅，一台室外机带多台室内机。伴随着城市能源结构的调整以及机组规格的不断小型化和价格的不断降低，未来燃气热泵必将飞入寻常百姓家，获得较好的推广应用。

2）辐射空调末端

采用辐射板供热／供冷是一种可改善室内热舒适度并节约能耗的新方式。其具体方式包括地板辐射供热供冷、顶棚辐射供热供冷、垂直辐射供热供冷等。供热时，水温 23~30℃，供冷时，水温 18~22℃。同时辅以置换式通风系统，采取下送风、风速小于 0.2m/

s 的方式，换气次数 0.5~1 次／小时，实现夏季除湿、冬季加湿的功能。主要产品形式按辐射板结构划分，包括"水泥核心"型、"三明治"型、"冷网格"型等；按冷辐射表面的位置划分，包括辐射顶板供冷、辐射地板供冷和垂直墙壁供冷等（图 10-15）。

3）热泵型家庭热水机组

目前的热泵型家庭热水机组以空气源为主，热泵通过从室外或室内空气中提取热量制备生活热水，可使电到热的转换效率达 30%～40%。日本在 2001 推出了采用二氧化碳为工质的商品化热泵型热水机，并于近年来开始大范围推广。它与采用常规制冷剂的热泵热水器比，有如下优点：首先是它使用了环保的自然制冷剂，对大气臭氧层无破坏作用；其次，它的跨临界热泵循环制热性能系数高，目前产品的实际值已达到 4.9 以上；再次，它的出水温度高，可达到

90℃，适用于热水器各种温度的需要。而常规制冷剂的热泵热水器只能达到 55℃ 左右。当没有余热、废热可利用，并可承担较高的除投资时，这种方式应是提供家庭生活热水的最佳方式。

太阳能热泵热水器也是近年来正在研究和推广的一种新型热泵热水器，和传统的空气源热泵热水器一样，它采用蒸汽压缩制冷 / 热泵循环原理，只是将太阳能集热器与热泵蒸发器合成一体，使得制冷剂在太阳能集热 / 蒸发器中直接获取太阳能等低位热能而蒸发。晴天时，经热力膨胀阀节流后的低温低压制冷剂首先流入太阳能集热 / 蒸发器中，通过吸收太阳辐射而蒸发；阴天或夜间，太阳能集热 / 蒸发器也可以从空气中直接吸热，从而可以全天候生产热水。太阳能热泵热水器不仅可以极大地改善集热器的集热效率，而且由于提高了蒸发温度，可以有效提高热泵机组的 COP。

4）热泵新技术

包括土壤源（地源）热泵、水源热泵、污水源热泵等。其中，土壤源热泵又称为地下耦合热泵系统（Ground-coupled heat pump systems）或者地下热交换器热泵系统（Ground heat exchanger），它通过中间介质（通常为水或者是加入防冻剂的水溶液）作为热载体，使中间介质在埋于土壤内部的封闭环路（土壤换热器）中循环流动，从而实现与大地土壤进行热交换的目的（图 10-16）。

土壤换热器主要分为水平埋管和垂直埋管两种，埋管方式的选择主要取决于场地大小、当地岩土类型及挖掘成本。水平埋管通常设置在 1 ~ 2m 深的地沟内。其特点是安装费用低，换热器的寿命较长，但占地面积大，水系统耗电大。垂直埋管的垂直孔的深度大约在 30 ~ 150m 的范围。其特点是占地面积小，水系统耗电小，但钻井费用高。在竖直埋管换热器中，目前应用最为广泛的是单 "U" 型管，此外还有双 "U" 形管，即把两根 U 形管放到同一个垂直井孔中。同样条件下双 U 管的换热能力比单

U 管要高 15% 左右，因此可以减少总打井数，在人工费明显高于材料费的条件下较多采用。

地下水水源热泵系统就是抽取浅层地下水，经过热泵提取热量或冷量，使水温降低（提取热量时）或升高（提取冷量时），再将其回灌到地下的热泵系统。此时，地下水水源热泵的另一端即可产生可供供暖的热水或可供空调的冷水，用于为建筑物提供供暖用热源和空调用冷源。

污水源热泵以地表水和城市污水作为冷热源的污水源热泵，直接从城市污水（未结冰的水）中提取热量，投资小，见效快，是污水综合利用的组成部分。以北京为例，污水冬季水温在 13~16℃，夏季水温在 22~26℃。一般情况下，北方地区冬季污水水温平均高出周围环境 20℃ 以上，夏季污水水温平均低于环境温度十几摄氏度。利用污水与环境的温差获取热能具有十分巨大的能量资源前景。据测算，城市污水全部充当热源可解决城市近 20% 建筑的供暖。

5）新风热回收技术

对于冬季需要长时间供暖或夏季需要长时间空调的住宅，由于新风负荷占住宅供暖空调负荷的很大一部分，因此从节能的角度出发，可以考虑对新风进行热回收利用，其设备原理图可参见图 10-17。按能量回收的性质来分类，新风热回收设备可分为两种。

一是新风全热回收设备。目前用于住宅的主流全热换热器产品是一种基于纸的全热换热器，标准工况下，这种换热器的显热效率约是 70%，潜热效率约是 40%，换热效率较低。二是新风显热回收设备。目前主要用于住宅的新风显热回收介质是板翅式铝箔，通过室外空气和室内空气的温差传热完成能量回收，对湿度不能实现回收。但设备价格比全热回收的设备要低，运行费用也较低。

6）太阳能建筑一体化

太 阳 能 光 电 建 筑 一 体 化 BIPV（Building

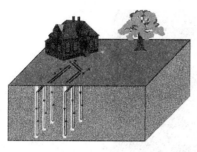

竖直埋管

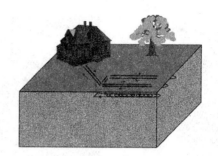

水平埋管

图 10-16 土壤源热泵的各种形式

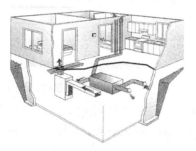

图 10-17 新风热回收设备

图 10-18 住宅 BIPV

Integrated Photovoltaic），始于国外。近年来，国外推行的光伏与建筑相结合的太阳能应用方式，极大地推动了光伏并网系统的发展（图 10-18）。在我国，光伏产业正在迅猛发展，而且政府也出台了相关扶持政策，以推动 BIPV 技术在我国的应用。

太阳能光电建筑一体化的实质是在建筑围护结构外表面铺设光伏组件阵列提供电力。光伏发电系统与建筑的结合有两种方式：

一种是建筑与光伏系统相结合。即把封装好的光伏组件（平板或曲面板）安装在居民住宅或建筑物的屋顶上，再与逆变器、蓄电池、控制器、负载等装置相联。光伏系统还可以通过一定的装置与公共电网联接。另外一种是建筑与光伏组件相结合。用光伏组件代替部分建材，即用光伏组件来做建筑物的屋顶、外墙、窗户和遮阳设施等，这样既可用做建材也可用以发电，可谓物尽其美。

但是，目前建筑光伏发电成本偏高，不适合规模推广应用。

7）无动力风帽技术

传统的无动力风帽主要用作室内排风，主要应用厂房、大型公共建筑和部分高档住宅区。其工作原理为利用室外风力作用驱动风帽旋转，风帽内外形成压差，进而将室内热气和废气抽出（图 10-19）。

传统的无动力风帽通常为不锈钢制成，可耐强酸、耐强碱，更可耐腐蚀，并做到防雨止漏。近年来，在英国出现了一种新型的无动力风帽，其工作原理为通过特殊的导叶结构使风帽随风向而旋转，进风口始终朝向迎风面，利用风压作用将室外新风送入室内；而在进风口的下风向设有排风口，利用背风面的负压作用将室内空气排出室外（图 10-20）。此外，在风帽的下部设有排风热回收装置，利用排风对新风预热或预冷。

图 10-19 不锈钢无动力风帽

图 10-20 BedZED wind cowl（风帽）

10.5　低碳住宅案例

10.5.1　英国 伦敦 BedZED 零碳社区

BedZED[1]是世界上第一个零二氧化碳排放的社区，是英国最大的环保生态小区。贝丁顿社区拥有包括公寓、复式住宅和独立洋房在内的 82 套住房，另有大约 2500m² 的工作空间（图 10-21）。

为减少建筑能耗，设计者探索了一种零供暖模式：生态村的所有住宅都朝南，每家每户都有一个玻璃阳光房。屋面、外墙和楼板选用了 300mm 厚的绝热材料，窗户选用内充氩气的三层玻璃，窗框选用木材以减少传热。BedZED 屋顶上矗立着一排排色彩鲜艳、外观奇特的热压"风帽"(WindCowl)，源源不断地将新鲜空气送入房间。这种被动式通风装置完全由风力驱动，可随风向的改变而转动，利用风压给建筑内部提供新鲜空气，排出室内的污浊空气。此外，其内部设有热交换器，可回收排出废气中的 50%~70%的热量，从而预热室外寒冷的新鲜空气。

BedZED 的家家户户都装上了太阳能光电板，由于光电板的造价较高，因此设计者将它尽量用于多种用途，家中的热水和电车充电都来自暖暖的阳光。这些太阳能电池板可为 40 辆汽车提供电力，这种用太阳能电力供应汽车的模式将太阳能光电板的投资回收周期从通常的 75 年缩短到 BedZED 中的 6.5 年。

BedZED 低能耗的一个主要原因是其组合热力发电站发挥了巨大作用——通过燃烧木材废物发电为社区居民提供生活用电，目前 CHP 的燃料主要为附近地区的树木修剪废料，往常这些废料被丢弃并填埋而成为城市的负担，对这些废料加以利用既可以产生能源，又可以解决环境污染和垃圾处理的问题。在长期计划中，以后木屑原料的来源将主要为邻近的生态公园中的速生林。经计算，整个社区需要一片 3 年生的 70hm² 速生林，每年砍伐其中的 1/3 用来提供热能，并补种上新的树苗，以此循环。

对住户而言，每年的水电账单就可以减少 3847 英镑。根据入住第一年的监测数据，小区居民节约了热水能耗的 57%，电力需求的 25%，用水的 50%，和普通汽车行驶里程的 65%，而环境方面的收益更多，每年仅二氧化碳排放量就减少 147.1 吨节约水 1025t。

10.5.2　日本零排放住宅

该住宅[2]总建筑面积 196.57m²，建于积水住宅关东工厂"零排放中心"。该住宅是以实现可持续发展社会的环境价值、人文价值、经济价值、社会价值

[1] 建筑创作 2010 年，《建筑零能耗技术的运作》以及互联网。
[2] 建筑学报 2010 年《日本"零排放住宅"》。

图 10-21 英国 BedZED 村

迁至资源循环中心的零排放住宅

高自由度框架龙骨体系

整体屋面绿化　　　　　　　　　　　　ECORDEC 外墙　　　　屋面瓦规格太阳电池

图 10-22 日本零排放住宅

和相应的 13 个行动方针为理念开发的。依据"降低生活中和住宅生产时的排碳量"、"实践循环型环保"以及"恢复生态链"三个基本概念设计建造而成（图10-22）。

在零排放住宅中，在采用复合高保温外墙板和真空隔热玻璃的同时设屋面绿化和智能通风系统；供热水方面，采用空气热泵热水器和以氢气为原料的家用燃料电池。针对照明设备，引进导光天井并采用 LED 荧光灯管、有机 EL 照明设备以及新一代节能液晶电视、智能运行电冰箱、高性能空调. 节能节水大便器等。

引进自住户发电的概念。住宅引进了太阳能发电设备以及可以同时供电和供热的家庭燃料电池系统，其中家庭燃料电池系统的综合利用率可达 78%。

10.5.3　中国沪上生态家

代表未来建筑发展的上海世博园城市最佳实践区中的上海案例馆"沪上·生态家"，位于城市最佳实践区北部、模拟街区住宅案例门户入口。南望成都活水公园案例，与奥登赛案例相邻；北侧、西侧有马德里和伦敦两个案例相邻。总建筑面积 3001m²，其中地上四层建筑面积共 2217m²，地下一层；建筑面积为 784m²。建筑屋面高度为 18.9m（图 10-23）。

整个建筑按国家绿色建筑三星级标准设计，在节能减排方面达到建筑综合节能 60%，可再生能源利用率 50%，二氧化碳减排量 140 吨的水平；采用了两部无机房观光电梯（采用能量回馈技术和变频调速技术），可实现节电 30%~40%；采用了具有发电功能的水龙头，可为感应龙头提供自身所需电力；采用燃料电池复合能量技术，综合节能率达到 20% 以上，温室气体排放降低 90% 以上。此外，"沪上·生态家"光源全部采用 LED 灯，极大降低了照明能耗；通过光线感应及定时控制的方式对 LED 进行自动调光控制，最大限度节能；通过移动式触摸屏可对 LED 灯、遮阳、空调进行集成式控制通过能耗监测，可随时了解电能消耗情况并加以控制。

"沪上·生态家"还可以实现建筑污水零排放，含固废内墙体材料使用率 100%。室内环境达标率 100%。75% 以上空间采光系数满足现行国家标准。

10.5.4　秦皇岛"在水一方"住宅

秦皇岛"在水一方"住宅小区是住房城乡建设部确定的首批中德被动式低能耗房屋示范项目，小区的 C12、C13、C14、C15 号楼四栋房屋作为首批按德国标准建造的被动式房屋示范，由德国能源署负责安排德国专家提供设计咨询、施工质量控制、竣工检测及能效认证的指导。这四栋示范工程总建筑面积 2.8 万 m^2，于 2012 年 3 月正式开工，2013 年 11 月 C13、C14、C15 三栋示范工程完工并通过德国能源署和住建部科技中心联合组织的验收（图 10-24）。

德国被动房与国内 65% 节能房屋主要技术参数比较[①]　　　　　　表 10-4

各项指标	德国被动房标准	国内 65% 节能标准（≥ 9 层）
传热系数 K（屋面）	0.15 W/（m²·K）	0.45 W/（m²·K）
传热系数 K（外墙）	0.15 W/（m²·K）	0.45 ~ 0.6 W/（m²·K）
传热系数 K（不供暖地下室顶板）	0.15 W/（m²·K）	0.5 W/（m²·K）
传热系数 K（外门窗）	0.8 W/（m²·K）	2.35 W/（m²·K）
体形系数限制	0.4	0.26
房屋气密性	n_{50} ≤ 0.6/h	只对外门窗气密性有要求
结构热桥处理	无热桥结构	用传热系数修正热桥热损失
室内温度	20℃ ~ 25℃	18℃
空气相对湿度	40% ~ 60%	无要求
房间内表面温度	不低于室内温度 3℃	不低于室内温湿度条件下的露点温度
室内 CO_2 浓度	600 ~ 1000ppm	无要求
废弃热量回收率	≥ 75%	无要求
室内噪声控制	≤ 25dB	昼间 ≤ 45dB，夜间 ≤ 37dB

主要技术实施包括：围护结构高保温性能、高气密性、无热桥结构以及配置高效带热回收的通风换气系统等。"在水一方"C 区项目采用围护结构的保温系统使热量传导的损失和通风系统中的热损失最小化，年供暖能耗每平方米可节约 30.53 千瓦时，每年将节约标煤 998 吨，节省制冷供暖费用 198 万元，减排二氧化碳 2595 吨。以 130 平方米左右的户型为例，每年可为住户节省制冷供暖费用近 3400 元。

① 孙建慧，中德被动式低能耗建筑示范项目——秦皇岛"在水一方"住宅楼技术研究，绿色建筑年会.

垂直轴风力发电机

中庭拔风风机

导光老虎窗

竖置模块绿化

势能回收电梯

双层 Low-E 窗

阳台光伏发电栏板

双层呼吸窗及电动遮阳系统

建筑自体遮阳

通风落地玻璃窗

雨水回收及生态浮床

跌水绿化

图 10-23 沪上·生态家

图 10-24 秦皇岛"在水一方"住宅

参考文献   References

[1] 朱昌廉主编.住宅建筑设计管理（第二版）.北京：中国建筑工业出版社，1999.

[2] 朱霭敏编著.跨世纪的住宅设计.北京：中国建筑工业出版社，1998.

[3] 雷春浓编著.现代高层建筑设计.北京：中国建筑工业出版社，1997.

[4] 周祥广主编.新型住宅平面设计方案.南京：东南大学出版社，2001.

[5] 胡仁禄，马光著.老年居住环境设计.南京：东南大学出版社，1995.

[6] 周燕珉著.现代住宅设计大全——厨房、餐室、卷，卫生间卷.北京：中国建筑工业出版社，1995.

[7] 赵冠谦著主编.2000年的住宅.北京：中国建筑工业出版社，1991.

[8] 赵冠谦，林建平主编.居住模式与跨世纪住宅设计.北京：中国建筑工业出版社，1995.

[9] 宋泽方，周逸湖.独院式住宅与花园别墅.北京：中国建筑工业出版社，1995.

[10] 宋嘉龙主编.外部空间与建筑环境设计资料集.北京：中国建筑工业出版社，1996.

[11] 曹善琪，费麟主编.中国城市住宅设计.北京：中国计划出版社，2003.

[12] 潘宜，洪亮平编著.居住建筑.武汉：武汉工业大学出版社，1999.

[13] 周静敏著.世界集合住宅——都市型住宅设计、新住宅设计.北京：中国建筑工业出版社，2001.

[14] 荆其敏，张丽安著.世界传统民居生态家屋.天津：天津科学技术出版社，1996.

[15] 巢远凯，李雄飞编著.快速建筑设计图集.北京：中国建筑工业出版社，1993.

[16] 章利国著.造型艺术美术导论.石家庄：河北美术出版社，1999.

[17] 建设部科学技术司编.中国小康住宅示范工程集萃.北京：中国建筑工业出版社，1997.

[18] 中国住宅设计精品选九四～九八编委会.中国住宅设计精品选九四～九八.北京：中国计划出版社，1998.

[19] 建筑设计与城市规划佳作选编委会.城市住宅.北京：中国建材工业出版社，2003.

[20] 建设部勘察司主编.全国优秀住宅设计作品集.北京：中国建材工业出版社，1997.

[21] 李淳，胡菲菲.2000年上海最佳住宅房型集萃.上海：同济大学出版社，2000.

[22] 上海市建设和管理委员会科学技术委员会编.建筑设计——上海高层超高层建筑设计与施工.上海：上海科学普及出版社，2002.

[23] 建筑艺术工作室编.小高层住宅设计图集.北京：中国水利水电出版社，2002.

[24] 北京市城乡规划委员会编.优秀住宅设计方案选编.北京：中国建筑工业出版社，1997.

[25] 首都规划建设委员会办公室编.推荐选用住宅设计方案.北京：中国建筑工业出版社，1998.

[26] 江亿，林波荣，曾剑龙，朱颖心等著.住宅节能.北京：中国建筑工业出版社，2006.

[27] 周燕珉，邵玉石著.商品住宅厨卫空间设计.北京：中国建筑工业出版社，2000.

[28] 宋培杭主编.居住区规划图集.北京：中国建筑工业出版社，2000.

[29] 朱家瑾编著.居住区规划设计.北京：中国建筑工业出版社，2000.

[30] 卢济威，王海松著.山地建筑设计.北京：中国建筑工业出版社，2001.

[31] 西安建筑科技大学绿色建筑研究中心编.绿色住宅.北京：中国计划出版社，1999.

[32] （日）彰国社编.刘卫东，马俊，张泉译.集合住宅实用设计指南.北京：中国建筑工业出版社，2001.

[33] （日）石氏克彦著.张丽丽译.多层集合住宅.北京：中国建筑工业出版社，2001.

[34] （日）森保洋子著.覃力等译.高层，超高层集合住宅.北京：中国建筑工业出版社，2001.

[35] （英）Aldo Rossi著.施植明译.城市建筑.上海：博远出版有限公司，1993.

[36]（美）Kenneth Frampton 著 . 张钦楠等译 . 现代建筑——一部批判的历史 . 上海：三联书店，2004.

[37] 日本建筑学会编 . 建筑设计资料集成（住宅）. 东京：丸善株式会社，1991.

[38] 邱洪兴主编 . 建筑结构设计 . 南京：东南大学出版社，2002.

[39] 同济大学，西安建筑科技大学，东南大学，重庆建筑大学合编 . 房屋建筑学（第三版）. 北京：中国建筑工业出版社，1997.

[40] 王心田主编 . 建筑结构——概念与设计 . 天津：天津大学出版社，2004.

[41] 小康住宅建筑结构体系成套技术指南编委会 . 小康住宅建筑结构体系成套技术指南 . 北京：中国建筑工业出版社，2001.

[42] 建筑设计资料集编委会 . 建筑设计资料集（第二版）. 北京：中国建筑工业出版社，1994.

[43] 陈妙芳主编 . 建筑设备 . 上海：同济大学出版社，2002.

[44] 卢军主编 . 建筑环境与设备工程概论 . 重庆：重庆大学出版社，2003.

[45] 中国建筑工业出版社编 . 现行建筑设计规范大全 . 北京：中国建筑工业出版社，2002.

[46] 建筑学报，世界建筑，1995 ~ 2006 相关资料 .

[47] 江亿、林波荣等著 . 住宅节能，中国建筑工业出版社，2006.3.

[48] 清华大学建筑节能中心编 . 中国建筑节能年度发展研究报告 . 中国建筑工业出版社，2009.3.

[49] 王受之著 . 当代商业住宅区的规划与设计——新都市主义论 . 北京：中国建筑工业出版社，2011.

[50] 陈一峰等编译 . 韩国规划小区 . 北京：中国计划出版社，2000.

[51] 白德懋 . 居住区规划与环境设计 . 辽宁科学技术出版社，2000.

[52] 朱家瑾编著 . 居住区规划设计 . 北京：中国建筑工业出版社，2000.

[53] 中国城市规划设计研究院、建设部城乡规划司 . 城市规划资料集 . 北京：中国建筑工业出版社，2002.

[54]《居住区详细规划》课题组编 . 居住区规划设计 . 北京：中国建筑工业出版社，1984.

[55] 李珏，高晓路 . 基于居民日常出行的生活空间单元的划分 [J]. 地理科学进展，2012(2)：248-254.

[56] 肖作鹏，柴彦威，张艳 . 国内外生活圈规划研究与规划实践进展评述 [J]. 规划师，2014,10(30)：89-95.9.

[57] 苗启松 . 既有建筑外套加固技术研究及工程实践 [EB/OL].（2015-05-17）[2016-11-09]. http://www.360doc.com/content/16/0510/21/33205487_558052038.shtml

图书在版编目（CIP）数据

居住建筑设计原理 / 胡仁禄，周燕珉等编著 . —3 版 .
北京：中国建筑工业出版社，2017.11（2024.6重印）
住房城乡建设部土建类学科专业"十三五"规划教材 .
A+U 高校建筑学与城市规划专业教材
ISBN 978-7-112-21278-1

Ⅰ . ①居… Ⅱ . ①胡… ②周… Ⅲ . ①居住建筑 – 建
筑设计 – 高等学校 – 教材 Ⅳ . ① TU241

中国版本图书馆 CIP 数据核字（2017）第 239220 号

责任编辑：陈　桦　王　惠
书籍设计：付金红
责任校对：王雪竹

住房城乡建设部土建类学科专业"十三五"规划教材
A+U 高校建筑学与城市规划专业教材

居住建筑设计原理

（第三版）

东南大学　胡仁禄　等编著
清华大学　周燕珉
＊
中国建筑工业出版社出版、发行（北京海淀三里河路9号）
各地新华书店、建筑书店经销
北京方舟正佳图文设计有限公司制版
建工社（河北）印刷有限公司印刷
＊
开本：787×1092 毫米　1/16　印张：26½　字数：689 千字
2018 年 9 月第三版　2024 年 6 月第三十三次印刷
定价：**58.00** 元（赠教师课件）
ISBN 978-7-112-21278-1
　　　　（30906）